柑橘炭疽病叶部和果实上的症状（李红叶原图）

溃疡病叶部和果实上的症状（李红叶原图）

苹果锈果类病毒引起的苹果花脸病
（国立耘原图）

梨褐腐病
（国立耘原图）

苹果花叶病三种类型的症状（周涛原图）

欧李褐腐病
（国立耘原图）

左：叶正面症状；右：叶背面的白色霉状物为病原菌
大白菜霜霉病症状（国立耘原图）

左：叶正面的病斑；右：在叶背面形成的锈子腔
梨锈病在叶片上的症状（钱国良原图）

大白菜软腐病（秦志林原图）

黄瓜上低温引起的生长畸形——花打顶（国立耘原图）

左：苹果树腐烂病；
右：桃树腐烂病
（黄丽丽原图）

梨黑星病（黄丽丽原图）

瓜类褪绿黄化病（周涛原图）

苹果褐斑病（黄丽丽原图）

番茄花叶病（周涛原图）

番茄黄化曲叶病毒病典型症状
（周涛原图）

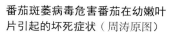

大白菜花叶病（周涛原图）

番茄斑萎病毒危害番茄在幼嫩叶
片引起的坏死症状（周涛原图）

番茄黄化曲叶病毒造成的危害（周涛原图）

番茄褪绿病毒病导致中下部叶片黄化（周涛原图）

普通高等教育"十四五"规划教材

 普通高等教育"十一五"国家级规划教材

 面向 21 世纪课程教材
Textbook Series for 21st Century

园艺植物病理学
Horticultural Plant Pathology

（第 3 版）

国立耘　刘凤权　黄丽丽　主编
李怀方　主审

中国农业大学出版社
· 北京 ·

内容简介

本教材全面、系统地介绍了园艺植物病理学的基本知识、基本原理和园艺植物病害防治技术。全书共分 9 章,前 5 章为病理学通论,包括绪论、园艺植物病害的概念、病害的病因、病害的发生与发展、病害的诊断与治理原理;后 4 章为病害通论,包括菌物病害、原核生物病害、病毒病害和线虫病害。在内容方面涵盖主要果树、蔬菜和花卉病害发生规律及防治的知识,并融汇了植物病理学科的最新成果。针对园艺植物种类繁多、病害多样的特点,以病原类别为系统,介绍病害并采取重点病害详细阐述、一般病害列表比较的方法,以便学生在有限的学时内,掌握更多的知识和技能。为了便于教师教学和学生扩展知识,本书还配有数字资源作为教学辅助材料,包括病害症状彩图、思政案例和多媒体课件。

图书在版编目(CIP)数据

园艺植物病理学 / 国立耘,刘凤权,黄丽丽主编. --3 版. --北京:中国农业大学出版社,2020.6(2024.5 重印)

ISBN 978-7-5655-2376-2

Ⅰ.①园…　Ⅱ.①国…②刘…③黄…　Ⅲ.①园艺作物－植物病理学－高等学校－教材　Ⅳ.①S436

中国版本图书馆 CIP 数据核字(2020)第 109886 号

书　名	园艺植物病理学(第 3 版)
作　者	国立耘　刘凤权　黄丽丽　主编

策划编辑	宋俊果　杜　琴	**责任编辑**	郑万萍
封面设计	郑　川　李尘工作室		
出版发行	中国农业大学出版社		
社　址	北京市海淀区圆明园西路 2 号	**邮政编码**	100193
电　话	发行部 010-62733489,1190	**读者服务部**	010-62732336
	编辑部 010-62732617,2618	**出　版　部**	010-62733440
网　址	http://www.caupress.cn	**E-mail**	cbsszs @ cau.edu.cn
经　销	新华书店		
印　刷	涿州市星河印刷有限公司		
版　次	2020 年 6 月第 3 版　2024 年 5 月第 4 次印刷		
规　格	185 mm×260 mm　16 开本　21.75 印张　540 千字　彩插 4		
定　价	64.00 元		

图书如有质量问题本社发行部负责调换

第3版编委会成员

第 2 版编委会成员

主 编　李怀方（中国农业大学）
　　　　刘凤权（南京农业大学）
　　　　黄丽丽（西北农林科技大学）

副主编　刘云龙（云南农业大学）
　　　　刘志恒（沈阳农业大学）
　　　　黄俊斌（华中农业大学）
　　　　国立耘（中国农业大学）

编委所在学校及人员（以拼音为序）
　　　北京农学院　　　　　　刘正坪　魏艳敏
　　　福建农林大学　　　　　张绍升
　　　甘肃农业大学　　　　　朱建兰
　　　海南大学　　　　　　　张荣意
　　　河北农业大学　　　　　朱杰华
　　　河南农业大学　　　　　王振跃
　　　黑龙江八一农垦大学　　马汇泉　左豫虎
　　　湖南农业大学　　　　　戴良英　高必达
　　　华中农业大学　　　　　付艳苹　郭小密　黄俊斌　周长河
　　　吉林农业大学　　　　　于　莉
　　　江西农业大学　　　　　游春平
　　　南京农业大学　　　　　高学文　郭坚华　刘凤权
　　　青岛农业大学　　　　　李保华
　　　山东农业大学　　　　　竺晓平
　　　山西农业大学　　　　　王建明
　　　沈阳农业大学　　　　　刘志恒　赵秀香　周如军
　　　四川农业大学　　　　　龚国淑
　　　西北农林科技大学　　　黄丽丽　马　青　张　荣　赵　杰
　　　新疆农业大学　　　　　日孜旺古丽
　　　云南农业大学　　　　　何永红　孔宝华　刘云龙　王云月
　　　中国农业大学　　　　　范在丰　国立耘　李广武　李怀方
　　　　　　　　　　　　　　李健强　李金云

第1版编委会成员

主　编　李怀方（中国农业大学）
　　　　　刘凤权（南京农业大学）
　　　　　郭小密（华中农业大学）

副主编　李健强（中国农业大学）
　　　　　黄丽丽（西北农林科技大学）
　　　　　刘云龙（云南农业大学）
　　　　　刘志恒（沈阳农业大学）

编委所在学校及人员（以拼音为序）

福建农林大学	张绍升
甘肃农业大学	朱建兰
河北农业大学	朱杰华
河南农业大学	李洪连　王振跃
黑龙江八一农垦大学	马汇泉　左豫虎
湖南农业大学	戴良英　高必达
华中农业大学	郭小密　周长河
吉林农业大学	于　莉
江西农业大学	游春平
南京农业大学	高学文　郭坚华　刘凤权
山东农业大学	竺晓平
山西农业大学	王建明
沈阳农业大学	姜启良　刘　秋　刘志恒
四川农业大学	龚国淑
西北农林科技大学	黄丽丽　马　青
新疆农业大学	日孜旺古丽
云南农业大学	刘云龙　何永宏　孔宝华　王云月
中国农业大学	范在丰　李怀方　李健强

第3版前言

"面向21世纪课程教材"《园艺植物病理学》首次出版于2001年,2006年经教育部审批为"普通高等教育'十一五'国家级规划教材",2009年修订出版了第2版。教材多次重印,受到使用院校师生们的广泛好评,作为编者我们备受鼓舞和激励。近十年来,随着科学技术的进步,许多病原物的分类和命名发生了变更,人类对微生物及植物病害的认识更加深入,一些高效低毒杀菌剂的问世提高了病害防控的有效性和环境的安全性。为适应科技的进步和我国园艺植物栽培水平的不断提升,满足新时期教学、生产实际的需求,我们在中国农业大学出版社的关心和支持下,组织了第3版编辑委员会,对第2版进行了修订。

修订之前,我们广泛征集了同行的意见,并在汇总吸收这些反馈意见的基础上对第2版进行了修订。修订的主要内容有:病原物的分类采用了国际分类新系统;更新和增加了更加清晰的症状彩图;杀菌剂全部改用通用名并在防控措施中进行了更新。菌物的分类采用了2008年出版的《菌物字典》(第10版),并按照2012年出版的《国际藻类、菌物和植物命名法规》(墨尔本法规)中的"一种菌物只允许有一个正式名称,其他均为异名"的规定,依据 Index Fungorum (http://www.indexfungorum.org/)和 Mycobank(http://www.mycobank.org/)两个数据库的信息,统一更新了病原菌物的学名(个别有争议的除外),将之前的常用学名及其中译名作为异名保留。原核生物的分类依据《伯杰氏系统细菌学手册》第2版(2005—2009年)及 List of Prokaryotic Names with Standing in Nomenclature (http://lpsn.dsmz.de/)数据库进行了更新;病毒的分类则依据国际病毒分类委员会2019年发布的国际病毒分类及命名规则(https://doi.org/10.1007/s00705-019-04306-w)进行了更新。按照党的二十大"实施科教兴国战略,强化现代化建设人才支撑"的部署,全面贯彻党的教育方针,落实立德树人根本任务,培养德智体美劳全面发展的社会主义建设者和接班人,本次重印教材在专业内容中进一步强化课程思政教育,更好地融入了思政教育元素。另外,为提高教材内容展现效果,将部分典型的病害图片以彩色插图方式集中放于正文之前,其余彩色图片以二维码承载方式放在教材正文相应位置,并将教材涉及的部分教学内容以教学资源形式展示于教学平台,实现了数字资源与纸质教材融合,体现了教学与信息技术结合的时代要求。

编写人员也根据第2版参编人员的推荐与建议进行了调整,增加了教学第一线的教师,共有17所院校35名教师参与修订(其中1位作者后调到江苏省农业科学院工作);我们非常感谢这些院所对我们工作的大力支持。我们殷切期盼着广大师生对第3版提出意见和建议,希望通过你们的教学实践和创新思考,推动本教材特别是本课程教学的进步。

编 者
2023年5月

第 2 版前言

"面向 21 世纪课程教材"《园艺植物病理学》自 2001 年出版以来,已多次重印,受到农业院校师生的广泛关注。2006 年该教材选题被教育部审批为"普通高等教育'十一五'国家级规划教材",作为编者我们备受鼓舞和激励。为适应科技进步特别是病原分类的变化,以满足新时期教学的需求,对教材进行修订很有必要,我们在中国农业大学出版社的关心和支持下,组织了再版编辑委员会,进行修订。

修订之前,我们广泛征集对第 1 版教材的意见。16 所院校 20 多位主讲教师进行了反馈,我们合并汇总为 52 条建议,供各位编者参考。其中采纳的主要修订内容为:病原物的分类采用了国际分类新系统,按照 2007 年出版的《拉汉-汉拉植物病原生物名称》统一更新了病原学名及其中译名(部分常用学名或名称作为异名保留);增加症状彩图、病原扫描电镜图共 6 版 35 张,重绘了个别不够清晰的线条图;增加了花卉病害病例 6 个、新型杀菌剂及其名称对照表;增加了章节前部的导言及后部的思考题和参考文献,改正了错别字,修改了重复的内容,最后在附录部分编排了按汉语拼音排序的植物病害名称索引。

第 2 版扩充了参编院校和编委会成员,达到 21 所院校 42 人;在主编、副主编分工上做了部分调整,华中农业大学郭小密同志推荐黄俊斌接替其工作,中国农业大学李健强同志推荐国立耘接替其工作;我们非常感谢 21 所院校对我们工作的大力支持。再版教材作为"普通高等教育'十一五'国家级规划教材",是对我们辛勤付出的肯定,但更是对我们提出了更高的标准和要求。我们要通过更多的教学实践和创新思考,推动本教材、更重要的是本课程教学的进步。我们殷切期盼着广大师生对第 2 版的意见和建议,你们的关心和支持是我们源源不断的动力。

编 者

2009 年 2 月 24 日于北京

第1版前言

随着改革开放的进一步深入,我国迎来了高等教育的迅猛发展,培养面向21世纪宽基础、高素质、强能力的本科人才,已经成为广大高等教育工作者的共识和迫在眉睫的任务。为了拓宽学生专业知识面,提高实践能力,增强创新能力的培养,我们博采相关院校和学科教学改革之长,总结本学科多年教学实践的经验,编写了《园艺植物病理学》。

本教材全面、系统地介绍了园艺植物病理学的基本知识和基本原理,在结构和内容方面进行了重新构思和编写,涵盖了原《果树病理学》《蔬菜病理学》和《花卉病害及防治》三本教材的主要内容。在结构方面,将过去的重各论改为通论、各论并重,以拓宽学生的知识面;在内容方面,融汇了20世纪末植物病理学科的最新成果。针对果树、蔬菜和花卉植物种类繁多、病害多样的特点,改变了传统的按植物类别编写病害的体系,以病原类别为系统介绍病害,使通论和各论易于贯通,并采取重点病害详细阐述、一般病害列表比较的方法,以便学生在有限的学时内,掌握更多的知识和技能。

本书共分9部分,前5部分为病理学通论,包括绪论、园艺植物病害的概念、病害的病原、病害的发生与发展、病害的诊断与治理原理;后4部分为病害通论,包括真菌病害、细菌类病害、病毒类病害和线虫病害。第一、二、四、五、八部分由李怀方组织编写,第三部分由刘凤权组织编写,第六部分由郭小密、黄丽丽、刘云龙、刘志恒组织编写,第七部分由李健强组织编写,第九部分由黄丽丽组织编写。全书由主编、副主编共同统稿。

本书的编写得到中国农业大学出版社、中国农业大学、南京农业大学、华中农业大学、西北农林科技大学、云南农业大学、沈阳农业大学、福建农林大学、河北农业大学、河南农业大学、黑龙江八一农垦大学、湖南农业大学、吉林农业大学、江西农业大学、山东农业大学、山西农业大学、四川农业大学和新疆农业大学等学校的大力支持。编写中参考和引用了大量教材和专著文献,在此对其编者和出版者表示真挚的谢意。

由于编者的水平有限,书中的疏漏、不足甚至错误,敬请读者指正,以便再版修订。

编　者
2001 年 7 月

目 录

目
录

目录

第1章

绪　论

▶▶ **本章重点与学习目标**

1. 了解园艺植物生产的重要性及其特点。

2. 了解果树、蔬菜、花卉病害的危害性及其特点。

3. 熟悉并掌握植物病理学的内涵及其任务。

4. 了解植物病理学与其他相关学科的关系。

园艺植物病理学（horticultural plant pathology）是植物病理学的一个重要分支,是研究园艺植物病害的症状表现、发生原因、流行规律、预测预报、防治原理以及治理措施的一门专业基础课程。

1.1 园艺植物生产的重要性

植物是自然界生物的食物链中最基本的营养来源,是动物赖以生存的物质基础,同时也是生态环境中动物生活不可缺少的环境基础。随着我国改革开放和人民生活水平的提高,蔬菜、水果和花卉的生产受到各级政府部门和生产者的高度重视。习近平总书记指出:"'菜篮子''米袋子''果盘子',事关千家万户,是最基本的民生"。党的二十大报告中明确指出:"要加快建设农业强国,树立大食物观,发展设施农业,构建多元化食物供给体系"以及"推动绿色发展,促进人与自然和谐共生"。园艺植物的生产不仅改善了城乡居民的生活水平,加快了经济发展,而且正在并将继续改善人类赖以生存的生态环境。因此,保护好园艺植物是园艺植物病理学不可推卸的任务。

1.2 园艺植物病害防治的重要性和特点

同人类一样,绿色植物的生长发育也会遇到各种病害。这些病害不仅影响到园艺作物的产量,更重要的是降低园艺作物的质量,有时还会影响国际贸易、出口换汇与环境生态;病害防治方法不当,会引起作物药害、人畜中毒和环境污染。因此,必须引起我们的高度重视。

根据国外专家的统计,全世界由于病虫草害造成的蔬菜产量损失为 27.7%,其中病害损失为 10.1%,虫害为 8.7%,草害为 8.9%。这其中并不包括马铃薯,其总产量损失是 32.3%,病害为 21.8%,虫害为 6.5%,草害为 4.0%。果树的产量损失为 28.0%,其中病害为 16.4%,虫害为 5.8%,草害为 5.8%。根据 1984—1986 年全国园林植物病虫害普查的结果,在 1 256 种园林植物上发现植物病害 5 508 种,平均每种植物上 4.4 种。按病原分类系统鉴定确认 1 233 种,其中真菌类 1 116 种,占 90.5%,细菌类 25 种,占 2.0%,线虫类 10 种,占 0.8%,病毒类 58 种,占 4.7%,此外,寄生性种子植物 6 种,致病瘿螨 5 种,致病藻类 1 种。这是迄今为止我国城市园林界唯一一次覆盖面较广的资源普查。可见园艺作物保护的任务十分艰巨。

由于病害大发生、控制不及时,在历史上曾经造成巨大灾难。例如,1845 年爱尔兰马铃薯晚疫病大流行,造成几十万人死亡,150 万人无家可归。1943 年发生在孟加拉国的水稻胡麻斑病,引起了严重的饥荒,导致 200 多万人死亡。

园艺植物品种繁多、生物学特性差异大、耕作栽培措施要求高、生态环境复杂,病害的发生规律难以把握、治理难度大。园艺作物大多需要精耕细作,这样加大了人与植物的接触机会,也就增加了病害人为传播的可能性;这就要求生产者具备一定的植物病害相关的知识,避免不自觉地人为传播病害。园艺作物保护地栽培面积的扩大、复种指数的提高,改善了园艺作物产品的供应,增加了经济效益。但同时为病害的越冬提供了良好的寄主和生态环境,为病害的传播介体提供了栖息、繁殖的场所,增大了切断病害传播途径的难度。另外,果菜类作物由于其产品大多是新鲜食品,特别是在食品安全备受关注的今天,有机果菜需要病害治理的革新、创新与发展。

随着人们生活水平的提高,花卉作为友谊和美好的象征,已经成为人们生活中不可缺少的部分。但正是花卉商品走千家串万户的特殊性,使它同时成为病害传播的"使者",在美丽的外表掩护下悄悄将"恶魔"传播开来。由于是人为传播、途径广泛,防治难度极大。

因此,学习园艺植物病理学,掌握园艺病害的特点,保护园艺植物免受或少受病害的侵扰,为人民生活提供充足的绿色食品和幽雅的生活环境是植物病理学工作者的责任,也是本课程学习的目的。

1.3　植物病理学的性质、任务

植物病理学是以植物为保护对象,以研究病原物-寄主-环境相互关系为基础,以阐明植物病害的发生发展规律,进而设计经济有效的防治措施为目的的应用基础学科。园艺植物病理学属于植物病理学的一个分支,重点以园艺植物病害为研究内容,为园艺植物生产提供保障。中国大百科全书对于植物病理学的研究内容提出了以下五个方面,原则上可用于园艺植物病理学。

① 病害病原体的本质及其活动;
② 受病植物的本质及其活动;
③ 植物与寄生物之间的相互关系;
④ 病害(植物-寄生物体系)与环境因素之间的关系;
⑤ 根据这些基础研究的结果,阐明病害的发生发展规律,并制定经济有效的控制措施。

1.4　植物病理学与其他相关学科的关系

与上述研究内容相对应,与植物病理学有联系的有植物学、动物学、微生物学等多个学科,具体内容体现在以下相关课程上。

① 微生物学、真菌学、细菌学、病毒学、显微技术、植病技术等微生物相关的课程;
② 植物学、植物分类学、植物生理学、植物免疫学、植物病生理学等植物学相关的课程;
③ 细胞生物学、组织解剖学、生物化学、分子生物学等生物学相关的课程;
④ 气象学、土壤学、栽培学、生态学、流行学等气象和生态学相关的课程;
⑤ 田间试验和生物统计、化学保护、药理学、毒理学等相关的课程。

植物病理学也可以称为植物医学,与(人体)医学、动物医学同属于医学门类。由于研究对象涉及植物、动物、微生物等生物间的相互作用,生物与环境间的关系等,因此,其贡献不仅在于保护植物本身,也属于环境保护的重要组成部分;而且可以促进生物学学科的发展,揭示生命现象的奥秘。

▶ 思 考 题 ◀

1. 园艺植物保护与环境保护有何联系？
2. 园艺植物病害有何重要性？与其他作物病害有何不同特点？
3. 植物病理学研究哪些方面的内容？与哪些学科有联系？

▶ 参考文献 ◀

[1] 农业编辑委员会.中国大百科全书(农业卷Ⅱ).北京:中国大百科全书出版社,1990
[2] 王瑞灿,孙企农,张能唐.中国园林植物病虫、天敌普查汇编.上海:上海园林科学研究所,1987
[3] 许志刚.普通植物病理学.4版.北京:中国农业出版社,2009
[4] 陈长卿.园艺植物病害的特点和防治的重要性——评《园艺植物病理学》.植物检疫,2019,33(04):3
[5] 赵长林,武自强,马翔.“园林植物病理学”课程野外实习教学模式的改革与实践.西南林业大学学报(社会科学),2019,3(01):99-103
[6] 臧睿,文才艺.园林植物病理学教学改革与实践.大学教育,2018(12):55-58

中国植物病理学先驱人物

(思政教育)

第2章

园艺植物病害的概念

➤➤ **本章重点与学习目标**

1. 学习并掌握植物病害的基本概念。

2. 学习并掌握园艺植物病害的症状类型及其成因。

3. 了解植物病害的病因和类别。

4. 熟悉病害症状在病害诊断中的作用。

2.1 植物病害的定义

虽然人人都有生病的经历，但给病害一个恰如其分的定义却明显受到科技发展水平和人们认知水平的制约。植物病害(plant disease)的定义经历了多次修改。最初的定义比较具体，但也往往概括性不够。比如"植物由于受到病原生物或不良环境条件的持续干扰，其干扰强度超过了能够忍耐的程度，使植物正常的生理功能受到严重影响，在生理上和外观上表现出异常，这种偏离了正常状态的植物就是发生了病害。"该定义一是指出植物病害的原因(病因)，即病原生物或不良环境条件；二是指出植物病害的病理程序(病程)，即正常的生理功能受到严重影响；三是指出植物病害的结果，即外观上表现出异常。病害定义所包括的三个部分，基本上获得了广大植病工作者的公认。但该定义明显的缺陷是，将病因限制在病原生物和不良环境。由植物自身遗传因素引起的病害就难以包括在该定义之下。

1992 年，俞大绂在总结前人关于植物病害定义的基础上，将其修改为：植物病害是指植物的正常生理机制受到干扰所造成的后果(俞大绂 1992，植物病理学大百科全书)。该定义既包括了病因、病程和病害结果，又避免了定义太具体、概括性不够的缺陷。

对植物病害的理解还曾存在两种不同的观点，一种是生物学的观点，一种是经济学的观点。经济学的观点认为，植物是否生病是看其经济价值是否损失，茭白由于感染黑粉菌而茎部膨大才成为人们餐桌上的佳肴，豆芽菜由于避光而生长嫩白不属于病害，因为其经济价值提高了。而生物学的观点则认为，植物是否生病，应从植物本身去考虑，其正常的生理机制是否受到干扰而造成了异常后果。至于病害是否需要防治则完全可以从经济学的价值来考量。

2.2 病害因子分析

▶ 2.2.1 植物病因

引起植物生病的原因称为病因(cause of disease)。这里所指的原因是指病害发生过程中起直接作用的主导因素。而那些对病害发生和发展仅起促进或延缓作用的因素，只能称作病害诱因或发病条件。

能够引起植物病害的病因种类很多，依据性质不同可以分为生物因素和非生物因素两大类。生物因素导致的病害称为传(侵)染性病害，非生物因素导致的病害称为非传(侵)染性病害，又称生理性病害。

2.2.1.1 生物性病原

生物性病原均为有生活力的生物，被称为病原生物或病原物(pathogen)。病原物生活在所依附的植物内(或上)，这种习性被称为寄生习性；病原物也被称为寄生物(parasite)，它们依附的植物被称为寄主植物，简称寄主(host)。病原物的种类很多，有动物界的线虫(nematode)，植物界的寄生性植物(parasitic plant)，真菌界的真菌(fungi)，茸鞭生物界的卵菌(oomycetes)，原核生物界的细菌(bacteria)和植原体(phytoplasma，过去称为 mycoplas-ma-like organisms，MLO)，还有非细胞形态的病毒界的病毒(virus)和类病毒(viroid)等。它们大部分个体微小，形态特征各异(图 2-1)。

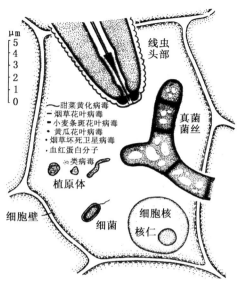

图 2-1　几类植物病原物形状、大小与植物细胞的比较(仿 Agrios 2005)

需要指出的是，寄生物和病原物是有区别的，有的寄生物并不造成病害，如豆科植物的根瘤菌、兰科等植物上的菌根菌等。它们与寄主共同进化，相互适应，互利互助，逐渐成为共生关系。菌根菌防治植物病害已经成为植物病害生物防治和生态控制的重要措施之一。

生物性病原中还应包括植物种质由于先天发育不全，或带有某种异常的遗传因子，而显示出遗传性病变或称生理性病变，例如白化苗，先天不育等；它与外界环境因素无关，也没有外来生物的参与，这类病害是遗传性疾病，病因是植物自身的遗传因子异常，属于生物病因的非传染性病害。

2.2.1.2　不良环境条件

引起植物病害的不良环境条件主要包括各种物理因素与化学因素。物理因素包括温度、湿度、光照的变化，化学因素包括营养的不均衡(大量和微量元素)、空气污染、化学毒害等。

不同的园艺作物都有其最适合的生长发育环境条件，对气候因素的要求也有很大的差别。一般来讲，超过其适应的范围，植物就容易生病。如高温、强光照导致的向阳面果实的日灼病，低温、霜害导致的"香山红叶"，低湿引起的冬青叶缘干枯，弱光引起的植物黄化、徒长等等。

由于园艺作物具有较高的经济价值和精耕细作的管理，生活环境往往与自然生态环境差别较大，物理因素的变化和营养不均衡问题也日渐突出。部分作物出现了所谓"富贵病"，即某种养分过多，导致养分间的不均衡，影响到其他养分的吸收和利用。

▶ 2.2.2　病害三角

仅有病原物和寄主两方面存在还不一定发生病害，病害的发生需要病原、寄主和环境条件的协同作用。这很像一场以环境为裁判的病原与寄主的竞赛,病原越强病害发生越重,寄主越强病害发生越轻;环境越有利于病原,病害发生就越重,环境越有利于寄主,病害发生就越轻。这种需要有病原、寄主植物和一定的环境条件三者配合才能引起病害的观点,就称为"病害三角"或"病害三要素"的关系(图2-2)。

图 2-2　病害三角

三者共存于病害系统中,相互依存,缺一不可。任何一方的变化均会影响另外两方。

由此可见,环境条件不仅本身可以引起非传染性病害,同时又是传染性病害的重要诱因,非传染性病害降低寄主植物的抗病性,促进传染性病害的发生。二者相互促进,往往导致病害加重。

2.3　植物病害的类别

植物病害的分类有几个不同的系统,各有其优缺点。

◢ 2.3.1　按照病原类别划分

首先将植物病害分为传(侵)染性病害(infectious disease)和非传(侵)染性病害(noninfectious disease)两大类。侵染性病害又根据病原生物的性质分为菌物病害、细菌病害、病毒病害、线虫病害和寄生性植物病害等。如再进一步细分,又可根据病原生物的分类系统分为霜霉病、白粉病和炭疽病等。这种分类的优点在于,每类病原生物和它们所引起的病害有许多共同的特征,也最能说明病害发生发展的规律和治理上的特点。

◢ 2.3.2　按照寄主作物类别划分

按照寄主作物的类别,植物病害可以分为大田作物病害、果树病害、蔬菜病害、花卉病害以及林木病害等等。每个类别又可细分,如蔬菜病害又分为茄科蔬菜病害、十字花科蔬菜病害、葫芦科蔬菜病害等等。这种分类方法有助于了解每种(类)植物上存在的各种病害问题,以便统筹考虑综合治理计划。

◢ 2.3.3　按照病害传播方式划分

按照传播方式,植物病害可以分为气传病害、土传病害、虫传病害、种苗传播病害等等。其优点是可以依据传播方式的不同,考虑治理措施。

◢ 2.3.4　按照受害的器官类别划分

植物各种器官的结构和功能有较大的差别,以致危害的病害种类、发生规律和防治特点都有不同。如果树病害按照寄主器官可细分为叶部病害、果实病害、枝干病害、根部病害等等;大田作物病害可以划分为穗部病害、蕾铃病害、维管束病害和根茎病害等等。

另外,还有按照植物的生育期、病害的传播流行速度、病害的重要性等进行划分的。在实际应用中,一种(类)病害往往具有其中多种分类系统的特点,可以组合以上类别的名称,如月季白粉病属于花卉叶部气传菌物病害、西瓜枯萎病属于蔬菜维管束土传菌物病害。

2.4　植物病害的症状

症状(symptom)是植物生病后不正常的外部表现;其中寄主植物本身的不正常表现称为病状,病原物在病部的特征性表现称为病征。

植物发生病害有一定的病理变化的过程。无论是非侵染性的或侵染性的病害,先是在受害部位发生一些外部观察不到的生理活动的变化,随后细胞和组织内部发生变化,最后发展到从外部可以观察到的病变。因此,植物病害表现的症状,是植物内部发生了一系列复杂变化的结果。

▶ 2.4.1　病状

植物病害的病状主要分为变色、坏死、腐烂、萎蔫、畸形等类型(图 2-3,彩图又见二维码 2-1)。

(1)变色(discolor)　是指植物生病后局部或全株失去正常的颜色。变色主要是由于叶绿素或叶绿体受到抑制或破坏,色素比例失调造成的。

变色病状有两种主要表现形式。一种是整个植株、整个叶片或其一部分均匀地变色,主要表现为褪绿(chlorosis)和黄化(yellowing)。褪绿是由于叶绿素的减少而使叶片表现为浅绿色。当叶绿素的量减少到一定程度就表现为黄化。属于这种类型的变色,还有整个或部分叶片变为紫色或红色。另一种形式是不均匀地变色,如常见的花叶(mosaic)是由于形状不规则的深绿、浅绿、黄绿或黄色部分相间而形成不规则的杂色,不同变色部分的轮廓是清楚的。有时,变色部分的轮廓不是很清楚,这种病状就称作斑驳(mottling)。斑驳症状在叶片、果实上是常见的。典型的花叶症状,叶上杂色的分布是不规则的,有的可以局限在一定部位,如主脉间褪色的称作脉间花叶;沿着叶脉变色的称作脉带(vein banding)或沿脉变色;主脉和次脉变为半透明状的称作明脉(vein clearing)。花叶症状在单子叶植物上常常表现为平行叶脉间出现的细线状变色(条纹 stripe),梭状长条形斑(条斑 streak)或条、点相间出现(条点 striate)。植物的病毒病和有些非侵染性病害(尤其是缺素症)常常表现以上两种形式的变色症状;有些植原体(phytoplasma)引起的病害往往表现黄化症状。此外,田间还偶尔发现叶片不形成叶绿素的白化苗,这多是遗传性因素造成的。

变色发生在花朵上称为碎色(color break),大多是病毒侵染造成的,病害提高了花卉的观赏价值,如碎色的郁金香、虞美人、香石竹。但这种观赏价值的提高是在牺牲植物的健康、承担病毒传播风险的前提下实现的。还有一类花变绿色的症状,大都是由植原体侵染造成的,如绿花月季、绿花矮牵牛,但这种症状大多带有畸形,不是单纯的变色。

(2)坏死(necrosis)　是指植物细胞和组织的死亡。主要是由于病原物杀死或毒害植物

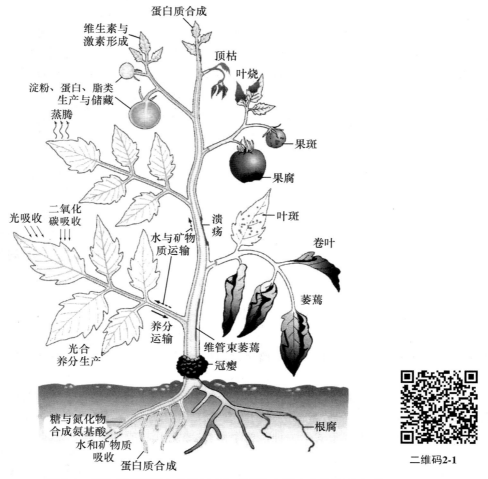

図中标注:
蛋白质合成
维生素与激素形成
顶枯
叶烧
淀粉、蛋白、脂类生产与储藏
蒸腾
果斑
果腐
二氧化碳吸收
光吸收
溃疡
叶斑
卷叶
水与矿物质运输
萎蔫
养分运输
维管束萎蔫
光合养分生产
冠瘿
糖与氮化物合成氨基酸
水和矿物质吸收
蛋白质合成
根腐

二维码2-1

图 2-3　植物器官的基本功能(左)与病害的主要症状类型(右)(仿 Agrios 2005)

或寄主植物的保护性局部自杀造成的。

　　坏死在叶片上常表现为坏死斑(lesion)和叶枯(leaf blight)。坏死斑的形状、大小和颜色因病害而不同,但轮廓都比较清楚。有的坏死斑周围有一圈变色环,称为晕环。大部分病斑发生在叶片上,早期是褪绿或变色,后期逐渐变为坏死。坏死发生在花朵上,则直接降低花卉的观赏和商品价值。病斑的坏死组织有时可以脱落而形成穿孔(holospot)症状,有的坏死斑上有轮状纹,这种病斑称作轮斑或环斑(ring spot)。环斑是由几层同心圆组成的,各层颜色可以不同。类似环斑的症状,是叶片上形成的单线或双线的环纹(ring line)或线纹(line pattern),形成的线纹如橡树叶的轮廓就称作橡叶纹(oak leaf)。以上各种斑纹,如表皮组织坏死的则表现为蚀纹。许多植物病毒病表现环斑、坏死环斑、各种环纹或蚀纹症状。叶枯是指叶片上较大面积的枯死,枯死的轮廓有的不像叶斑那样明显。叶尖和叶缘的大块枯死,一般称作叶烧(leaf firing)。

　　植物叶片、果实和枝条上还有一种称作疮痂(scab)的症状,病部较浅而且是很局限的,斑点的表面粗糙,有的还形成木栓化组织而稍微突起。植物根茎也可以发生各种形状的坏死斑。幼苗茎基部组织的坏死,引起所谓的猝倒(幼苗在坏死处倒伏,damping off)和立枯

（幼苗枯死但不倒伏，seedling blight）。木本植物茎的坏死还有一种梢枯症状，枝条从顶端向下枯死，一直扩展到主茎或主干。果树和树木的枝干上有一种溃疡（canker）症状，坏死的主要是木质部，病部稍微凹陷，周围的寄主细胞有时增生和木栓化，限制病斑进一步的扩展。

（3）腐烂（rot）　是指植物组织较大面积的分解和破坏。腐烂是由于病原物产生的水解酶分解、破坏植物组织造成的。

植物的根、茎、花、果都可发生腐烂，幼嫩或多汁的组织则更容易发生。腐烂与坏死有时难以区别。一般来说，腐烂是整个组织和细胞受到破坏和消解，而坏死则多少还保持原有组织和细胞的轮廓。腐烂可以分干腐（dry rot）、湿腐（wet rot）和软腐（soft rot）。组织腐烂时，随着细胞的消解而流出水分和其他物质。如细胞的消解较慢，腐烂组织中的水分能及时蒸发而消失则形成干腐。相反，如细胞的消解很快，腐烂组织不能及时失水则形成湿腐。软腐则先是中胶层受到破坏，腐烂组织的细胞离析，以后再发生细胞的消解。根据腐烂的部位，分别称为根腐、基腐、茎腐、果腐、花腐等。流胶（gummosis）的性质与腐烂相似，是从受害部位流出的胶状细胞和组织分解的产物。

（4）萎蔫（wilt）　是指植物的整株或局部因脱水而出现枝叶下垂的现象。主要由于植物根部受害吸水困难或病原毒素的毒害、诱导的维管束堵塞。

病原侵染引起的萎蔫一般是不能恢复的。根据受害部位的不同，有局部性的，如一个枝条的萎蔫，但更常见的是全株性的，萎蔫的后果是植株的变色干枯；而萎蔫期间失水迅速、植株仍保持绿色的称为青枯。不能保持绿色的又分为枯萎和黄萎。

（5）畸形（malformation）　是指植物受害部位的细胞分裂和生长发生促进性或抑制性的病变，致使植物整株或局部的形态异常。畸形主要是由于病原物分泌激素类物质或干扰寄主激素代谢造成的。

全株生长不正常的畸形，常见的有矮化（stunt）和矮缩（dwarf）。矮化是植株各个器官的生长成比例地受到抑制，病株比健株矮小得多。矮缩则是指植株不成比例地变小，主要是节间的缩短。如枝条不正常地增多，形成成簇枝条的称作丛枝（witche's broom）。叶片的畸形也很多，如叶片的变小和叶缺的深裂等，但较常见的有叶面高低不平的皱缩（crinkle），叶片沿主脉平行方向向上或向下卷的卷叶（leaf roll），卷向与主脉大致垂直的缩叶（leaf curl）等。

此外，植物的根、茎、叶上可以形成瘤肿（tumor），如细菌侵染形成的根癌、冠瘿，线虫侵染造成的根结等。茎和叶脉可形成突起的增生组织，如耳状的耳突。有些病害表现花变叶（phyllody）症状，即构成花的各部分如花瓣等变为绿色的叶片状。各类病原物引起的病害都有产生畸形症状的可能，但多数表现畸形症状的病害是由植物病毒、类病毒或植原体的侵染所引起的。

2.4.2　病征

病原物在病部形成的病征主要有 5 种类型。

2.4.2.1　粉状物

粉状物产生于植物表面、表皮下或组织中，以后破裂而散出。包括锈粉、白粉、黑粉和白锈等。

（1）锈粉　也称锈状物，是初期在病部表皮下形成黄色、褐色或棕色的病斑，破裂后散出的铁锈状粉末。为锈病特有的表现，如菜豆锈病等。

（2）白粉　是在病株叶片正面表生的大量白色粉末状物；后期颜色加深，产生细小黑点。为白粉菌所致病害的特征，如黄瓜白粉病、黄芦白粉病等。

（3）黑粉　是首先在病部形成菌瘿，瘿内产生的大量黑色粉末状物。为黑粉菌所致病害的病征，如禾谷类植物的黑粉病和黑穗病。

（4）白锈　是首先在病部表皮下形成白色疱状斑（多在叶片背面），破裂后散出的灰白色粉末状物。为白锈菌所致病害的病征，如十字花科植物白锈病。

2.4.2.2　霉状物

霉状物是菌物的菌丝、孢子梗和孢子在植物表面构成的特征，其着生部位、颜色、质地、结构常因菌物的种类不同而异。主要可分为3种类型。

（1）霜霉　是多生于病叶背面，由气孔伸出的白色至紫灰色霉状物。为霜霉菌所致病害的特征，如黄瓜霜霉病、月季霜霉病等。

（2）绵霉　是于病部产生的大量的白色、疏松、棉絮状物。为水霉、腐霉、疫霉和根霉等所致病害的特征，如茄绵疫病、瓜果腐烂病等。

（3）霉层　是除霜霉和绵霉以外，产生在病部的其他霉状物。按照色泽的不同，分别称为灰霉、绿霉、黑霉、赤霉等。许多真菌所致病害产生这类特征，如柑橘青霉、番茄灰霉病等。

2.4.2.3　粒状物

粒状物是在病部产生的形状、大小、色泽和排列方式各不相同的小颗粒状物，它们大多暗褐色至褐色，针尖至米粒大小。为菌物的子囊壳、分生孢子器、分生孢子盘等构成的特征，如苹果树腐烂病、各种植物炭疽病等。

2.4.2.4　菌核

菌物的菌组织变态形成的一种特殊结构，其形态大小差别较大，有的似鼠粪状，有的像菜籽形，多数黑褐色，产生于植株受害部位。如十字花科蔬菜菌核病、莴苣菌核病等。

2.4.2.5　脓状物

细菌性病害在病部溢出的含有细菌菌体的脓状黏液，一般呈露珠状，或散布为菌液层；在气候干燥时，会形成菌膜或菌胶粒。如黄瓜细菌性角斑病等。

植物病害的病状和病征是症状统一体的两个方面，二者相互联系，又有区别。有些病害只有病状没有可见的病征，如全部非侵染性病害、病毒病害。也有些病害病状非常明显，而病征不明显，如变色病状、畸形病状和大部分病害发生的早期。也有些病害病征非常明显，病状却不明显，如白粉类病征、霉污类病征，早期难以看到寄主的特征性变化。

2.5　症状的变化及在病害诊断中的应用

植物病害的病状和病征是进行病害类别识别、病害种类诊断（diagnosis）的重要依据。对于植物的常见病和多发病，一般可以依据特征性的病状和病征进行识别，指导生产治理病害。但是对于非常见病害则由于症状的变化特点，需要分析、对照文献资料或者结合病原检查进行诊断。而对于新病害,则要结合病原鉴定和致病性测定进行诊断。

　　植物病害症状的变化主要表现在异病同症、同病异症、症状潜隐等几个方面。不同的病原物侵染可以引起相似的症状,如叶斑类病状可以由分类关系上很远的病原物引起,病毒、细菌、菌物侵染都可出现这类病状。大类病害的识别相对容易一些,对于不同的菌物,则需要病原形态的显微观察的配合。

　　植物病害症状的复杂性还表现在它有种种的变化。多数情况下,一种植物在特定条件下发生一种病害以后就出现一种症状,称为典型症状。如斑点、腐烂、萎蔫或癌肿等。有不少病害的症状并非固定不变或只有一种,可以在不同阶段或不同抗性的品种上或者在不同的环境条件下出现不同类型的症状。例如烟草花叶病毒侵染多种植物后都表现为典型的花叶症状,但它在心叶烟或苋色藜上却表现为枯斑。链格孢属真菌侵染不同花色的菊花品种,在花朵上产生不同颜色的病斑。

　　有些病原物在有些寄主植物上只引起很轻微的症状,有的甚至是侵染后不表现明显症状的潜伏侵染(latent infection)。表现潜伏侵染的病株,病原物在它的体内还是正常地繁殖和蔓延,病株的生理活动也有所改变,但是不表现明显的症状。有些病害的症状在一定的条件下可以消失,特别是许多病毒病的症状往往因高温而消失,这种现象称作症状潜隐。

　　病害症状本身也是发展的,如白粉病在发病初期主要表现是叶面上的白色粉状物,后来变粉红色、褐色,最后出现黑色小粒点。而花叶病毒病,往往随植株各器官生理年龄的不同而出现严重度不同的症状,在老叶片上可以没有明显的症状,在成熟的叶片上出现斑驳和花叶,而在顶端幼嫩叶片上出现畸形。因此在田间进行症状观察时,要注意系统和全面。

　　当两种或多种病害同时在一株植物上发生时,可以出现多种不同类型的症状,这称为并发症。它与综合征是不同的。当两种病害在同一株植物上发生时,可以出现两种各自的症状而互不影响;有时这两种症状在同一部位或同一器官上出现,就可能彼此干扰发生拮抗的现象,即只出现一种症状或很轻的症状;也可能出现互相促进加重症状的协生现象,甚至出现了完全不同于原有两种各自症状的第三种类型的症状。因此拮抗现象和协生现象都是指两种(或以上)病害在同一株植物上发生时症状变化的情况。

　　对于复杂的症状变化,首先需要对症状进行全面的了解,对病害的发生过程进行分析(包括症状发展的过程、典型的和非典型的症状以及由于寄主植物反应和环境条件的不同对症状的影响等),结合资料查阅,甚至进一步鉴定它的病原物,才能做出正确的诊断。

≫ 思 考 题 ≪

　　1. 你认为怎样描述植物病害的定义更合适?为什么?

　　2. 园艺植物病原生物有哪几类?它们各属于哪个界的生物?

　　3. "病害三角"中环境因素有何作用?

　　4. 植物病害的病状和病征各有几类?如何进行区分和识别?

　　5. 简述不同病状的形成原因。

　　6. 植物病害的症状主要有哪些变化?如何在病害诊断中应用?

参考文献

［1］Agrios G N. Plant Pathology. 5th ed. Salt Lake City：Academic Press，2005

［2］华南农业大学，河北农业大学. 植物病理学. 2 版. 北京：中国农业出版社，1995

［3］许志刚. 普通植物病理学. 4 版. 北京：中国农业出版社，2009

［4］唐文成. 植物病害的症状及其诊断方法. 现代农业科技，2014(15)：158＋161

［5］许丛建. 园林植物病害主要症状与具体防治方法. 现代园艺，2012(16)：156

第3章

园艺植物病害的病因

▶▶ **本章重点与学习目标**

1. 学习并掌握植物侵染性病害病原菌物、原核生物、病毒、线虫和寄生性种子植物的一般性状、分类和命名。

2. 熟悉病原生物的主要类群和代表属的特征,及其所致病害的一般发生规律与诊断要点。

3. 了解引起植物非侵染性病害(生理性病害)的主要因子及其诊断与治理要点。

引起园艺植物病害的病因有两大类,非生物性病因主要是指不良环境因子,称为非生物因子(abiotic factor),为避免混淆不使用"病原"这个词汇。生物性因子称为病原生物(简称病原物,对应于英文 pathogen),包括病原菌物、原核生物、病毒、线虫及寄生性植物等。

3.1　植物病原菌物

菌物是一类营养体,通常为丝状体,具细胞壁,以吸收为营养方式,通过产生孢子进行繁殖的真核微生物。菌物种类多,分布广,可以存在于水和土壤中以及地面上的各种物体上。菌物大部分是腐生的,少数共生和寄生。在寄生的菌物中,有些可寄生在植物、人类和动物上引起病害。在园艺植物病害中,约有80%的病害是由菌物引起的。菌物引起的病害不但种类多,而且危害性也大。如园艺植物的霜霉病、疫病、白粉病、灰霉病、炭疽病、菌核病等都是生产上危害严重的病害,对作物的产量和品质影响极大。

▶ 3.1.1　菌物的一般性状

(1)菌物的营养体　菌物营养生长阶段的结构称为营养体。绝大多数菌物的营养体是可分枝的丝状体,单根丝状体称为菌丝(hypha),菌丝的集合体称为菌丝体(mycelium)。菌丝通常呈圆管状,直径一般为 2～30 μm,最大的可达 100 μm。菌丝无色或有色,细胞壁主要成分除卵菌为纤维素外,大多是几丁质。细胞内除细胞核外,还有内质网、核糖体、线粒体、类脂体和液泡等。高等菌物的菌丝有隔膜(septum),将菌丝分隔成多个细胞,称为有隔菌丝(图 3-1)。而低等菌物的菌丝一般无隔膜,通常认为是一个多核的大细胞,称为无隔菌丝(图 3-1)。菌丝一般由孢子萌发产生的芽管发育而成,以顶端生长和延伸。菌丝每一部分都潜存着生长的能力,每一断裂的小段菌丝均可在适宜的条件下继续生长。此外,少数菌物的营养体不是丝状体,而是一团多核的、无细胞壁且形状可变的原(生)质团(plasmodium),如黏菌;或具细胞壁、卵圆形的单细胞,如酵母菌和壶菌。

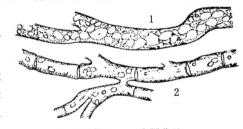

1.无隔菌丝;　2.有隔菌丝
图 3-1　菌物的营养体

菌丝体是菌物获得养分的结构,寄生菌物以菌丝侵入寄主的细胞间或细胞内吸收营养物质。当菌丝体与寄主细胞壁或原生质接触后,营养物质和水分通过渗透作用和离子交换作用进入菌丝体内。有些菌物侵入寄主后,往往从菌丝体上形成吸收养分的特殊结构——吸器(haustorium),伸入寄主细胞内吸收养分和水分。吸器的形状不一,因菌物的种类不同而异,如有些白粉菌的吸器为掌状,霜霉的为丝状,锈菌的为指状,白锈菌的为小球状等(图3-2)。

菌物的菌丝体一般是分散的,但有时可以密集而形成菌组织。菌组织有两种:一种是菌丝体组成比较疏松的疏丝组织(prosenchyma);另一种是菌丝体组成比较紧密的拟薄壁组织(pseudoprosenchyma)。有些菌物的菌组织,可以形成菌核(sclerotium)、子座(stroma)和

园艺植物病理学(第3版)

菌索(rhizomorph)等变态类型。菌核是由菌丝紧密交织而成的休眠体,内层是疏丝组织,外层是拟薄壁组织。菌核的形状和大小差异较大,通常似绿豆状、鼠粪状或不规则状。初期颜色常为白色或浅色,成熟后呈褐色或黑色,特别是表层细胞壁厚、色深、较坚硬。菌核的功能主要是抵抗不良环境,当条件适宜时,菌核能萌发产生新的营养菌丝或从上面形成新的产生孢子的结构(图 3-3)。子座是由菌丝在寄主表面或表皮下交织形成的一种垫状结构,有时与寄主组织结合而成。子座的主要功能是形成产生孢子的结构,但也有度过不良环境的作用。菌索是由菌丝体平行交织构成的长条形绳索状结构,外形与植物的根有些相似,所以也称为根状菌索。菌索的粗细不一,长短不同,有的可长达几十厘米。菌索可抵抗不良环境,也有助于菌体在基质上蔓延(图 3-4)。

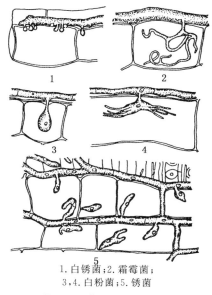

1.白锈菌;2.霜霉菌;
3,4.白粉菌;5.锈菌

图 3-2　菌物的吸器类型

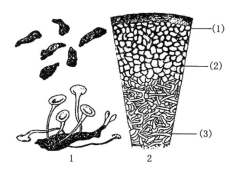

1.菌核及其萌发(产生子囊盘);
2.菌核剖面(1)皮层;
(2)拟薄壁组织;
(3)疏丝组织

图 3-3　菌核及其结构

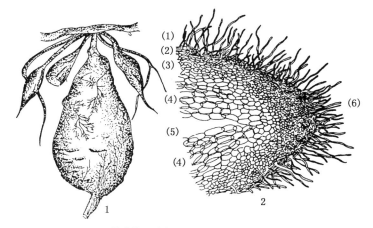

1.甘薯块上缠绕的菌索;2.菌索的结构
(1)疏松的菌丝;(2)胶质的疏松菌丝层;(3)皮层;(4)心层;(5)中腔;(6)尖端的分生组织

图 3-4　菌索及其结构

有些菌物菌丝的某些细胞膨大变圆、原生质浓缩、细胞壁加厚而形成厚垣孢子(chlamydospore)。它能抵抗不良环境,待条件适宜时再萌发成菌丝(图 3-5)。

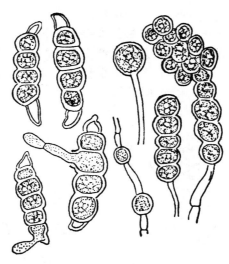

图 3-5　菌物的厚垣孢子

（2）菌物的繁殖体　菌物在生长发育过程中,经过营养生长阶段后,即进入繁殖阶段,形成各种繁殖体即子实体(fruiting body)。大多数菌物只以一部分营养体分化为繁殖体,其余营养体仍然进行营养生长,少数低等菌物则以整个营养体转变为繁殖体。菌物的繁殖方式分为无性和有性两种,无性繁殖产生无性孢子,有性繁殖产生有性孢子。

3.1.1.1　无性繁殖及无性孢子的类型

无性繁殖(asexual reproduction)是指菌物不经过性细胞或性器官的结合,而从营养体上直接产生孢子的繁殖方式。所产生的孢子称为无性孢子。常见的无性孢子有 3 种类型(图 3-6)。

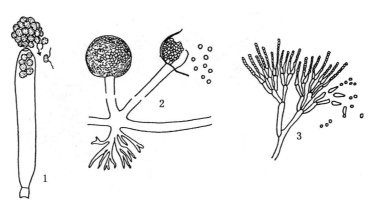

1.游动孢子囊和游动孢子;2.孢子囊和孢囊孢子;
3.分生孢子梗和分生孢子
图 3-6　菌物无性繁殖产生的孢子

（1）游动孢子（zoospore）　产生于游动孢子囊（zoosporangium）中的内生孢子。游动孢子囊由菌丝或孢囊梗顶端膨大而成。游动孢子无细胞壁，具1～2根鞭毛，释放后能在水中游动。

（2）孢囊孢子（sporangiospore）　产生于孢子囊（sporangium）中的内生孢子。孢子囊由孢囊梗的顶端膨大而成。孢囊孢子有细胞壁，无鞭毛，释放后可随风飞散。

（3）分生孢子（conidium）　产生于由菌丝分化而形成的分生孢子梗（conidiophore）上，成熟后从孢子梗上脱落。分生孢子的种类很多，它们的形状、大小、色泽、形成和着生的方式都有很大的差异。不同菌物的分生孢子梗的分化程度也不一样，有散生的、丛生的，也有些菌物的分生孢子梗着生于分生孢子器。孢子果主要有两种类型，即近球形的具孔口的分生孢子器（pycnidium）和杯状或盘状的分生孢子盘（acervulus）。

3.1.1.2　有性生殖及有性孢子的类型

菌物生长发育到一定时期进行有性生殖。菌物的有性生殖是指菌物通过性细胞或性器官的结合而产生孢子的繁殖方式。有性生殖产生的孢子称为有性孢子，它相当于高等植物的种子。多数菌物是在菌丝体上分化出性器官进行交配。菌物的性细胞，称为配子（gamete），性器官称为配子囊（gametangium）。菌物有性生殖的过程可分为质配（plasmogamy）、核配（karyogamy）和减数分裂（meiosis）三个阶段。第一个阶段是质配，即经过两个性细胞的融合，两者的细胞质和细胞核（N）合并在同一细胞中，形成双核期（N＋N）。第二阶段是核配，就是在融合的细胞内两个单倍体的细胞核结合成一个双倍体的核（2N）。第三阶段是减数分裂，双倍体细胞核经过减数分裂，形成4个单倍体的核（N），从而变成单倍体阶段。常见的有性孢子（图3-7）有5种类型。

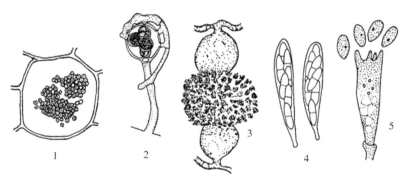

1. 休眠孢子囊；2. 卵孢子；3. 接合孢子；4. 子囊孢子；5. 担孢子

图 3-7　菌物有性生殖产生的孢子

（1）休眠孢子囊（resting sporangium）　通常由两个游动配子配合形成，壁厚，为双核体或二倍体，萌发时发生减数分裂释放出单倍体的游动孢子，如根肿菌门的根肿菌和壶菌门的壶菌的有性孢子。根肿菌的休眠孢子囊萌发时通常仅释放出一个游动孢子，故其休眠孢子囊也称为休眠孢子（resting spore）。

（2）卵孢子（oospore）　由卵菌的两个异型配子囊——雄器（antheridium）和藏卵器（oogonium）结合而形成。两者接触后，雄器的细胞质和细胞核经授精管（fertilization tube）进入藏卵器，与卵球核配后发育成厚壁的、二倍体的卵孢子。如卵菌门卵菌的有性孢子。

（3）接合孢子（zygospore）　接合菌的有性孢子。由两个同型或异型配子囊顶端融合成一个细胞，并在这个细胞中进行质配和核配后形成的二倍体厚壁孢子。接合孢子萌发时进行减数分裂，长出芽管，端生一个孢子囊或直接形成菌丝。

（4）子囊孢子（ascospore）　子囊菌的有性孢子。通常是由两个异型配子囊——雄器和产囊体相结合，经质配、核配和减数分裂而形成的单倍体孢子。子囊孢子大多着生在无色透明、棒状或卵圆形的囊状结构即子囊（ascus）内。每个子囊中一般形成8个子囊孢子。子囊通常产生在有包被的子囊果内。子囊果一般有4种类型（图3-8），即球状而无孔口的闭囊壳（cleiothecium）；瓶状或球状且有真正壳壁和固定孔口的子囊壳（perithecium）；由子座消解而成、无真正壳壁和固定孔口的子囊腔（locule）和盘状或杯状的子囊盘（apothecium）。

（5）担孢子（basidiospore）　担子菌门真菌的有性孢子。通常由两个亲和的单核菌丝结合形成双核菌丝后，双核菌丝顶端细胞膨大成棒状的担子（basidium），或双核菌丝细胞壁加厚形成冬孢子（teliospore）。在担子或冬孢子中的双核经过核配和减数分裂，最后在担子上产生4个外生的单倍体的担孢子。

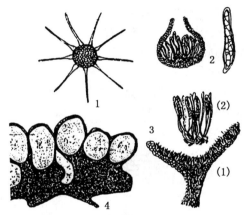

1.闭囊壳及附着丝;2.子囊壳、子囊和子囊孢子;3.子囊盘（1）子囊盘切面;
（2）子囊、子囊孢子和侧丝;4.子囊腔
图3-8　子囊果类型

菌物的有性生殖存在性分化现象。有些菌物单个菌株就能完成有性生殖，称为同宗配合（homothallism），而多数菌物需要两个性亲和的菌株生长在一起才能完成有性生殖，称为异宗配合（heterothallism）。异宗配合菌物的有性生殖需要不同菌株间的配对或杂交，因此有性后代比同宗配合菌物具有更大的变异性，这对菌物增强其适应性与生活能力是有益的。

3.1.2　菌物的生活史

菌物从一种孢子萌发开始，经过一定的营养生长和繁殖阶段，最后又产生同一种孢子的过程，称为菌物的生活史（life cycle）。菌物的典型生活史包括无性繁殖和有性生殖两个阶段。菌物有性阶段产生的有性孢子萌发后形成菌丝体，菌丝体在适宜条件下进行无性繁殖产生无性孢子，无性孢子萌发形成新的菌丝体。菌丝体一般在植物生长后期或病菌侵染的后期进入有性生殖阶段，产生有性孢子，完成从有性孢子萌发开始到产生下一代有性孢子的过程。无性阶段往往在一个生长季节可以连续循环多次，产生大量的无性孢子，对病害的传播和流行起着重要作用。有性阶段一般只产生一次有性孢子,其作用除了繁衍后代外,主要是度过不良环境,并成为翌年病害初侵染的来源(图3-9)。

从菌物生活史过程中细胞核的变化来看,一个完整的生活史由单倍体和二倍体两个阶段组成。两个单倍体细胞经质配、核配后,形成二倍体阶段,再经减数分裂进入单倍体阶段。有的菌物在质配后不立即进行核配,形成双核单倍体细胞,这种双核细胞有的可以形成双核菌丝体并单独生活。根据单倍体、双倍体和双核阶段的有无及长短,可将菌物的生活史分为5种类型(图3-10):①无性型:只有无性阶段即单倍体时期,如无性型真菌。②单倍体型:营养体和无性繁殖体为单倍体,有性生殖过程中质配后立即进行核配和减数分裂,二倍体阶段很短,如壶菌、接合菌等。③单倍体-双核型:有单核单倍体和双核单倍体菌丝,多数担子菌为此类型。有些子囊菌形成子囊前的产囊丝是单倍体生活史中不能单独生活的双核体。④单倍体-二倍体型:生活史中

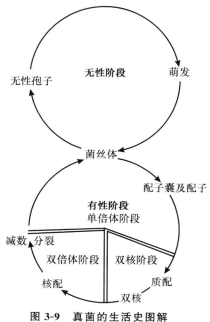

图3-9 真菌的生活史图解

单倍体和二倍体时期互相交替,这种现象在菌物中很少,如异水霉等。⑤二倍体型:单倍体仅限于配子囊时期,整个生活史主要由二倍体阶段构成,如卵菌。

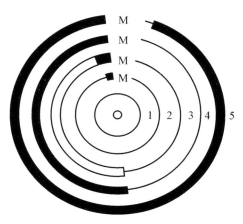

图中每圈代表一种生活史;1.无性型;2.单倍体型;3.单倍体-双核型;4.单倍体-二倍体型;5.二倍体型;M表示减数分裂;—表示单核或多核单倍体阶段;□表示双核单倍体阶段;■表示二倍体阶段

图3-10 菌物5种主要生活史类型示意图

在菌物生活史中,有的菌物不止产生一种类型的孢子,这种形成几种不同类型孢子的现象,称为菌物的多型性(polymorphism)。典型的锈菌在其生活史中可以形成5种不同类型的孢子。一般认为多型性是菌物对环境适应性的表现。有些菌物在一种寄主植物上就可完成生活史,称单主寄生(autoecism)。有的菌物需要在两种或两种以上不同的寄主植物上才能完成其生活史,称为转主寄生(heteroecism),如有些锈菌。

▶ 3.1.3 菌物的分类与命名

学习菌物的分类应首先明确其在生物界的地位。最初人们将地球上的生物分为动物界和植物界,认为菌物是失去叶绿素的植物,因此放在植物界内,属于藻菌植物门。随着科学研究的深入,生物分界也在不断发生变化。1969 年威特克(Whittaket)根据生物在自然界中的地位、作用以及获取营养的方式,提出了五界分类系统,将生物分为原核生物界(Procaryotae)、原生生物界(Protista)、植物界(Plantae)、真菌界(Fungi)和动物界(Animalia)。进入 20 世纪 80 年代,随着电子显微镜、分子生物学等新技术的应用,生物分类系统和理论也有了进一步发展。20 世纪 70 年代 Ainsworth(1971)根据营养体的特征将真菌界分为两个门,即营养体为变形体或原质团的黏菌门(Myxomycota)和营养体主要是菌丝体的真菌门(Eumycota)。根据营养体、无性繁殖和有性生殖的特征,真菌门分为 5 个亚门,即鞭毛菌亚门(Mastigomycotina)、接合菌亚门(Zygomycotina)、子囊菌亚门(Ascomycotina)、担子菌亚门(Basidiomycotina)和半知菌亚门(Deuteromycotina)。

1981 年卡瓦利-史密斯(Cavaliaer-Smith)首次提出细胞生物八界分类系统,即真菌界(Fungi)、动物界(Animalia)、胆藻界(Biliphyta)、绿色植物界(Viridiplantae)、眼虫动物界(Euglenozoa)、原生动物界(Protozoa)、藻物界(Chromista)及原核生物界(Monera)。1995 年出版的《菌物辞典》(第 8 版)接受并采纳了生物八界分类系统,将黏菌、根肿菌归入原生动物界中,卵菌和丝壶菌归入藻物界。真菌界中只包括了壶菌门、接合菌门、子囊菌门和担子菌门。半知菌已不作为正式的分类单元,已知有性阶段的真菌归入相应的子囊菌门或担子菌门,尚不知有性阶段而只有分生孢子阶段的真菌归入有丝分裂孢子真菌(mitosporic fungi)这一类群。1992 年巴尔(Barr)曾建议把原来隶属于真菌而目前分属于 3 个界的生物,称为菌物(union of fungi),把真菌界的生物称为真菌(true fungi),把隶属于藻物界的卵菌称为假真菌(pseuofungi)。随着分子生物学、分子系统学和生物信息学等的发展,菌物分类和命名又发生了许多新的变化。2001 年出版的《菌物辞典》(第 9 版)和 2008 年出版的《菌物辞典》(第 10 版)分别对子囊菌门和担子菌门的分类进行了重大修订。而且,目前已可以通过分子遗传学手段将菌物的无性型与有性型相对应,有丝分裂孢子真菌(mitosporic fungi)这一类群已改称无性型真菌(anamorphic fungi)。

鉴于最新的分类系统较多地应用了分子生物学方面的证据,菌物类群中较高阶分类单元(如门、纲、目)的变动较大并在不断完善中,本书参照《菌物辞典》第 8~10 版,将归属于原生动物界、藻物界和真菌界 3 个界内的菌物中的重要代表属的特征进行介绍。

菌物的各级分类单元是界、门(-mycota)、亚门(-mycotina)、纲(-mycetes)、亚纲(-mycetidae)、目(-ales)、亚目(-ineae)、科(-aceae)、亚科(-oideae)、属、种。种是菌物最基本的分类单元,许多亲缘关系相近的种归于属。种的建立是以形态为基础,种与种之间在主要形态上应该有显著而稳定的差别,有时还应考虑生态、生理、生化及遗传等方面的差别。菌物在种下面有时还可分为变种(variety)、专化型(forma specialis,缩写为 f. sp.)和生理小种(physiological race)。

变种也是根据一定的形态差别来区分的。专化型和生理小种在形态上没有差异,而是根据其致病性的差异来划分的。专化型的划分大多是以一种菌物对不同属、种寄主植物的致病性差异为依据;生理小种的划分大多是以一种菌物对不同寄主品种的致病性差异为依据。有些病原菌物的种,没有明显的专化型,但是可以划分为不同的生理小种。生理小种是一个群体,其中个体的遗传性并不完全相同。

菌物的命名与高等动植物一样采用拉丁双名法。前一个名称是属名,后一个名称是种名。属名是名词,第一个字母要大写,种名常是形容词,第一个字母不大写。学名之后加注定名人的名字(通常是姓,可以缩写),如原学名不恰当而被更改,则将原定名人放在学名后的括号内,在括号后再注明更改人的姓名。如白菜霜霉病菌为:*Hyaloperonospora parasitica*(Pers.）Constant。如果种的下面还分变种或专化型的,在种后附加相应的变种或专化型的名称。如黄瓜枯萎病菌为*Fusarium oxysporum*（Schl.）f. sp. *cucumerinum* Owen。生理小种一般用编号来表示。

由于菌物的复型现象(pleomorphism),它的不同形态(包括孢子类型)经常难以同时被发现,甚至有些形态一直难以发现,这些菌的不同形态就可能被给予不同名称。最常见的就是有性型(teleomorph)的名称和无性型(anamorph)的名称。目前,已经可以通过分子遗传学手段将同种菌物的不同形态加以连接。按照《国际藻类、菌物和植物命名法规》(墨尔本法规)(2012年出版),一种菌物只允许有一个正式名称(即:一物一名),其他均为异名。有些菌保留了菌物无性型的名称,有些保留了其有性型的名称。本书已按照目前已有的研究结果采用了一物一名。由于真菌种类繁多,名称的整理工作还在进行中,每种菌物的现用名、曾用名及分类地位可查阅 Mycobank(http://www.mycobank.org/)和 Index Fungorum (http://www.indexfungorum.org/)两个数据库。

3.1.4 园艺植物病原菌物的主要类群

3.1.4.1 根肿菌门

根肿菌门(Plasmodiophoromycota)又称原质菌门,其营养体为原质团,生活在寄主细胞内。形成游动孢子囊与休眠孢子囊的原质团性质不同,前者是单倍体,后者是二倍体,一般认为由两个游动孢子配合形成的合子发育而成。实际上,目前对多数根肿菌的有性生殖过程仍不很清楚。

根肿菌门只含有1纲1目1科,即根肿菌纲(Plasmodiophoromycetes)、根肿菌目(Plasmodiophorales)、根肿菌科(Plasmodiophoraceae)。根肿菌均为寄主细胞内专性寄生菌,寄生于高等植物的根或茎细胞内,有的寄生于藻类和其他水生菌物。寄生于高等植物的往往引起细胞膨大和组织增生,受害植株根部肿大,故称为根肿菌。其中最主要的植物病原菌是芸薹根肿菌(*Plasmodiophora brassicae* Woronin)。还值得提出的是马铃薯粉痂菌[*Spongospora subterranea*（Wallr.）Lagerh]和禾谷多黏菌(*Polymyxa graminis* Ledingham),后者虽然不是主要的病原菌,但它的游动孢子是传播小麦土传花叶病毒和小麦梭条花叶病毒的介体。

根肿菌属(*Plasmodiophora*)的特征是休眠孢子游离分散在寄主细胞内,不联合形成休眠孢子堆(图3-11)。该属都是细胞内专性寄生物,寄主范围较广。为害植物根部引起手指状或块状的膨大,称为根肿病。

根肿菌属的生活史还不十分清楚,现以芸薹根肿菌(*P. brassicae*)为例做一简要介绍。

芸薹根肿菌的休眠孢子萌发时释放出 1 个游动孢子,游动孢子与寄主的根毛或根表皮细胞接触后,鞭毛收缩并休止形成休止孢。休止孢萌发时形成一管状结构穿透寄主细胞壁,将原生质注入寄主细胞内,发育成原质团。这种原质团成熟后分割形成薄壁的游动孢子囊,每个孢子囊可释放 4～8 个游动孢子。这种游动孢子具有配子的功能,质配是由两个游动孢子配合形成合子。合子侵入寄主细胞内发育成原质团,原质团内的细胞核发生核配,紧接着进行减数分裂,随后原质团分割成许

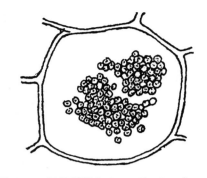

图 3-11　根肿菌属(*Plasmodiophora*)

多单核休眠孢子。芸薹根肿菌是根肿菌属中最常见的种,引起十字花科芸薹属多种蔬菜的根肿病。休眠孢子抵抗不良环境的能力很强,可以在酸性土壤中存活七八年。

3.1.4.2　卵菌门

卵菌大多数生于水中,少数具有两栖和陆生习性。它们有腐生的,也有寄生的,有些高等卵菌是植物上的活体寄生菌。卵菌的主要特征是:营养体多为无隔的菌丝体,少数为原质团或具细胞壁的单细胞;无性繁殖产生具鞭毛的游动孢子;有性生殖形成休眠孢子(囊)或卵孢子。与园艺植物病害关系较密切的卵菌主要有以下 4 个属(类)。

(1)腐霉属(*Pythium*)　孢囊梗菌丝状。孢子囊球状或姜瓣状,成熟后一般不脱落,萌发时产生泡囊,原生质转入泡囊内形成游动孢子。有性生殖在藏卵器内形成卵孢子(图 3-12)。腐霉多生于潮湿肥沃的土壤中,如引起多种园艺植物幼苗根腐病、猝倒病以及瓜果腐烂病的瓜果腐霉[*P. aphanidermatum*(Edson)Fitzp]。

(2)疫霉属(*Phytophthora*)　孢囊梗分化不明显至明显,孢子囊在孢囊梗上形成。孢子囊近球形、卵形或梨形,成熟后脱落,萌发时产生游动孢子或直接萌发长出芽管。游动孢子在孢子囊内形成,不形成泡囊。有性生殖在藏卵器内形成一个卵孢子(图 3-13)。寄生性较强,多为两栖或陆

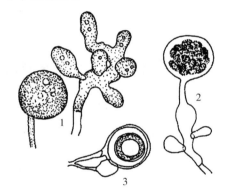

1.孢囊梗和孢子囊;2.孢子囊萌发形成泡囊;
3.雄器/藏卵器和卵孢子

图 3-12　腐霉属(*Pythium*)

生。如引起柑橘褐腐病的柑橘褐腐疫霉[*P. citrophthora*(R & E. Smith)Leon.]、柑橘脚腐病的烟草疫霉(*P. nicotianae* Breda de Haan)、辣椒疫病的辣椒疫霉(*P. capsici* Leonian)、芍药(牡丹)疫病的恶疫霉[*P. cactorum*(Lebert & Cohn)Schrot]等。

(3)霜霉　属于高等的卵菌,都是植物上的活体寄生菌,它们的菌丝蔓延在寄主细胞间,以吸器伸入寄主细胞内吸收养分。孢囊梗有限生长,孢囊梗及其顶端的分枝是分属的依据。孢子囊在孢囊梗上形成,孢子囊卵圆形,顶端乳头状突起有或无,萌发时产生游动孢子或直接萌发出芽管。有性生殖在藏卵器内形成一个卵孢子(图 3-14)。引起园艺植物病害的霜霉,如引起葡萄霜霉病的葡萄生轴霜霉[*Plasmopara viticola*(Berk. & Curt.)Berl. & de Toni]、十字花科蔬菜霜霉病的寄生无色霜霉[*Hyaloperonospora parasitica*(Pers.)Constant.〕、月季霜霉病的蔷薇霜霉（*Peronospora sparsa* Berk.）、黄瓜霜霉病的古巴假霜霉〔*Pseudoperonospora cubensis*（Berkeley & Curtis）Rostovtsev〕、矢车菊霜霉病的矢车菊盘霜霉（*Bremia centaureae* Sydow）等。

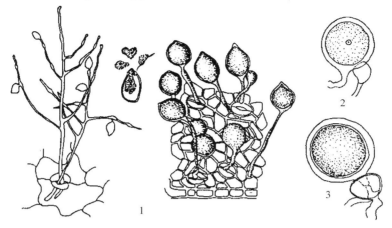

1.孢囊梗、孢子囊和游动孢子；2.雄器侧生；3.雄器包围在藏卵器基部

图 3-13　疫霉属（*Phytophthora*）

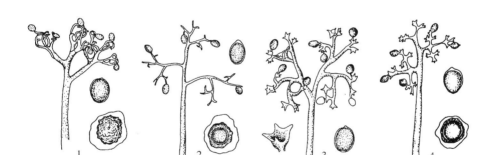

1.霜霉属（*Peronospora*）；2.假霜霉属（*Pseudoperonospora*）；

3.盘梗霉属（*Bremia*）；4.单轴霉属（*Plasmopara*）

图 3-14　主要霜霉菌属的孢囊梗、孢子囊和卵孢子

（4）白锈属（*Albugo*）　白锈菌是活体寄生物，菌丝在寄主细胞间蔓延，以吸器伸入细胞内吸收营养。孢囊梗不分枝，短棍棒状，密集在寄主表皮下，排列成栅栏状，孢囊梗顶端串生孢子囊。孢子囊椭圆形，无色，成熟后由寄主表皮破裂散出白色锈粉。卵孢子壁厚，表面有瘤状突起（图3-15）。引起园艺植物病害的有十字花科蔬菜白锈菌〔*A.candida*（Pers. ex J.F. Gmel.）Roussel〕、牛膝白锈菌〔*A.achyranthis*（Henn.）Miyabe.〕等。

3.1.4.3　接合菌门

接合菌门绝大多数为腐生菌，少数为弱寄生菌。接合菌的主要特征是：营养体为无隔菌丝体；无性繁殖形成孢子囊，产生不动的孢囊孢子；有性生殖产生接合孢子。本门中与园艺作物病害有关的主要是根霉属（*Rhizopus*）。

根霉属（*Rhizopus*）。菌丝发达，分布在基质表面和基质内，有匍匐丝和假根。孢囊梗从匍匐丝上长出，与假根对生，顶端形成孢子囊，其内产生孢囊孢子。孢子囊壁易破碎，散出孢囊孢子。有性生殖形成接合孢子,但不常见(图 3-16)。通常引起果、薯的软腐和瓜类花腐等,如引起桃软腐病和百合鳞茎软腐病的匍枝根霉[*R. stolonifer*(Ehrenb.)Vuill]等。

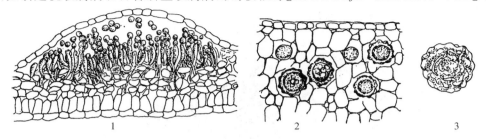

1.寄生在寄主表皮细胞下的孢囊梗和孢子囊;2.病组织内的卵孢子;3.卵孢子

图 3-15　白锈属(*Albugo*)

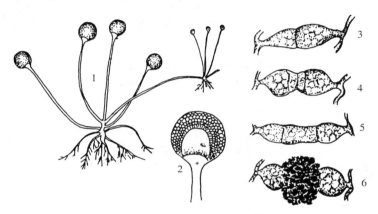

1.孢囊梗、孢子囊、假根和匍匐根;2.放大的孢子囊;3.原配子囊;

4.原配子囊分化为配子囊和配囊柄;5.配子囊结合;6.交配后形成的接合孢子

图 3-16　根霉属(*Rhizopus*)

3.1.4.4　子囊菌门

子囊菌门为高等真菌,大多陆生,有些子囊菌腐生在朽木、土壤、粪肥和动植物残体上,有些则寄生在植物、人体和牲畜上引起病害。许多子囊菌的菌丝体可以形成子座和菌核等变态结构,其形态差异很大。子囊菌的主要特征是:营养体为有隔菌丝体,少数(如酵母菌)为单细胞;无性繁殖产生分生孢子;有性生殖产生子囊和子囊孢子,大多数子囊菌的子囊产生在子囊果内,少数是裸生的。与园艺植物病害关系较密切的子囊菌主要有 5 个属(类)。

(1)外囊菌属(*Taphrina*)　子囊裸露,平行排列在寄主表面,呈栅栏状。子囊长圆筒形,其中一般有 8 个子囊孢子,子囊孢子单细胞,椭圆形或圆形(图 3-17)。外囊菌的无性繁殖是子囊孢子在子囊内芽殖产生芽孢子。外囊菌是蕨类或高等植物的寄生物,引起叶片、枝梢和果实的畸形,如引起桃缩叶病的畸形外囊菌[*T. deformans*(Berk)Tul.]、李囊果病的李外囊菌[*T. pruni*(Fuxk.)Tul.]等。

(2)白粉菌　属于盘菌亚门锤舌菌纲白粉菌目。都是高等植物上的活体寄生物,菌丝表生,以吸器伸入表皮细胞中吸取养料。子囊果为闭囊壳,内生一个或多个子囊,闭囊壳外部有不同形状的附属丝(appendage)。闭囊壳内的子囊的数目及外部附属丝形态是白粉菌

分属的主要依据。无性阶段由菌丝分化成直立的分生
孢子梗,顶端串生分生孢子。由于寄主体外生的菌丝和
分生孢子呈白色粉状,故引起的植物病害称为白粉病。
白粉菌主要包括叉丝单囊壳属(*Podosphaera*)、球针壳
属(*Phyllactinia*)、白粉菌属(*Erysiphe*)和布氏白粉菌
属(*Blumeria*)等真菌(图3-18)。原来的叉丝壳属(*Microsphaera*)和钩丝壳属(*Uncinula*)现已并入白粉菌
属,原来的单囊壳属(*Sphaerotheca*)现已与叉丝单囊
壳属合并。白粉菌引起的病害主要有苹果、梨、葡萄、瓜
类、月季、牡丹等园艺作物白粉病。

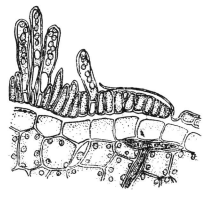

寄主角质层下形成的产囊细胞和子囊

图3-17　外囊菌属(*Taphrina*)

(3)粪壳菌类(原来称为核菌)　属于盘菌亚门下的
粪壳菌纲(Sordariomycetes)。子囊果为子囊壳,子囊为
单囊壁。这类菌的形态学特征因其生长状况或栖息地不同而有很大的差异。子实体散生或
群生,露出或镶嵌在子座或基内组织中,由亮色到黑色。无性阶段很发达,产生大量分生孢
子。无性阶段很发达,产生大量的分生孢子。引起园艺植物病害的重要属如下。

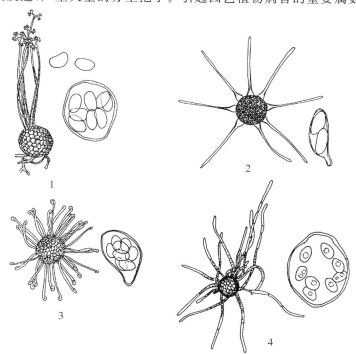

1.叉丝单囊壳属(*Podosphaera*);2.球针壳属(*Phyllactinia*);3.钩丝壳属(*Uncinula*)
(现已并入白粉菌属);4.单囊壳属(*Sphaerotheca*)(现已并入叉丝单囊壳属)

图3-18　白粉菌闭囊壳、子囊和子囊孢子

①小丛壳属(*Glomerella*),现用名:刺盘孢属(*Colletotrichum*)。子囊壳小,壁薄,多埋
生于子座内,没有侧丝。子囊棍棒形,子囊孢子单胞,无色,椭圆形(图3-19)。如引起苹果
炭疽病的果生炭疽菌(*C. fructicola* Prihast,Cai & Hyde)、菜豆炭疽病的菜豆炭疽菌[*C.*

lindemuthianum（Sacc. & Magn）Briosi & Cavara]等。

②黑腐皮壳属（*Valsa*）。子囊壳具长颈，成群埋生于寄主组织中的子座基部。子囊孢子单细胞，无色，腊肠形（图3-20）。如引起苹果树腐烂病的苹果黑腐皮壳菌（*V. mali* Miyabe & Yamada）等。

左：子囊壳；右：子囊和子囊孢子

图3-19　小丛壳属（*Glomerella*）

[现名：刺盘孢属（*Colletotrichum*）]

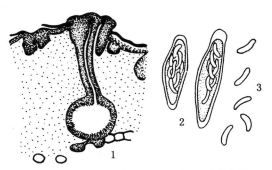

1.着生子座组织内的子囊壳；2.子囊；3.子囊孢子

图3-20　黑腐皮壳属（*Valsa*）

③间座壳属（*Diaporthe*）。子座黑色，子囊壳埋生于子座内，以长颈伸出子座。子囊柄早期胶化，子囊孢子双胞，无色，长椭圆形或纺锤形（图3-21）。如引起柑橘树脂病的柑橘间座壳菌[*D. citri*（Faw）Wolf]等。

④内座壳属（*Endothia*）。子座发达，橘黄色或橘红色。子囊壳埋生于子座内，有长颈穿过子座外露。子囊孢子双胞，无色，椭圆形（图3-22）。如引起栗溃疡病的中国内座壳菌（*E. chinensis* Tian & Jiang）等。

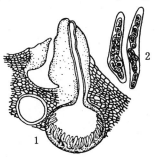

1.生于子座内的子囊壳；2.子囊

图3-21　间座壳属（*Diaporthe*）

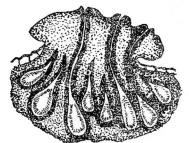

左：子座内的子囊壳；右：子囊及子囊孢子

图3-22　内座壳属（*Endothia*）

（4）座囊菌类（原来称为腔菌）　属于盘菌亚门下的座囊菌纲（Dothideomycetes），传统上属于腔菌，子囊果为子囊腔，子囊是双囊壁。无性阶段很发达，形成各种形状的分生孢子。引起园艺植物病害的重要属如下。

①葡萄座腔菌属（*Botryosphaeria*）。子囊果为子囊座，黑色，具孔口，有短颈，聚生突出于寄主组织，子囊果壁厚，内有拟侧丝。子囊双囊壁，棍棒状，有或无短柄。子囊孢子卵圆形、纺锤形至椭圆形，单胞，无色（图3-23）。如引起林木枝干溃疡、苹果和梨果实轮纹病的葡萄座腔菌[*B. dothidea*（Moug.）Ces. & De Not.]等。

②痂囊腔菌属（*Elsinoe*）。每个子囊腔中只有一个球形的子囊。子囊孢子大多长圆筒

形,无色,有3个横隔(图3-24)。该属大都侵染寄主的表皮组织,引起细胞增生和组织木栓化,使病斑表面粗糙或突起,因而引起的病害一般称作疮痂病。如引起葡萄黑痘病的藤蔓痂囊腔菌[*E. ampelina*(de Bary)Shear]、柑橘疮痂病的柑橘痂囊腔菌(*E. fawcettii* Bitanc. & Jenk.)等。

③球座菌属(*Guignardia*)。子囊座小,生于寄主表皮下。子囊圆筒形,束生,其间无拟侧丝。子囊孢子单胞,无色,卵形(图3-25)。如引起香蕉斑点病的香蕉生球座菌(*Guignardia musicola* Wulandari, Cai & Hyde)等。

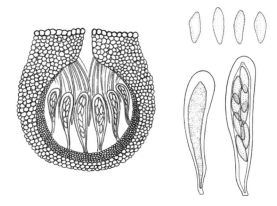

左:假囊壳;右:子囊和子囊孢子

图 3-23　葡萄座腔菌属(*Botryosphaeria*)

(R. T. Hanlin)

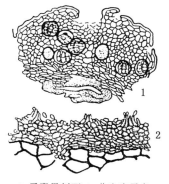

1.子囊果剖面;2.分生孢子盘

图 3-24　痂囊腔菌属(*Elsinoe*)

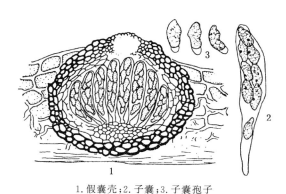

1.假囊壳;2.子囊;3.子囊孢子

图 3-25　球座菌属(*Guignardia*)

④球腔菌属(*Mycosphaerella*)。子囊座生于寄主叶片表皮层下。子囊圆桶形,初期束生,后平行排列,无拟侧丝。子囊孢子椭圆形,无色,双胞(图3-26)。如引起瓜类蔓枯病的瓜类球腔菌[*M. citrullina*(Smith)Grossenb]、梨褐斑病的梨球腔菌[*M. pyri*(Auersw.)Boerema]等。

⑤小球腔菌(*Leptosphaeria*)。子囊果单腔,子囊壳状假囊壳,单生或聚生,埋生在寄主组织中,偶尔成熟时露出,具孔口,深棕色,颈短或无,壁厚,由几层等径的厚壁菌丝组成。子囊双囊壁,柱状到棒状,具短柄,内含4～8个孢子。子囊孢子纺锤形、柱状或棒状,黄色至褐色,有隔或多隔,通常在中间分隔处缢缩,中部靠上的孢子较其他宽(图3-27)。如引起葱类叶枯病的斑点小球腔菌(*Leptosphaeria maculans* Ces. & De Not.)等。

⑥黑星菌属(*Venturia*)。假囊壳大多在病株残余组织的表皮下形成,孔口周围有少数黑色、多隔的刚毛。子囊棍棒形,平行排列,其间有拟侧丝。子囊孢子椭圆形,双胞,无色或淡黄色(图3-28)。该属大多危害果树和树木的叶片、枝条和果实,引起的园艺植物病害常称为黑星病,如引起苹果黑星病的不平黑星菌[*V. inaequalis*(Cooke)Wint.]、梨黑星病的东方梨黑星菌(*V. nashicola* Tanaka & Yamamota)等。

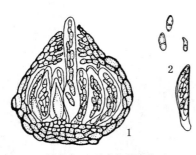

1. 假囊壳;2. 子囊与子囊孢子

图 3-26 球腔菌属(*Mycosphaerella*)

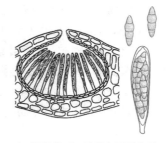

左:假囊壳;右:子囊和子囊孢子

图 3-27 小球腔菌(*Leptosphaeria*)(R. T. Hanlin)

（5）核盘菌类（原来称为盘菌）　属于盘菌亚门锤舌菌纲柔膜菌目核盘菌科,这类真菌的子囊果是子囊盘。子囊盘多呈盘状或杯状,有柄或无柄,开口为由子囊和侧丝组成的、排列整齐的子实层(hymerium)。引起园艺植物病害的重要属有 2 个。

①核盘菌属(*Sclerotinia*)。菌丝体形成菌核,菌核萌发产生具长柄的褐色子囊盘。子囊与侧丝平行排列于子囊盘的开口处,形成子实层。子囊棍棒形,子囊孢子椭圆形或纺锤形,无色,单细胞(图 3-29)。如引起十字花科蔬菜菌核病、非洲菊菌核病的核盘菌[*S. sclerotiorum* (Lib.)de Bary]、风信子菌核病的球茎核盘菌[*S. bulborum* (Wakk.)Rehm.]等。

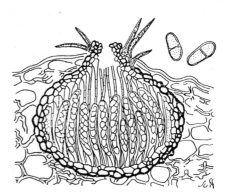

具有刚毛的假囊壳和子囊孢子

图 3-28 黑星菌属(*Venturia*)

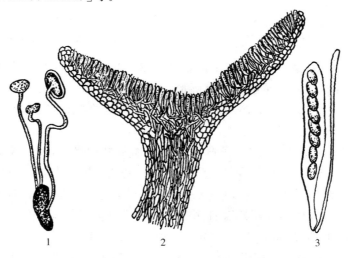

1. 菌核萌发形成子囊盘;2. 子囊盘剖面示子实层;3. 子囊、子囊孢子及侧丝

图 3-29 核盘菌属(*Sclerotinia*)

②链核盘菌属(*Monilinia*)。子囊盘盘形或漏斗形,由假菌核上产生。子囊圆桶形,子囊间有侧丝。子囊孢子单胞,无色,椭圆形(图 3-30)。如引起桃褐腐病的美澳型核果链核

盘菌[*M. fructicola*（Winter）Honey]和核果链核盘菌[*M. laxa*（Aderh. & Ruhl.）Honey]，引起苹果和梨褐腐病的果生链核盘菌[*M. fructigena*（Aderh. & Ruhl.）Honey]等。

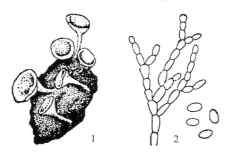

1.从菌核化的僵果上长出的子囊盘；2.分生孢子梗及分生孢子

图 3-30　链核盘菌属（*Monilinia*）

3.1.4.5　担子菌门

担子菌门真菌是最高级的一类真菌，寄生或腐生，其中包括可供人类食用和药用的真菌，如平菇、香菇、草菇、猴头菇、木耳、银耳、竹荪、灵芝、茯苓等。其主要特征是：营养体为有隔菌丝体。多数担子菌营养菌丝体的每个细胞都是双核的，所以也称双核菌丝体。双核菌丝体可以形成菌核、菌索和担子果等结构；担子菌一般没有无性繁殖，有性生殖除锈菌外，通常不形成特殊分化的性器官，而由双核菌丝体的细胞直接产生担子和担孢子。高等担子菌的担子散生或聚生在担子果（basidiocarp）上，常见的担子果，如蘑菇、木耳等。担子上着生4个小梗和4个担孢子。与园艺植物病害关系较密切的担子菌主要有锈菌、黑粉菌和层菌。

（1）锈菌　锈菌是活体寄生菌，菌丝在寄主细胞间隙扩展，以吸器伸入寄主细胞内吸取养分。锈菌的生活史中可产生多种类型的孢子，典型锈菌具有5种类型的孢子，即性孢子（pycnospore）、锈孢子（aeciospore）、夏孢子（urediospore）、冬孢子（teliospore）和担孢子。冬孢子主要起越冬休眠的作用，冬孢子萌发产生担孢子，常为病害的初次侵染源；锈孢子、夏孢子是再次侵染源，起扩大蔓延的作用。有些锈菌还有转主寄生现象。锈菌引起的植物病害，由于在病部可以看到铁锈状物（孢子堆）故称锈病。引起园艺植物病害的重要病原属如下（图 3-31）：

①胶锈菌属（*Gymnosporangium*）。冬孢子双细胞，浅黄色至暗褐色，具有长柄；冬孢子柄遇水膨胀胶化；锈孢子器长管状，锈孢子串生，近球形，黄褐色，表面有小的瘤状突起；无夏孢子阶段；此属锈菌大都侵染果树和林木，并转主寄生，即担孢子侵染蔷薇科植物，如梨树等，而锈孢子则侵害桧属（*Juniperus*）植物。如引起梨锈病的亚洲胶锈菌（*G. asiaticum* Miyabe ex Yamadae)、苹果锈病的山田胶锈菌（*G. yamadai* Miyabe ex Yamadae）等。

②柄锈菌属（*Puccinia*）。冬孢子有柄，双细胞，深褐色，单主或转主寄生；性孢子器球形；锈孢子器杯状或筒状，锈孢子单细胞，球形或椭圆形；夏孢子黄褐色，单细胞，近球形，壁上有小刺，单生，有柄。如引起葱类锈病的葱柄锈菌[*P. porrii*（Sowerby）Winter.]、锦葵锈病的锦葵柄锈菌（*P. malvacearum* Momt.）、结缕草锈病的结缕草柄锈菌（*P. zoysiae* Dietel）等。

③多胞锈菌属（*Phragmidium*）。冬孢子3至多细胞，壁厚，表面光滑或有瘤状突起，柄基部膨大。如引起玫瑰锈病的短尖多胞锈菌[*P. mucronatum*（Pers.）Schlecht.]、月季锈病的多花蔷薇多胞锈菌（*P. rosae-multiflorae* Diet.）等。

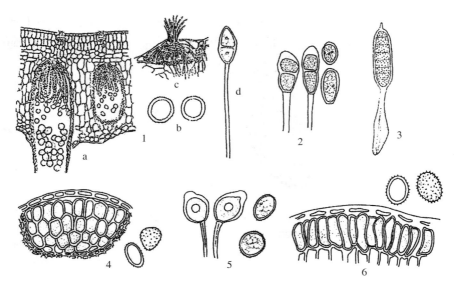

1.胶锈菌属 a.锈孢子器;b.锈孢子;c.性孢子器;d.冬孢子;
2.柄锈菌属;3.多胞锈菌属;4.层锈菌属;5.单胞锈菌属;6.栅锈菌属

图 3-31　引起园艺植物锈病的重要病原属

④层锈菌属(*Phakopsora*)。冬孢子无柄,椭圆形,单胞,在寄主表皮下排列成数层,夏孢子表面有刺。如引起枣树锈病的枣层锈菌[*P. ziziphi-vulgaris*(P. Henn)Diet.]等。

⑤单胞锈菌属(*Uromyces*)。冬孢子单细胞,有柄,顶端较厚。夏孢子单细胞,有刺或瘤状突起。如引起菜豆锈病的疣顶单胞锈菌[*U. appendiculatus*(Pers.)Ung.]、豇豆锈病的豇豆属单胞锈菌(*U. vignae* Barcl.)等。

⑥栅锈菌属(*Melampsora*)。冬孢子单细胞,无柄,排列成整齐的一层。夏孢子表面有刺或瘤状突起。如引起垂柳锈病的鞘锈状栅锈菌(*M. coleosporioides* Diet.)等。

⑦柱锈菌(*Cronartium*)。冬孢子无柄,单胞,淡黄褐色,很多冬孢子紧密连结成柱状,外露于寄主表面。如引起栗毛锈病的栎柱锈菌[*C. quercuum*(Berk.)Miyabe ex Shirai]等。

(2)黑粉菌　黑粉菌以双核菌丝在寄主的细胞间寄生,一般有吸器伸入寄主细胞内。典型特征是形成黑色粉状的冬孢子,萌发形成先菌丝和担孢子。黑粉菌的分属主要根据冬孢子的形状、大小、有无不孕细胞、萌发的方式及冬孢子球的形态等。如引起茭白黑粉病的菰黑粉菌(*Ustilago esculenta* Henn.)、慈姑黑粉病的慈姑虚球黑粉菌[*Doassansiopsis horiana*(Henn.)Shen]、葱类黑粉病的洋葱条黑粉菌(*Urocystis cepulae* Frost.)等(图 3-32)。

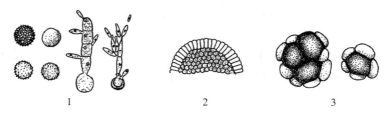

1.黑粉菌属冬孢子及其萌发;2.实球黑粉菌属;3.条黑粉菌属

图 3-32　引起园艺植物黑粉病的重要病原属

（3）层菌　一般有比较发达的担子果，它们大多是腐生的，少数是植物病原菌。担子在担子果上很整齐地排列成子实层，担子有隔或无隔，一般外生 4 个担孢子，层菌通常只产生有性孢子即担孢子，很少产生无性孢子。病害主要通过土壤中的菌核、菌丝或菌索进行传播和蔓延。层菌一般是弱寄生菌，经伤口侵入果树根部或枝干的维管束，主要破坏木质部，造成根腐或木腐。如引起苹果紫纹羽病的紫卷担菌［*Helicobasidium purpureum*（Tul.）Pat.］、桃木腐病的暗黄层孔菌［*Fomes fulvus*（Scop.）Gill.］等。

3.1.4.6　无性型真菌

无性型真菌，很多是腐生的，也有不少种类是寄生的，引起多种园艺植物病害。主要特征是：营养体为分枝繁茂的有隔菌丝体；无性繁殖产生各种类型的分生孢子。在自然条件下，其有性生殖比较少见，但是可以通过分子遗传学手段将菌物的无性型与有性型相对应。它们大多数属于子囊菌，少数属于担子菌。目前，按照"一物一名"原则，有些属名已经作为该属对应的有性型属名的异名对待；有些属基于分子生物学证据进行了调整。鉴于名称的整理工作还在进行中，无性型真菌的名称仍然常见于文献中，我们在此做简单的介绍。具体菌物的现用名、曾用名及分类地位可查阅 IndexFungorum 数据库。

着生分生孢子的结构有各种类型。分生孢子梗散生，或束生，或着生在分生孢子座上；有的分生孢子梗和分生孢子着生在近球形、具孔口的分生孢子器（pycnidium）中，或盘状的分生孢子盘内（acervulus）（图 3-33）。与园艺植物病害有关的无性型真菌有下列 4 类。

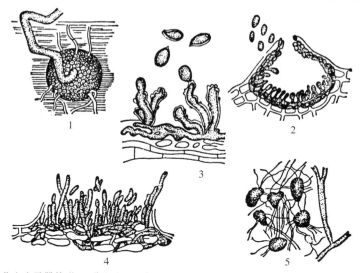

1.分生孢子器外形；2.分生孢子器剖面；3.分生孢子梗；4.分生孢子盘；5.菌丝及菌核

图 3-33　无性型真菌的子实体及菌核

（1）丛梗孢菌　分生孢子着生在疏散的分生孢子梗上，或着生在孢梗束上，或着生于分生孢子座上。分生孢子有色或无色，单胞或多胞。引起园艺植物病害的重要属如下。

①粉孢属（*Oidium*）。菌丝体白色，表生。分生孢子梗直立，不分枝。分生孢子长圆形，单胞，无色，串生，自上而下依次成熟（图 3-34）。引起多种园艺植物的白粉病。目前该属成员已发生较大调整。

②轮枝孢属（*Verticillium*）。分生孢子梗直立，纤细，有分枝，部分分枝呈轮枝状。分生孢子卵圆形至椭圆形，无色，单胞，单生或丛生（图 3-35）。如引起茄子黄萎病的大丽轮枝孢

（*V. dahliae* Kleb）等。

③青霉属（*Penicillium*）。分生孢子梗直立，顶端呈一至多次帚状分枝，分枝顶端形成瓶状小梗，其上产生成串的分生孢子。分生孢子单胞，无色，卵圆形（图3-36）。如引起柑橘青霉病的意大利青霉（*P. italicum* Wehmer）、柑橘绿霉病的指状青霉（*P. digitatum* Sacc.）等。

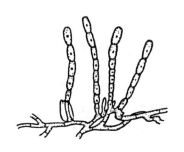
分生孢子梗和分生孢子
图3-34 粉孢属（*Oidium*）

分生孢子梗和分生孢子
图3-35 轮枝孢属（*Verticillium*）

分生孢子梗和分生孢子
图3-36 青霉属（*Penicillium*）

④葡萄孢属（*Botrytis*）。分生孢子梗粗壮，灰褐色，有分枝，分枝顶端常明显膨大成球状，其上着生分生孢子。分生孢子聚生成葡萄穗状，分生孢子卵圆形，单胞，无色或灰色。菌核不规则，黑色（图3-37）。如引起辣椒、葡萄、秋海棠等植物灰霉病的灰葡萄孢（*B. cinerea* Pers. ex Fr.）等。

⑤枝孢属（*Cladosporium*）。分生孢子梗黑褐色，单生或丛生，不分枝或仅中、上部分枝。分生孢子黑褐色，单生或成短链，单胞或双胞，形状和大小变化很大，卵圆形、圆桶形、柠檬形或不规则形（图3-38）。如引起番茄叶霉病的黄枝孢［*C. fulvum*（Cooke）Ciferri］、黄瓜和葫芦黑星病的黄瓜枝孢（*C. cucumerinum* Ell. & Arth.）等。

⑥尾孢属（*Cercospora*）。分生孢子梗黑褐色，丛生于子座组织上，不分枝，直或弯曲，有时呈屈膝状。顶端着生分生孢子，分生孢子单生，无色或深色，线形、鞭形或蠕虫形，直或微弯，多胞（图3-39）。如引起柿角斑病的柿尾孢（*C. kaki* Ell. & Ev.）、石刁柏灰斑病的石刁柏尾孢（*C. asparagi* Sacc.）等。

分生孢子梗和分生孢子
图3-37 葡萄孢属（*Botrytis*）

分生孢子梗和分生孢子
图3-38 枝孢属（*Cladosporium*）

分生孢子梗和分生孢子
图3-39 尾孢属（*Cercospora*）

⑦链格孢属（*Alternaria*）。分生孢子梗淡褐色至褐色，单枝，短或长，弯曲或呈屈膝状。分生孢子单生或串生，褐色，形状不一，卵圆形、倒棍棒形，有纵横隔膜，顶端常具喙状细胞

（图 3-40）。如引起梨黑斑病的梨黑斑链格孢（*A.gaisen* Nagano）、白菜黑斑病的芸薹链格孢[*A.brassicae*（Berk.）Sacc.]、茄和番茄早疫病的茄链格孢[*A.solani*（Ell. & Mart.）Jones & Grove]、香石竹黑斑病的香石竹链格孢（*A.dianthi* Stev. & Hall）等。

⑧镰孢属（*Fusarium*）。分生孢子梗聚集成垫状的分生孢子座。大型分生孢子多胞，无色，镰刀形。小型分生孢子单胞，无色，椭圆形（图 3-41）。如引起香蕉枯萎病的尖镰孢古巴专化型[*F.oxysporum* f.*cubense*（E. F. Sm.）Snyder & Hansen]、引起西瓜枯萎病的尖镰孢瓜萎专化型[*Fusarium oxysporum* f. *niveum*（E. F. Sm.）Snyder & Hansen]、引起番茄枯萎病的尖镰孢番茄专化型[*F.oxysporum* f.*lycopersici*（Sacc.）Snyder & Hansen]等。

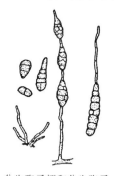

分生孢子梗和分生孢子

图 3-40　链格孢属（*Alternaria*）

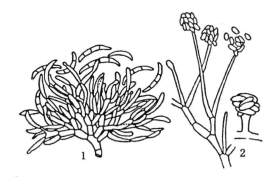

1.分生孢子梗及大型分生孢子；2.小型分生孢子及分生孢子梗

图 3-41　镰孢属（*Fusarium*）

（2）黑盘孢菌　分生孢子着生在分生孢子盘上，引起园艺植物病害的重要属如下。

①刺盘孢属（*Colletotrichum*）。分生孢子盘生于寄主表皮下，有时生有褐色、具分隔的刚毛。分生孢子梗无色至褐色，短而不分枝，分生孢子无色，单胞，长椭圆形或新月形（图 3-42）。可引起多种园艺植物的炭疽病，如引起柑橘炭疽病的胶孢刺盘孢[*C.gloeosporioides*（Penz.）Sacc.]、瓜类炭疽病的瓜类刺盘孢[*C.orbiculare*（Berk. & Mont.）Arx.]等。

②痂圆孢属（*Sphaceloma*）。分生孢子梗短，不分枝，紧密排列在分生孢子盘上。分生孢子较小，单胞，无色，椭圆形（图 3-43）。如引起葡萄黑痘病的葡萄痂圆孢（*S.ampelinum* de Bary）、柑橘疮痂病的粗糙柑橘痂圆孢（*S.fawcettii* Jenk.）、大豆疮痂病的大豆痂圆孢（*S.glycines* Kurata & Kurib.）等。现在痂圆孢属作为痂囊腔菌属（*Elsinore Racib.*）的异名。

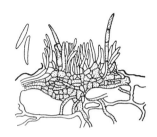

分生孢子盘和分生孢子

图 3-42　刺盘孢属（*Colletotrichum*）

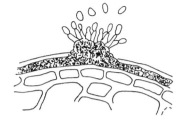

着生子座上的分生孢子盘

图 3-43　痂圆孢属（*Sphaceloma*）

（3）球壳孢菌　分生孢子着生在分生孢子器内。引起园艺植物病害的重要属如下。

①叶点霉属（*Phyllosticta*）。分生孢子器埋生，有孔口。分生孢子梗短，分生孢子小，单胞，无色，近卵圆形（图 3-44）。如引起辣椒灰星病的豆类叶点霉（*P.physaleos* Sacc.）、凤仙

花斑点病的凤仙花叶点霉[*P. impatientis* (L. A. kirchn) Fautr.]等。

②茎点霉属（*Phoma*）。分生孢子器埋生或半埋生。分生孢子梗短，着生于分生孢子器的内壁。分生孢子小，卵形，无色，单胞（图3-45）。包含多种园艺植物病原菌，与以往相比，该属的成员已发生了较大变动。如引起柑橘黑斑病的柑果茎点霉（*P. citricarpa* Mc Alpine）、甘蓝黑胫病的黑胫茎点霉[*P. lingam* (Fr.) Desm.]已经分别属于叶点霉属（*Phyllosticta*）和小球腔菌属（*Leptosphaeria*）。

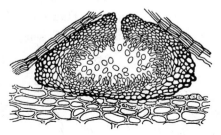

分生孢子器和分生孢子

图3-44 叶点霉属（*Phyllosticta*）

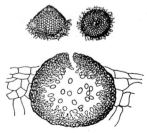

分生孢子器和分生孢子

图3-45 茎点霉属（*Phoma*）

③大茎点霉属（*Macrophoma*）。形态与茎点霉属相似，但分生孢子较大，一般长度超过15 mm（图3-46）。如引起葡萄房枯病的葡萄大茎点霉[*M. faocida* (Cav.) Jacz.]。该属已归入葡萄座腔菌属（*Botryosphaeria*），是其异名之一。

④拟茎点霉属（*Phomopsis*）。分生孢子有两种类型：常见的孢子卵圆形，单胞，无色，能萌发；另一种孢子线形，一端弯曲成钩状，单胞无色，不能萌发（图3-47）。如引起柑橘树脂病的柑橘拟茎点霉（*P. citri* Fawcett）、茄褐纹病的茄褐纹拟茎点霉[*P. vexans* (Sacc. & Syd.) Harter]、石刁柏茎枯病的天门冬拟茎点霉[*P. asparagi* (Sacc.) Bubak]等。

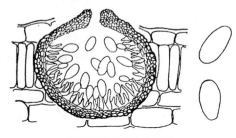

分生孢子器和分生孢子

图3-46 大茎点霉属（*Macrophoma*）

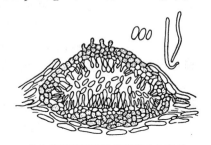

分生孢子器和两种类型的分生孢子

图3-47 拟茎点霉属（*Phomopsis*）

除了以上各属外，其他重要的属包括：盾壳霉属（*Coniothyrium*）、色二孢属（*Diplodia*）、壳针孢属（*Septoria*）等。

（4）无孢菌　这类无性型真菌不产生孢子，只有菌丝体，有时可以形成菌核。引起的园艺植物病害重要属有两个。

①丝核菌属（*Rhizoctonia*）。菌丝褐色，多为近直角分枝，分枝处有缢缩。菌核褐色或黑色，表面粗糙，形状不一，菌核间有丝状体相连。不产生分生孢子（图3-48）。这是一类重要的具有寄生性的土壤习居菌，主要侵染园艺植物根、茎引起猝倒或立枯病，如引起柑橘、茄、翠菊立枯病的茄丝核菌（*R. solani* Kühn）等。

②小核菌属（*Sclerotium*）。菌核组织坚硬，初呈白色，老熟后呈褐色至黑色，内部色泽

不一致,内部浅色。菌丝无色或浅色,不产生分生孢子(图3-49)。许多可以引起园艺植物的根腐病。这类菌对应的有性型为多个不同的属。如引起苹果、梨、菜豆、君子兰等白绢病的齐整小核菌(*S. rolfsii* Sacc.)是罗氏阿太菌(*Athelia rolfsii*)的异名。

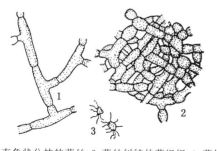 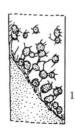 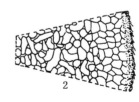

1.直角状分枝的菌丝;2.菌丝纠结的菌组织;3.菌核

图3-48　丝核菌属(*Rhizoctonia*)

1.菌核;2.菌核剖面

图3-49　小核菌属(*Sclerotium*)

▶ 3.1.5　菌物病害的特点

　　菌物病害的主要症状是坏死、腐烂和萎蔫,少数为畸形。特别是在病斑上常常有霉状物、粉状物、粒状物等病征,这是菌物病害区别于其他类型病害的重要标志,也是进行病害田间诊断的主要依据。

　　卵菌如绵霉、腐霉、疫霉等,大多生活在水中或潮湿的土壤中,经常引起植物根部和茎基部的腐烂或苗期猝倒病,湿度大时往往在病部生出白色的棉絮状物。高等的卵菌如霜霉、白锈菌,都是活体营养生物,大多陆生,危害植物的地上部,引致叶斑和花穗畸形。霜霉在病部表面形成霜状霉层,白锈菌形成白色的疱状突起。这些特征都是各自特有的。另外,卵菌大多以厚壁的卵孢子或休眠孢子在土壤或病残体中度过不良环境,成为下次发病的菌源。

　　接合菌引起的病害很少,而且它们都是弱寄生,所致症状通常为薯、果的软腐或花腐。

　　许多子囊菌引起的病害,一般在叶、茎、果上形成明显的病斑,其上产生各种颜色的霉状物或小黑点。它们大多是死体营养生物,既能寄生,又能腐生。但是,白粉菌则是活体营养生物,常在植物表面形成粉状的白色或灰白色霉层,后期霉层中夹有小黑点即闭囊壳。多数子囊菌的无性繁殖比较发达,在生长季节产生一至多次的分生孢子,进行侵染和传播。它们常常在生长后期进行有性生殖,形成有性孢子,以度过不良环境,成为下一生长季节的初侵染来源。

　　担子菌中的黑粉菌和锈菌都是活体营养生物,在病部形成黑色或褐色的锈状物。黑粉菌多以冬孢子附着在种子上、落入土壤中或在粪肥中越冬,黑粉菌种类多,侵染方式各不相同。锈菌的生活史在真菌中是最复杂的,有多型性和转主寄生现象。锈菌形成的夏孢子量大,有的可以通过气流作远距离传播,所以锈病常大面积发生。锈菌的寄生专化性很强,因而较易获得高度抗病的品种,但这些品种也易因病菌发生变异而丧失抗性。

▷▷ 思 考 题 ◁◁

　　1.如何正确区分病原与病因?它们是怎样的相互关系?

　　2.菌物有哪些基本特征?营养体有哪些变态?

　　3.菌物的无性繁殖产生哪些无性孢子?各有何特点?

4.菌物的有性生殖产生哪些孢子？各有何特点？

5.菌物有性生殖过程产生哪些性细胞或性器官？

6.菌物的生活史分为哪5种类型？它们的倍性（单倍体、双倍体）和核型（单核、双核）各有哪些变化？

7.菌物依据哪些特点分为几个门类？依据哪些特点划分变种、专化型和生理小种？

8.以霜霉菌、白粉菌、锈菌为例，重点掌握菌物分属的鉴别特征。

9.以锈菌为例，简述其5种孢子形成的过程，其倍性与核型的变化情况。

10.菌物所致病害有哪些特点？

▶ 参考文献 ◀

［1］Agrios G N. Plant Pathology. 5th ed. Salt Lake City：Academic Press，2005

［2］Ainsworth G C，Sussman A S. The Fungi（Vol. Ⅱ.）. Salt Lake City：Academic Press，2：283-337. 1966

［3］Kirk P M，Cannon P F，Minter D W，et al. Ainsworth and Bisby's Dictionary of the Fungi. edition 10. Wallingford：CABI Publishing，2008

［4］方中达.中国农业植物病害.北京：中国农业出版社，1996

［5］裘维蕃.菌物学大全.北京：科学出版社，1998

［6］许志刚.拉汉-汉拉植物病原生物名称.北京：中国农业出版社，2007

［7］许志刚.普通植物病理学.4版.北京：中国农业出版社，2009

［8］谢联辉.普通植物病理学.2版.北京：科学出版社，2013

［9］真菌名称查询.http：//www.indexfungorum.org/Names/Names.asp 和 http：//www.myco-bank.org/

3.2 植物病原原核生物

原核生物（prokaryotes）是指含有原核结构的单细胞生物。一般是由细胞壁和细胞膜或只有细胞膜包围细胞质的单细胞微生物。它的遗传物质（DNA）分散在细胞质内，没有核膜包围而成的细胞核。细胞质中含有小分子的核蛋白体（70S），没有内质网、线粒体和叶绿体等细胞器。原核生物作为园艺植物病原的重要性仅次于真菌和病毒，引起的重要园艺植物病害包括十字花科软腐病、茄科青枯病、蔷薇科根癌病、西甜瓜果斑病、黄瓜角斑病、柑橘溃疡病、柑橘黄龙病、枣疯病等（图3-50，彩图又见二维码3-1）。

▶ 3.2.1 原核生物的一般性状

3.2.1.1 形态和结构

细菌是原核生物的一大类群。细菌的形态有球状、杆状和螺旋状。植物病原细菌大多为杆状，菌体大小为$(0.5\sim0.8)~\mu m \times (1\sim3)~\mu m$，因而称为杆菌（rod）。细菌细胞壁主要由肽聚糖、脂类和蛋白质组成,细胞壁外由以多糖为主形成黏质层(slime layer),其中比较厚而固定的黏质层称为荚膜(capsule)。虽然植物病原细菌细胞壁外有厚薄不等的黏质层,但很少有荚膜。细胞壁内是半透性的细胞质膜。能运动的细菌在细胞壁上有细长的鞭毛(flagellum),鞭毛是从细胞质膜下粒状的鞭毛基体上产生的,穿过细胞壁和黏质层延伸到体外的蛋白质丝,鞭毛的基部有鞭毛鞘。着生在菌体一端或两端的称作极鞭;着生在菌体侧面或四周的称作周鞭。各种细菌的鞭毛数目和着生的位置不同,在属的分类上有着重要意义。大多数的植物病原细菌有鞭毛,它们在植物病原细菌的致病过程中可能具有重要的识别功能。细菌的核物质集中在细胞质的中央,形成一个椭圆形或近圆形的核区。在有些细菌中,还有独立于核质之外的呈环状结构的遗传因子,称为质粒(plasmid)。质粒上通常存在编码细菌的抗药性、育性或致病性等性状的基因。细胞质中有颗粒状内含物,如异粒体、中心体气泡、液泡和核糖体等(图 3-51)。

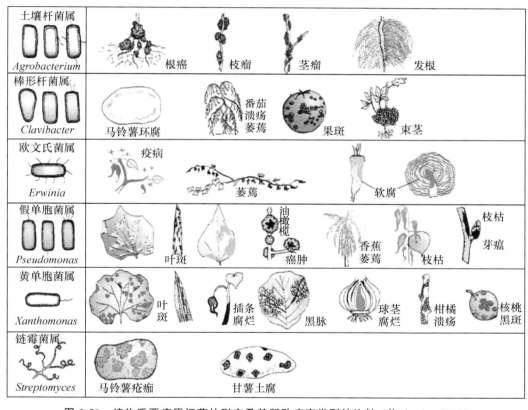

图 3-50　植物重要病原细菌的形态及其所致病害类型的比较(仿 Agrios 2005)

植物菌原体没有细胞壁,革兰氏染色反应是阴性,也无鞭毛等其他附属结构。菌体外缘为三层结构的单位膜。植物菌原体包括植原体(*Phytoplasma*)和螺原体(*Spiroplasma*)两种类型。植原体的形态、大小变化较大,表现为多形性,如圆形、椭圆形、哑铃形、梨形等,大小为 80～1 000 nm。细胞内有颗粒状的核糖体和丝状的核酸物质(图 3-52)。螺原体菌体呈线条状,在其生活史的主要阶段菌体呈螺旋形。一般长度为 2～4 μm,直径为

二维码 3-1

100～200 nm。

3.2.1.2　繁殖、遗传和变异

原核生物多以裂殖的方式进行繁殖。裂殖时菌体先稍微伸长,自菌体中部向内形成新的细胞壁,最后母细胞从中间分裂为两个子细胞。细菌的繁殖速度很快,在适宜的条件下,每 20 min 就可以分裂一次。植原体一般认为以裂殖、出芽繁殖或缢缩断裂法繁殖,螺原体繁殖时是芽生长出分枝,断裂而成子细胞。原核生物的遗传物质主要是存在于核区内的 DNA,但在一些细菌的细胞质中还有独立的遗传物质,如质粒。核质和质粒共同构成了原核生物的基因组。在细胞分裂过程中,基因组亦同步复制,然后均匀地分配到两个子细胞中,从而保证了亲代的各种性状能稳定地遗传给子代。

原核生物经常发生变异,这些变异包括形态变异、生理变异和致病性变异等。表型性状是由遗传物质控制的,原核生物发生变异的原因还不完全清楚,但通常有两种遗传变异。一种变异是突变。虽然细菌自然突变率很低,通常为十万分之一,但由于细菌繁殖速度快,繁殖量大,故增加了发生变异的可能性。另一种变异是一个细菌的遗传物质通过结合、转化和转导等方式进入另一个细菌体内,使 DNA 发生部分改变,从而形成性状不同的后代。

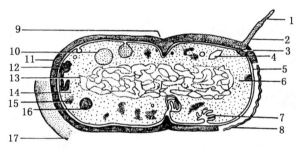

1.鞭毛;2.鞭毛鞘;3.鞭毛基体;4.气泡;5.细胞质膜;6.核糖体;
7.中间体;8.革兰阴性细菌细胞壁;9.隔膜的形成;
10.液泡;11.革兰阳性细菌细胞壁;12.载色体;
13.核区(核物区);14.核糖体;15.聚核糖体;
16.异染体;17.荚膜

图 3-51　细菌的模式结构

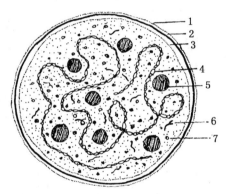

1～3.三层单位膜;4.核酸链;
5.核糖体;6.蛋白质;7.细胞质

图 3-52　植原体模式图

3.2.1.3　生理特性

大多数植物病原细菌都是死体营养生物,对营养的要求不严格,可在一般人工培养基上生长。它们在固体培养基上形成的菌落颜色多为白色、灰白色或黄色等。但有一类寄生植物维管束的细菌在人工培养基上则难以培养(如木质部小菌属 *Xylella*)或不能培养(如韧皮部杆菌属 *Liberobacter*),称之为维管束难养细菌(fastidious vascular bacteria)。植原体至今还不能人工培养,而螺原体需在含有甾醇的培养基上才能生长,在固体培养基上形成"煎蛋形"菌落。

绝大多数病原细菌都是好氧的,少数为兼性厌气的。对细菌的生长来说,培养基的酸碱度以中性偏碱为适合,培养的最适温度一般为 26～30℃,在 33～40℃时停止生长,50℃、10 min 时多数死亡。

3.2.2　原核生物的分类

原核生物的形态差异较小,许多生理生化性状亦较相似,遗传学性状了解尚少,因而原核生物界内各成员间的系统与亲缘关系还不很明确。1994 年以来,《伯杰氏细菌鉴定手册》(第九版,1994)列举了总的分类纲要,并采用 Gibbons 和 Murray(1978)的分类系统,将原核生物分为 4 个门,7 个纲,35 个组群。与植物病害有关的原核生物分属于薄壁菌门(Phylum Gracilicutes)、厚壁菌门(Phylum Firmicutes)和软壁菌门(Phylum Tenericutes),而疵壁菌门(Phylum Mendosicutes)是一类原细菌或古细菌。薄壁菌门和厚壁菌门的成员有细胞壁,而软壁菌门没有细胞壁,也称菌原体。然而,《伯杰氏系统细菌学手册》(第二版,2005)所述的分类系统中原核生物不再分为薄壁菌门、厚壁菌门、柔壁菌门和疵壁菌门 4 个门,而是分成 2 个域:古生菌域(archaea)和细菌域(bacteria),25 个门。园艺植物病原原核生物主要分布在细菌域的变形菌门、厚壁菌门和放线菌门中。本书采用《伯杰氏系统细菌学手册》(第二版,2005)所述的分类系统对主要园艺植物病原细菌进行描述。

3.2.3　植物病原原核生物的主要类群

3.2.3.1　变形菌门(Proteobacteria)

变形菌门是细菌中最大的一门。该门主要是由核糖体 RNA 序列定义的,名称取自希腊神话中能够变形的神 Proteus(这同时也是变形菌门中变形杆菌属的名字),因为该门细菌的形状极为多样。该门细菌细胞壁薄,厚度为 7～8 nm,细胞壁中含肽聚糖量为 8%～10%,革兰氏染色反应阴性。重要的植物病原细菌属有:土壤杆菌属(*Agrobacterium*)、欧文氏菌属(*Erwinia*)、假单胞菌属(*Pseudomonas*)、劳尔氏菌属(*Ralstonia*)、黄单胞菌属(*Xanthomonas*)、果胶杆菌属(*Pectobacterium*)、韧皮部杆菌属(*Liberibacter*)和木质部小菌属(*Xylella*)等。

(1)土壤杆菌属(*Agrobacterium*)　为土壤习居菌。菌体短杆状,大小为(0.6～1.0)μm×(1.5～3.0)μm,鞭毛 1～6 根,周生或侧生。革兰氏染色反应阴性。好气性,代谢为呼吸型。无芽孢。营养琼脂上菌落为圆形、隆起、光滑,灰白色至白色,质地黏稠,不产生色素。氧化酶反应通常是阳性,过氧化氢酶反应阳性。DNA 中 G＋C 的分子含量为 57～63 mol%。该属共有 5 个种,已知的植物病原有 4 个种,这些病原细菌都带有除染色体之外的遗传物质,即一种大分子的质粒,它控制着细菌的致病性和抗药性等,如侵染寄主引起肿瘤症状的质粒称为"致瘤质粒"(tumor inducing plasmid,即 Ti 质粒);引起寄主产生不定根的称为"致发根质粒"(rhizogen inducing plasmid,即 Ri 质粒)。代表病原菌是根癌土壤杆菌(*A. tumefaciens*),其寄主范围极广,可侵害 90 多科 300 多种双子叶植物,尤以蔷薇科植物为主,引起桃、苹果、葡萄、月季等的根癌病。

(2)欧文氏菌属(*Erwinia*)　菌体短杆状,大小为(0.5～1.0)μm×(1～3)μm。除一个"种"无鞭毛外,都有多根周生鞭毛。革兰氏染色反应阴性。兼性好气性,代谢为呼吸型或发酵型,无芽孢。营养琼脂上菌落圆形、隆起、灰白色。氧化酶阴性,过氧化氢酶阳性。DNA

中 G＋C 含量为 50～58 mol％。长期以来，该属分为 3 个组群，即火疫菌群、软腐菌群和草生菌群。目前仅保留火疫菌群，该菌群不产生果胶酶。代表性种为解淀粉欧文氏菌（*E. amylovora*），引起苹果、梨等蔷薇科植物的火疫病。

（3）泛菌属（*Pantoea*）　原欧文氏菌属中的草生菌群，代表性种为成团泛菌（*P. agglomerans*），能引起玉米细菌性茎腐病。

（4）果胶杆菌属（*Pectobacterium*）　原欧文氏菌属中软腐菌群，代表性种为十字花科蔬菜软腐病菌——胡萝卜果胶杆菌胡萝卜软腐致病变种（*P. carotovora* pv. *carotovora*），引起十字花科植物的软腐病。

（5）假单胞菌属（*Pseudomonas*）　菌体短杆状或略弯，单生，大小为（0.5～1.0）$\mu m \times$（1.5～5.0）μm，鞭毛 1～4 根或多根，极生。革兰氏染色反应阴性。严格好气性，代谢为呼吸型。无芽孢。营养琼脂上的菌落圆形、隆起、灰白色，有荧光反应白色或褐色，有些种产生褐色素扩散到培养基中。氧化酶多为阴性，少数为阳性，过氧化氢酶阳性，DNA 中 G＋C 含量为 58～70 mol％。近十多年来，该属的一些成员已先后独立成为新属，如噬酸菌属（*Acidovorax*）、布克氏菌属（*Burkholderia*）和劳尔氏菌属（*Ralstonia*）等。植物病原菌主要是荧光假单胞菌组的成员，典型种是丁香假单胞菌（*P. syringae*）。该细菌寄主范围广泛，可侵染多种木本和草本植物的枝、叶、花和果，在不同的寄主植物上引起各种叶斑、坏死及茎秆溃疡。如侵害桑叶引起叶脉发黑、叶片扭曲黑枯的桑疫病菌（*P. syringae* pv. *mori*）。

（6）劳尔氏菌属（*Ralstonia*）　劳尔氏菌属是从假单胞菌属中分出来的。如茄青枯病菌（*R. solanacearum*）。能引起多种作物特别是茄科植物的青枯病，寄主范围很广，可危害 30 余科 100 多种植物。

（7）噬酸菌属（*Acidovorax*）　噬酸菌属是从假单胞菌属中分出来的。如燕麦嗜酸菌西瓜亚种（*A. avenae* subsp. *citrulli*）引起西瓜细菌性果斑病。

（8）黄单胞菌属（*Xanthomonas*）　菌体短杆状，多单生，少双生，大小为（0.4～0.6）$\mu m \times$（1.0～2.9）μm，单鞭毛，极生。革兰氏染色反应阴性。严格好气性，代谢为呼吸型。营养琼脂上的菌落圆形隆起，蜜黄色，产生非水溶性黄色素。氧化酶阴性，过氧化氢酶阳性，DNA 中 G＋C 含量为 63～70 mol％。该属过去有 130 个种，1974 年被合并为 5 个种，将其余 100 多个种都并入野油菜黄单胞菌（*X. campestris*），作为该种下的致病变种（pathovar，pv.）。近年来，通过 DNA-DNA 杂交和脂肪酸分析后，认为该属至少可以划分为 20 个基因种（组）。该属的成员都是植物病原菌，其中代表性的病原菌有引起甘蓝黑腐病的野油菜黄单胞菌（*X. campestris* pv. *campestris*）。

（9）木质部小菌属（*Xylella*）　菌体短杆状，单生，大小为（0.25～0.35）$\mu m \times$（0.9～3.5）μm，细胞壁波纹状，无鞭毛，革兰氏染色反应阴性，好气性，氧化酶阴性，过氧化氢酶阳性。对营养要求十分苛刻，要求有生长因子。营养琼脂上菌落有两种类型：一是枕状凸起，半透明，边缘整齐；另一是脐状，表面粗糙，边缘波纹状。DNA 中 G＋C 含量为 49.5～53.1 mol％。目前确认的病原种是难养木质部菌（*X. fastidiosa*），引起葡萄皮尔氏病、苜蓿矮化病、桃伪果病等。该菌由叶蝉类昆虫传播，侵染木质部后在导管中生存、蔓延，使全株表现叶片边缘焦枯、叶灼、早落、枯死、生长缓慢、生长势弱、果实减少和变小、植株萎蔫等症状，最终导致全株死亡。

（10）韧皮部杆菌属（*Liberibacter*）　该属是 1987 年 P. L. Well 等建立的新属，是一类寄生于植物韧皮部的细菌，至今未能人工培养。其中引起亚洲柑橘黄龙病的称为亚洲韧皮部杆菌（*L. asiaticum*）。

3.2.3.2　放线菌门（Phylum Actinobacteria）

放线菌门为高 G＋C 含量（50％～55％及以上）的革兰氏阳性菌。这些菌之间有巨大的形态变化，一些是球状的，另一些是规则或不规则的杆状。虽然这些细菌不产生真正的内生孢子，许多属可形成各种无性孢子。该门只有一个放线菌纲。重要的植物病原细菌有：棒形杆菌属（*Clavibacter*）和链霉菌属（*Streptomyces*）等。

（1）棒形杆菌属（*Clavibacter*）　菌体短杆状至不规则杆状，大小为（0.4～0.75）μm×（0.8～2.5）μm，无鞭毛，不产生内生孢子，革兰氏染色反应阳性。好气性，呼吸型代谢，营养琼脂上菌落为圆形光滑凸起，不透明，多为灰白色，氧化酶阴性，过氧化氢酶阳性。DNA中 G＋C 含量为 67～78 mol％。该属包括 3 个种，7 个亚种，重要的病原菌有马铃薯环腐病菌（*C. michiganensis* subsp. *sepedonicum*）和番茄溃疡病菌（*C. michiganensis* subsp. *michiganensis*）。马铃薯环腐病菌可侵害 5 种茄属植物。主要危害马铃薯的维管束组织，引起环状维管束组织坏死，故称为环腐病（图 3-50）。

该属是 1984 年 Davis 等从棒杆菌属（*Corynebacterium*）移出建立的新属。多年来，棒杆菌属包括寄生人、动物、植物及腐生的棒形细菌。但根据细胞化学成分分析、蛋白质电泳、DNA 同源性和血清学等研究，它是一个具有明显异源性的群体。目前，认为棒杆菌属只包含寄生人和动物及腐生的棒形细菌，而植物病原棒形细菌（plant pathogenic coryneform bacteria）分别归于棒形杆菌属（*Clavibacter*）、短小杆菌属（*Curtobacterium*）、红球菌属（*Rodococcus*）和节杆菌属（*Arthrobacter*）。

（2）链霉菌属（*Streptomyces*）　原来分类在放线菌中，但它们对氧气有不同的要求。凡厌气性的类群仍保留在放线菌内，而好气类则放在链霉菌属中。营养琼脂上菌落圆形，紧密，多灰白色，菌体丝状，纤细、无隔膜，直径 0.4～1.0 μm，辐射状向外扩散，可形成基质内菌丝和气生菌丝。在气生菌丝即产孢丝顶端产生链球状或螺旋状的分生孢子。孢子的形态色泽因种而异，是分类依据之一。链霉菌多为土壤习居性微生物，少数链丝菌侵害植物引起病害，如马铃薯疮痂病菌（*S. scabies*）（图 3-50）。

3.2.3.3　厚壁菌门（Phylum Firmicutes）

厚壁菌门为低 G＋C 含量（G＋C 含量在 50％以下）的革兰氏阴性菌，对四环素类抗生素敏感。形态上有相当多的变化，一些是杆状，一些是球状，还有一些是多形的。菌体无细胞壁，只有一种称为单位膜的原生质膜包围在菌体四周，厚 8～10 nm，没有肽聚糖成分，菌体以球形或椭圆形为主，营养要求苛刻，对四环素类敏感。该门与植物病害相关的有 2 个纲，柔膜菌纲和芽孢杆菌纲。柔膜菌纲中与植物病害有关的统称为植物菌原体，包括螺原体属（*Spiroplasma*）和植原体属（*Phytoplasma*）。

（1）螺原体属（*Spiroplasma*）　菌体的基本形态为螺旋形，繁殖时可产生分枝，分枝亦呈螺旋形。生长繁殖时需要提供甾醇，螺原体在固体培养基上的菌落很小，煎蛋状，直径1 mm 左右，常在主菌落周围形成更小的卫星菌落。菌体无鞭毛，但可在培养液中做旋转运动,属兼性厌氧菌。DNA中G+C含量为24～31 mol%。植物病原螺原体只有3个种,主要寄主是双子叶植物。柑橘僵化病螺原体($S.\ citri$)侵染柑橘和豆科植物等多种寄主。柑橘受害后表现为枝条直立,节间缩短,叶变小,丛枝或丛芽,树皮增厚,植株矮化,且全年可开花,但结果小而少,多畸形,易脱落。

（2）植原体属（$Phytoplasma$）　植原体属即原来的类菌原体（Mycoplasma-Like Organism,MLO）。菌体的基本形态为圆球形或椭圆形,但在韧皮部筛管中或在穿过细胞壁上的胞间连丝时,可以成为变形菌状,如丝状、杆状或哑铃状等。菌体大小为80～1 000 nm。目前还不能人工培养。早期的分类和鉴定主要依据生物学特征,如寄主、症状、介体专化性等。近年来分子生物学方法已广泛应用于此领域,使MLO的分类取得了很大进展。根据Kirkpatrick和Sears(1993)的建议,暂时将MLO归入"$Candidatus\ Phytoplasma$"中。已知植原体有12个群25个亚群,虽未确定种名,但彼此间差异明显。常见的植原体病害有桑萎缩病、泡桐丛枝病、枣疯病等。

3.2.4　原核生物病害的特点

植物受原核生物侵害以后,在外表显示出许多特征性症状。细菌病害的症状主要有坏死、腐烂、萎蔫和瘤肿等,褪色或变色的较少;有的还有菌脓(ooze)溢出。在田间,多数细菌病害的症状往往有如下特点:一是受害组织表面常为水渍状或油渍状;二是在潮湿条件下,病部有黄褐或乳白色、胶黏、似水珠状的菌脓;三是腐烂型病害患部往往有恶臭味。植物菌原体病害的症状主要有变色和畸形,包括病株黄化、矮化或矮缩,枝叶丛生,叶片变小,花变叶等。

细菌一般通过伤口和自然孔口(如水孔、气孔等)侵入寄主植物。侵入后,通常先将寄主细胞或组织杀死,再从死亡的细胞或组织中吸取养分,以便进一步扩展。在田间,病原细菌主要通过流水(包括雨水、灌溉水等)进行传播。由于暴风雨能大量增加寄主伤口,创造有利病害发生发展的环境,有利于细菌侵入,促进病害的传播,因而往往成为细菌病害流行的一个重要条件。植原体和寄生维管束的难养细菌往往借助叶蝉等在韧皮部取食的昆虫介体或嫁接、菟丝子才能传播。

思 考 题

1.植物病原原核生物分为哪些类别？它们的形态与结构有何不同？
2.不同的原核生物以何种方式繁殖？有何变异的方式？
3.原核生物鉴定到属需要利用哪些生理生化反应？
4.与植物病原相关的原核生物3个门中各有哪些代表性属？
5.原核生物所致病害的症状有何特点？它们是如何侵入寄主？如何传播的？

参 考 文 献

[1] Agrios G N. Plant Pathology. 5th ed. Salt Lake City：Academic Press,2005

[2] George M G. Bergey's Manual of Systematic Bacteriology, Vol. 2（Parts A,B & C;

园艺植物病理学(第3版)

Three-Volume Set,2nd Edition).Springer,2005

[3] 许志刚.拉汉-汉拉植物病原生物名称.北京:中国农业出版社,2007

[4] 许志刚.普通植物病理学.4 版.北京:中国农业出版社,2007

[5] 细菌名称查询.http://lpsn.dsmz.de/或 http://www.bacterio.net/

[6] 冯洁.植物病原细菌分类最新进展.中国农业科学,2017,50(12):2305-2314.

[7] 田茜,张美,胡洁,等.植物病原细菌 DNA 条形码检测技术.植物检疫,2014,28(6):1-7.

3.3 植物病毒

3.3.1 病毒的定义

"病毒"(virus)一词的拉丁文原义为毒物,其含义随着人们对病毒本质认识的不断深入而有所变化。在 1892 年 Iwanowski 发现烟草花叶病毒(TMV)时,称其为滤过性致病因子;1991 年 Matthews 将病毒定义为:通常包被于保护性的蛋白(或脂蛋白)衣壳中,只能在适宜的寄主细胞内完成自身复制的一个或一套基因组核酸模板分子。病毒又称为分子寄生物,具有以下特点:①形体微小,缺乏细胞结构;②基因组只含一种核酸,即 DNA 或者 RNA;③依靠自身的核酸进行复制;④缺乏完整的酶和能量系统;⑤严格寄生性的细胞内专性寄生物。

按寄主划分,病毒可分为动物病毒、植物病毒、细菌病毒(噬菌体)和真菌病毒等。植物病毒作为一类病原,能引起许多种植物病害。据 2020 年统计,有 1 700 余种病毒可引起植物病害。在这些病毒中,能侵染园艺植物的所占比例较大。其中不少引起毁灭性的病害或对植物的生长和发育造成严重影响的病害。例如,椰子死亡类病毒,曾在 40 年间毁灭了3 000 多万株椰树,而且每年继续危害致死 50 万株以上。再如,我国的唐菖蒲,从南到北都感染病毒病,发病率高达 60%~70%,导致品质、产量严重下降,无法进入国际市场。但是,植物病毒也有可利用的价值,特别在开发基因工程载体,植物基因功能鉴定与转基因植物研究等方面,发挥了很大的作用。

3.3.2 植物病毒的形态、结构和组分

3.3.2.1 植物病毒的形态

形态完整(成熟)的侵染性病毒粒子称作病毒粒体(virion)。各类病毒粒体的形态、大小、结构的差别很大。多数动物病毒粒体因外面有包膜(envelope)而呈现出不规则的形态;蕨类和藻类植物的病毒粒体多为杆状,有尾部的球状多面体;真菌的病毒粒体一般呈球状;细菌和蓝绿藻的病毒粒体一般呈蝌蚪状。高等植物的病毒粒体主要为杆状、线条状、球状等。杆状和短杆状的病毒粒体末端有钝圆的,也有齐平的。线状病毒粒体一般长 480~1 250 nm,宽 10~13 nm;杆状病毒粒体一般长 130~300 nm,宽 15~20 nm,短杆状(弹状)病毒粒体一般长 58~240 nm,宽 18~90 nm;球状病毒粒体大小一般以其直径的平均值来

表示,病毒粒体直径为16～80 nm。有一类病毒由大小相同的两部分近球形病毒粒体组成,称为双生病毒,如番茄黄化曲叶病毒等。

许多植物病毒的基因组分布于两个或多个核酸链上,称为多分体基因组(multipartite genome)。它们可以装配在同一个病毒粒体内(如番茄斑萎病毒),也可以装配在不同的病毒粒体内(又称为多分体病毒,如黄瓜花叶病毒)。多分体病毒可由几种大小或形状不同的病毒粒体所组成,当这几种病毒粒体同时存在时,该病毒才具有侵染性。如烟草脆裂病毒(TRV)有大小两种杆状粒体;苜蓿花叶病毒(AMV)具有5种大小不同的粒体。

3.3.2.2　病毒的结构

高等植物病毒的粒体主要由核酸和蛋白质衣壳组成。一般杆状或线条状的植物病毒,核酸链被镶嵌在排列成螺旋状的衣壳蛋白亚基组成的凹槽内。这类病毒粒体中轴是空心的结构(图3-53)。球状病毒的形态大多为近似正20面体,其衣壳由60个或其倍数的蛋白质亚基组成。蛋白质亚基镶嵌在粒体表面,但在粒体内部核酸链的排列情况因病毒种类而异(图3-54)。

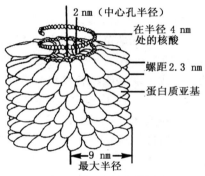

图3-53　烟草花叶病毒的结构模式图

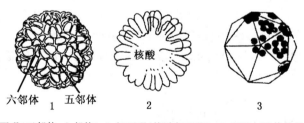

1.表面观(五邻体、六邻体);2.切面观(核酸与亚基);3.亚基与粒体关系示意

图3-54　球状病毒的结构模式图

弹状病毒粒体的结构更为复杂,有一个较粒体短而细的管状中髓,是由核酸和蛋白质形成的螺旋体,病毒粒体外面有镶嵌着蛋白质和脂类的包膜。

3.3.2.3　植物病毒的组分

植物病毒粒体的主要组分除核酸和蛋白质外,还含有水分、矿物质元素等;有些病毒的粒体还有脂类和多胺类物质;有少数植物病毒含有两种或多种蛋白质;有的病毒还有酶系统。各种植物病毒所含核酸和蛋白质比例不同,一般核酸占5%～40%,蛋白质占60%～95%;一种病毒粒体内只含有一种核酸(RNA或者DNA)。植物病毒的基因组核酸大多数是 RNA,并且正单链居多,负单链及双链的 RNA 基因组较少;还有一些病毒的基因组是单链 DNA(如双生病毒科)或双链 DNA(如花椰菜花叶病毒科)。蛋白质衣壳具有保护病毒核酸免受核酸酶或紫外线破坏的作用。就一种病毒的不同株系而言,其蛋白质的氨基酸序列可以有一定的差异。

3.3.2.4 植物病毒的理化特性

(1)钝化温度(thermal inactivation point,TIP) 把病组织汁液在不同温度下处理 10 min,使病毒失去侵染力的处理温度,用摄氏度(℃)表示。番茄斑萎病毒的钝化温度最低,只有 45℃;烟草花叶病毒(TMV)的钝化温度最高,为 97℃;而大多数植物病毒在 55~70℃。

(2)稀释限点(dilution end point,DEP) 把病组织汁液加水稀释,当超过一定限度时,病毒便失去了侵染力,这个最大的稀释限度,称为该病毒的稀释限点。如烟草花叶病毒的稀释限点为 10^{-6},黄瓜花叶病毒的稀释限点为 10^{-4}。

(3)体外存活期(longevity in vitro,LIV) 在室温(20~22℃)下,病毒抽提液保持侵染力的最长时间。大多数病毒的存活期为数天到数月。

(4)沉降系数 一种物质在 20℃水中,在 1 达因(1/981 g)的引力场中沉降的速度,单位是每秒钟若干厘米。因这一单位太大,多采用其千分之一,即 S(Svedberg)单位(S20w)。一般植物病毒的 S20w 在 50S 到 200S 之间。

(5)光谱吸收特性 蛋白质和核酸都能吸收紫外线,蛋白质吸收高峰在 280 nm 左右,核酸在 260 nm 左右。因此 260/280 的比值可以表示病毒核酸含量的多少,用于区分不同的病毒,比值小的多是线条病毒,比值高的可能是球状病毒;对同一种纯化的病毒,紫外吸收值可以表示病毒的浓度;对未纯化的病毒其 260/280 比值偏离标准值的情况,可以说明病毒的纯度。

(6)植物病毒的化学特性 主要是指核酸的类型、核酸的链数以及核酸的分子量、核酸在病毒粒体中百分含量等。病毒核酸的这些特性用于病毒的分科、分属之中。

3.3.3 植物病毒的复制和增殖

病毒侵染植物以后,在活细胞内增殖后代病毒需要两个步骤,一是病毒核酸的复制(replication),即从亲代向子代病毒传送遗传信息的过程;二是病毒基因组核酸信息的表达,即病毒 mRNA 的合成及专化性蛋白质翻译的过程。这两个步骤遵循遗传信息传递的一般规律,但也因病毒核酸类型的变化而存在具体细节上的不同。

3.3.3.1 病毒基因组的复制

病毒核酸的复制需要寄主提供场所(通常是在细胞质或细胞核内)、复制所需的原材料和能量、寄主编码的部分酶以及膜系统。病毒自身提供的主要是模板核酸和专化性的复制相关蛋白或 RNA 聚合酶(polymerase),也称复制酶(或其亚基)。大多数植物病毒的核酸复制是由 RNA 复制 RNA。花椰菜花叶病毒科(*Caulimoviridae*)的病毒基因组为环状双链 DNA,但在复制过程中有反转录步骤(此步骤需要病毒编码的反转录酶)。

3.3.3.2 植物病毒遗传信息的表达

病毒基因信息的表达主要有两个方面:一是病毒基因组转录出 mRNA 的过程,二是

mRNA 的翻译。表达的不同点主要在于其 mRNA 的合成具有多种途径,mRNA 的翻译加工有多种策略。

(1)病毒核酸的转录　无论植物病毒含有何种核酸,要翻译出蛋白质必须经过 mRNA 这一过程。正链 RNA 病毒基因组核酸可以直接作为 mRNA 使用,其他植物病毒则需要不同步骤的转录。病毒核酸的转录同样需要寄主提供场所和原材料,大多数植物病毒的核酸在细胞质内转录,少数在细胞核转录。DNA 病毒(包括单链和双链 DNA 基因组)在转录 mRNA 时都需要寄主的转录酶(依赖于 DNA 的 RNA 聚合酶)。对于负链 RNA 病毒来讲,由于其核酸不能直接翻译出蛋白,转录出正链核酸(即 mRNA)所必需的复制酶是由病毒粒体携带进入寄主细胞内的。因此,负链 RNA 病毒的精提纯核酸不能完成复制的过程。另外,就具有多节段、负单链 RNA 基因组的番茄斑萎病毒科(*Tospoviridae*)和纤细病毒属(*Tenuivirus*)病毒而言,其基因组 RNA 链的部分基因可以通过转录合成亚基因组 RNA,作为 mRNA 翻译出蛋白质;而另一部分基因则需要通过复制产生全长的互补链,再由互补链转录出亚基因组 RNA,才能作为 mRNA 翻译出蛋白质。这种类型的病毒核酸称为双义 RNA(ambisense RNA)。

(2)植物病毒蛋白的翻译　多数病毒在转录出 mRNA 以后,其翻译仍然需要特殊的机制。由于真核生物内的蛋白质合成机构——核糖体一般仅能识别翻译 mRNA 上的第一个开放读框(open reading frame,ORF),同一核酸链上其他基因的表达则要借助病毒的特殊翻译策略(例如,亚基因组 RNA、多聚蛋白、通读、移码和多分体基因组等)。植物病毒基因组编码的基因较少,一般 RNA 病毒含有 4～5 个基因,多的可以达到 10 余种。病毒基因产物包括复制酶或转录酶、病毒的衣壳蛋白、移动蛋白、传播辅助蛋白、蛋白酶等;有些病毒的蛋白产物与病毒的核酸、寄主的蛋白质聚集起来,形成一定体积和形态的内含体(inclusion body)。它可分为细胞核内含体和细胞质内含体两大类。细胞质内含体在形状、大小、组成和结构方面差异很大,主要分为不定形内含体、假晶体、晶体内含体和风轮状内含体 4 种类型。不同属的植物病毒往往产生不同类型、不同形态的内含体,这些差异可作为鉴别不同病毒的参考指标。

(3)植物病毒的基因组结构及功能　迄今多数已知植物病毒的基因组结构已经有报道,我们对其核苷酸序列、基因产物的氨基酸序列及其生物学功能已有初步了解。根据病毒核酸全序列可以作出基因组结构图,标出各种基因在基因组上的位置。

3.3.3.3　植物病毒的增殖

植物病毒作为一类分子寄生物,没有细胞结构,不像菌物那样具有复杂的繁殖器官,也不像细菌那样进行裂殖生长,而是分别合成核酸和蛋白质组分再组装成子代粒体。这种特殊的繁殖方式称为复制增殖(replication multiplication)。

从病毒进入寄主细胞到新的子代病毒粒体装配完成的过程即为一个增殖过程。下面以正链 RNA 病毒的核酸复制为例,介绍病毒复制的一般过程(图 3-55)。病毒首先进入活细胞并脱壳:植物病毒以被动方式通过微伤(机械伤或生物介体造成伤口)直接进入活细胞,并释放核酸;释放核酸的过程也称为脱壳(uncoating)(图中第 1、2 步)。核酸复制和基因表达:核酸复制是传递遗传信息的中心环节,包括合成子代病毒的基因组核酸,指导合成用于翻译病毒蛋白质的 mRNA。脱壳后的病毒核酸可以直接作为 mRNA，利用寄主细胞中的核糖体翻译出复制酶，即依赖于 RNA 的 RNA 聚合酶（RNA-dependent RNA polymerase，RdRp）（图中第 3 步）；在 RNA 聚合酶作用下，以正链 RNA 为模板，复制出负链 RNA（第 4 步）；再以负链 RNA 为模板，复制出一些较小的亚基因组 RNA（subgenomic RNA）（第 5 步左），同时大量复制出全长正链 RNA（第 5 步右）；亚基因组 RNA 可翻译出包括衣壳蛋白在内的病毒基因组中部及 3′端编码的数种蛋白（第 6 步）。新合成的正链 RNA 与衣壳蛋白进行装配，成为完整的子代病毒粒体（第 7 步）。子代病毒粒体可不断增殖并通过胞间连丝向邻近细胞移动扩散（第 8 步）。

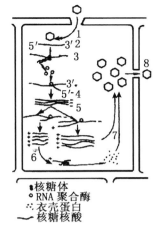

图 3-55 正链 RNA 病毒复制的一般过程

▶ 3.3.4　植物病毒的传播和移动

3.3.4.1　定义及一般特性

病毒是专性寄生物，在自然界生存发展必须在寄主间转移，植物病毒从一植株转移或扩散到其他植物的过程称为传播（transmission），而从植物的一个局部转到另一局部的过程称为移动或运动（movement）。因此，传播或传染是病毒在植物群体中的转移，而移动是病毒在寄主个体中的位移。根据自然传播方式的不同，可以分为介体（vector）传播和非介体传播两类。介体传播是指病毒依附在其他生物体上，借其他生物体的活动而进行的传播及侵染。包括动物介体、植物介体和微生物介体三类。系统侵染的病毒在叶片组织中的分布也是不均匀的，这是因为病毒的扩展始终受到寄主的抵抗。植物旺盛生长的分生组织（如茎尖、根尖）一般不含有病毒，这也是通过分生组织培养获得无毒植株的依据。大部分植物病毒的长距离移动是通过植物的韧皮部进行。一种病毒一旦进入韧皮部，移动速度变得非常快。病毒长距离移动并不是一种完全被动的转移，如果没有病毒蛋白的参与，这种转移也不能发生。

3.3.4.2　主要传播方式

（1）种子和其他繁殖材料的传播　大多数植物病毒是不通过种子传播的，只有豆科、葫芦科和菊科植物的某些病毒可以通过种子传播。有些病毒似乎是通过种子传播的，其实是由于种子带有病株残体，或种子上带有病毒粒体。因此采用种子表面消毒可能减少带毒的概率。由于植物病毒多为系统侵染，因此，植物的营养繁殖材料（块茎、接穗、插条等）若来自病株，则往往成为发病的初侵染源。

（2）嫁接传播　所有植物病毒，只要其寄主能进行嫁接均可传播，果树病毒的这种传播方式比较普遍。因此，选用无病接穗和砧木，是防止此类病害的有效措施。寄生性植物菟丝子往往可以作为桥梁，把病株上的病毒传至健株，有的菟丝子本身也可能是带毒的。

（3）机械（汁液）传播　病毒可以通过摩擦植物所造成的微伤而传播，这种传毒方式，仅限于大多数所致症状为花叶的病毒。在自然界中机械传毒的主要方式是由于人工移苗、整枝、打杈等田间操作，因工作者的手或工具沾染了病毒汁液从而传播了病毒。

(4)土壤传播　有些病毒可以通过土壤传播。例如 TMV,具有很高的稳定性,能在土壤中保持其生物活性。但是其他一些病毒是否像 TMV 那样,在没有其他因素(例如线虫及真菌)帮助之下也能通过土壤传播尚不清楚。

(5)昆虫传播　多数植物病毒可以通过昆虫传播。传播的昆虫主要是刺吸式口器的昆虫,如蚜虫、叶蝉、飞虱、粉虱等。能传毒的昆虫叫虫媒。有些螨类(mite)亦可传毒。传毒昆虫的专化性:叶蝉或飞虱传毒的专化性较强,而蚜虫传毒的专化性较弱。例如有些黄化型病毒只能由一种叶蝉传播,而桃蚜(*Myzus persicae*)可以传播 100 多种病毒。昆虫传毒的时间性:昆虫在罹病植株上获毒后,保持传毒能力时间的长短有很大差别,这主要是由病毒与介体的性质决定的。根据昆虫获毒后传毒期限的长短,可分为 3 种情况。

①非持久性:昆虫获毒后立刻就能传毒,但很快就会失去传毒能力。

②半持久性:昆虫在获毒后不能马上传毒,要经过一段时间才能传毒,这段时间叫作"循回期"。昆虫传毒有一定期限,一般为数日至十余日,其原因是病毒要通过昆虫的体液,再回到唾腺。但病毒不能在昆虫体内繁殖,因此传毒时间是有限的,一旦病毒排完后,传播能力即告结束,这类昆虫包括蚜虫及部分叶蝉。

③持久性:昆虫获毒后也要经过一定的时间才能传毒。但此类昆虫一旦获毒后,终生保持传毒能力,显然这些病毒是可以在昆虫体内繁殖的。因此这类昆虫体内的病毒浓度不会降低,有些甚至可以经卵传播,即介体后代亦可传毒。

传播实验是鉴定病毒的必要手段。为证实一种病害确由某种病毒引起或某种病毒确实存在,即证实其侵染性,必须将该病毒接种健株。同时,了解病毒的传播规律也是病害防治的基础。而且病毒如何在植株中积累和植株间传染与传播方式直接相关,所以确定防治对象和防治方法必须先了解传播特点。另外,在介体传播过程中,病毒-介体-植物三者之间的复杂生物学关系在生物学研究中具有重要意义。

▶ 3.3.5　植物病毒的分类

3.3.5.1　分类依据

植物病毒分类的主要依据是:①构成病毒基因组的核酸类型(DNA 或 RNA);②核酸是单链还是双链;③病毒粒体是否存在脂蛋白包膜;④病毒形态;⑤基因组核酸分段状况(即多分体现象)等。根据上述主要特性,在国际病毒分类委员会(ICTV)的第十次报告(2018—2020 年)中,将植物病毒分为 29 个科、133 个属、1 700 多个确定种或可能种。其中 DNA 病毒有 3 个科,21 个属;RNA 病毒有 26 个科,112 个属。根据核酸的类型和链数,可将植物病毒分为:双链 DNA 病毒、单链 DNA 病毒,双链 RNA 病毒、负单链 RNA 病毒和正单链 RNA 病毒。

3.3.5.2　病毒的分类

在植物病毒的分类系统中,1995 年以前多数学者认为病毒"种"的概念还不够完善,采用门、纲、目、科、属、种的等级分类方案不成熟。所以近代植物病毒分类上的基本单位不称为"种",而称为成员(member),近似于属的分类单位称为组(group)。1995 年出版的 ICTV 第六次报告,将 729 种植物病毒归类为 9 个科 47 个属,基本明确了科、属、种关系。病毒种(species)包括代表种(type species)、确定种(definitive species)和暂定种(tentative species)。

随着研究的进展,新病毒的发现、病毒基因组核酸序列的同源性、病毒生物学特性的揭示均可影响植物病毒的分类系统。例如,在 ICTV 第十次报告中,基于原马铃薯 Y 病毒组的成员很多(100 多个成员和可能成员),其基因组结构及传播方式差异明显,将其升级为马铃薯 Y 病毒科(*Potyviridae*)。目前该病毒科根据基因组结构及传播介体种类的不同分为12 个属。在一个科或属内的病毒种之间有某些共同特性,可用于鉴别,如马铃薯 Y 病毒科的病毒都可在寄主细胞内形成风轮状内含体等。

此外,在病毒研究过程中,还相继发现了一些与病毒相似,但个体更小、特性稍有差别的亚病毒因子。其中一些要依赖其他病毒才能复制的小病毒或核酸,称为病毒卫星(satellite),它们所依赖的普通病毒称为辅助病毒(helper virus)。它们的核酸与辅助病毒很少有同源性,且影响辅助病毒的增殖;其中自身能编码衣壳蛋白的称为卫星病毒,不能编码衣壳蛋白的称为卫星核酸。绝大多数植物病毒的卫星核酸都是 RNA,称为卫星 RNA;有些卫星 RNA 基因组为单链环状及线状两种分子、长度约为 350 个核苷酸(以前曾称为"拟病毒 virusoid"),具有核酶的活性。近年发现了联体病毒的一种卫星核酸为单链环状 DNA 分子。还有一些基因组为单链环状 RNA,其分子内高度配对形成双链结构、无衣壳蛋白,依赖于寄主的 RNA 聚合酶进行自主复制的植物病原称为类病毒(viroid);动物中的一类蛋白质侵染因子(由某种正常蛋白质经构型改变而形成)称为朊病毒(prion)。为了分类上的方便,将这些分子寄生物都归类为亚病毒(subvirus),而由核蛋白体构成、可独立复制的普通病毒则称为真病毒(euvirus)。

3.3.5.3　病毒的株系

株系(strain)是病毒种下的变种,通常具有某种生物学特征。当分离到一种病毒,但还未完全了解其分子及生物学特征时,一般不能称其为株系,可称其为"分离物"或"分离株"(isolate)。

3.3.6　植物病毒的命名

植物病毒的名称目前不采用拉丁文双名法,仍以英文作为学名,并且病毒的种名不包含命名人信息。如烟草花叶病毒的普通名称为 tobacco mosaic virus,缩写为 TMV,其学名或种名为 *Tobacco mosaic tobamovirus*;黄瓜花叶病毒的名称为 cucumber mosaic virus,缩写为 CMV,其学名或种名为 *Cucumber mosaic cucumovirus*。病毒的属名常由代表种的寄主名称(英文或拉丁文)缩写＋主要特点描述(英文或其他文字)缩写加上后缀 virus 拼组而成。例如:黄瓜花叶病毒属的学名为 *Cucumovirus*,烟草花叶病毒属为 *Tobamovirus*。植物病毒的目(结尾为-virales)、科(-viridae)、亚科(-virinae)、属(-virus)与确定种的学名在书写时均应用斜体,而未经 ICTV 批准的暂定种名以及确定种的普通名称、株系和分离物的书写则采用正体。病毒或类病毒名称的缩写均用正体书写。类病毒(viroid)在命名时遵循近似于病毒的规则。因其缩写名易与病毒混淆,新命名规则规定类病毒的缩写为 Vd;类病毒确定种的普通名称书写采用正体,如马铃薯纺锤块茎类病毒(potato spindle tuber viroid,缩写为 PSTVd),类病毒科、属与确定种的学名书写时应用斜体,如马铃薯纺锤块茎类病毒(*Potato spindle tuber pospiviroid*)。

3.3.7 重要的植物病毒属及典型种

3.3.7.1 烟草花叶病毒属和烟草花叶病毒

烟草花叶病毒属（*Tobamovirus*）目前含有 37 种病毒。代表种为烟草花叶病毒（*Tobacco mosaic tobamovirus*）。病毒形态为直杆状，直径 18 nm，长 300 nm。病毒粒体的沉降系数为 194 S，核酸占病毒粒体的 5%，蛋白占 95% 左右；基因组核酸为一条（＋）ssRNA 链，长为 6.4 kb，分子质量约为 2×10^6 u。衣壳蛋白亚基为一条多肽，分子质量为 17.5 ku。

烟草花叶病毒属中大多数病毒的寄主范围较广，属于世界性分布；自然传播不需要介体生物，靠植株间的接触（有时为花粉或种苗）传播；对外界环境的抵抗力强。TMV 是研究相当深入的植物病毒。引起的花叶病是番茄、马铃薯、辣椒和兰花等园艺作物上的重要病害，世界各地发生普遍，损失严重。

3.3.7.2 马铃薯 Y 病毒属和马铃薯 Y 病毒

马铃薯 Y 病毒属（*Potyvirus*）目前包括 183 种病毒。线状病毒通常长 750 nm，直径为 11～15 nm，具有一条正单链 RNA，基因组 RNA 全长为 9～11 kb，外面由 1 700～2 000 个相同的衣壳蛋白亚基包被，核酸占粒体重量的 5%～6%，蛋白占 94%～95%。病毒粒体的沉降系数为 150～160 S。衣壳蛋白亚基的分子质量为 32～36 ku，由 187～320 个氨基酸组成。主要以蚜虫进行非持久性传播，绝大多数可以通过机械传播，个别可以种传。所有病毒均可在寄主细胞内产生典型的风轮状内含体，也有的产生核内含体和不定形内含体。大部分病毒的寄主范围局限于特定科的植物，如马铃薯 Y 病毒（potato virus Y，PVY）主要限于茄科，甘蔗花叶病毒（sugarcane mosaic virus，SCMV）限于禾本科，大豆花叶病毒（soybean mosaic virus，SMV）限于豆科等；个别具有较广泛的寄主范围。PVY 分布很广，主要侵染马铃薯、番茄以及唐菖蒲等园艺花卉植物。PVY 可在茄科植物和杂草（地樱桃等）上越冬，温暖地区和保护地栽培情况下，可在寄主植物上连续传染。自然状态下，PVY 由桃蚜等蚜虫以非持久性方式传播。人工接种时，可以通过汁液、机械方式传播。

3.3.7.3 黄瓜花叶病毒属和黄瓜花叶病毒

黄瓜花叶病毒属（*Cucumovirus*）目前含有 4 种病毒，包括黄瓜花叶病毒（*Cucumber mosaic cucumovirus*）、番茄不孕病毒（TAV）和花生矮化病毒（PSV）。黄瓜花叶病毒（CMV）粒体为球状，直径 28 nm，属于三分体病毒；基因组 RNA 的分子质量分别为 1.3×10^6 u、1.1×10^6 u 和 0.8×10^6 u。衣壳蛋白的分子质量为 24 ku，粒体中 ssRNA 含量为 18%，蛋白质为 82%，不含脂类等物质。沉降系数为 99S。在 CMV 粒体中，已发现有卫星 RNA 的存在。CMV 即成为卫星 RNA 的辅助病毒，卫星 RNA 的分子质量为 100 ku，核苷酸序列与 CMV 的基因组 RNA 不同，但它必须依赖 CMV 进行复制与包装，并且能影响 CMV RNA 的复制。CMV 在自然界主要依赖多种蚜虫以非持久性方式传播，也可由汁液接触而机械传播，少数报道可因土壤带毒而传播。

CMV 的寄主范围十分广泛，寄主包括 85 个科的近千种植物。在许多双子叶和单子叶植物上经常可以发现 CMV，而且不少是与另一种病毒复合侵染，从而使寄主植物表现出复杂多变的病害症状。

3.3.8　植物病毒病害的特点

3.3.8.1　植物病毒病害的症状

植物病毒病害由于不形成外部病征,只能看到病状,易于区别于产生病征的病害;病毒病害的病状以系统性变色(明脉、褪绿、花叶、斑驳、条纹、条点、黄化等)、畸形(矮化、矮缩、皱缩、耳突、疱斑、曲叶、卷叶等)和局部性坏死斑点为主,少有萎蔫、腐烂类症状。病毒病害症状往往从幼嫩的部分开始,在老叶片上往往不产生明显的症状。变色往往伴随或多或少的畸形,症状在整株或叶片分布往往不均匀,与组织的发育状态有较密切的关系。由于病毒粒体太小、传播方式隐蔽,症状不易觉察,往往造成比较严重的损失。

病毒病害的症状容易与同样没有病征的非传染性病害混淆,这主要可从病害的田间分布、症状在植株上分布的特点,症状的均匀程度进行区分。同时,利用不少病毒在寄主细胞内产生内含体的特性,也可以在稍有条件的地方进行显微镜检查。

3.3.8.2　植物病毒病害的防控

由于植物病毒严格依赖于寄主细胞完成其生命循环,使杀病毒药剂的研制成为难点;病毒病成为植物的癌症,防治十分困难。因此,植物病毒病的防治更加强调预防为主,更加注重寄主抗病性的利用,更加注意阻止传播,更加强化生态调控等新技术的综合应用。

预防重点是防止人为传播病毒,特别是检疫性病毒。与人畜病毒病的预防同样重要,但植物病毒的预防主要不是通过接种疫苗,而是普及植物病毒传播知识,防止带毒种苗调运、园艺操作中传播病毒(如嫁接过程、工具等)。

抗病品种的选育和使用是最经济的防病措施之一,利用寄主自然存在或后天获得的抗病性;要注意抗病品种的合理化布局,避免单一大面积种植垂直抗性品种;对于难以获得高抗特性的品种,也可以物理化学或生物的方法诱导寄主抗病性的表达,提高寄主的抗性。近年通过转基因技术,不少抗病基因被鉴定、分离,并转移到植物,培育出新品种。

无病毒种苗技术受到园艺种植者的欢迎。对于大部分园艺植物,培育和推广无病毒苗木是经济高效的防治方法。目前无病毒苗木主要靠组培脱毒、无病毒苗木的快速繁殖技术获得。

针对介体昆虫的传播的措施除了使用化学农药杀死害虫外,主要有通过播期调整避开昆虫发生高峰,通过黄皿诱蚜、银灰薄膜避蚜减少传毒等。

在控制毒源方面,重点是去除田间寄主杂草(特别是隐症带毒的寄主),早期拔除中心病株;注意防治保护地栽培的植物上的介体昆虫等。植物病毒病害的防治难度很大,往往需要多种农艺措施与生态调控的相互配合,才能取得较好的防治效果。

思 考 题

1.植物病毒的分类更多依赖于核酸类型、链数、多分体情况、基因表达策略等数据,与其他生物主要依据形态分类有明显不同。您认为这是分类系统的进步或是不成熟? 为什么?

2.以＋ssRNA 病毒为例,简述植物病毒核酸复制和蛋白表达的过程。

3.植物病毒依靠哪些传播方式传播？介体昆虫传毒有哪些机制？与病毒病害的防治有何关系？

4.植物病毒病害有哪些不同于其他类别病害的特点？防治原则有何不同？

5.以 TMV、PVY、CMV 为例，列表比较杆状病毒、线状病毒、球状病毒的结构组成、物理化学特性及其传播、寄主范围的异同。

参考文献

[1] Walker P J, Siddell S G, Lefkowitz E J, et al. Changes to virus taxonomy and the International Code of Virus Classification and Nomenclature ratified by the International Committee on Taxonomy of Viruses. Archives of Virology. https：//doi. org/10. 1007/s00705-019-04306-w. 2019

[2] King A M Q, Adams M J, Cartens E B, et al. Virus Txonomy, classification and nomenclature of viruses；Nineth Report of the ICTV. Elsevier/Academic Press, 2012

[3] Hull R. 马修斯植物病毒学. 范在丰, 等译. 4 版. 北京：科学出版社, 2007

[4] 陈泽雄. 园艺植物病毒脱毒技术研究进展. 北方园艺, 2007(5)：58-60

[5] 洪霓. 番茄斑萎病毒的检疫技术. 植物检疫, 2006(6)：389-392

[6] 谢联辉, 林奇英. 植物病毒学. 3 版. 北京：中国农业出版社, 2011

[7] 谢联辉. 植物病原病毒学. 北京：中国农业出版社, 2008

[8] 杨有权. 园艺植物病毒的中间寄主. 吉林蔬菜, 1999(3)：36-37

3.4　植物病原线虫

线虫属于动物界，是地球上数量最大的后生动物，据估计全世界线虫种类可能在 100 万种左右，目前已描述的种类已超过 25 000 种。线虫外形多为蠕虫形，大多数种类生活于海洋、淡水和土壤中，以细菌、真菌、藻类等微生物或其他线虫为食的线虫称为自由生活线虫；寄生于植物、昆虫或其他动物的线虫为寄生线虫。植物寄生线虫（植物病原线虫）引起的植物病害称为植物线虫病，每年对全世界农业生产造成上千亿美元的损失。

▶ 3.4.1　形态与解剖特征

（1）体形和大小　植物线虫的体形细小，体宽为 15～35 nm，体长为 0.2～1 mm，个别种可达到 3 mm 以上，一般需要用显微镜观察。植物线虫的体形因类别而异，有雌雄同形和雌雄异形两类。大多数种类均为雌雄同形，其成熟雌虫和雄虫均为蠕虫形，除生殖器官有差别外，其他的形态结构相似。少数种类为雌雄异形，指其成熟雄虫为蠕虫形，成熟雌虫为球形、柠檬形、肾形等，如根结线虫（*Meloidogyne* spp.）。

（2）体壁和体腔　线虫的体壁由最外层的角质层、中间的下皮层和最内层体肌层构成。角质层是覆盖虫体外表的非细胞层,由下皮层分泌物组成,是由蛋白质为主构成的角质膜。角质膜包住整个虫体,同时也内陷为口腔、食道、排泄孔、阴道、直肠和泄殖腔的内衬膜。角质膜表面有体环或横纹、鳞片、刺、鞘,体侧有由纵线和脊构成的侧区。角质层之下为下皮层,下皮层在背面、腹面和侧面加厚形成背索、腹索和侧索。线虫的肌肉一般为纵行肌构成,含有一些肌原纤维和专化收缩肌。线虫肌肉有一些特殊分化,如口针、食道、交合刺、引带、交合伞、阴门、子宫上的肌肉。肌肉层下为体腔,无体腔膜,称为假体腔,体腔内充满了体腔液,线虫的消化、生殖器官均埋藏其中(图 3-56,彩图又见二维码 3-2)。

二维码 3-2

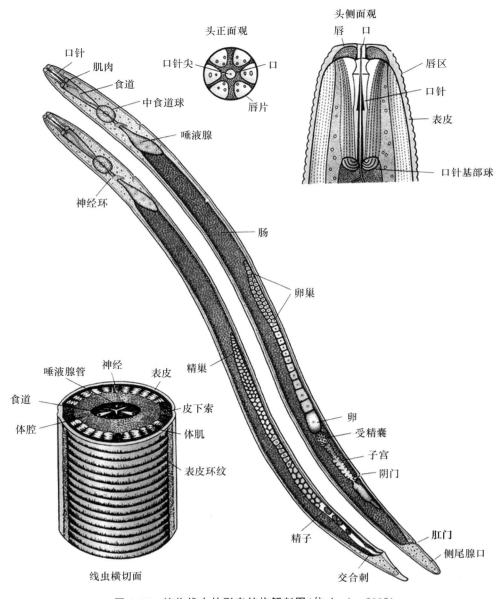

图 3-56　植物线虫的形态结构解剖图(仿 Agrios 2005)

（3）体躯　线虫躯体无明显躯段,但线虫学家为描述方便,将体躯分头部、颈部、腹部和尾部。从头前端至口针基部球为头,包括侧器、头乳突、唇部、口腔和口针;口针基部球至食道和肠连接处为颈,包括排泄孔、半月体和食道;食道和肠连接处至肛门为腹,主要包括消化系统和生殖系统,有阴门和肛门;肛门之后为尾,雄虫则在泄殖腔后为尾,含交合刺、引带及交合伞。

（4）消化系统　植物线虫的消化系统包括口针、食道、肠、直肠和肛门。口孔后为口腔,口腔内有一根骨质化的刺状物,称为口针。口针是植物寄生线虫的取食器官,用来穿刺植物细胞和组织,吸食细胞内的营养物质。大多植物线虫口针是中空的,包括针锥、针杆和口针基部球;矛线目线虫为齿针,中实,由前段的锥体部和后段膨大部组成。口针或齿针的有无是区别植物线虫与土壤中自由生活线虫的重要特征。口腔与肠瓣之间的消化道称为食道,这是一条肌肉质和含有腺体的管状结构。植物寄生线虫的食道分为两种基本类型:一是矛线型食道,为两部分圆筒体,包括一个细长、非肌质的前部和一个膨大的肌腺质的后部,如矛线目和毛刺科线虫,包括长针属（Longidorus）、剑线虫属（Xiphinema）和毛刺属（Trichodorus）等。另一类是垫刃型食道,分为食道前体部、中食道球、峡部和后食道,垫刃亚目和真滑刃总科线虫的食道都属于垫刃型。峡部通常位于中食道球与后食道之间,围有神经环。肠连接食道后端,其功能是作为贮藏器官,肠分为前肠、中肠和直肠。直肠也称肛道,开口于肛门。雄虫直肠的开口与精巢的开口同在一处,称为泄殖腔。

（5）神经系统　植物寄生线虫主要的神经和感觉器官包括神经环、半月体、乳突、侧器和侧尾器。神经环是线虫的神经中枢,由此处发出的神经向前延伸至侧器和头部感觉器官,向后达到尾部。半月体位于排泄孔附近,是一个重要的侧腹神经连合。侧器或称化感器,是位于头部的一对侧向化学感觉器官。乳突为外部无开口并与神经相连的小突起物,常常位于头部、颈部和虫体后部。侧尾腺口或称尾感器是线虫尾部的一种化学感觉器官,垫刃亚目和真滑刃总科线虫都有侧尾腺,矛线目线虫无侧尾腺而有尾腺。

（6）排泄系统　线虫的排泄系统比较简单,一般由几个腺细胞组成。垫刃亚目和真滑刃总科线虫的排泄系统,由单个排泄细胞（或腺肾管）经一根排泄管伸至中腹面,开口于排泄孔。排泄孔开口的位置一般在食道峡部的神经环附近。

（7）生殖系统　植物线虫通常都具有发达的生殖系统。雌虫的生殖系统由生殖管、阴道和阴门组成。生殖管可分为单生殖管和双生殖管。有些线虫的阴门后生殖管退化成后阴子宫囊。生殖管的前部分为卵巢,卵巢下为输卵管,输卵管将成熟的卵原细胞送到受精囊受精;与受精囊连接的是子宫,受精卵细胞贮藏于子宫中并形成卵壳。子宫通往短的阴道,成熟卵经阴道和阴门排到体外。线虫的阴门通常为一横裂。雄虫的生殖系统由生殖管、交合刺、引带和交合伞组成,生殖管由精巢、贮精囊、输精管和射精管组成。交合刺成对、弯曲或弓形。引带小,位于交合刺基部。交合伞是位于尾部两侧的膜状结构,由虫体角质膜延伸而成,有的线虫无交合伞。

▶ 3.4.2　生活史和生态

3.4.2.1　生活史

线虫生活史是指从卵开始到又产生卵的过程,包括卵、幼虫和成虫三种虫态。卵大多为椭圆形,大多数线虫为 4 个龄期,1 龄幼虫在卵内发育并且完成第一次蜕皮,2 龄幼虫从卵内孵出,再经过 3 次蜕皮发育为成虫。植物寄生线虫完成一个世代所需要的时间因不同线虫种类或环境条件而有较大的不同,如在适宜的条件下,根结线虫需 3～4 周,短体线虫 1 周左右,剑线虫的一些种需要几年才完成一代。植物线虫一般为两性交配生殖,但一些种类也可进行孤雌生殖。

3.4.2.2 生态特点

大多数的植物病原线虫生活史至少有一部分时间是在土壤中度过的。植物线虫的生长发育、繁殖及存活与气候因素(温度、光照、雨量等)、土壤因素(土壤类型、土壤温湿度、氧气、pH、土壤中的生物因子等)密切相关。线虫大多发生在 15～30 cm 的土壤中,在田间的水平分布一般是不均匀的,呈块状或多中心分布,以感病植株的根内或根围数量最多。线虫在土壤中的垂直分布与作物根系分布密切相关。

3.4.2.3 传播

线虫的传播有主动传播和被动传播。在作物生长季节,线虫依靠自身的能量在土壤中缓慢扩散,传播距离有限,每一季线虫扩散的总距离一般不超过几米。被动传播有自然力传播和人为传播。自然力传播包括水流、气流(风力携带土壤)、昆虫介体传播等。土壤中的线虫以水流传播为主。一些线虫可通过昆虫介体传播,如松材线虫(*Bursaphelenchus xylophilus*)由松墨天牛(*Monochamus alternates*)传播。线虫的人为传播以带病的、黏附病土的或机械混杂线虫虫瘿的种子、苗木或其他繁殖材料,以及携带线虫的农林产品和包装物品的流通最为重要,从而实现远距离的传播。

3.4.3 寄生性和致病性

3.4.3.1 寄生性

植物寄生线虫都是专性寄生物,大多数植物寄生线虫寄生于植物根部,有些线虫,如粒线虫属(*Anguina*)茎线虫属(*Ditylenchus*)和滑刃线虫属(*Aphelenchoides*)中的某些种可以侵染和危害植物茎、叶和种子。根据其寄生方式分为外寄生、半内寄生和内寄生(图3-57)。

(1)外寄生　线虫在根部取食时虫体完全露在根外,仅以口针刺入植物表皮或在根尖附近间歇取食。大多数植物线虫都是外寄生的,如长针线虫(*Longidorus*)、剑线虫(*Xiphinema*)、毛刺线虫(*Trichodorus*)、刺线虫(*Belonolaimus*)、针线虫(*Paratylenchus*)、环线虫(*Criconema*)、鞘线虫(*Hemicycliophora*)等属。

(2)半内寄生　线虫在正常情况下仅虫体前部钻入根内取食,后半部露于植物体外,一旦取食不转移,直至完成发育和生殖。这类线虫包括胞囊线虫(*Heterodera*)、半穿刺线虫(*Tylenchulus*)、肾形线虫(*Rotylenchulus*)等属。

(3)内寄生　整个虫体侵入植物组织内取食,在组织内完成生活史。可分为迁移型和定居型两种类型。迁移型内寄生线虫在寄主根表皮的薄壁组织中取食、迁移和繁殖,常常引起根组织大量坏死。重要线虫有短体线虫(*Pratylenchus*)、穿孔线虫(*Radopholus*)、潜根线虫(*Hirschmanniella*)属。定居型内寄生线虫其 2 龄幼虫在蜕皮前侵入根内,开始取食后就不再转移,直至发育为成虫,整个生活史在根内完成。重要属有根结线虫。

不同的线虫有不同的寄主范围,有些线虫寄主范围广,如南方根结线虫(*Meloidogyne*

1. 头刃线虫属（*Cephalenchus*）；2. 矮化线虫属（*Tylenchorhynchus*）；3. 刺线虫属；4. 盘旋属（*Rotylenchus*）；5. 纽带线虫（*Hoplolaimus*）；6. 螺旋线虫属（*Helicotylenchus*）；7. *Verutus*；8. 肾形线虫属（*Acontylus*）；10. 拟根结线虫属（*Meloidodera*）；11. 根结线虫属；12. 胞囊线虫属；13. 鞘线虫属；14. 大刺环线虫（*Macroposthonia*）；15. 针线虫属；16. *Trophotylenchulus*；17. 半穿刺线虫；18. *Spheronema*；19. 短体线虫；20. 潜根线虫；21. 珍珠线虫属（*Nacobbus*）。（引自 M. R. Siddiqi，1986）

图 3-57　垫刃目主要寄生线虫在植物根部的寄生状态

incognita）能在超过 2 000 种植物上寄生和繁殖，而有些线虫则只能危害少数几种植物。同一种线虫的不同群体间可能存在寄主专化性差异，形成线虫的生理小种。

3.4.3.2　致病性

植物寄生线虫通过头部的侧器，接受根分泌物的刺激，朝着根的方向运动。线虫一旦与寄主组织接触，即以唇部吸附于组织表面，以口针穿刺植物组织和侵入。线虫很容易从伤口和裂口侵入植物组织内，但是，更重要的是从植物表皮的自然孔口（气孔和皮孔）侵入和在根尖后幼嫩部分直接穿刺侵入。线虫的致病机理主要包括以下 4 个方面：①机械损伤——由线虫穿刺植物进行取食造成的伤害；②营养掠夺或营养阻碍——线虫取食夺取寄主的营养，或由线虫对根的破坏阻碍植物对营养物质的吸收；③化学致病——线虫的食道腺能分泌各种酶或其他生化物质，影响寄主植物细胞和组织的生长代谢，这是最主要致病作用方式；④复合侵染——线虫侵染造成的伤口引起菌物、细菌等微生物的次生侵染，或者作为菌物、细菌和病毒的介体导致复合病害。大多数线虫侵染植物的地下部根、块根、块茎、鳞茎、球茎，地上部主要表现生长不良症状，地下部引起根结、短粗根、组织坏死腐坏、畸形等。少数线虫可侵染植物地上部茎、叶、花、果实和种子，引起叶片变色、坏死、茎肿胀、谷瘿等（图 3-58，彩图又见二维码 3-3）。

二维码 3-3

▶ 3.4.4　分类和主要类群

3.4.4.1　分类

植物线虫的分类主要是以形态特征为基础的分类方法，但分子手段已在分类上广泛应用。线虫属动物界线虫门（Nematoda），最新的分类体系是根据 De Ley 和 Blaxter（2002）建议的分类系统。在植物寄生线虫中,最新的经典分类系统有 Siddiqi（2002）关于垫刃亚目的分类系统；Hunt（1993）关于滑刃总科和长针科,以及 Hunt（1993）和 Decraemer（1995）关于毛刺科的分类系统。目以下分总科、科、亚科、属、种,种的名称采用拉丁双名法。

3.4.4.2　主要类群与危害状

园艺植物的重要病原线虫类型其所致病害症状类型见图 3-58,现分述如下。

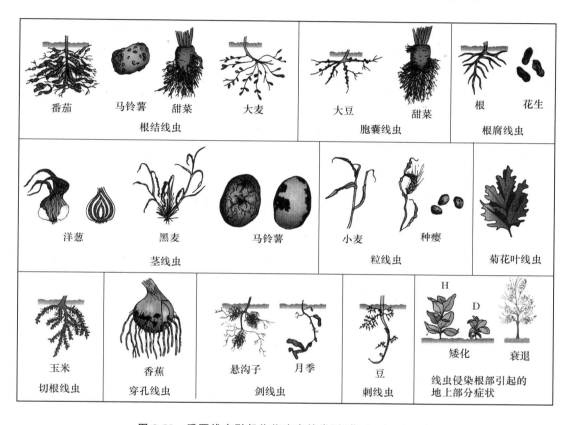

图 3-58　重要线虫引起作物病害的类型（仿 Agrios 2005）

（1）茎线虫属　虫体雌雄同形,细长,尾端尖细,体长为 0.6～1.5 mm,垫刃型食道,后食道球可以延伸为短叶状覆盖于肠。雌虫阴门位于虫体后部。雄虫交合伞延伸至尾长的 1/4～3/4 处。茎线虫一些种类寄生于植物的茎、块茎、球茎和鳞茎,也危害叶片,引起寄主组织坏死、腐烂、矮化、变化、畸形。主要有腐烂茎线虫（D. destructor）、鳞球茎茎线虫（D. dipsaci）。

（2）短体线虫属　俗称根腐线虫。雄虫和雌虫均呈蠕虫状,体长不超过 1 mm,圆柱形,两端钝圆,头骨质化明显,口针发达,食道腺从腹面与肠重叠一段距离；雌虫阴门在虫体后端,直生,前伸；雄虫交合刺成对,交合伞包至尾端。短体线虫属一些种类为重要病原线虫,寄主范围广,主要寄生于植物根内、块根、块茎等植物地下部器官,在迁移或穿过皮层细胞时频繁取食,并且导致大量细胞的坏死与腐烂。重要病原种有:咖啡短体线虫（P. coffeae）、穿刺短体线虫（P. penetrans）、伤残短体线虫（P. vulnus）、短尾短体线虫（P. bachyurus）。

(3)穿孔线虫属　为蠕虫状小型线虫,体长通常不超过 1 mm。雌虫头部低、不缢缩或稍缢缩,口针和食道发达,食道腺叶大部分覆盖于肠的背面;阴门位于虫体中部,双生殖管。雄虫唇区隆起、呈球形,明显缢缩;口针和食道退化,交合伞不包至尾末端,交合刺细、弯曲。本属重要种为相似穿孔线虫(R. similis),为害植物根、块根、块茎,雌成虫和幼虫在皮层组织内迁移运动取食,导致整个根系遭受破坏。相似穿孔线虫是香蕉、柑橘、胡椒及一些花卉等重要病原物,造成毁灭性危害。

(4)根结线虫属　雌雄异形。雌成虫呈梨形、白色;虫体前部有突出的颈部,口针短且明显;食道发达,阴门和肛门端生,周围形成具有特征性的会阴花纹;卵巢发达,卵产于体外的胶质状卵囊中。雄虫蠕虫形,尾短,交合刺发达、近端生,无交合伞。本属线虫为最重要病原线虫之一,定居型内寄生线虫,寄主范围广。引起的症状为根结,或在块茎和其他肉质地下器官的表面产生肿块,受害处后期坏死和腐烂,地上部生长衰弱。重要种有南方根结线虫(M. incognita)、花生根结线虫(M. arenaria)、爪哇根结线虫(M. javanica)、北方根结线虫(M. hapla)等。

(5)半穿刺线虫属　雌雄异形,排泄孔和阴门位于虫体极后部,排泄细胞发达、能分泌胶质物,卵产于其中。雄虫蠕虫形,口针和食道退化。柑橘半穿刺线虫(T. semipenetrans)为重要种,俗称柑橘线虫,定居型半内寄生线虫,在世界各地柑橘产区均有发生,导致生长衰退。除危害柑橘外,还可为害葡萄、橄榄、柿、枇杷等果树。

(6)滑刃线虫属　虫体细长,头架弱,口针细,滑刃型食道。雌虫阴门位于虫体中后部,单生殖管,尾部圆锥形,尾末端变化大,有些具尾尖突。雄虫虫体前部与雌虫相似,尾端弯曲呈镰刀型,交合刺大,无交合伞。本属线虫在一些种植物叶片、芽、茎、鳞茎上营外寄生或内寄生生活,造成细胞组织坏死,导致叶枯、死芽、畸形、腐烂等症状。重要种有水稻干尖线虫(A. besseyi)、草莓芽叶线虫(A. fragariae)、菊花叶线虫(A. ritzemabosi)、毁芽滑刃线虫(A. blastophthorus)。

(7)伞滑刃线虫属　雌雄同形,蠕虫状,0.4~1.5 mm。唇区高、缢缩明显;口针细长,口针基球小;滑刃型食道,食道腺长叶状,覆盖于肠的背面。雌虫阴门位于虫体后部,单生殖管、前伸,尾部呈近圆锥形、末端宽圆,无尾尖突或有一短小尾尖突。雄虫交合刺大,尾部呈弓形,末端尖细,尾端生一包裹的交合伞。重要种松材线虫,引起松树萎蔫病,是松树的毁灭性病害。

(8)长针线虫属　虫体极细长,体长 4 mm 以上,侧器大,齿针长,非叉状,齿托不膨大至稍膨大,但无真正的凸缘,导环位于齿针前端 1/3~2/3 位置,尾为钝圆筒形。作为外寄生线虫,长针线虫聚集于根部生长区,在根尖取食,造成典型的根尖肿大、扭曲症状,根系发育迟缓。一些种类可以传植物病毒。

(9)剑线虫属　虫体细长,圆柱形,矛线形食道,口针极长且骨质化,基部有瘤状延伸物,尾部极短。外寄生线虫,引起根尖肿大、坏死、木栓化,严重抑制根系生长;有些种类能传播植物病毒。

(10)毛刺线虫属　病原线虫粗短,虫体呈直雪茄或"J"形,唇部圆而连续,口针朝腹部弯曲,滑刃型食道,尾部通常圆,极短。属于外寄生线虫,主要危害果树、花卉根部,受侵染根尖停止生长并膨大,被感染的根产生大量侧根。有些种类可以传播植物病毒。

思 考 题

1.植物病原线虫的雌雄虫外部形态与内部解剖(消化、神经、生殖系统)各有哪些特点？

2.与你了解的昆虫相比,线虫的生活史、传播有何特点？

3.何为外寄生、半内寄生和内寄生？

4.植物寄生线虫主要以什么方式致病？

5.重要的园艺植物病原线虫有哪几个属？所致病害的特点是什么？

参考文献

[1] Agrios G N. Plant Pathology. 5th ed. Salt Lake City:Academic Press,2005

[2] Perry R N,Moens M. Plant Nematology. CABI,2006

[3] 刘维志.植物线虫学研究技术.沈阳:辽宁科学技术出版社,1995

[4] 许志刚.普通植物病理学.4 版.北京:中国农业出版社,2009

[5] 付令国.植物病原线虫的发生与防治技术初探.农业与技术,2015,35(09):40-41

[6] 李娟,彭德良,廖金铃,等.农作物重要病原线虫生物防控的研究进展.生命科学,2013,25(01):8-15

3.5 寄生性植物

大多数植物能够自行吸收水分和营养物质,并依靠光合作用合成自身所需的有机物,因此称为自养生物(autotroph)。但也有少数植物由于根系或叶片退化,或者缺乏足够的叶绿素,不能自养,必须依赖另一种植物提供生活物质而营寄生生活,被称为寄生性植物(parasitic plants)。由于此类植物大多数属于高等植物中的双子叶植物,能够开花结果,故又称为寄生性种子植物(parasitic seed plants)。还有少数低等的藻类植物,也能寄生在高等植物上,引起藻斑病。目前已发现有 2 500 多种高等植物和少数低等的藻类属于此类。寄生性植物的寄主绝大多数为野生木本植物,少数寄生在园林植物和农田作物上。寄生性植物中的菟丝子属和列当属被列为中国 A2 类和国内检疫性有害生物。

3.5.1 寄生性植物的寄生性和致病性

根据寄生性植物从寄主植物上获取营养物质的方式,可以将寄生性植物分为全寄生和半寄生两大类。全寄生性植物是指寄生性植物从寄主植物上获取它自身生活需要的所有生活物质,包括水分、无机盐和营养物质,例如菟丝子、列当和无根藤等。这些植物叶片退化,叶绿素消失,根系蜕变为吸根,在解剖学上表现为其吸根中的导管和筛管与寄主植物的导管和筛管相连,并从中不断吸取各种营养物质。

另一些寄生性植物如桑寄生和槲寄生等本身具有叶绿素,能够进行光合作用合成有机物质,但由于根系退化而需要从寄主植物中吸取水分和无机盐,在解剖学上表现为导管与寄主植物的导管相连。它们与寄主植物的寄生关系主要是水分的依赖关系,故称为半寄生,又称为"水寄生"。

另外,根据寄生性植物在寄主植物上的寄生部位,又可将其分为根寄生和茎寄生等,前者如列当和独脚金,后者如菟丝子、桑寄生和槲寄生。

寄生性植物对寄主植物的致病作用主要表现为对营养物质的争夺。一般来说,全寄生植物比半寄生植物的致病能力强。如菟丝子和列当,主要寄生在一年生草本植物上,可引起寄主植物黄化和生长衰弱,严重时造成大片死亡,对产量影响极大;而半寄生植物如桑寄生和槲寄生等则主要寄生在多年生的木本植物上,寄生初期对寄主生长无明显影响,当寄生性植物群体较大时会造成寄主生长不良和早衰,严重时也会造成寄主死亡,但与全寄生性植物相比,发病速度较慢。除了争夺营养外,有些寄生性植物如菟丝子还能起桥梁作用,将病毒从病株传导到健康植株上。一些寄生性藻类可引起园艺植物的藻斑病或红锈病,除影响树势外,还能影响果品的商品价值。

3.5.2 寄生性植物的主要类群

寄生性植物包括寄生性种子植物和寄生性藻类两大类,以寄生性种子植物在生产上更为常见。寄生性种子植物在分类学上主要包括被子植物门中的菟丝子科菟丝子属(*Cuscuta*)、列当科列当属(*Orobanche*)、桑寄生科桑寄生属(*Loranthus*)和槲寄生属(*Viscum*)、樟科无根藤属(*Cassytha*)、玄参科独脚金属(*Striga*)等。寄生性藻类主要是绿藻门中的头孢藻属(*Cephleurros*)和红点藻属(*Rhodochytrium*)等。

3.5.2.1 菟丝子属(*Cuscuta*)

菟丝子是菟丝子属植物的通称,是世界范围广泛分布的寄生性种子植物,在我国各地均有发生,主要寄生于豆科、菊科、茄科、百合科、伞形科、蔷薇科等草本和木本植物上。菟丝子为全寄生一年生草本种子植物,无根;叶片退化为鳞片状,无叶绿素;茎多为黄色或橘黄色丝线状,呈旋卷状缠绕在寄主上。菟丝子花较小,淡黄色,聚成头状花序;果实为蒴果,扁球形,内有 2~4 粒种子;种子很小,卵圆形,稍扁,黄褐色至深褐色。

菟丝子种子成熟后落入土壤或混入作物的种子中,成为第二年的主要初侵染源。翌年寄主植物播种后,受到寄主分泌物的刺激,菟丝子种子开始发芽,长出旋卷状的幼茎。幼茎遇到寄主后即缠绕寄主,并在与寄主接触的部位产生吸盘侵入到寄主植物的维管束内吸取水分和养分。一旦建立寄生关系后,吸盘下方的茎就逐渐萎缩并与土壤分离,而其上部的茎则不断缠绕寄主,向四周蔓延危害。寄主植物遭受菟丝子危害后生长严重受阻,一般减产 20% 左右,严重时可达 50% 以上,甚至绝收。我国目前已发现 10 多种菟丝子,主要有中国菟丝子(*C. chinensis*)、南方菟丝子(*C. australis*)、田野菟丝子(*C. campestris*)和日本菟丝子(*C. japonicus*)等。前几种菟丝子主要危害草本植物,日本菟丝子则主要危害木本植物。

园艺植物病理学(第3版)

3.5.2.2　列当属(*Orobanche*)

列当是列当属植物的总称,是园艺植物上一类重要的寄生性种子植物,广泛分布于世界各地,在我国以西北、华北和东北地区受害较重。主要寄生于瓜类、豆类、向日葵、茄科等植物的根部,营全寄生生活。列当为一年生草本植物,茎肉质,单生或有分枝;叶片退化为鳞片状,无叶绿素;根退化成吸根,吸附于寄主植物的根表,以短须状次生吸器与寄主根部的维管束相连。花两性,穗状花序,花冠筒状,多为蓝紫色、深褐色,表面有网状花纹。

列当种子落入土壤中可通过风、流水、农事操作活动等传播,亦可混杂在种子内传播。种子在土壤中可保持生活力达10多年之久。遇到适宜的温、湿度条件和植物根分泌物的刺激,种子就可以萌发。种子萌发后产生的幼根向寄主的根部生长,接触后形成吸盘并靠次生吸器与寄主植物的维管束相连,吸取寄主植物的水分和养分。侵入寄主根部后,茎在寄主根外发育并向上长出花茎。随着吸根的增加和列当的不断生长,寄主植物被汲取的养分也越来越多,最终导致寄主生长不良和严重减产。

我国重要的列当种类有:埃及列当(*O. aegyptica*),主要寄生哈密瓜、西瓜、甜瓜、黄瓜等作物,也可寄生在番茄、胡萝卜、白菜,茄子等作物上;向日葵列当(*O. cumana*),主要寄主在向日葵、番茄、烟草、红花等植物上,在胡萝卜、芹菜、瓜类、蚕豆和豌豆等植物上也能寄生。有些植物的分泌物虽能诱使列当种子萌发,但萌发后不能与其建立寄生关系,称之为"诱发植物",可用于列当的防治。如辣椒是向日葵列当的诱发植物,玉米、三叶草是埃及列当的诱发植物。

3.5.2.3　桑寄生属(*Loranthus*)和槲寄生属(*Viscum*)

桑寄生属和槲寄生属均属于桑寄生科,是温带、亚热带和热带木本植物上常见的寄生性种子植物。这类寄生性植物多数为绿色灌木,具有叶绿素,营半寄生生活,多寄生于木本植物上。主要寄主包括梨、沙梨、桃、李、蔷薇、枣、柿、柑橘、石榴、龙眼、桑、板栗、胡桃、樟、山茶、杨、柳、榆、桦、槲、槭等多种果树和林木。

桑寄生为常绿小灌木,少数为落叶性的。枝条褐色,圆筒状,有匍匐茎;叶多对生偶有互生,全缘,少数退化为鳞片状;花两性,多为总状花序;果实为浆果。桑寄生的种子主要靠鸟类传播。鸟啄食果实后,由于种子不能消化,被吐出或经消化道排出,黏附在树皮上。种子在适宜条件下萌发,并产生胚根。胚根与寄主接触后形成盘状的吸盘,吸盘上产生初生吸根,分泌树皮消解酶并靠机械力从伤口、幼嫩树皮或侧芽处侵入寄主表皮。初生吸根到达活的皮层组织时,便形成分枝的假根,然后再产生与假根垂直的次生吸根,深入木质部与寄主的导管相连,吸取寄主的水分和无机盐,供桑寄生生长发育。在初生吸根和假根上,可以不断产生新的枝条,同时又可长出匍匐茎,沿枝干背光面延伸,并产生吸根侵入寄主树皮。受害寄主植株生长衰弱,落叶早,次年出叶迟,严重时枝条枯死或整株死亡。桑寄生在中国有30余种,以桑寄生(*L. parasitica*)和毛叶桑寄生(*L. yadoriki*)最为常见,毛叶桑寄生又称樟寄生。

槲寄生为绿色小灌木。叶革质,对生,倒卵圆形至椭圆形,内含叶绿素,有些叶退化为鳞片状;茎圆柱形,多分枝,节间明显,无匍匐茎;花极小,单性,雌雄异株,无梗,顶生于枝节或两叶间,黄绿色;果实为浆果,肉质球形,初白色,半透明,成熟后黄色或橙红色。我国以槲寄生(*V. album*)和东方槲寄生(*V. orientale*)较为常见。

3.5.2.4 寄生性藻类

寄生性藻类是在高等植物上营寄生生活的一类低等的藻类植物。对高等植物具有寄生能力的藻类大多数属于绿藻门的头孢藻属（*Cephaleuros*）和红点藻属（*Rhodochytrium*）。

这些寄生性藻类可寄生于寄主的枝干或叶片上，引起藻斑病或红锈病。病斑上的毛绒状物为病菌的孢囊梗和孢子囊。孢囊梗呈"X"状分支，顶端着生圆形、黄褐色的游动孢子囊，遇水释放出游动孢子，游动孢子椭圆形，无色、有双鞭毛。寄生藻的游动孢子借雨水传播，可直接或从气孔侵入寄主，在寄主表皮组织内形成分枝状假根汲取寄主营养，引起危害。其营养体为多层细胞组成的假薄壁组织状的细胞板；无性繁殖产生孢子囊和游动孢子；有性生殖由配子囊释放的游动配子结合产生"结合子"。柑橘、荔枝、龙眼、芒果、番石榴、咖啡和茶树等均可受害，发生藻斑病。初期在寄主植物的枝叶上产生黄褐色斑点，逐渐向四周呈放射状扩展，形成近圆形，灰绿色至黄褐色，边缘不整齐的藻状斑。后期形成朱红色毛毡状不规则的藻斑，故又称红锈病。病株藻斑多时，可引起早期落叶，树势衰弱，枝条枯死，造成减产；有时还会在果实表面形成藻斑，降低品质和商品价值。

▶ 3.5.3 寄生性植物的防除

对于菟丝子和列当，要严格实行种子检验检疫，杜绝其种子随作物种苗传播；有条件地区可与非寄主植物进行轮作和间作，列当还可以种植诱发植物降低其密度；在发生早期可采取人工拔除方法减轻危害；菟丝子还可用炭疽菌制成的生物制剂在危害初期喷洒防治，列当也可用除草剂进行防除。桑寄生和槲寄生主要采取人工连年彻底砍除的方法进行防治，冬季是砍除的较好季节。另外，还可以用硫酸铜、2,4-D和氨基醋酸等进行化学防除。

对于寄生性藻类的防治首先要改善植株的通风透光条件，增强寄主的生活力和抵抗力；必要时可喷洒杀菌剂如波尔多液等铜制剂或石硫合剂等来防治；发病后要搞好田园卫生，早期摘除病枝叶，同时要增施肥料，促进植株生长，减少损失。

▶▶ 思 考 题 ◀◀

1. 什么是寄生性植物？寄生性植物和杂草有什么区别？
2. 寄生性植物有哪些类别？如何区分它们是全寄生或是半寄生？
3. 什么是全寄生？什么是半寄生？哪一种寄生方式对寄主的危害更大？
4. 寄生性植物病害的特点是什么？
5. 如何防除寄生性植物？

▶▶ 参考文献 ◀◀

[1] 关洪江.黑龙江省向日葵列当发生与危害初报.作物杂志,2007(4):86-87
[2] 汪宁宁,楼晓明.寄生园林植物的菟丝子及其防治.花木盆景(花卉园艺版),2003(5):29

[3] 王宽仓,查仙芳,南宁丽.宁夏植物病原细菌、线虫及寄生性种子植物种类调查.西北农业学报,2004,13(2):39-42

[4] 谢联辉.普通植物病理学.2版.北京:科学出版社,2013

[5] 李倩.中国寄生被子植物的多样性、分布及生态.南京师范大学,2019.

[6] 赵琦琪,刁鹏飞,廖坚,等.寄生植物和寄主间的分子交流研究进展.植物生理学报,2018,54(04):519-527

3.6　非侵染性病害的病因

引起非侵染性病害的因子有很多,主要可归为营养失调、水分失调、温度不适、有害物质和土壤次生盐渍化等。它们往往与侵染性病害一起发挥作用,导致复合病害,给病害诊断与防治带来困难。

3.6.1　营养失调

植物正常生长发育需要氮、磷、钾、钙、镁等 16 种营养元素的协调供给,营养失调的植物就不能正常生长发育,就会生病,表现各类症状。

当营养元素缺乏时,发生缺素病。造成植物营养元素缺乏的原因有多种,一是土壤中缺乏营养元素;二是土壤中营养元素的比例不当,元素间的拮抗作用影响植物吸收;三是土壤的物理性质不适,如温度过低、水分过少、pH 过高或过低等都影响植物对营养元素的吸收;四是植物的吸收或代谢机制障碍等。缺素病主要有以下 5 类。

(1)缺钙　因土壤缺钙,或土壤可溶盐类浓度过高,或施用铵态氮肥或钾肥过多,或土壤干燥、空气湿度低、连续高温等原因,均易出现缺钙症状。如番茄缺钙可引起脐腐病,其脐细胞生理紊乱,失去控水能力,初在幼果脐部产生水渍状斑,后逐渐扩大,病部颜色变为黄褐色至黑褐色,质硬,凹陷呈扁平状,直径通常 1～2 cm,有时可达半个果面。病果提早变红,且多发生在一、二果穗上,同一花序上的果实几乎同时发病。潮湿时,在病斑上多产生黑色腐生霉层。苹果缺钙还可引起苦痘病,当果实氮钙比大于 10 时即可发病,该病主要发生在果实贮藏前期,典型症状是在果面产生直径 3～6 mm 的圆形或不规则形凹斑,病部果肉坏死,呈海绵状,深约数毫米,味苦。病斑颜色因品种而异,在红色品种上呈暗红色,在黄色品种上呈深绿色,在青色品种上为灰褐色。苹果产区均有发生,发病重的年份和品种,病果率可达80%。大白菜缺钙时包被在中间的叶片焦枯坏死呈"干烧心",病株幼嫩内叶边缘褪绿凋萎,后变为淡褐色、干枯,向内翻卷,病株生长不良,严重的不能包心或包心不实。轻病株可以包心,外观正常,但切开叶球可见内叶边缘黄化、干枯,有的叶片呈淡褐色干腐,没有臭味。入窖后易腐烂。

(2)缺锰　锰是植物体内酶的激活剂,它对光合作用以及叶绿素的形成有重要作用。植株缺锰会导致植株矮小,呈缺绿病态。一般从上部叶片开始出现症状,叶片脉间褪绿,叶脉仍为绿色,叶脉呈绿色网状,严重时,褪绿部分呈黄褐色或赤褐色斑点;有时叶片皱缩、卷曲甚至凋萎。

（3）缺铁　缺铁可引起苹果等果树的黄叶病,病株新叶叶肉部分失绿变成淡绿色、淡黄绿色、黄色,乃至白色,而叶脉仍为绿色,严重时,整叶变为黄白色或白色,叶缘焦枯。该病常发生在盐碱土或石灰质过高的地区,以苗木和幼树受害最重。

（4）缺锌　缺锌可引起苹果小叶病,病枝春季发芽晚,新梢节间缩短,叶狭小,质脆,变黄绿色,叶缘向上,严重时病枝枯死。树冠稀疏,结果小且畸形,产量很低。柑橘缺锌的典型症状是叶片的斑驳黄化,叶片狭小,节间缩短,枝叶簇生,严重时细嫩枝条顶端枯死,果实小而畸形,果肉木质化、干枯、无味。碱土及砂土缺锌普遍,发病严重。

（5）缺硼　缺硼可引起苹果缩果病,在感病幼果表面初生水渍状斑块,后干缩,硬化,凹陷,果形变小,畸形或开裂;或者果实从萼基部开始木栓化,沿果心扩展变为褐色,果肉松软如海绵,果面凸凹不平。病害严重时,1～3 年生枝表现芽枯症状。沙砾土和河滩沙土的果园易发病。

有些植物的缺素症并非真正缺失营养,而是由于某些营养元素过剩产生对其他营养元素吸收的拮抗作用。如锰、铜、锌过量,可抑制铁的吸收;铁、锌过量可抑制锰的吸收,锰过量可抑制钼的吸收,铵过量可抑制镁和钾的吸收,钾离子太多可影响对镁离子的吸收,钠过量可导致植物缺钙等,结果使植物出现营养元素缺乏症。

营养供给过量植物也会产生"富贵病"。土壤中某些营养元素含量过高对植物生长发育也是不利的,甚至造成严重伤害。如硝态氮过多时,造成植物徒长,延迟成熟,并削弱植株抗病力;当土壤中铵态氮积累过多时,对植物根系有毒害作用,若植株吸收过多,则叶色变深、生长不良,严重时叶和茎局部变褐枯死;土壤中亚硝态氮多时,植株根部变褐,叶色变黄,生长不良;土壤中硼含量过多时,可抑制种子萌发,引起幼苗死亡,或叶片变黄枯焦,植株矮化。

▶ 3.6.2　水分失调

水是生命的命脉。植物的光合作用、营养元素的吸收和运输以及内部生化代谢,都必须有水分才能进行。当植物吸水不足时,营养生长受到抑制,叶面积减小,花的发育也受到影响;一些肥嫩的器官如水果、根菜等部分薄壁细胞转变为厚壁的纤维细胞,可溶性糖转变为淀粉而降低品质。缺水严重时,植株萎蔫,蒸腾作用减弱或停止,气孔关闭,光合作用不能正常进行,生长量降低,下部叶片变黄、变红,叶缘枯焦,造成落叶、落花和落果,甚至整株凋萎枯死。

土壤水分过多,会影响土温的升高和土壤的通气性,使植物根系活力减弱,甚至受到毒害,引起烂根,植株生长缓慢,下部叶片变黄、下垂,落花、落果,严重时导致植株枯死。水分供应不均或变化剧烈时,对植株也会造成伤害。如在黄瓜果实生长期,水分供应不均,可形成各种畸形瓜;水分供应先匮乏后充足,可引起根菜类、甘蓝及番茄等果实开裂;前期水分充足后期干旱可使番茄发生脐腐病。

▶ 3.6.3　光照不适

光对植物的生长发育、生理生化和形态结构等方面都有着重要的作用。光照强度和光照时间的变化可使植物正常生长受到影响。光照不足影响喜光植物叶绿素的形成和光合作用,致使叶片黄化或叶色变淡,植株生长瘦弱。此外,光照过强可引起某些喜欢弱光的植物叶片出现坏死斑点。

光照与黑暗间隔时间的长短(光周期)作为环境信号调节着植物的生长、发育过程。譬如许多树木和多年生植物把秋季的短日照作为诱导冬季耐寒能力和芽休眠的信号;某些植物譬如地钱能够识别干旱夏季的长日照,进入休眠状态,从而在沙漠中存活。按照光周期现象将植物分为长日照、短日照和中性植物。光周期条件不适宜,可以延迟或提早植物的开花和结实,甚至导致植物不能开花结实,给生产造成严重损失。

3.6.4　温度不适

每种植物的生长发育都有它特定的温度范围,如果温度过高或过低,超过了它的适应范围,植物代谢过程将受到阻碍,就不能正常地生长发育,就会发生病理变化而生病。

高温可影响植物体内某些酶的活性,从而导致植物异常的生化反应和细胞的凋亡;此外,高温还可引起细胞质膜破坏、可溶性蛋白的大量积累和某些毒性物质的释放。温度过高,常使植物的茎、叶、果等组织产生灼伤。如树木枝干的皮焦及形成层枯死、树皮龟裂、木质部外露的溃疡病,叶片、果实上形成白色或褐色干斑等。在自然条件下,高温常与强日照及干旱同时存在,其作用也密切相关,灼伤主要发生在植株、果实的向阳面。苹果、葡萄、柑橘、番茄、辣(甜)椒等果实均易发生灼伤。保护地栽培通风散热不及时,也常造成高温伤害。高温干旱常使辣椒大量落叶、落花和落果。

低温对植物危害也很大。主要是由于细胞内或间隙冰的形成,破坏质膜,导致细胞及组织死亡。轻者产生冷害,植株生长减慢,叶缘及叶肉变黄,受粉不良,造成大量落花、落果和畸形果。如番茄长时间处于 15℃、茄子处于 18℃ 温度条件下,就不能正常生长发育,果实小,果皮硬,果肉心室与皮层分离、中空,番茄成熟也不着色。有的木本植物则表现芽枯、顶枯症状。低温严重时(0℃ 以下)产生冻害,如晚秋的早霜、春天的晚霜、冬季的异常低温,均可使植株的幼芽、新梢、花芽、叶片等器官或组织受冻死亡。低温还能造成苗木冻害,尤其是新栽的苗木,当土壤水分遇低温结冰时,体积增大,将表层土壤抬起,苗木便随土壤上升,当温度升高结冰融化时,表土下沉恢复原状,苗木则不能复位,经数次反复,苗木则可被拔出而受损害。低温可引起瓜类等作物幼苗"沤根"病。若地温长期低于 12℃,土壤湿度又过大,黄瓜、西瓜、茄子等幼苗就会发病,病苗根表皮呈锈褐色,逐渐腐烂,不长新根,叶缘变黄,后逐渐焦枯,生长缓慢,严重时几乎停止生长,最后萎蔫枯死。病苗易拔起。

3.6.5　有害物质

空气、土壤和植物表面的有害物质,可使植物中毒而发病。由冶金、发电、炼油、化工及玻璃厂、砖瓦厂等工厂烟囱中排出的有毒物质常造成大气污染,污染物主要有硫化物、氟化物、氯气、氮化物、臭氧等。植株受二氧化硫危害,多在叶缘及叶脉间产生褪绿的坏死斑点,多为白色,有时也呈红棕色或深褐色。辣椒、菠菜、南瓜、胡萝卜、苹果、葡萄、桃、百日草等对二氧化硫都较敏感。氟化物主要危害植株幼嫩叶片,叶片褪绿,在叶尖、叶缘产生枯焦斑,病斑颜色因植物种类而异,病健交界处产生红棕色条纹。氯气危害的病斑主要在叶脉间出现,呈不规则的褪绿斑点或斑块,严重时,全叶变白,枯卷,脱落。在有些植物上,病斑颜色可呈棕褐、灰褐等其他颜色。植株受氮化物危害,也在叶缘及叶脉间产生坏死斑。如在二氧化氮浓度为 $19\sim470$ mg/m^3($10\sim250$ ppm)时,1 h 内杜鹃花叶缘及叶脉间便出现坏死斑,叶片皱缩,以后叶面布满斑纹。臭氧危害植物的典型症状是在叶中脉两侧和叶尖处产生淡黄色斑点,严重时斑点增多连成斑块,斑块由淡黄色变为淡黄褐色,有的变为深褐色,叶片干枯。

保护地栽培时,植物还可能受到氨气、塑料薄膜挥发的乙烯、磷苯二甲酸异丁酯等有害气体的危害。在保护地追施铵态氮化肥、未腐熟的厩肥、人粪尿、鸡粪、饼肥等,若一次性施量过大、表施或覆土过薄、土壤呈碱性等时,氨气就会大量向空气中挥发,当浓度达到 $0.1\%\sim0.8\%$ 时,植物就可受害,在叶片上形成大块枯斑,严重时,整株叶片很快完全干枯。如在高温条件下,氨气浓度达 0.1% 以上时,黄瓜在 $1\sim2$ h 内就可整株枯死。如果保护地覆盖的塑料薄膜是用邻苯二甲酸异丁酯作增塑剂制成的聚乙烯、聚氯乙烯等塑料,在 $10\,℃$ 以上,这种气体及乙烯就会挥发出来,温度越高,挥发越多,若通风不及时,植物就会受害,先在心叶的叶尖、叶缘表现症状,一般表现褪绿、变黄、变白等症状,严重时叶片干枯,甚至整株死亡。

苹果在贮藏后期,因升温快、通风不良等原因,可使 α-法呢烯、乙醛等有害物质大量积累,而诱发苹果虎皮病。病果果皮呈晕状不规则变褐,病部稍凹陷,不深入果肉。发病重时,果肉发绵,略带酒味,病部表皮易撕下,病果易受病菌感染而腐烂。

使用杀菌剂、杀虫剂、除草剂、植物生长调节剂等化学农药和化学肥料时,若选用种类不当,或施用方法不合理,或使用时期不适宜,或施用浓度过高等都会对植物造成伤害。如施用杀菌剂和杀虫剂浓度过高,或喷施的除草剂随风吹到邻近田块的敏感作物上,都可使植物细胞、组织死亡,在叶片等部位形成不规则形坏死斑,甚至全叶枯焦。喷施矮壮素、烯效唑、多效唑等植物生长调节剂,可以防止植株徒长,促进生殖生长,但若施用浓度过高,植株则生长缓慢,明显矮小,叶色浓绿,果实膨大受阻,产量降低,低浓度的 2,4-D 对防止茄果类蔬菜落花、落果,促进果实膨大有明显作用,但若喷洒到叶片上,则使新生叶变细、弯曲,叶色加深,叶片增厚,植株几乎停止生长,严重的长达几个月不长新叶。若用药液蘸花时,浓度过大,或重复蘸花,则可造成果实畸形,常在果实脐部形成瘤状突起等。

水源及土壤污染也可对植物造成严重伤害。从工厂排出的废水、土壤中残留的除草剂等农药以及石油、有机酸、氰化物、重金属等污染物,可抑制植物根系生长,影响水分吸收,导致叶片黄化、植株矮化等,严重时植株枯死。

▶ 3.6.6　土壤次生盐渍化

在保护地栽培条件下,常大量施用化学肥料,造成多余肥料及其副成分在土壤中积累,并与土壤中其他离子结合成各种可溶性盐。保护地这种半封闭的环境条件又阻止了土壤水分的淋洗作用,使土壤中积累的盐分不能被淋洗到地下水中去,而在土壤表层积聚,使得土壤可溶盐浓度过高,超过了作物正常生长的浓度范围,造成土壤次生盐渍化。另外,在盆栽条件下,由于长期浇水,使水中的可溶性盐在花盆中大量积累,也常造成土壤次生盐渍化。

土壤次生盐渍化对作物的危害因土壤盐分的种类、浓度及作物种类而异。高浓度的钠、镁硫酸盐,影响土壤水分的可利用性和土壤的物理性质,使植物吸水困难,而表现萎蔫症状。过量的钠盐可引起土壤 pH 升高,使植物表现褪绿、矮化、叶焦枯、萎蔫等症状。土壤盐分浓度在 0.3％以下时,仅少数作物表现盐害,如草莓;浓度在 0.3％～0.5％时,多数作物受间接危害,土壤板结,根系发育不良,气温高时,植株萎蔫,灌水也不能恢复,并易发生其他病害,产量降低;浓度升高到 0.5％～1％时,多数作物均可受害,并表现明显症状,植株矮小,叶色浓绿,心叶叶缘黄化、萎缩,中部叶边缘出现坏死斑,严重时连片呈金镶边状,根系发黄,不长新根,植株萎蔫、枯死。土壤含盐量达 1％以上时,多数作物不能生长、成活。据调查,我国多数使用年限在 3 年以上的保护地,土壤表层盐分含量在 0.1％～0.5％,已不同程度地受到土壤次生盐渍化的危害。

▶ 3.6.7 非侵染性病害的诊断与防治

非侵染性病害的诊断是一个较为复杂的问题,引起非侵染性病害的原因有很多,而且有些非侵染性病害的症状与侵染性病害的症状又很相似,因而给诊断带来一定的困难。但由于非侵染性病害是因不良环境条件所致,因此,病害诊断时,现场的调查和观察尤其重要,不仅要观察病害的症状特点,还要了解病害发生的时间、范围、有无病史、气候条件以及土壤、地形、施肥、施药、灌水等因素,进行综合分析,找出病害发生的原因。

非侵染性病害一般具有以下 4 个特点:一是病害往往大面积同时发生,表现同一症状;二是病害没有逐步传染扩散现象;三是病株上无任何病征,组织内也分离不到病原物;四是有些非侵染性病害在适当的条件下,病状可恢复正常。一般来说,病害突然大面积同时发生,大多是由于大气污染、三废污染、气候因素所致;病害产生明显的枯斑、灼烧、畸形等症状,又集中于某一部位,无病史,多为使用农药、化肥不当造成的伤害;植株下部老叶或顶部新叶颜色发生变化,可能是缺素病,可采用化学诊断和施肥试验进行确诊;病害只限于某一品种,表现生长不良或有系统性的一致表现,多为遗传性障碍;日灼病常发生在温差变化很大的季节及向阳面。有时在非侵染性病害的发病部位有腐生性菌类,需进行接种试验来排除。

只要诊断正确,非侵染性病害的防治相对较为简单,针对病因采取相应措施即可。如营养缺失,可增施缺乏的营养元素,改善土质,调节土壤中营养元素比例,或进行根外施肥,满足植物对营养元素的需求即可;对于水分失调,应及时、合理排灌,避免水分过多、过少或忽多、忽少,缺水地可种植耐旱作物和采用节水保水技术措施;对于有害物质,可根据有害物质种类,采取消除大气污染源,及时通风换气,种植和培育抗污染的作物和品种,严格按农药使用说明用药,不用污水浇地等措施;防治温度不适造成的伤害,可采用调节播种或移栽期,用遮阳网等降温,用地热线、塑料薄膜及中耕等措施来增温保温。

▶▶ 思 考 题 ◀◀

1.植物非侵染性病害有哪几类病因?
2.植物营养缺乏是如何造成的?缺少不同营养元素主要产生哪些症状?
3.超出植物耐受能力的极端温度和水分对植物有何影响?
4.与侵染性病害相比,诊断和防治非侵染性病害有哪些特点?

参考文献

[1] 方中达.中国植物病害.北京:中国农业出版社,1997

[2] 谢联辉.普通植物病理学.北京:科学出版社,2013

[3] 张道勇,王鹤平.中国实用肥料学.上海:上海科学技术出版社,1997

[4] 张慧敏,刘东华.植物耐铝毒害机理研究.江西农业,2019(06):127-129

[5] 陈晓艳,李强.植物耐受镉的细胞机制研究进展.安徽农业科学,2018,46(22):8-11+17

[6] 夏龙飞,宁松瑞,蔡苗.酸性土壤植物锰毒与修复措施研究进展.绿色科技,2017(12):
26-29+34

[7] 迟春宁,丁国华.植物耐重金属的分子生物学研究进展.生物技术通报,2017,33(03):6-11

[8] Hanlin R T. Illustrated of ascomycetes. St. Paul. Minnesota, USA: The American Phytopa-thological Society,1990

第4章

园艺植物病害的
发生与发展

>> **本章重点与学习目标**

1. 熟悉病原物的寄生性、致病性,寄主植物的
   抗病性等概念、类型及其机制。

2. 学习植物病原物的侵染过程、病害循环和
   病害流行与预测的原理。

3. 了解影响病害流行的因素,熟悉病害预测
   预报的原理和方法。

园艺植物病害的发生与发展是寄主植物和病原物在一定环境条件下,相互作用和斗争的过程,它是理解病害的发生原理、发生规律的基础,涉及病原物的寄生性和致病性、侵染过程、寄主植物的抗病性、病害循环和病害流行等内容。

4.1　病原物的寄生性和致病性

▶ 4.1.1　寄生性

病原物的寄生性(parasitism)是指病原物从活的植物体内获取所需营养的能力。这种能力对于不同的病原物来讲是不同的,有的只能从活的植物细胞和组织中获得所需要的营养物质,而有的除营寄生生活外,还可在死的植物组织上,以死的有机质作为生活所需要的营养物质(营腐生生活)。按照它们从寄主活体组织中获得营养能力的大小,病原物可分为4种类型。

4.1.1.1　专性寄生物(严格寄生物)

专性寄生物的寄生能力最强,只能从活的寄主细胞和组织中获得营养。寄主植物的细胞和组织死亡后,病原物也停止生长和发育,其生活严格依赖寄主。该类病原物包括所有的植物病毒、植原体、寄生性种子植物。大部分植物病原线虫和霜霉、白粉菌与锈菌等,它们对营养的要求比较复杂,一般不能在普通的人工培养基上培养。

4.1.1.2　强寄生物(兼性寄生物)

其寄生性很强,仅次于专性寄生物,以营寄生生活为主,但也有一定的腐生能力,在某种条件下,可以营腐生生活。它们虽然可以在人工培养基上勉强生长,但难以完成生活史。如外子囊菌、外担子菌等真菌和叶斑性病原细菌属于这一类。它们能适应寄主植物发育阶段的变化而改变寄生特性,当寄主处于生长阶段,它们营寄生生活;寄主进入衰亡或休眠阶段,它们则转营腐生生活。而且这种营养方式的改变伴随着病原物发育阶段的转变,病原物的发育也从无性阶段转入有性阶段。因此,它们的有性阶段往往在成熟和衰亡的寄主组织(如落叶)上被发现。

4.1.1.3　弱寄生物(兼性寄生物)

弱寄生物一般也称作死体寄生物或低级寄生物。该类寄生物的寄生性较弱,它们只能侵染生活力弱的活体寄主植物或处于休眠状态的植物组织或器官。在一定的条件下,它们可在块根、块茎和果实等贮藏器官上营寄生生活。这类寄生物包括引起猝倒病的丝核菌和许多引起立木腐朽的真菌等,它们易于进行人工培养,可以在人工培养基上完成生活史。

4.1.1.4　严格腐生物(专性腐生物)

该类微生物不能侵害活的有机体,因此不是寄生物。常见的是食品上的霉菌,木材上的木耳、蘑菇等腐朽菌。

一般认为,寄生物是从腐生物演化而来的,腐生物经过非专性寄生物发展到专性寄生物。了解一种病原物的寄生性强弱是非常重要的,因为这与防控关系密切。例如,对于寄生性强的病原物,培育抗病品种是很有效的防控措施;而对于许多弱寄生物引起的病害来说,很难得到理想的抗病品种,对于这类病害的防治,应着重于提高植物抗病性。

由于病原物对营养条件的要求不同而形成对寄主的选择性,有的病原物只能寄生在一种或几种植物上,如梨锈病菌;有的却能寄生在几十种或上百种植物上,如灰霉病菌。不同病原物的寄主范围差别很大,一般来说,严格寄生物的寄主范围较窄;弱寄生物的寄主范围较宽。

同一寄生物的群体在其寄主范围内,常因对营养条件的要求不同而出现明显的分化,这就是寄生专化性。特别是在严格寄生物和强寄生物中,寄生专化性是非常普遍的现象。例如,禾谷秆锈菌(形态种)的寄主范围包括 300 多种植物,由于其对营养要求的差别而分化为不同的类群,分别专化寄生不同的寄主,依据病菌对寄主属的专化分为十几个专化型;同一专化型内又根据对寄主种或品种的专化分为若干生理群体,特称为生理小种(在细菌中称为菌系,在病毒中称为株系)。在植物病害防治中,了解当地存在的具体作物病害病原物的生理小种,对选育和推广抗病品种、分析病害流行规律和预测预报具有重要的实际意义。

4.1.2 致病性

致病性(pathogenicity)是病原物具有的破坏寄主而引起病害的能力。

寄生物从寄主吸取水分和营养物质,起着一定的破坏作用。但是,一种病原物的致病性并不能完全从寄生关系来说明,它的致病作用是多方面的。一般来说,寄生物就是病原物,但因为寄生并不一定致病,不是所有的寄生物都是病原物。例如,豆科植物的根瘤细菌和许多植物的菌根真菌都是寄生物,但并不是病原物,它们对寄主植物反倒有益。这说明寄生物和病原物并不是同义词。

寄生性和致病性也不是同义词或相似的概念,寄生性的强弱和致病性的强弱没有一定的正相关性。专性寄生的锈菌的致病性并不比非专性寄生的灰霉强。如引起腐烂病的病原物大都是非专性寄生的,有的寄生性很弱,但是它们的破坏作用却很大。一般来讲,病原物的寄生性越强,其致病性相对越弱;病原物的寄生性越弱,其致病性相对越强。如植物病毒侵染寄主,很少立即把植株杀死,这是因为它们的生存严格依赖寄主,没有了活寄主也就没有病毒存在的可能,这是病原-寄主长期协同进化的结果。

病原物的致病性主要靠以下 4 种方式来实现:①夺取寄主的营养物质和水分,如寄生性种子植物和线虫,靠吸收寄主的营养使寄主生长衰弱。②分泌各种酶类,消解和破坏植物组织和细胞,侵入寄主并引起病害,如软腐病菌分泌的果胶酶,可分解消化寄主细胞间的果胶物质,使寄主组织的细胞彼此分离,组织软化而呈水渍状腐烂。③分泌毒素,使植物组织中毒,引起褪绿、坏死、萎蔫等不同症状。④分泌植物生长调节物质,或干扰植物的正常激素代谢,引起生长畸形。如线虫侵染形成的巨型细胞、根癌细菌侵染形成的肿瘤等。不同的病原物往往有不同的致病方式,有的病原物同时具有上述两种或多种致病方式,也有的病原物在不同的阶段表现不同的致病方式。

4.2.1 抗病性的定义及类型

寄主植物抑制或延缓病原活动（侵入、扩展、致病等），减轻发病和损失的能力称为抗病性。抗病性是寄主的一种属性，由植物的遗传特性决定，其表达受外界环境条件的影响。不同植物对病原物表现出不同程度的抗病能力。按照抗病能力的大小，抗病性被划分为免疫、抗病、耐病、感病、避病5种类型。

①免疫（immune）。寄主对病原物侵染的反应表现为完全不发病，或观察不到可见的症状。

②抗病（resistant）。寄主对病原物侵染的反应表现为发病较轻。发病很轻的称为高抗。

③耐病（tolerant）。寄主对病原物侵染的反应表现为发病较重，但产量损失相对较小。即外观上发病程度类似感病，但植物的忍耐性较高。也称为抗损害性或耐害性。

④感病（susceptible）。寄主对病原物侵染的反应表现为发病较重，产量损失较大。发病很重的称为严重感病。

⑤避病（escape）。指寄主在某种条件下避免发病或避免病害大发生的习性，寄主本身是感病的。

4.2.2 抗病性机制

在病害的发生发展过程中，寄主植物始终与病原物进行着斗争。在不同的阶段抗病性的表现方式不同，按照发生时期大体分为抗接触、抗侵入、抗扩展、抗损害等几种类型。而按照抗病的机制可以分为结构抗病性和生物化学抗病性。前者利用组织和结构的特点阻止病原物的接触、侵入与在体内的扩展、破坏，也称为物理抗病性或机械抗病性。后者是植物的细胞或组织中发生一系列的生理生化反应，产生对病原物有毒害作用的物质，来抑制或抵抗病原物的活动。

植物依靠自身固有的组织结构的特点，如植物表面密生的茸毛，或很厚的蜡质层，形成拒水的或拒虫的隔离屏障，使害虫或病原物难以接触表皮细胞或很难穿透侵入。也有的气孔密闭或孔隙很小，病原物不易侵入。这些属于先天性的防御机制。还有一类是病原物接触或侵入诱导的寄主组织结构的变化，如在病部形成木栓层、离层、侵填体、胼胝质和树胶等组织结构的改变，或细胞坏死等细胞水平的反应，来抵制病原物的扩展或增殖。这些属于后天性的防御机制，发生的变化往往是与寄主的生物化学代谢密切相关。

一种寄生物接触并侵入植物时，也会受到植物很强烈的生化反应的抵抗。一种病原物只能侵害特定的寄主种类，而不能侵染其他种类的植物，大多是由于这些物种体内发生很强烈的生化反应的抵抗而不能建立寄生关系，才成为非寄主的。在病原物的寄主范围内，不同的种或品种也有程度不同的抵抗反应，与组织结构的抗性相似，也可分为先天的固有生化抗性和后天诱发的生化抗性两类。

先天的生化抗性包括植物向体外分泌的抑菌物质,如葱蒜类、松柏类植物向外分泌大量具有杀菌或抑菌活性的挥发性物质,许多微生物都被这些植物分泌的生化物质(多为酚、萜、萘类)所钝化或灭活。分子生物学试验证明有些植物之所以不能成为某种病原物的寄主,是由于体内缺乏该病原物识别反应所需的生化物质,从而不能建立寄生关系。

在病原物与寄主接触或侵入后,寄主植物仍然发生很强烈的生理生化反应,设法抵制或反抗病原物的侵染,最强烈的是细胞自杀而形成过敏性的坏死反应,细胞死亡使病原物难以得到活体营养,从而限制了病原物的扩展。也有的寄主在侵入点周围的细胞内沉积了大量抑菌性物质,如植物保卫素(phytoalexin,简称为植保素,如菜豆素、豌豆素和日齐素等)、病程相关蛋白(pathogenesis-related protein,PR protein)等。

诱导的生化抗性是指在寄主细胞内发生的有利于抗病的生理代谢途径的改变,如磷酸戊糖支路的活化等,从而产生更多的抗菌或抑菌物质;使核酸转录和蛋白翻译加快,一些对病原物有抑制或破坏作用的酶系产生,它们在防御病原物的活动中发挥十分重要的作用。植物抗病基因的可诱导性表达是诱导生化抗性的遗传学基础。

4.2.3　水平抗性和垂直抗性

范德普兰克(Vandelplank)根据寄主植物的抗病性与病原物小种的致病性之间有无特异性相互关系,把植物抗病性分为两大类。有特异性相互作用的称为垂直抗性,没有特异性相互作用的称为水平抗性。

垂直抗性又称小种专化抗性。具有垂直抗性的植物品种对病原物的某个(些)小种具有抗性,而对另一个(些)小种则没有抗性。即品种的抗病性与小种的致病性之间有特异的相互作用。这种抗病性一般表现为免疫或高度抗病,但抗病性难以持久。垂直抗性是由单基因或寡基因控制的,由主效基因独立起作用,抗性遗传表现为质量遗传。

水平抗性又称非小种专化抗性、田间抗性和普遍抗性。具有水平抗性的品种对病原物所有小种的反应是近于一致的。即品种的抗病性与小种的致病性之间没有特异的相互作用,不易因病原小种变化而在短期内导致抗病性丧失,抗病性较为持久。水平抗性是由多基因控制的,由许多微效基因综合起作用,抗性遗传表现为数量遗传。

4.3　侵染过程

病原物的侵染过程(infection progress)是指病原物从受到寄主的影响或识别进而到达侵染部位至寄主发病的过程。侵染是一个连续的过程,为了分析不同阶段各个因素的影响,一般将侵染过程分为侵入前期、侵入期、潜育期和发病期4个时期(或阶段)。

4.3.1　侵入前期

侵入前期(preinfection period)指病原物到达寄主植物的根围或叶围,受到寄主分泌物的影响,向着寄主运动并产生侵染结构的阶段。

侵入前期病原物的活动主要有两种方式:①被动活动,是指病原物从休眠场所依靠各种自然动力(气流、水流及介体)或人为传带,被动地到达植物感病部位或其周围。②主动活动,是指某些病原菌物、细菌和线虫受植物分泌物等的影响,主动地向根部等部位移动积聚。如某些线虫可在根围数厘米范围活动,接近根部感病点;又如有些菌物的游动孢子对根周围分泌物有一定的趋化性,主动接触根部而侵染寄主。该阶段是病原物与寄主识别的关键时期,也是依据微生态学原理防治植物病害的关键时期。研究表明,生物化学信息、生物电流信息、表面物理属性等是病原物识别、寻找寄主的依据,也是病害防控的切入点。

4.3.2　侵入期

侵入期(infection period)指病原物从侵入至建立寄生关系的阶段。病原物有各种不同的侵入途径,但不外乎角质层或表皮的直接侵入、气孔等自然孔口的侵入、自然和人为造成的伤口侵入。病原物侵入以后,必须与植物建立寄生关系,才有可能进一步发展而引起病害。外界环境条件、寄主植物的状态和反应,以及病原物侵入量的多少和致病力的强弱等因素,都可影响病原物的侵入或寄生关系的建立。

病原物的侵入途径因其种类不同而异,主要有伤口侵入、自然孔口侵入和直接侵入 3 种(图 4-1)。

(1)伤口侵入　植物表面的机械伤、虫伤、冻伤、自然裂缝、人为创伤等都可成为病原物侵入的途径。全部植物病毒、大部分病原细菌和一些弱寄生性真菌只能从伤口侵入,如烟草花叶病毒、白菜软腐病菌以及甘薯软腐病菌等。伤口侵入的机制各不相同,病毒从伤口侵入不需要细胞死亡,只是要求具有轻微伤口的活细胞。伤口侵入的真菌或细菌也有不同的情况,有的病原物仅以伤口作为侵入的途径,有的除了以伤口作为侵入途径外,还需利用伤口渗出的营养物质作为补充能源,增强侵染能力,亦即先在伤口营腐生生活,然后再通过伤口侵入健全组织。

(2)自然孔口侵入　植物表面的气孔、水孔、皮孔、腺体、花柱等自然孔口都可成为病原物的侵入途径。如葡萄霜霉菌的游动孢子,锈菌的夏孢子均可从气孔侵入,苹果轮纹病菌的分生孢子可从皮孔侵入,梨火疫病原细菌则从蜜腺侵入。病原物通过自然孔口进入寄主的方式因种类而异。病原细菌能在水中游动,可随水滴或植物表面的水膜进入自然孔口。菌物的孢子可萌发产生芽管从气孔侵入,或芽管形成附着胞和侵染丝从气孔侵入。

(3)直接侵入　直接侵入是指病原物直接突破植物的保护组织——角质层、蜡层、表皮及表皮细胞而侵入寄主。许多病原菌物、线虫及寄生性种子植物具有这种侵染能力,真菌直接侵入的典型过程是,到达侵入部位的孢子在适宜条件下萌发产生芽管,芽管顶端膨大形成附着胞,并分泌黏液将其固定在植物的表面,然后从附着胞下方生出较细的侵染丝,以其很强的压力穿透植物的保护组织而侵入寄主(除侵染丝的机械压力外,真菌分泌的水解酶的软化作用也很重要)。侵染丝进入寄主后,即开始变粗恢复原来的菌丝状。

病原物侵入寄主细胞所需时间一般是很短的,快的只需几秒钟,一般为 2～3 h 及以下,很少超过 24 h,植物病毒和一部分病原细菌接触寄主即可侵入。病原菌物需经萌发、产生芽管等过程,所需时间大多在几小时之内。

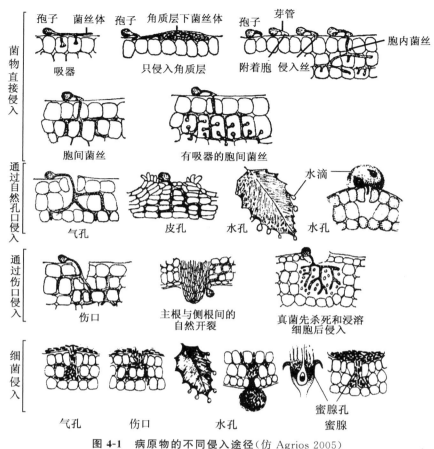

图 4-1　病原物的不同侵入途径（仿 Agrios 2005）

　　成功侵入所需的个体数量在不同病原物间差异很大。有些菌物、细菌、线虫等都可以单个个体侵染。如锈菌的单个夏孢子接种于感病寄主的叶片即能引起侵染，并形成一个夏孢子堆。而有些病原物则需要一定数量的个体才能侵染。如烟草花叶病毒接种要有 $10^4 \sim 10^5$ 个粒体才能在心叶烟上产生一个局部病斑。

　　影响病原物侵入的环境条件主要是温度、湿度。在一定范围内，湿度决定了孢子能否萌发和侵入，温度则影响萌发和侵入的速度。对绝大多数气流传播的菌物，孢子在水滴中或高湿条件下才能萌发，湿度愈高对侵入愈有利。只有白粉菌的分生孢子可在湿度相对较低的条件下萌发，水滴对孢子萌发反而不利。菌物孢子在适温条件下萌发最快，一般最适温度为 $20 \sim 25\,^{\circ}\mathrm{C}$。如葡萄霜霉病菌的孢子囊，在 $20 \sim 24\,^{\circ}\mathrm{C}$ 的适温下萌发仅需 $1\,\mathrm{h}$，在 $4\,^{\circ}\mathrm{C}$ 条件下则需 $12\,\mathrm{h}$，而越冬的葡萄霜霉病菌卵孢子萌发的最适温度是 $11 \sim 13\,^{\circ}\mathrm{C}$。又如马铃薯晚疫病菌孢子囊萌发形成游动孢子的最适温度是 $12 \sim 13\,^{\circ}\mathrm{C}$，游动孢子在 $12 \sim 15\,^{\circ}\mathrm{C}$ 萌发最快，芽管侵入和菌丝生长的最适温度为 $21 \sim 24\,^{\circ}\mathrm{C}$。因此，晚间较白天温度低、湿度大，更有利于马铃薯晚疫病的发生。另外，光照对侵入也有一定影响，禾本科植物在黑暗条件下气孔完全关闭，不利于病菌的侵入。

4.3.3 潜育期

潜育期(incubation period)指病原物侵入后建立寄生关系至出现明显症状所需的时间。潜育期是病原物在植物体内进一步繁殖和扩展的时期,也是寄主植物调动各种抗病因素积极抵抗病原危害的时期。病原物在繁殖和扩展的同时,表现了它的致病作用,到明显症状开始出现就是潜育期的结束。各种病害潜育期的长短不一,短的只有几天,长的可达一年。有些果树和林木的病害,病原物侵入后要经过几年才发病,每一种病害潜育期的长短大致是一定的,但也因病原物致病力的强弱、植物的反应和状态,以及外界条件的影响而改变,所以往往有一定的变化幅度。一般寄主植物生长健壮,抗病力增强,潜育期相应延长。在环境条件中以温度对潜育期的影响最大,温度愈接近病原物要求的最适温度潜育期愈短,反之延长。

潜育期的长短对病害流行影响很大。潜育期短,一个生长季节中重复侵染的次数就多,病害就易流行。

4.3.4 发病期

发病期指症状出现后病害进一步发展的时期。病害发生的轻重,也受寄主生长状态、温度高低等因素的影响。此时病原物由营养生长转入生殖生长阶段,产生各种孢子(菌物)或其他繁殖体。在多数情况下,症状表现的部位都与病原物侵入扩展的范围相一致,如各种斑点性病害,在侵染点及其周围形成病斑。但有些病害侵入扩展范围与症状表现部位不一致,如各种黑穗病通常在幼苗时侵染,在穗部表现症状;又如根病,侵染在根部,症状则常在植株地上部表现。

研究病害侵染过程及其规律性,有助于病害的防控和预测预报工作。还应指出的是,上述病程几个阶段的划分完全是人为的,有的学者分为 3 个阶段,也有的分为 5 个阶段,这只是为了便于分析研究问题。在自然界,病害发展的过程是连续进行的。

4.4 病害循环

病害循环(disease cycle)是指一种病害从一个生长季节开始发生,到下一个生长季节再度发生的周而复始的过程。它包括病原物的越冬(和/或越夏)、病原物的传播以及病原物的初侵染和再侵染等环节,切断其中任何一个环节,都能达到防控病害的目的。

4.4.1 病原物的越冬、越夏

生长季节结束,寄主植物上的病原物一般也就停止了活动。因此,病原物的越冬和越夏就是指病原物在一定场所度过寄主休眠阶段而保存自己延续物种的过程。不同病原物越冬越夏场所各异,同一病原物也可有不同的越冬场所。病原物的越冬越夏一般有寄生、休眠、腐生等不同方式,而越冬越夏的场所主要有土壤、植株、繁殖器官、病残体和介体昆虫等几方面(图 4-2)。

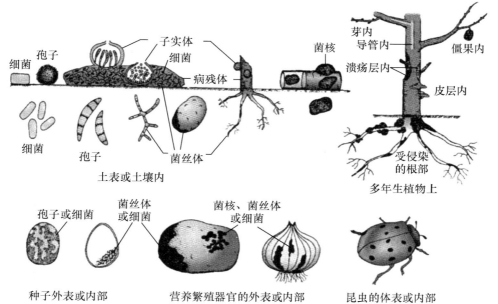

细菌　孢子　子实体　细菌　病残体　菌核　芽内　导管内　僵果内　溃疡层内　皮层内

细菌　孢子　菌丝体

土表或土壤内

受侵染的根部

多年生植物上

孢子或细菌　菌丝体或细菌　菌核、菌丝体或细菌

种子外表或内部　营养繁殖器官的外表或内部　昆虫的体表或内部

图 4-2　病原物的越冬、越夏形态与场所（仿 Agrios 2005）

4.4.1.1　田间病株

病原物可在多年生、两年生或一年生的寄主植物上越冬越夏。如苹果树腐烂病菌可在寄主枝干的病斑内越冬；桃缩叶病菌可潜伏在芽鳞内，十字花科蔬菜病毒在栽培或野生的中间寄主上越夏。对许多蔬菜病害来说，保护地的病株也是病原物的越冬场所。反季节栽培使病株周年存在，扩增了病原物，增大了病害防控难度。

4.4.1.2　种子和其他繁殖材料

其他繁殖材料是指除种子以外的各种繁殖材料，如块根、块茎、鳞茎和苗木等。它们携带病原物的方式各有不同。有的在作物收获时混杂在种子间，如菟丝子的种子；有的附在种子表面，如辣椒炭疽病菌的分生孢子附着在种子表面越冬；茄子褐纹病菌的菌丝体潜伏在种皮内或以分生孢子器附着在种子表面越冬；有的病菌能侵入块根、块茎和鳞茎，如马铃薯晚疫病菌、环腐病菌、洋葱霜霉病菌等。也有的可在果树的苗木上越冬或越夏，如苹果锈果病、葡萄黑痘病以及根癌病的病原物等。

带有病原物的种子和各种繁殖材料，在播种和移栽后即可在田间形成发病中心；如将其作远距离的调运，则使病害得以远距离传播，以致造成病原物从病区传到无病区。各国在口岸实行检疫，对种子和其他繁殖材料检查处理，就是防止危险性病害传播的关键措施。在播种前进行种苗处理也是一项极重要的防病措施。

4.4.1.3　病株残体

病株残体包括寄主植物的秸秆、残枝、落叶、败花、落果和死根等多种形式的残余组织，绝大部分的弱寄生物，如多数病原菌物和细菌都能在病株残体中存活，或以腐生的方式在残体上生活一段时间。病毒也可随病株残体休眠。病株残体对病原物既可起到一定的保护作用，增强对恶劣环境的抵抗力，也可提供营养条件，作为形成繁殖体的能源。当残体分解和腐烂的时候，其中的病原物往往也逐渐死亡和消失，因此残体中病原物存活时间长短，一般与残体分解快慢有关。

4.4.1.4 土壤和粪肥

土壤是许多病原物越冬或越夏的重要场所。多种病原物常以休眠体的形态藏存于土壤内，也可以腐生的方式在土壤中存活。以休眠体或休眠孢子在土中藏存的，如卵菌的休眠孢子囊、卵孢子，黑粉菌的冬孢子或线虫的胞囊等。它们存活时间的长短与土壤湿度有关，一般土壤干燥则存活时间较长。在土壤中腐生的病原物可分土壤寄居菌和土壤习居菌两类。土壤寄居菌是在土壤中随病株残体生存的病原物，当病残体腐败分解后它们即不能单独地在土壤中存活。多数强寄生的菌物、细菌属于这一类，如各种果树叶斑病菌、蔬菜软腐病菌等。土壤习居菌对土壤适应性强，可独立地在土壤中长期存活并能繁殖，如腐霉属、丝核菌和镰刀菌等，均在土壤中广泛分布，常引起多种作物的幼苗死亡，植株萎蔫等症状。

在同一块土地上连年种植同一种作物，可能增加田间病原物的数量积累，使病害发生更加严重。如大豆连作时，胞囊线虫病更加严重，就是病原线虫逐年积累的结果。因此，正确的轮作以及间混套种能有效地减轻某些病害的发生。

病菌的休眠孢子可以直接散落于粪肥中，也可以随病株残体混入肥料，如作物秸秆、谷糠场土、枯枝落叶、野生杂草等残体都是堆肥、垫圈和沤肥的好材料。因而病原物经常随各种病残体混入肥料而越冬或越夏。在有机肥未经充分腐熟的情况下，即可成为多种病害的侵染来源，如各种叶斑病菌和黑粉病菌等。有的病株残体作为饲料，当病原休眠体随秸秆经过牲畜消化道后，仍有部分能保持其生活力，这样的粪肥就会成为初侵染来源。因此，农家有机肥料要经过高温堆沤和充分腐熟，其中的病原物死亡后才可用到田间，这是防止病害蔓延的重要措施。

4.4.1.5 昆虫等传播介体

昆虫等是病毒、植原体和细菌等病原物的传播介体，也是它们的越冬场所之一。如瓜类萎蔫病原细菌即可在介体甲虫体内存活和越冬。

▶ 4.4.2 病原物的传播

病原物传播的方式很多，主要分为自然动力传播、主动传播和人为因素传播三大类（图4-3）。

4.4.2.1 自然动力传播

自然界中风、雨、流水、昆虫和动物活动都是病原物传播的主要动力。它们可以把病原物从越冬或越夏场所传到田间健株上，也可将田间病株上的病原物传到其他的健株上，使病害扩展、蔓延和流行。这是病原物最主要的自然传播方式。

（1）气流传播　一般菌物孢子数量多、体积小、重量轻，最适合气流传送。锈菌、白粉菌、霜霉菌及各类叶斑病菌的孢子都是借气流传播的。气流传播的距离较远，有时在10 km以上的高空和远离海岸的海洋上空都可发现菌物的孢子。由于传播距离远，覆盖面积大，易引起病害的大面积流行。如小麦锈菌的夏孢子，可随风传到1 000 km以外，造成病害的大区流行。附在尘土或病组织碎片内的细菌、病毒、线虫的胞囊和卵囊也可随风传播。不是所有经气流传播的病原物的个体都是有侵染性的，有的在传播过程中死亡。其传播的有效距离与病原个体的抗逆性、寄主的抗病性、寄主分布、风向、风速、温度、湿度及光照等多种因素有关。

| 风（气流） | 雨水飞溅 | 风雨协同 | 昆虫 | 流水 |

| 种子 | 苗木 | 动物 | 操作者 | 机械 | 刀剪工具 |

图 4-3　病原物的传播途径示意图（仿 Agrios 2005）

由于气流传播的距离远、面积大，给防治工作造成困难，一般多以选用抗病品种防控这类气传病害。

（2）雨水传播　某些菌物、细菌和线虫可以通过雨水传播。如刺盘孢属的分生孢子，多数黏聚在胶质物质中，在干燥条件下不易传播；而雨水能把胶质物质溶解，使分生孢子散入水中，随水流或雨滴飞溅进行传播。一些卵菌的游动孢子，也只能在水滴中产生并保持它们的活动性。许多细菌病害产生的菌脓，也主要靠雨水传播。此外，雨水还可以把病株上部的病原物冲洗到下部或土壤内，或者借雨滴的飞溅作用，把水中与土表的病原物传播到距地面较近的寄主体上。因此风雨交加的气候条件有利于病害的传播蔓延。在土壤中生存的一些病原菌，如腐霉病菌、立枯丝核菌和软腐病菌等，均可随地面雨水或灌溉水的流动进行传播。雨水传播的病害，一般传播距离较短，对这类病害的防治，应注意控制当地菌源，防止灌溉水从病田流向无病田。

（3）昆虫和其他动物传播　多数植物病毒、类病毒、植原体等都可借介体昆虫传播，其中尤以蚜虫、叶蝉、飞虱和木虱等昆虫传播为多。某些菌物和细菌也靠昆虫传播，如黄条跳甲可以传播白菜软腐病菌。昆虫传播的方式可以是体内带毒或体表带菌。鸟类可以传播寄生性种子植物，如桑寄生和槲寄生的种子就是靠鸟类传播的。

4.4.2.2　主动传播

病原物依靠本身动力进行传播称为主动传播。如菌物的游动孢子和细菌均可借鞭毛在水中游动，线虫在土壤中蠕动，真菌外生菌丝或菌索在土壤中生长蔓延，某些真菌孢子主动向空中弹射等都属于主动传播的类型。这些都是病原物长期演化形成的特性，有利于病原物主动接触寄主。但这种传播距离较短，仅对病原物的传播起一定的辅助作用。

4.4.2.3　人为因素传播

人类经济活动和农事操作等常导致病原物的传播。如调运带病的种子、苗木、农产品及包装材料，甚至通过邮寄、快递农产品也可造成病害远距离传播，引起病区扩大和新病区的形成。而且人类活动没有一定的规律且随意性强，不受自然条件或地理因素的限制，甚至可以把一种病害由一个国家或地区传到另一个国家或地区，因此危害最大。

农事操作过程，如施肥、灌溉、播种、移栽、修剪、嫁接、整枝和脱粒等活动都可能传播病害。如番茄、辣椒育苗移栽、打顶去芽时的操作均可人为传播病毒病,而人工嫁接可传播苹果锈果病等。

一般来讲,各种病害都有其一定的传播方式,研究并掌握病原物的传播途径和方式,对于病害防控具有指导意义。

▶ 4.4.3 初侵染和再侵染

病原物经过越冬或越夏,通过一定的传播途径传到新生长的植株体上,所引起的第一次侵染称为初次侵染或初侵染。在初次侵染的植株上,新产生的大量的病原繁殖体,经再次传播、侵染、发病,称为再次侵染或再侵染。有些病害在一个生长季节内只有初侵染,没有再侵染,如黑穗病、桃缩叶病等。有些病害在一个生长季节内可以发生多次再侵染,在田间逐步扩展蔓延,由少数中心病株到点片发生,进而普遍流行,如霜霉病、白粉病、锈病等。

病害有无再侵染是制定防控策略和防治方法的重要依据。对于只有初侵染的病害,设法压低或消灭初侵染来源,即可获得较好的防控效果。对有再侵染的病害不仅要压低或消灭初侵染来源,还必须采取其他防控措施防止再侵染,才能控制病害的发展和流行。

病害循环的概念和病原物的生活史的概念是不同的(图4-4),但是二者又是有联系的。如菌物的生活史,是从一种孢子开始经过萌发、生长和发育,最后又产生同一种孢子的过程。典型生活史应包括有性阶段和无性阶段,部分或大部分是在寄主体内完成。而病害循环则包含病原的侵染过程,病原物的传播以及越冬、越夏等过程,是从一个生长季节到下一个相同季节在寄主体内、外交替进行的。可见,二者的概念是有区别的,如各种黑粉菌的生活史基本上是相似的,但病害循环却有很大差异,有的在种子表面或胚内越冬,有的只在土壤或堆肥中越冬,但是二者又是有联系的。研究病害循环必须了解病原物的生活史,因为明了病原物生活史是研究病害循环的基础。

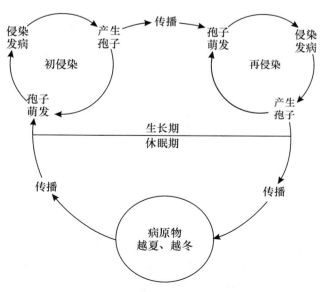

图 4-4 植物病害循环示意图

园艺植物病理学(第3版)

病害循环是植物病理学的中心问题,也是研究病害防控方法的依据,抓住其中的薄弱环节,制定中断病害循环的有效措施,就能达到防控病害事半功倍的效果。

4.5　植物病害流行与预测

病害在植物群体中大量严重发生,并对农业生产造成严重损失的状态,即称为病害的流行。经常流行的病害叫作流行性病害。专门研究植物病害流行的学科称为植物病害流行学,其研究的中心问题是植物病害的消长规律,即植物病害由少到多,由点到面的变化过程。

4.5.1　病害流行因素

植物传染性病害的流行必须具备 4 个基本条件,即病原、寄主、环境和时间,当病原、寄主和环境三者都利于病害的发生,而且维持一定的时间,病原物才能繁殖积累到一定数量,导致病害的流行。四者同等重要,缺一不可,故有人称之为"病害锥体"。

4.5.1.1　病原物

影响病害流行的病原物因素主要是病原物的致病力、数量和有效传播。

病原物的致病力本身有很大差异,病原物致病力强是导致病害流行的重要原因之一。如当地出现新的强致病的病原物,或毒性生理小种能侵染当地广泛种植的作物品种时,就可能导致病害大流行。品种抗病性丧失主要是因为病原物发生变异,产生了新的毒性小种。

植物病害的流行过程是病原物的积累过程,只有当病原物通过多代的侵染与繁殖累积到一定数量时,才能导致病害的流行。对于只有初侵染而无再侵染的病害,如苹果枝干轮纹病、枣疯病、根结线虫病等,病害的流行需要病原物多年的积累,因此称之为积年流行病害。对于有多次再侵染的病害,如葡萄霜霉病、苹果炭疽病、瓜类白粉病等,病原物在一个生长季节内就能累积到一定的数量,导致病害的大流行,称之为单年流行病害。病原菌能产生大量的孢子,如锈菌的一个夏孢子堆能产生 3 000 个夏孢子。有了大量的菌源还必须能有效传播。如葡萄霜霉病菌的孢子囊主要靠气流传播,传播距离远,效率高,因此病害流行速度也快。病原物的数量往往难以精确测量,一般使用病害数量,如病斑数、产孢面积等代表病原物的数量,进行定量分析,研究病害的流行过程和流行速率。

4.5.1.2　寄主植物

决定病害流行程度的寄主因子主要包括遗传抗病性、个体发育抗病性和种植面积。遗传抗病性是指品种抗性,由遗传基因决定。个体发育抗病性是指植物体在生长发育过程中形成的抗病性,与遗传没有直接关系,如发育成熟叶片对白粉病的抗病性明显高于幼嫩叶片。

病原菌在感病品种侵染量大、潜育期短、产孢数量大、流行速率高,环境条件适宜时,极易造成病害的流行。大面积种植感病品种,尤其是品种单一化或遗传同质化,很容易导致病原菌发生变异,产生毒性更强的生理小种或株系,同时也有利于毒性种群数量的快速积累,导致品种抗病性丧失和病害大流行。历史上很多事例都证明这一点。如 1970 年美国玉米小斑病的大流行,就是由于大面积种植 T 型雄性不育细胞质玉米品种的结果。另外,植物体在生长发育过程中,抗病性差异很大。一般幼嫩组织对病原物敏感,发育良好的组织抗病,健壮植株抗病。许多寄主植物具有明显的感病阶段,当感病品种的感病阶段正好与病原物盛发期相遇,适于病害发生的环境条件以及粗放的栽培管理相遇时,则必然促成病害的大流行。

事实说明,大面积单一种植遗传同质性的品种,是人为制造病害流行的有利条件。在推广新品种时,应特别强调品种布局。

4.5.1.3 环境条件

决定病害流行的环境条件主要包括气象条件和耕作栽培条件。

在适宜于病菌侵染和发病的条件下,病害才能流行。常见的影响病害流行的气象因素包括温度、降水量、降雨日数、相对湿度、结露时间、光照等,温度、结露时间和相对湿度主要通过影响病原菌的侵染量、潜育期和产孢量影响病害的流行。光照主要通过影响植物的抗病性和病原菌孢子的存活率影响病害的流行。降水量、降雨日则主要通过改变田间的相对湿度、植物体表结露时间和病原菌的传播影响病害的流行。在调查气象因素与病害流行的关系时,需结合人工控制条件下的流行学试验和多年积累的观测资料,分析对比,以便找出影响病害流行的关键气象因素。在利用气象数据研究病害流行规律,或预测病害流行时,要注意大气候与田间小气候的差别,通常利用的气象数据都是气象台站的观测数据,它与田间小气候有一定的差异。

耕作栽培制度的改变,必然引起农业生态体系中各因素间相互关系的变化,从而导致某些病害的流行。例如,近年来随着保护地栽培面积的扩大、园艺作物复种指数的提高,病原物及其传播介体有了更好的越冬(越夏)场所,初侵染来源大大增加,病害的流行往往表现为更多依赖环境,因为病原已经不成为病害流行的限制因素。另外,栽培管理过程中的很多技术环节都与病害发生有关。如管理粗放、树势衰弱、缺少钾肥的柑橘园,常引起炭疽病的流行。灌水不当、忽干忽湿,常导致番茄蒂腐病的发生。

但应该看到,病害流行各因素并不是同等重要的,在一定时空范围内其他因素都容易满足,只有一个或少数几个因素不容易满足,它们的变化会强烈地影响着病害的发展和流行。这些在病害流行过程中能起决定性作用的因素称为流行主导因素。

4.5.2 病害流行的动态

植物病害的流行是随着时间和空间而变化的,亦即病害的流行有一个由少到多,由点到面的发展过程。研究病害数量随时间而增长的发展过程,叫作病害流行的时间动态。研究病害分布由点到面的发展变化,叫作病害流行的空间动态。

4.5.2.1 病害流行的时间动态

研究病害流行的时间动态,主要是分析病害流行速度及其变化规律。流行速度是寄主、病原与环境条件相互作用的综合表现。病害流行是病害数量增长的过程,也是菌量积累的过程。流行速度与病害开始时的初始菌量、侵染概率、日传染率、潜育期、产孢数量大小、孢子存活率等要素有关。

病害流行过程也是病原物数量积累的过程,不同病害的积累过程所需时间各异,大致可分为单年流行病害和积年流行病害二类。单年流行病害在一个生长季中,病原物就能完成数量积累过程,引起病害流行。积年流行病害需连续几年的时间,病原物才能完成数量积累的过程。单年流行病害大都是有再侵染的病害,故又称多循环病害(图 4-5)。其特点是:①潜育期短,再侵染频繁,一个生长季可繁殖多代。②多为气传、雨水传或昆虫传播的病害。③多为植株地上部分的叶斑病类。④病原物寿命不长,对环境敏感。⑤病害发生程度年度之间波动大,大流行年之后,第二年可能发生轻微,轻病年之后又可能大流行。属于这类的有许多作物的重要病害,如锈病、白粉病、霜霉病、炭疽病等。

积年流行病害又称单循环病害。其发生特点是:①无再侵染或再侵染次数很少,潜育期长或较长。②多为全株性或系统性病害,包括茎基部及根部病害。③多为种传或土传病害。④病原物休眠体往往是初侵染来源,对不良环境的抗性较强,寿命也长,侵入成功后受环境影响小。⑤病害年度间波动小,上一年菌量影响下一年的病害发生数量。属于该类的病害有蔬菜的根结线虫病、多种真菌引起的根部病害、多年生果树的枝干病害、枣疯病、柑橘黄龙病等。

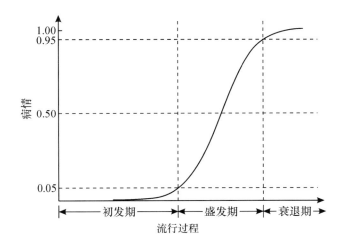

图 4-5 多循环病害流行过程的 3 个阶段(仿 曾士迈,杨演 1984)

4.5.2.2 病害流行的空间动态

病害流行过程的空间动态是指病害发生发展在空间上的表现,具体地说,就是病害传播距离、传播速度以及传播的变化规律。

病害的传播是指病原物的有效传播,即病原物从发病部位传播到达寄主的健康部位,能够侵染,且诱发新病害。病害传播的变化规律,因病原种类和传播方式不同而不同。气传病害的传播距离较远,其变化主要受气象因素,特别是风向、风速的影响。土传病害一般传播距离较短,主要受田间耕作、灌水等农事活动的影响。种传病害主要受人类活动的制约,如收获、脱粒、留种、调种和贸易等活动。虫传病害主要取决于传病昆虫种群数量、活动飞迁能力以及病原与传病介体之间的相互关系。病害传播的距离按其远近可以分为近程、中程和远程三类。一次传播距离在百米以内的称为近程传播,近程传播主要是病害在田间的扩散传播,显然受田间小气候的影响。传播距离在几百千米以上的传播称为远程传播,如小麦锈病即为远程传播。介于二者之间的称为中程传播。中、远程传播受上升气流和水平风力的影响,病害在空间上没有连续性。

病害的田间扩展和分布型。病害在田间的扩展和分布与病原物初次侵染的来源有关,可分为初侵染源位于本田和外来菌源两种情况。初侵染源位于本田内,在田间有一个发病中心或中心病株。病害在田间的扩展过程是由点到片,逐步扩展到全田。传播距离由近及远,发病面积逐步扩大。病害在田间的分布呈核心分布,如苹果炭疽病在田间的扩散属于这种类型。初侵染源为外来菌源,病害初发时在田间一般是随机分布或接近均匀分布,也称为弥散式传播。如果外来菌量大,传播广,则全田普遍发病。如黄瓜霜霉病属于这一类型。

▶ 4.5.3 植物病害的监测和预测

病害监测是对病害发生的实际状态和变化,及其影响因子进行定性和定量的观察、表述和记录。病害的预测则是根据病害发生、发展和流行的规律,以及目前的发生状态,对病害未来的发生趋势进行推测或判断。监测是预测的前提和基础,监测和预测信息是病害管理决策的重要依据。病害管理决策所需要的信息就是病害监测和预测的内容。

4.5.3.1 病害监测

病害监测主要是为病害预测、病害管理决策和病害流行学研究提供数据和信息。病害监测不仅局限于对病原物或病情的调查和记录,还应对影响病害发生与流行的寄主、环境等因子等进行观测和记录,从而为病害预测和管理决策提供更多信息。在制定监测项目、方法和标准时,要充分考虑病害预测和病害管理决策的具体需求,以相对少的工作量,获得更多可靠而准确的数据和信息。随着电子计算机技术和信息技术的发展,自动监测技术在病害流行监测中得到广泛应用,遥感遥测、生物传感、自动气象站、物联网可为病害监测提供更多、更可靠而准确的信息。

4.5.3.2 病害预测

按期限病害的预测可分为短期、中期、长期和超长期预测。短期预测是指一周或数周内的预测,中期预测则是一个生长季节内的预测,长期预测是对下一个生长季节的预测,超长期预测是对数年或数十年后的预测。按预测依据因子的数量,病害预测可分为单因子预测和复因子预测。预测内容包括病害的发生期、发生量、损失量、防治效果、防治效益、品种抗病性的持续时间等,总之病害管理决策所需的信息都可作为病害预测的内容。

病害的预测方法有多种,常见的有专家评估法、类推法、统计模型、系统模型等方法。专家评估法是利用专家头脑中蕴藏的大量信息和丰富的思维推理方法,对病害进行预测,主要适用于复杂系统,不确定事物或缺乏数据资料系统的预测。类推法最简单,但应用的局限性较大,主要用于特定地域,或相似或同步变化事物的预测。统计模型是应用较为广泛的一种预测方法,主要适用于有一个或少数几个主导因子,或有限地域或时间内病害的预测。系统模型法解析力强,适用范围广,但构建较为困难。目前,在病害流行预测中应用较为成功的方法是侵染预测。

病害预测案例——梨锈病侵染预测

侵染预测是依据病原菌孢子完成侵染过程导致植物发病所需要的露温、露时，以及降雨期间温度和降雨持续时间的长短，预测一个降雨过程后有无病原菌的侵染及侵染量的多少。侵染预测主要为化学防治决策服务，主要用于潜育期较长，而且有内吸治疗剂防治的病害。

对于连年发生锈病的梨树，萌芽后60天内降雨是决定病害发生与流行的关键因子。梨树萌芽后，若遇超过2 mm的降雨，成熟的冬孢子角便能吸足水分，当气温15℃左右时，经3 h可萌发产生担孢子。担孢子随气流传播，着落于寄主表面。在寄主组织表面结露或湿润条件下，着落到梨树幼嫩组织表面的担孢子，最短经3 h可完成全部侵染过程，侵入寄主组织。受侵染的寄主组织经7~11天的潜育期可表现症状。

在实际生产中，要准确预测梨锈病菌有无侵染及侵染量的多少，首先，需了解梨园周围有无侵染菌源，即锈病菌的冬孢子角。连续发生过锈病的梨园，周围都存在冬孢子角；其次，需掌握梨树的生长发育期，梨树只有幼嫩组织才感病；除此之外，还要监测降雨量、降雨持续时间或叶面湿润时间、降雨期间的温度等。当平均为15~20℃时，雨量超过2 mm、使叶面结露超过6 h的降雨可作为预测梨锈病菌能否侵染的阈值。降雨超过上述阈值，雨量越大、持续时间越长，病菌的侵染量越大。超过10 mm、使叶面结露长于12 h的降雨可导致锈病菌大量侵染。当预测到有大量病菌侵染后，在病菌侵染后的5天内喷施三唑类杀菌剂可有效控制侵染病菌致病。

▶ 思 考 题 ◀

1. 病原物的寄生性与致病性有何关系？为何寄生性强的病原物往往致病性弱？
2. 专性寄生与寄生专化性有何异同？
3. 病原物致病有哪些致病方式？
4. 抗病性包括几种类型？有怎样的抗病机制？
5. 侵染过程与病害循环各有哪些阶段？它们有何相互关系？
6. 水平抗性与垂直抗性各有何特点？如何在病害防治中应用？
7. 病原物在何处以何种状态越冬越夏？借何种方式进行传播？
8. 病害循环与病原物的生活史既有关联又有区别，请结合图4-4标明病原物的生活史阶段。
9. 植物病害流行的三要素是什么？它们如何相互影响导致病害的发生和流行？
10. 什么是病害流行的时间动态与空间动态？什么是单年流行病害与积年流行病害？什么是单循环病害与多循环病害？

参考文献

［1］Agrios,G N. Plant Pathology. 5th ed. Salt Lake City：Academic press,2005

［2］曾士迈,杨演. 植物病害流行学. 北京：农业出版社,1984

［3］肖悦岩,季伯衡,杨之为,等. 植物病害流行与预测. 2 版. 北京：中国农业大学出版社,2002

［4］许志刚. 普通植物病理学. 4 版. 北京：中国农业出版社,2009

［5］Ojiambo P S,Yuen J,van den B F,et al. Epidemiology：Past,Present,and Future Impacts on Understanding Disease Dynamics and Improving Plant Disease Management—A Summary of Focus Issue Articles. Phytopathology,2017,107(10).

［6］Hyatt-Twynam S R,Parnell S,Stutt R O J H,et al. Risk-based management of invading plant disease. The New phytologist,2017,214(3).

［7］Zadoks J C. On Social and Political Effects of Plant Pest and Disease Epidemics. Phytopathology,2017,107(10).

［8］骆勇. 植物病害分子流行学概述. 植物病理学报,2009,39(01)：1-10.

第5章

园艺植物病害的诊断
与治理原理

➤➤ **本章重点与学习目标**

1. 学习病害类别识别的基本方法,掌握病害诊断的基本原理,熟悉田间和实验室病害识别诊断的基本技术。

2. 学习病害综合治理的原理,掌握植物检疫、农业措施、抗病品种、生物防治、物理防治、化学防治的原理与措施。

3. 学习并掌握各类防控措施的适用范围及其局限性。

4. 学习常用杀菌剂的类型、剂型、使用剂量,了解农药药害、面源污染和抗药性产生的原理及其避免的方法。

植物病害诊断(diagnosis of plant diseases)即判断病害发生的原因,确定病害种类和病原类型。植物病害的诊断是治理病害发生的前提和依据,只有正确诊断病害发生的原因,确定病原物的种类,才能根据病原物的特性和病害发生规律提出有效的治理措施,并及时施治,有的放矢,从而减少病害造成的损失。因此,植物病害的诊断,特别是早期诊断对植物病害的有效控制意义重大。

5.1 病害类别的识别

园艺植物病害分为传染性病害和非传染性病害,这两类病害的病因、发生规律和防治方法完全不同。传染性病害又因病原物的不同而有很大的区别,因此看到一种病害应首先识别该病害属于哪一类,即缩小病害诊断的范围,然后再做进一步的病原鉴定和病害诊断。病害识别对于常见病、多发病是快速高效的诊断方法,当然对识别者的实践经验要求较高,是植病工作者的一项田间基本功。

▶ 5.1.1 植物病害诊断的依据和方法

植物病害的诊断依据主要包括病害在个体(单个植株)和群体间的分布、症状特征和病原特征等。根据病原性质是生物因素还是非生物因素(环境因素),园艺植物病害可分为侵染性病害和非侵染性病害两大类,侵染性病害根据病原生物的类型又可分为菌物病害、原核生物病害、病毒病害和线虫病害等。由于病原性质不同,其发生规律和所采取的防治措施差异很大。因此,在生产上遇到一个疑难病害时,首先要诊断该病害是侵染性还是非侵染性,当确定是侵染性病害后,进一步诊断它的病原属于哪个类型,即逐渐缩小病原生物的范围,然后再做进一步的病原鉴定或病害诊断。

5.1.1.1 非侵染性病害的诊断

此类病害由非生物因素即环境因素,包括营养失调、水分不足或过多、温度过低或过高、有毒物质(如施用化肥或农药不当、空气污染、水污染等)等所引起,不具备传染性,因此病害在田间的分布上往往表现为:①在同一品种、相同栽培管理措施的地块同时均匀地发生,没有由点到面逐步扩展(传播)蔓延的现象,即无明显的发病中心;②病株之间所表现的病状通常是均匀一致的;③在病部一般没有病原物(病征);④在环境条件改善时可以恢复。

诱发非侵染性病害的常见因素有:①立地条件的缺陷。如土壤瘠薄、持水性差、过酸、过碱、某些元素含量不足或过多等,如海涂碱性土壤常发生缺铁症。②投入品使用不当。如施肥、施药和使用生长调节剂不当(种类或配比不对,施用量过多,使用时期不适等)等而造成肥害、药害等。③遭受极端的气象因素袭击。如高温、低温、干旱、涝害、冰雹、干热风和连续阴雨等灾害。④受邻近工厂排放废水、废气、烟尘等影响。因此,诊断非侵染性病害除观察田间发病情况和病害症状外,还必须对发病植物所处的环境条件,以及最近的栽培管理措施等有关问题进行调查和分析,才能最后确定致病原因。

5.1.1.2 侵染性病害的诊断

侵染性病害由生物因素引起,病害在植株个体之间可以相互传播、扩散和蔓延。因此病害在田间往往表现为:①通常病害有发生发展即逐步扩散蔓延过程,即田间有明显的发病中心,由发病中心向周围扩散蔓延;②在特定的品种或环境条件下,病害在个体(植株)间发生轻重有差异;③通常菌物性和细菌性病害,在发病部位可发现病征,即病原菌的子实体。引起侵染性病害的病原物种类很多,主要有菌物、原核生物(主要是细菌)、病毒、线虫和寄生性种子植物等五大类。下面就前四类病原物引起的病害诊断要点予以介绍。

(1)菌物性病害的诊断 这类病害在田间发生时,往往由一个发病中心逐渐向四周扩展,即具有明显的由点到面的发展过程。诊断这类病害主要依据以下几个方面:

首先是症状的观察。菌物性病害的症状以坏死和腐烂居多,也有萎蔫、畸形,而且大多数菌物性病害都可出现明显的病征,环境条件适合时,在中后期病斑上可观察到明显的霉状物、粉状物、锈状物、点状物或颗粒状物等特定结构。但在田间有时受发病条件的限制,或因杀菌剂的使用,症状特点尤其是病征特点表现不够明显,此时较难断定是何类病害。这时,除继续观察田间病害发生发展过程的同时,可将病株或病部组织采回实验室,放在合适的温度和湿度条件下继续培养,促使症状充分表现,然后再进行鉴定。对于常见病害,根据病害在田间的发生分布情况和病害的症状特点,并查阅相关资料则可基本判断是何类病害。

其次是病原物的检查。诊断菌物病害时,除仔细观察症状外还应对病原进行鉴定。尤其是对一些症状复杂、不太常见的病害或一些新病害,病原鉴定是必不可少的。引起菌物病害的病原菌种类很多,表现的症状类型也很复杂。一般来说,病原不同,症状也不尽相同,但有时病原相同,引起的症状会完全不同。如由同一病原菌(*Marssonina coronaria*)引起的苹果褐斑病在叶片上可产生同心轮纹型、针芒型和混合型三种不同的症状;西葫芦花叶病在叶片上表现花叶,在果实上则表现畸形。相反,病原不同,症状相似的情况也很常见。如桃细菌性穿孔病(*Xanthomonas campestris* pv. *pruni*)、褐斑穿孔病(*Cercospora circumscissa*)及霉斑穿孔病(*Clasterosporium carpophilum*)在叶片上都表现穿孔症状,但这三种病害的病原性质是完全不同的。因此仅以症状为依据,对某些病害不能做出正确诊断,还必须进行病原鉴定。

当病部出现明显病征时,可根据病征的不同,灵活运用不同制片方法制作玻片。如当病征为霉状物、粉状物或锈状物时,可用镊子、解剖针或解剖刀直接从病组织上挑取这些病征制片;当病征为颗粒状物或点状物时,采用徒手切片法制作临时切片;当病原物十分稀疏时,可采用透明胶带粘贴制片。然后将所制的临时玻片在显微镜下观察病原菌的形态特征,根据子实体的形态结构、孢子的形态、大小、颜色及着生方式等与文献资料进行对比。对于常见多数病害一般即可确定其病原和病害名,而对一些无法诊断的病害,可通过病菌的分离培养后鉴定。分子(PCR)诊断是未来的发展趋势,对一些重要病例都可建立生物条形码-该病原菌特异的 PCR 引物,进行分子诊断。

(2)原核生物病害的诊断 植物病原原核生物主要包括细菌和植原体,而以细菌为主,由病原细菌引起的病害称为细菌性病害。细菌性病害的诊断主要根据病害的症状和病原细菌的种类来进行。细菌性病害常见的病状有局部坏死(病斑)、溃疡、腐烂和萎蔫,很少畸形,在潮湿条件下一般在病部可见一层黄色或乳白色的脓状物,干燥后形成发亮的薄膜即菌膜或颗粒状的菌胶粒。菌膜和菌胶粒都是细菌的溢脓,是细菌性病害的病征。如果怀疑某种病害是细菌性病害,但在田间观察不到病征,可将该病株带回室内进行保湿培养,待病征充分表现后再进行鉴定。

一般细菌侵染所致病害的病部,无论是维管束系统受害的,还是薄壁组织受害的,都可以通过徒手切片看到喷菌现象(bacterium exudation,BE)。喷菌现象为细菌病害所特有,是区分细菌与真菌、病毒病害的最简便的手段之一。通常维管束病害的喷菌量多,可持续几分钟到十多分钟;薄壁组织病害的喷菌数量较少,持续时间也较短。检查时,应选择典型、新鲜、早期的病组织,先将病组织用自来水冲洗干净,吸干水分,用灭菌剪刀从病健交界处剪下0.5～1 cm大小的病组织,将其置于载玻片中央,加入一滴灭菌水,盖上盖玻片,静置1～2 min后用肉眼(引起萎蔫的维管束病害)观察或显微镜(低倍)下检查。注意镜检时光线不宜太强,观察病组织切口处,如发现有大量细菌似云雾状溢出,即可初步确定为细菌类病害。

　　但对只特异性地寄生在植物的木质部(如柑橘杂色褪绿病)或韧皮部(如柑橘黄龙病)细胞内的病原,由于菌量低,无法通过喷菌现象诊断。植原体病害的病状多为矮缩丛枝,病原限制在寄主细胞内,也无法通过喷菌现象诊断。聚合酶链式反应(PCR)是这些病害的常用诊断方法。即首先根据症状,查阅资料,初步诊断为某病害,然后合成该病害病原菌的特异性引物(对很多已知病原物均有资料可供参考),提取发病组织的总DNA,进行PCR扩增和凝胶电泳,观察目标片段是否存在来确定该病害是否是初步判断的病害。如果有已知带病的组织DNA作为阳性对照和已知健康组织DAN作为阴性对照,结果就更可靠,如需要,还可以将扩增的DNA片段送公司测序确定。如果使用实时荧光定量PCR,则灵敏性更强,而且不需要电泳。

　　(3)病毒类病害的诊断　识别病毒病害主要依据症状特点、病害田间分布、病毒的传播方式、寄主范围以及病毒对环境影响的稳定性等来进行。病毒和类病毒引起的病害都没有病征,但它们的病状具有显著特点,如变色(黄化、花叶、斑驳)、畸形(矮缩、丛枝、卷叶、小叶、蕨叶)等全株性病状,偶尔也会有斑点等坏死病状。这些病状表现常常是从分枝顶端开始,然后在其他部位陆续出现。由于许多病毒病是通过蚜虫、粉虱、叶蝉和飞虱等昆虫介体传播的,田间病害发生严重度和这些害虫发生量密切相关。

　　在症状诊断(田间诊断)初步确定病毒病及其病毒的种类基础上,还可以在普通显微镜下观察病毒内含体,通过制备超薄切片,电子显微镜下观察病毒粒体的形态进一步诊断验证;也可以通过接种一套鉴别寄主谱,根据鉴别寄主的反应来诊断;此外还可以通过传毒试验,根据其传播方式以诊断。

　　除以上常规技术外,病毒病的诊断还可以通过血清学和PCR等技术。根据抗原和抗体的特异性结合原理,通过制备的已知病毒的抗体(多克隆或单克隆),通过琼脂双扩散法和酶联免疫法诊断疑似病毒病害。目前有不少植物病毒都有商业化的抗体以及相应的试剂盒,使用简单,准确性强,灵敏度高。

　　随着越来越多病毒的全基因组序列的测定和公布,植物病毒病的诊断越来越多地使用PCR(DNA病毒)和RT-PCR(RNA病毒)法诊断。即在田间诊断初步确定病害为某种病毒病后,合成该病毒的特异性引物,以从病组织中提取的总DNA(DNA病毒)或总RNA(RNA病毒),进行PCR或RT-PCR扩增和电泳,根据目标条带存在与否,确定疑似病害是不是这种病毒病。同样也可运用实时荧光定量PCR诊断。

　　(4)线虫病害的诊断　线虫为害后的植株一般多表现为植株生长不良,黄化、矮小、枯萎,有时畸形或腐烂等病状,结合上述病状,再对病组织进行病原线虫的检查确定遇到的病害是否是线虫病害,再通过线虫的形态学观察,确定引起线虫病害的线虫种类。线虫病害的病原线虫鉴定,一般将病部产生的虫瘿或肿瘤切开,挑取线虫制片或作病组织切片镜检,根据线虫的形态确定其分类地位。对于一些病部不形成肿瘤的病害,需首先根据线虫种类,采用相应的分离方法,将线虫分离出来,然后制片镜检。鉴定时要排除腐生线虫的干扰,特别是对寄生在植物地下部位的线虫病害,更为如此。

在线虫鉴定方面,电子显微镜、血清学及分子生物学技术(PCR)已被广泛应用,由于电镜的应用使得对形态特征的观察更准确,血清学和分子生物学技术具有准确、快速、高效等特点。这些技术的应用大大提高了线虫鉴定的准确性,为线虫病害的诊断提供了可靠保证。

5.2 病原鉴定

对于一些不太常见或一些新病害的病原鉴定应遵循柯赫氏法则(Koch's postulate)(二维码5-1)。具体步骤如下:

①在所有检查的患病植物上,病原物必须总是伴随着病害而存在。

②将病组织进行分离培养,且可得到纯培养。

③将所得到的纯培养的病原物接种到相同的健康植物上,并能在接种植物上表现相同的症状。

④必须从接种发病的植物上再分离到这种病原物的纯培养,而且它的特征必须与第二步所得到的纯培养的特征完全相同。

柯赫氏法则
与科学方法
(思政教育)

如果对一个病害的病原物用柯赫氏法则进行验证,并得到确实证明,那么这种分离到的微生物就可确定是引起这种病害的病原物。

柯赫氏法则也同样适用于线虫病害和病毒病害,只是在进行人工接种时,线虫病害要首先分离到足够的线虫,然后进行接种;对于病毒病害,要首先搞清该种病毒的传播途径,然后采取相应的方法接种。当接种后的植株发病后,再从这个病株上取病毒汁液,用同样的方法进行接种,当得到同样的结果后即可证实该病害的病原为这种病毒。

柯赫氏法则对病原物的鉴定具有重要意义,但同时也具有一定的局限性。因为该法则是建立在微生物学的基础上,而且只适用于由单一病原物引起的病害。在实际生产中,很多病害是由非生物因素以及非生物因素与生物因素共同引起的,同时也有很多病害是由两种或两种以上病原物共同作用引起的,在这种情况下则难以用柯赫氏法则来验证病原物。

菌物性病原鉴定时,通常用湿润的挑针或刀片将寄主病部表面生出的各种霉状物、粉状物和粒状物挑出或刮下来,或进行切片,放置于玻片上,在显微镜下观察,可以清楚地看到菌物的各种形态。如果病部没有子实体,则可进行保湿培养,以后再作镜检。有时病部观察到的真菌,并不是真正的病原菌,而是与病害无关的腐生菌。因此要确定真正的病因,必须按照柯赫氏法则进行人工分离、培养、纯化和接种等一系列工作。此外,基于特定基因序列的分子鉴定已经广泛应用于病原菌物的种类鉴定。常用的基因或序列有:核糖体转录间隔区(ITS)、肌动蛋白(ACT)、β-微管蛋白(TUB)、钙调蛋白(CAL)、3-磷酸甘油醛脱氢酶(GAP-DH)、谷氨酰胺合成酶(GS)和延伸因子(TEF)基因等。通过扩增测定这些基因的序列,再与数据库中的已知病菌的序列进行比对,再构建系统进化树,结合形态学特征、致病性和寄主范围等,确定待鉴定病菌的分类地位。

一般常见细菌性病害经过田间观察、症状鉴别及镜检病原为细菌时即可确定病害名称。进一步证实这种细菌为该病的病原体，同时还要进一步鉴定病原细菌属于哪个属、种。鉴定细菌时可以根据革兰染色反应、鞭毛染色、培养性状、各种生理生化性状等来进行。

对于一种新的细菌性病害，镜检确定为细菌性病害后还要按柯赫氏法则进行鉴定，从病部组织中分离到病原细菌的纯培养后，挑取典型的单菌落，接种到所分离的敏感植物上，测定能否表现出典型的症状，即致病性测定是必不可少的。此外，对致病的假单胞杆菌属和黄单胞杆菌属的植物病原细菌还可以通过接种烟叶或蚕豆叶片，测定过敏性坏死反应加以判断。随着科学技术的发展，鉴定细菌的新技术不断被开发，基于生理生化鉴定可应用 Biolog 系统（已商业化），而分子鉴定最常用的序列为 16S rRNA 基因序列等。随着测序技术的快速发展，测定细菌全基因组序列将成为常规技术，细菌的分子鉴定变得越来越简单和普遍。而且与传统技术相比，这些技术灵敏、专化和快速，并且容易操作。

5.3　病害综合治理的原则

▶ 5.3.1　植保工作的总方针

我国 2020 年 3 月正式发布了《农作物病虫害防治条例》，对农作物病虫害防治的责任、制度、方法和法律责任等进行了明确规定。在此条例中明确了"预防为主，综合防治"是我国植保工作的总方针，也是植物病害综合治理的基本原则。"预防"在植物病害防治中极为重要，它包括两层含义，一是通过检疫措施预防危险性病害的传播，对于国内尚未发生的危险性病害通过出入境检疫，预防从国外向国内传入，对国内局部地区发生的一些危险性病害，通过严格检疫，组织铲除或控制其蔓延和危害；二是在病害发生之前采取综合措施，把病害控制在未发生前或初发阶段，使其危害降低到国民经济允许的水平。

▶ 5.3.2　综合治理的定义和基本原则

综合治理是对植物病害进行科学管理的体系，具有两方面的含义。①防治对象的综合，即根据当地特定作物病害发生的实际情况，从生产全局和生态系统的观点出发，针对多种病害，甚至包括多种其他有害生物进行综合治理。②防治方法的综合，即根据防治对象的发生规律，充分利用自然界抑制病害和其他有害生物的因素，以农业防治为基础，合理运用生物防治、物理防治和化学防治等各种必要的防治措施，创造不利于病原生物发生的条件，控制病害或其他有害生物的危害，以获得最佳的经济、生态和社会效益。

各种病害的发生都有其特殊性，不同病害或同一病害在不同条件下流行规律不同，因此其防治措施也不完全一样。然而不同病害之间常常存在一定的联系，具有共性，有时一种措施可对多个病害有效。因此，在制定植物病害综合治理方案时一定要因地制宜，充分考虑当地、当时的作物病害种类及其发生规律，抓住共性，兼顾个性，同时考虑具体防治措施实施的可能性和预期的效果（包括对食品安全和环境的副作用），针对病害发生发展的薄弱环节，采用经济易行的方法,将病害控制在经济损失允许的水平之下。归纳起来综合治理的基本原则有以下几点。

①首先要考虑农业生产和农业生态系统的全局,充分利用抗病耐病品种,提高作物抗病性,协调运用多种措施创造有利于作物生长和有益微生物繁殖生存而不利于病害发生的环境条件,既要考虑眼前的实际防治效果,也要考虑对环境和生态平衡的长远影响。

②综合治理绝不是多种措施的简单累加,更不是措施越多越好,而是要根据当地、当时病害发生的具体情况,合理协调运用必要的防治措施,争取取得最好的防治效果。在病害治理工作中,要善于抓住主要矛盾,集中力量解决当前对生产危害严重的病害问题;同时还要顾及次要病害的发展动态,避免、防止因某些措施的实施导致次要病害上升为主要病害,影响生产。

③经济有效也是综合治理的原则之一。防治植物病害的目的是挽回因病害而带来的经济损失,随着市场经济的发展,人们越来越注重经济效益,因此综合治理要做到措施合理,节支增收。在治理过程中争取做到使用最少的人力、物力、财力,最大限度地控制病害的发生,获得尽可能大的投入产出比。

④农产品质量安全与人类健康和社会进步息息相关,在植物病害综合治理过程中需要将农药等投入品的使用与食品安全紧密联系起来,严格遵守国家和各级政府的相关规定,禁止一切对人畜安全和生态平衡存在潜在风险的农药在园艺作物上的使用,严格执行农药的安全间隔期,保证农产品农药残留低于国家规定的最大残留限量,保障人、畜食用安全。

⑤环境是人类赖以生存的物质基础,破坏生态平衡,是最愚昧的行为,因此综合治理植物病害一定要注意各项措施对环境的影响,趋利避害,避免破坏环境和生态平衡,将对环境,包括其他生物(也包括微生物)、土壤、水体、空气等的副作用减少到最小。

5.4　病害综合治理的措施

园艺作物病害的具体治理措施因病害种类不同而异。防治非侵染性病害的主要措施是改善环境条件,保证作物的健康生长。不同类型的侵染性病害所采取的措施也不同。如防治经由种子传播的病害,最有效和经济的办法是采取种子处理,如种子包衣等;对由昆虫传播的病毒病,最常见和最有效的方法是控制传毒害虫的数量;对土壤传播的病害,可采取水旱轮种、与非寄主作物轮作,土壤消毒和生物防治的方法;而对由雨水和灌溉传播的病害,可采取避雨栽培和滴灌,避免漫灌等农艺措施加以控制;而对具有抗病品种的病害,首先考虑应用抗病品种;对目前本国或本地区尚未发生,或仅局部发生的潜在危险性病害,则需要加强植物检疫,防止其传入,控制其蔓延等措施。化学防治具有操作简单、见效快的优点,根据病原性质和病害发生规律,及时合理使用。园艺植物病害综合治理的措施可归纳为以下 6 个方面。

▶ 5.4.1　植物检疫

5.4.1.1　植物检疫的意义与任务

一种新的病原物被传播到新的生态系统时,可能因缺少相应的寄主或不适宜的环境条件无法建立种群而消失,但也可能因新的生态系统中的寄主缺少抗性,而环境条件又十分有利其生长繁殖,从而引起比原产地更为严重的病害。植物危险性有害生物通过植物繁殖材料的交换或植物产品的贸易在地区之间传播蔓延带来灾难的惨痛教训很多。如1845年爱尔兰马铃薯晚疫病大流行带来的大饥荒就是突出的一例。马铃薯及其晚疫病原产于南美洲,19世纪30年代被大量引种到欧洲和北美,特别是在爱尔兰,很快成为当地最主要的粮食作物。由于当时没有植物检疫制度,在引入马铃薯的同时也引入了晚疫病菌,引种初期由于病原基数小,环境条件不利于晚疫病的发生,未造成严重的危害,也未引起人们的注意。但到了1845年,病菌已积累到足够量,并遇连续阴雨低温,造成晚疫病大流行,导致马铃薯绝产,从而发生了大悲剧,几十万人死亡,150万人无家可归。再如甘薯黑斑病是1937年随"冲绳100号"品种从日本传入我国的;棉花枯萎病是1934年随美国"斯字棉"引入我国的。

植物检疫(plant quarantine)也称"法规防治""行政措施防治",是依据国家的法规,对植物及其产品进行检验和处理,防止检疫性有害生物通过人为传播途径而传入、传出本国或本地区,并进一步扩散蔓延的一种植物保护措施。植物检疫是植物保护工作的重要组成部分,但有别于其他措施,是通过法律、行政和技术等手段来保障本国或本地区农、林、牧业安全生产,具有法律强制性。

植物检疫的任务有:①禁止危险性病、虫、杂草随着植物及其产品由国外输入到国内或由国内输入到国外;②将在国内局部地区已发生的危险性病、虫、杂草封锁在一定范围内,严格禁止其传播到尚未发生的地区;③当危险性病、虫、杂草传入新区时,要采取紧急措施将其彻底消灭,以防后患。

5.4.1.2　植物检疫法规

植物检疫法规由国家政府或国际权威组织制定,国家间或国内地区间调运植物及其产品时施行植物检疫的法律规范,它包括相关的法规、条例、实施细则、办法和其他单项规定等。现行的主要国际植物检疫法规包括:1997年联合国粮农组织第二十九次大会批准的《国际植物保护公约》(*International Plant Protection Convention*, IPPC);世界贸易组织成员方于1994年4月15日签署,1995年1月1日起实施的《实施动植物卫生检疫措施协议》(*Agreement on the Application of Sanitary and Phytosanitary Measures*, SPS协议);1995年起由联合国粮农组织不定期审定发布的《国际植物检疫措施标准》(*International Standards for Phytosanitary Measures*, ISPMs)等。

我国1991年制定了《中华人民共和国进出境动植物检疫法》,1996年颁布了《中华人民共和国进出境动植物检疫法实施条例》,这些法规文件为我国对外植物检疫工作提供了明确的法律保障。此外,在国家的其他相关法规中也都涉及植物检疫工作,如《中华人民共和国森林法》(1998)、《中华人民共和国邮政法》(2009)、《中华人民共和国铁路法》(1990)、《中华人民共和国农业法》(2002)及《中华人民共和国种子法》(2004)等。同时,各级地方政府根据本地区的实际情况,也制定了一些相应的有关植物检疫的地方性法规。

5.4.1.3　植物检疫实施

植物检疫由植物检疫机构实施。对外植物检疫由隶属于国家海关的各出入境检验检疫局实施;对内植物检疫由县级以上各级地方植物检疫机构实施。

(1)对外植物检疫　由国家设在沿海港口、国际机场以及国际交通要道的口岸植物检疫机构实施。其保护范围是本国、本地区具有经济重要性的植物、植物产品和植物性资源。凡经检疫发现有检疫性病原生物的植物或货物，作除害、退回或销毁处理。经处理合格的，准予进、出境。需进行隔离检疫的植物种苗，在符合植物检疫和防疫规定的指定隔离场所施行检疫。同时，对进、出境动植物及其产品的生产、加工、存放过程，实行检疫监督。

对外植物检疫依其不同工作性质可细分为进境检疫、出境检疫、过境检疫、携带物和邮寄物检疫及运输工具检疫等。对外植物检疫性有害生物由国家颁布，其依据是这些有害生物具备有效的传播途径，预计进境后存活率高、繁殖力强、适应性广、扩散速度快，对农作物和林木破坏性大，能引起病害流行而导致严重经济损失。2017年，我国检验检疫总局颁布的《中华人民共和国进境植物检疫性有害生物名录》中列有441种检疫性有害生物，其中有病原生物243种，包括123种菌物、58种原核生物、39种病毒与类病毒和20种线虫。重要的园艺作物病原物有：梨火疫病菌、柑橘斑点病菌、柠檬干枯病菌、番茄溃疡病菌和黄瓜绿斑驳花叶病毒等。

（2）对内植物检疫　由县级以上各级地方植物检疫机构实施。对内植物检疫工作主要包括以下4个方面：一是在国家公布的检疫性有害生物名录的基础上，制定本省（区）的补充名单；二是根据检疫性有害生物的传播途径及地理、交通条件划定疫区和保护区，进行封锁或根除处理；三是对运出疫区或运入保护区的应施检疫的植物、植物产品及植物性繁殖材料等实施调运检疫；四是有计划地建立无检疫性有害生物的种苗繁育基地，并实施产地检疫。

国门生物安全
——全面贯彻
党的二十大精神
（思政教育）

2009年，农业部修订的《全国农业植物检疫性有害生物名单》中列有29种检疫性有害生物，其中有17种病原生物，包括6种菌物、6种原核生物、3种病毒和2种线虫。截至2013年，国家林业局颁布的《全国林业检疫性有害生物名单》中列有14种检疫性有害生物，其中病原生物有3种，包括2种菌物和1种线虫。重要的园艺作物病害有：腐烂茎线虫、香蕉穿孔线虫、瓜类果斑病菌、柑橘黄龙病菌、番茄溃疡病菌、十字花科黑斑病菌、柑橘溃疡病菌、黄瓜黑星病菌和香蕉镰刀菌枯萎病菌4号小种等。2016年农业部印发了《全国农业植物检疫性有害生物分布行政区名录（2016）》和《各地区发生的全国农业植物检疫性有害生物名单（2016）》，这是适应改革开放的需求，实事求是地反映了检疫性有害生物扩散蔓延的态势。需要我们以继续改革开放的心态，探求适应改革开放的检疫策略与方法。

（3）植物检疫程序　是植物检疫机构的行政执法程序，包括检疫许可、检疫申报、检验、检疫处理和鉴证等基本环节。

①检疫许可（quarantine permit）。检疫许可是指在输入植物或植物产品前，由输入方事先向植物检疫机关提出申请，由检疫机关审查并做出是否批准输入的法定程序。无论国际贸易还是国内贸易，凡涉及植物和植物产品调运的，均须事先取得检疫许可。未取得检疫许可的，不得调运；取得检疫许可的，输入方须根据检疫机关检疫要求中规定的限定性有害生物名单申报检疫。

②检疫申报（quarantine declaration）。检疫申报（又称报检）是货物进（出）境或过境时由货主或其代理人向植物检疫机关声明并申请检疫的法定程序。应报检的物品到达口岸时，货主或其代理人必须及时办理检疫申报手续。需进行检疫申报的检疫物包括植物、植物产品、植物性包装物、铺垫材料以及来自有害生物疫区的运输工具等。

③检验(inspection)。植物检疫机构对报检材料进行检疫监管、现场检验和实验室检测等。检疫监管是检疫机关对进(出)境或调运的植物、植物产品的生产、加工、存放等过程实行监督管理的检疫程序,包括产地检疫、预检、隔离检疫和疫情检测等。现场检验是指检疫人员在机场、车站、码头等现场对货物所做的直观检查,包括现场检查和现场抽样。现场检验的主要方法有 X 光机检查、检疫犬检查、肉眼检查、过筛检查等。实验室检测是利用实验室仪器设备对样品中有害生物的检查和鉴定。常用的实验室检测方法有比重法、染色法、洗涤法、保湿萌芽法、分离培养与接种法、噬菌体法、血清学法、指示植物接种法等。现代分子生物学技术和计算机技术的应用使实验室检测更精准和快速。

④检疫处理和鉴证(quarantine treatment and certification)。对调运的植物、植物产品和其他检疫物,经现场检验或实验室检测,如发现携带有检疫性有害生物,应区分不同情况对货物采取除害、禁止进(出)口、退回或销毁等处理。经检验、检测合格或经除害处理后合格的检疫物,由检疫机关签发"植物检疫证书"予以放行。

▶ 5.4.2 农业防治

农业防治是在已有的农田生态系统中,通过耕作制度和栽培技术措施的改变,调节病原物、寄主和环境条件之间的关系,创造有利于作物生长发育而不利于病原物生存繁衍的环境条件,以减少病原物的侵染来源和降低病害的发展速度,从而减轻病害发生的病害治理方法。农业防治是一种最经济、最安全、最基本的病害防治方法,是园艺作物病害防治的基础。具体措施包括以下几方面。

5.4.2.1 建立无病种苗繁育体系,培育和使用无病种苗

许多园艺作物病害可经种子或苗木携带而传播扩散,如柑橘黄龙病和溃疡病,各种果树的根癌病和病毒病都可以随病苗传播;部分豆科和葫芦科蔬菜病毒病也可通过种子传播,白菜黑斑病菌的菌丝不仅能深入种子内部,而且它的分生孢子还可以黏附在种子表面越冬,并随种子的贸易而传播扩散。因此,生产和播种无病种苗可有效地防治这类病原物引起的病害。

无病种苗一般可通过下述途径获得:

①建立无病种苗繁育体系。无病留种田、无病采穗圃和无病苗木繁殖区应与一般生产田块隔离,隔离距离因病原物的移动性和传播距离而异。如果在病区繁殖苗木,病原是通过介体昆虫传播的,采穗圃和苗木繁殖区必须设有严格的防虫网和相应的防护措施。同时应加强无病留种田和无病繁殖区的病虫害防治和其他田间管理工作,确保提供真正的无病种苗。

②精选种子。采用机械筛选、风选和盐水或泥水漂选等方法汰除种子间混杂的菌核、菌瘿、虫瘿、病植物残体及病、瘪种子。

③种子处理。表面或内部带菌的种子,其他繁殖材料需进行热力消毒(参见本章物理防治部分)或杀菌剂处理或采用种子包衣(参见本章化学防治部分)。

④组织培养脱毒。许多植物病毒通过营养繁殖器官传播,但通常植物茎尖生长点分生组织通常不带病毒。利用茎尖组织培养技术,即在无菌条件下切取茎尖进行组织培养,得到无病毒试管苗,再进行扩繁,获得无毒苗用于生产。该项技术在需要通过营养繁殖(插条、块根、块茎、球茎)、经济价值高的园艺作物,如草莓、香蕉、甘薯、马铃薯,各种果树,以及花卉等的种苗繁殖中应用非常广泛。

5.4.2.2 搞好田园清洁卫生

很多园艺作物病害的侵染来源来自病株残体,田园卫生是指通过深耕灭茬、拔除病株、摘除病叶、病梢和病花果、铲除发病中心和清除田间病残体等措施,以减少病原物数量,从而达到减轻或控制病害的目的。搞好田园卫生可以减少许多病害的初侵染和再侵染病原来源。搞好田园卫生可分为两个阶段,一个是生长期,另一个是收获后。对于多年生的果树来说,除在生长期应及时清除病梢、病果、病叶,减少再次侵染来源外,果园卫生的重点应放在采果后,萌芽前。因为很多病害的病原物都在落叶、落果、僵果、枯枝和病枝干上越冬,如苹果腐烂病菌和苹果轮纹病菌均在果园修剪下来的病枝及树体病斑上越冬,如不及时清除这些越冬病菌,当菌量积累到一定程度就会引起病害大流行。此外,如柑橘黑点病菌等许多果树病原菌还能侵染常规修剪下来的健康枝梢,并以这些枝梢为基质生长繁殖产生孢子成为侵染源。因此,清园时也需将这些枝梢移出果园,销毁处理。

病害种类不同,果园卫生的重点也不同。例如,葡萄白腐病菌主要以病穗、病果等在土壤中越冬,因此一定要在病穗腐烂前,将其清出园外,集中深埋或烧毁;苹果早期落叶病菌,主要在落叶上越冬,因此,应该在落叶期早上露水未干时彻底清扫落叶,携出园外集中处理;苹果腐烂病菌、苹果轮纹病菌和柑橘树脂病菌主要在病枝干和修剪下来的病枝上越冬,在休眠期刮掉老树皮和病斑,并将修剪下来的病枝干和刮下来的病树皮彻底移出园外,集中处理,是防治这类病害的重要措施;柿角斑病菌在遗留于树上的病蒂中越冬,故剪除树上的病蒂可减少该病的越冬菌源;梨锈菌必须通过转主寄主桧柏才能完成其生活史,因而梨园周围5 km内不种或砍除桧柏,可有效控制梨锈病。

对于蔬菜和花卉病害来说,田园卫生也包括两个方面。一是在生长期将发病初期的病株、病叶、病果及时摘除或拔掉,以免病害在田间扩大蔓延。二是采收后,要将遗留在田间的病残植株集中烧毁或深埋,以减少病菌的越冬或越夏菌量。如白菜和萝卜霜霉病菌均以卵孢子在田间的病叶内越冬,白菜根肿病菌以休眠孢子在肿根内越冬。收获后清除这些病组织,移出田外集中深埋,或进行沤制处理,对减少下一个生长季节病原物的初侵染来源有重要作用。田间地头的一些多年生宿根杂草,如反枝苋、荠菜、刺儿菜、苣荬菜等是一些蔬菜病毒病的寄主,很多蔬菜病毒可在这些杂草上越冬,待蔬菜播种后,病毒经蚜虫等媒介传播到蔬菜上。因此,清除这些杂草对减轻蔬菜病毒病十分重要。深耕深翻可将表层病原物休眠体和病残体埋到土壤深处,加速其分解,减少田间有效接种体数量。

此外,沤肥和堆肥等应充分腐熟、杀死其中病原物后方可施于田间。

5.4.2.3 加强栽培管理

通过适当调整播期,改进种植方式,优化肥水管理等栽培措施,创造一个适合于植物生长,而不利于病原物繁殖和侵染的条件,可减轻病害的发生。

在不影响作物产量的前提下将播种期提前或推后一段时间,使得作物的感病期与病原物的大量繁殖、扩散期错开,可减轻病害的发生。如秋播的十字花科蔬菜,如果播种期过早,病毒病常发生严重;适当晚播,可减轻病毒病的发生。这主要是由于播种早,常遇高温干旱,小苗根系发育不良,抗病性差,而高温又有利有翅蚜分化,极有利于蚜虫的扩散传毒所致。

在了解病害发生规律的基础上,改进种植方式有时可有效减轻病害的发生。如白菜软腐病、姜瘟病喜高湿,易通过流水传播,如改平畦栽培为高垄栽培可减少病菌随流水扩散,减少侵染,从而减轻病害的发生。又如栽植过密,植株生长细弱,通风透光差,植株抗病力弱,而田间湿度大,有利于多数病害的发生。因此,适当的稀植,加大行间距,改善通风透光,可减轻病害。风雨是柑橘溃疡病的传播途径,台风暴雨造成的伤口也是溃疡病菌入侵的门户,在果园风口方向种植防风林,或设置防风网减缓风速,可减轻溃疡病。同样道理,避雨栽培后葡萄黑痘病、霜霉病、炭疽病和白腐病的发生也会大大减轻。

肥水管理与病害消长关系极为密切。加强土壤、灌溉和施肥管理,改善土壤、水分和营养状况,建立有利于植物生长而不利于病原生存繁殖的环境条件,是预防和减轻病害的有效措施之一。深翻土壤,使土质疏松,通气性能增加,可改善土壤微生物区系结构,有利于根系生长发育、对水分和矿物质元素的吸收,提高植物的抗病性,减轻病害特别是根部病害的发生。施用过多化肥,特别是大棚栽培条件下,极易导致土壤板结、酸化和病原菌的积累,而增施有机肥,可以改良土壤团粒结构,改善土壤微生物区系,促进根系发育,提高植株的抗病性。偏施氮肥容易造成幼苗和枝条的徒长,组织柔嫩,抗病性降低;适当增施磷、钾肥和微量元素,有助于提高植物的抗病能力。果树缺素症是生产上常见的病害,如苹果缺锌、铁、硼都会给果品的产量和品质造成很大损失,对这些患缺素症的作物,有针对性地喷施叶面肥可以抑制病害的发展,使树体恢复正常。

合理灌溉是农业生产中的一项重要措施,水分不足或水分过多都会影响植物的正常生长发育,降低植物的抗病性。如早春的棚栽番茄,浇水过多,棚内湿度过高,若再遇低温阴雨,极易引起灰霉病的大发生;在各种蔬菜育苗期水分过大,土壤温度偏低,根系发育不良,易引起猝倒病等多种苗期病害;如果天气久旱无雨,突然浇灌大水,则会造成多种水果和菜果的裂果,继而腐烂。灌溉方式不当也可加重病害的发生,如在北方果区,果树进入休眠期前若灌水过多,则树体充水,枝条柔嫩,严冬时易受冻害,并因此加重腐烂病和轮纹病的发生。相反如果春季提早灌水,可增加树皮的含水量,限制苹果树皮腐烂病病斑的扩展。又如果园土壤板结,长期积水,可导致根部缺氧窒息,诱发并加重某些根病的发生;而合理排灌,可控制这些根病的危害。典型的例证是苹果、梨、桃和柑橘的根颈疫腐病。地势低洼易积水的果园、大水漫灌,树基长期积水的树行处,极易发生疫腐病而死树。而起垄栽培、滴灌,避免树基积水,能显著减轻疫腐病的发生。

合理修剪构建合理的树形,不仅有利于树体的营养分配,控制结果量,避免大小年,增强树体的抗病能力,还可改善树冠的通风透光性,降低树冠内的湿度,不利于病害的发生。例如,苹果腐烂病的发生与树势关系非常密切,如果树体结果量过大,可严重削弱树势,就会导致腐烂病大发生。因此,通过修剪控制结果量是一项有效的防病措施。此外,结合修剪还可以去掉病枝、病梢、病蔓、病干和僵果等,减少病原数量。

5.4.2.4 轮作

对于许多园艺作物病害,同一田块连续多年种植同一作物,往往病害发生严重。如茄科蔬菜连作,疫病、枯萎病、青枯病等常发生严重;西瓜连作,枯萎病、蔓枯病发生严重。产生这种现象的原因一方面是连作,地力消耗过大,影响作物的生长发育,降低作物的抗病力;另一方面由于连续种植同一种作物,土壤逐年积累病原物,形成病土,致使病害逐年加重。轮作对经土壤传播的病害来说是一项非常有效的防治措施,它可以减少土壤中病原物的数量,改变土壤中微生物区系结构,促进根际微生物种群结构的变化,从而减轻病害的发生。

轮作需要注意的是:①作物选择:轮作对象必须是防治目标病原物的非寄主作物,两种作物差异越大越好,水旱轮作是最佳的选择。如为防治西瓜枯萎病,最好选择西瓜与水稻轮作,其次是与大豆、玉米等非西瓜枯萎病菌寄主的作物轮作。②轮作年限:不同的病害轮作年限不同,这主要取决于病原物在土壤中的存活期限。如瓜类枯萎病菌在土壤中可存活 8 年左右,因此防治瓜类枯萎病最好与非瓜类作物轮作 6～7 年,一般也应在 3 年以上。如果水旱轮作可缩短轮作年限。

5.4.2.5　适期采收和合理贮藏

采收不当,特别是采收过程中造成的伤口都是贮运期病菌入侵的门户,因此避免果实等产品受伤是果蔬采后病害防治中必须注意的环节。苹果若采收过早,贮藏场所温度过高,通风不良等,往往造成苹果虎皮病、红玉斑点病等非传染性病害发生严重;鸭梨入库后库温下降过快容易造成鸭梨黑心病。柑橘在雨后,或早上露水未干时采收,此时果皮充水,极易在采收、运输和包装等过程中碰伤,从而有利于绿霉、青霉和酸腐病菌从伤口侵入,造成果品贮运期的腐烂。因此,适期、适时采收,避免伤口,合理贮藏,都可以减轻果蔬贮运期病害的发生。

应当指出,许多贮运期病害发生与果实的早期感染而带菌密切相关。如贮运期发生的苹果、梨轮纹病,柑橘炭疽病和柑橘褐色和黑色蒂腐病,其侵染均发生在田间,特别是幼果期,由于幼果期果实表皮的角质层较薄,有利于病菌的侵入,但幼果中存在一些单宁等抗菌物质,不利于病菌的生长而使其滞育,待果实成熟时,这些抗菌物质减少,可溶性糖含量增加,病菌恢复生长,致病。因此,为了保证果品和蔬菜的贮运安全,必须在田间、采收和采后入库前就重视预防。如为减少霉心病引起的苹果烂果,必须在花期注意药剂防治;要减少由于轮纹病引起的苹果和梨的贮运期腐烂,除加强生长期防治外,还需要在入库前用药剂浸果处理。对使用多年的贮藏库,需要在使用前进行消毒,杀死潜伏在库壁四周的病原物,防止其在贮藏期间的侵染。

▶ 5.4.3　抗病品种的选育和利用

不同遗传背景的品种常常对病害的抗性存在明显的差异,利用抗病品种是防治植物病害最经济、最有效的措施,特别对一些难以防治的病害,如气流传播的病害或由土壤习居菌引起的病害、病毒病害等,抗病品种的作用尤为突出。

5.4.3.1　抗病品种选育方法

(1)引种　和育种同行专家交流品种或育种材料,或从国内外直接引进现成的抗病品种或亲本材料而获得抗病品种的方法。引种简便易行,能在短期内得到适合本地栽种的具有抗病性的优良品种,是目前最常见的抗病育种途径。引进的品种一般要经过试种、驯化,证明能适应当地的气候等环境条件,并明确相应的栽培管理配套措施,然后决定是否推广。也有将引进的抗病品种做亲本,与当地优质良种进行杂交,导入抗病基因,培育出适合当地的优质良种。引种可大大加快品种选育的速度,提高抗病育种的效率。

(2)系统选育　"变是永恒的",系统选育就是在自然发病比较严重的季节里,从自然变异的群体中有目的地选择抗性强的单株,经过严格的抗病性鉴定和进一步的培育和选择,选出新的抗病品种的方法。系统选育常能在较短的时间内得到既抗病,又保持其原有优良农艺性状,且适合当地栽种的品种,所得品系的抗病性一般也比较稳定,是目前抗病育种工作中应用比较普遍的一种方法。

（3）杂交育种　　是抗病育种中最重要的途径。通过品种间、种间杂交或远缘杂交使基因发生重组，再经过一系列的筛选鉴定，形成新品种的方法。在有性杂交过程中，亲本的选择是至关重要的，一般选择的亲本至少一方是抗病的，也有选择两个都是抗病的亲本进行杂交。培育抗病品种时，尽量选择具有多抗基因的材料作为杂交亲本，以便使培育出的新品种同时对多种病害具有抗病性。

（4）人工诱变　　人工诱变就是利用物理或化学方法处理特定的植物体，使其发生突变，然后从突变的群体中选择抗病的材料。常用的物理诱变因素有γ射线、X射线、放射性同位素钴60、紫外线、超声波、高频电流等；化学诱变剂有秋水仙素、赤霉素等。近年出现的太空育种也是属于人工诱变的范畴，其也同样需要后期的抗性筛选和鉴定。

（5）组织培养和遗传工程育种　　主要包括：①组织培养技术，即利用分生组织的组织培养繁殖、筛选抗病植物，这种方法对于不易经种子繁殖的作物更加快速有效。②细胞培养技术，即通过植物细胞培育分离抗病突变体。一般需经过愈伤组织、单细胞或原生质体培养获得再生植物，经过抗病性评价从中选出具有抗病性的个体。③原生质体融合技术，即通过近缘的或远缘植物的原生质体融合，实现抗病和优良性状品种间的染色体融合，进而从中选出新的抗病的单株，培育抗病品种。④转基因技术。随着科学技术的发展，人类对植物的抗病性、病原物的致病性，尤其是两者互作的认识的深入，以及转基因技术（如基因枪、农杆菌介导和CRISPR-Cas9）的快速发展，转基因抗病育种已经得到了快速的发展，已经成为抗病育种的重要方向。目前获得的抗病转基因植物所利用的抗病基因主要有：植物的抗病基因、病原菌的无毒基因、植物防卫反应基因、抗菌蛋白基因、降解或抑制病原菌致病因子的基因等。此外，双链RNA激发的植物基因沉默技术也正在被应用于农作物的抗病品种中。相信，今后将有更多的类似抗环斑病毒病的转基因木瓜的转基因作物面世。

5.4.3.2　品种抗病性鉴定

鉴定育种材料的亲本和后代是否具有抗病性，以及抗病性的强弱是抗病育种工作中必不可少的环节。品种的抗病性鉴定可分为直接鉴定和间接鉴定两种方法。直接鉴定法就是将病原物接种到待鉴定的植物上观察它们的反应，而间接鉴定法则是根据与植物抗病有关的形态、解剖、生理、生化特性来鉴定品种抗病性的方法。如通过测定植株对病原物所产生毒素的反应等。间接鉴定法具有简便快速的优点，但不能完全取代直接鉴定法，只能作为直接鉴定法的辅助。直接鉴定法又可分为田间鉴定和室内鉴定。

田间鉴定：在田间自然发病或人工接种条件下进行品种抗病性鉴定。自然发病鉴定一般是在田间自然发病条件下进行，通过考察常规栽培管理条件下的发病情况来评价植物的抗病性。使用这种方法能比较客观地反映出品种抗病性的水平，但也有很大的局限性。因为病害的发生和环境条件密切相关，只有当遇到有利于发病的自然环境条件时，才能准确鉴定出品种的抗病性，否则鉴定结果不能真实反映品种的抗病情况。人工接种鉴定是在田间建立病圃，将病原物接种在植株体上，并给予适合发病的环境条件，诱发和鉴定其抗病性的方法。

室内鉴定：室内抗病性鉴定一般在温室内的幼苗上进行，也可在实验室的离体叶片或枝段上进行。鉴定材料通过人工接种，并给予合适的发病条件，观察病害发生扩展情况，确定抗病性。无论是田间鉴定还是室内鉴定，最终要通过表型的比较，即病害发生的普遍率、病情指数和产量的比较来衡量该品种的抗病性。

5.4.3.3 抗病品种的合理利用

在种植抗病品种时,应科学栽培管理,确保植株健康生长发育和抗病性的发挥,同时延缓其抗病性的丧失,延长其利用年限。此外,还需要做好品种的提纯复壮工作,保持种子纯度。抗病性丧失是抗病品种应用中最严重的问题,目前推广种植的多数抗病品种仅具有小种专化(垂直)抗病性。随着这类抗病品种种植面积的扩大,对病原物小种产生定向选择效应,使病原物群体中少量能侵染这些品种的小种被选择出来,其群体随着抗病品种种植时间的延长而逐渐上升,成为新的优势小种,致使原来的抗病品种"丧失"抗病性而变成"感病"品种。这里所谓的"丧失"是一种假象,事实上抗病品种的抗病性并没有变化,变化的是病原菌的优势小种的组成。为延缓或克服品种抗病性"丧失",延长抗病品种的使用年限,需要:①对抗病品种进行合理布局,即在一定区域内,搭配种植具有不同抗病基因的品种,造成寄主群体遗传上的异质性和多样性,减小对病原物的选择压力。②可有计划地轮换种植具有不同抗病基因的品种。③应重视对非小种专化抗病性的利用。非小种专化抗病性是由多基因控制,因而抗病性稳定、持久,不因病原物生理小种组成的变化而改变。④耐病性和避病品种的利用。此外,在利用抗病品种时,一定要监测病原物生理小种组成的变化动态,及时调整抗病品种的布局。

▷ 5.4.4 生物防治

生物防治是利用对植物无害或有益的微生物及其代谢产物影响或抑制病原物的生存和活动,从而控制植物病害的发生与发展的病害防治方法。生物防治具有对人畜无毒、对植物无副作用等优点,尤其适用于土传病害的防治,但其防治效果易受环境因素影响,且不及化学防治效果显著和快速。能用作生物防治的有益微生物广泛存在于土壤、植物根围和叶围等自然环境中,包括细菌、放线菌、真菌、线虫和病毒等各种微生物。生物防治的原理与应用主要有以下几个方面。

5.4.4.1 抗菌作用

即一种微生物通过其代谢产物抑制另一种微生物生长发育的现象,具有抗菌作用的微生物通称拮抗菌。抗菌作用在自然界普遍发生,许多真菌、细菌和放线菌等均可产生抗菌的代谢产物,这些代谢产物包括多糖类抗生素和抗菌蛋白等。例如,吸水链霉井冈变种产生的井冈霉素是一种葡萄糖苷类抗生素,芽孢杆菌的抗菌作用通常是分泌抗菌蛋白。近年来,国内外利用拮抗微生物防治植物病害成功的例证已越来越多,如我国筛选的 5406 用于种子处理控制棉花苗期病害和玉米丝黑穗病,用井冈霉素防治水稻纹枯病都已收到明显效果;利用枯草芽孢杆菌(*Bacillus subtilis*)防治桃、李、杏果实的褐腐病也有一定成效。利用放射土壤杆菌(*Agrobacterium radiobacter*)防治桃树和其他一些蔷薇科植物的细菌性根癌病,利用哈氏木霉(*Trichoderma harzianum*)的孢子悬浮液防治葡萄灰霉病(*Botrytis cinerea*)已取得良好的效果。

5.4.4.2 竞争作用

有些微生物生长繁殖很快,通过它的生长繁殖和病原物争夺空间、营养、水分及氧气,从而控制病原物的繁殖和侵染。空间竞争是指有益微生物对植物表面空间,尤其是对病原物侵入位点的争夺和占领,使病原物难以侵入。营养竞争是指有益微生物与病原物对植物分泌物和植物残体等的争夺,使病原物因得不到足够的营养物质而生长繁殖受到抑制。如将一些荧光假单孢杆菌和芽孢杆菌施入根际土壤后,由于它们繁殖很快,很快布满植物的根部表面,从而起到防治土传病害的目的。

5.4.4.3 重寄生作用和捕食作用

重寄生又称超寄生,指一种病原物被另一种生物寄生的现象。当一种病原物被另一种生物寄生后,该病原物将失去致病力或被置于死地。对病原物具有重寄生作用的微生物很多,如噬菌体对细菌的寄生;病毒、细菌对真菌的寄生;真菌对线虫的寄生;真菌对真菌的寄生;真菌、细菌等对寄生性种子植物的寄生等。如我国从菟丝子上分离到一种寄生的炭疽菌(*Colletotrichum gloesoporiodes*)制成鲁保 1 号生物制剂,用于菟丝子的防治已取得成效。目前研究较多的还有食线虫真菌,通过用真菌的菌丝体束缚线虫虫体使其逐步消解,或真菌寄生在线虫虫体内,使虫体瓦解,从而起到防病治病的作用。

5.4.4.4 交互保护作用

交互保护作用最初是在研究植物病毒病害时发现的,实则是一种诱导抗性。交互保护作用是指植物在感染一个弱毒的株系后就可受到保护而不能再受强毒株系的感染。目前,利用弱毒株系防治植物病毒病害在生产上已有成功的事例。例如,用弱病毒疫苗 N_{14} 和卫星病毒 S_{52} 处理幼苗或将以上两种弱毒疫苗稀释 100 倍,加少量金刚砂,用每平方米 2~3 kgf(19.6~29.4 N)喷枪喷雾,可兼防烟草花叶病毒和黄瓜花叶病毒;利用柑橘衰退病毒的弱毒株系保护柑橘免遭强毒株系的侵染为害等。此后研究还发现交叉保护不仅存在同种病毒的不同株系间,也存在于同种真菌或细菌的不同菌株间,还存在于不同种甚至不同类型的病原物之间。例如在美国的栗树园中,通过施用栗干枯病菌(*Cryphonectria parasitica*)的弱毒菌株来防治栗干枯病已取得良好效果;在美国和澳大利亚利用无致病力的放射土壤杆菌 K_{84}(*Agrobacterium radiobacter* K_{84})防治桃树根癌病已获得成功;我国筛选出的放射土壤杆菌 E_{26},防治葡萄根癌病也有明显效果。

5.4.4.5 抑制性土壤的利用

抑制性土壤又称"抑病土""抑菌土""抗病土""衰退土"等。其主要特点是:病原物引入后不能存活或繁殖;病原物可以存活并侵染,但感病寄主受害很轻微;病原物在这种土中可以引起严重病害,但经过几年或几十年发病高峰之后病害减轻至微不足道的程度。如小麦全蚀病,在同一地块发生危害若干年后会逐渐减轻其危害程度。

有关抑制性土壤发生的原因和性质曾经引起争论,大多数的研究表明,各种类型的抑制土中,除极少数是由理化因素起作用外,绝大多数是由土中微生物因素决定的。微生物的抑制作用可表现为两种类型,即一般性抑制和专化性抑制。前一种抑制表现为微生物活性总量在病原物的关键时期起作用,如夺取营养、氧气和空间等,致使病原孢子的萌发、前期芽管生长受阻,以致侵入受到影响。通常在肥沃土壤,且土质结构较好的条件下形成抑制。后一种抑制是特定微生物对一定病原物的抑制,例如,对小麦全蚀病衰退田的抑制土分析证明,是荧光假单胞细菌起主要作用;在立枯丝核菌抑制土中还有木霉重寄生菌等。

5.4.4.6 根际微生物和菌根的作用

根际(rhizosphere)或根围是表示根的附近或贴近根四周的范围。这个特定区域是德国 Hiltnar(1904)发现豆科植物根四周土壤中细菌种类和数量高于远离根际的土壤而提出的。

后来发现这种根际效应是一切植物的共有特征,这是生长中植物根的溢泌(或渗出)物所形成的。溢泌物来自两方面:一方面是地上叶部形成的光合产物,其中约有 20％的量以根渗出物形式进入土中;另一方面是根尖脱落的衰老细胞或组织的降解物。这些物质主要有糖类、氨基酸类、脂肪酸、甾醇、生长素、核酸和酶类等。聚集在根的四周成为丰富的营养带,刺激了细菌等微生物的大量繁殖。与病害生防有关的根际微生物包括以下三类。

(1)菌根真菌(mycorrhiza) 菌根是真菌和植物的根形成的共生体。许多木本和草本植物都可形成菌根。早在 1887 年就有人将菌根区分为外菌根和内菌根,并对其分类学、形态学和解剖学方面进行了研究。外菌根早已在造林育苗中广泛应用,特别是松柏科植物的外菌根,直接关系到造林事业。大多数农作物根上主要是内菌根,为内囊霉科真菌寄生,在寄主细胞内形成丛枝状菌根(即 VAM),因其不易人工培养,在应用上有一定限制。近年来,内外菌根的应用均受到进一步重视。菌根作为最早受到关注的一类根际成员,不仅有助于改善植物的营养状况(尤其是提高土壤中的有效磷,促进植物生长并提高产量),而且还可以影响其他微生物的活动,如限制病原物侵染,或产生抑制病原物的抗生素等。具有菌根的植物细胞壁增厚,其维管束组织也较坚实,这都不利于病原物的侵染活动,还有的研究表明,菌根可以促进解磷细菌和固氮细菌的活性,一些茄科和百合科蔬菜的内菌根,含有较高的氨基酸和还原糖,可以减轻病害的危害。因此,菌根具有间接和直接的防病作用。

(2)植物促生菌 促生菌的全名应是“促进植物生长的根细菌”(简称 PGPR),是 20 世纪 70 年代末由美国 Suslow 等(1978,1980)从植物根际分离获得的一类假单胞杆菌。采用这种细菌的培养物处理马铃薯种薯、甜菜种子,以及其他蔬菜种子和农作物种子之后,可以促进发芽和植株生长,且增产效果很显著。假单胞杆菌是植物根际的优势菌群,容易在根部定殖并可抑制根部一些有害真菌和细菌的活动,故能促进植物生长,其有效菌种主要是荧光假单胞杆菌。根据对不同有效菌系的分析研究,促生菌的作用主要包括:一是产生激素(如赤霉素等);二是改变根际微生态系,排斥或促进某些微生物种群;三是产生特定代谢物质,如嗜铁素可夺取土壤中的铁,而使某些植物病原物得不到所需的铁,因而不能正常致病。

(3)增产菌 增产菌是 20 世纪 80 年代初,陈延熙等依据微生态理论从农作物的根际和体内分离获得的一类芽孢杆菌。经温室和田间试验证明,这类细菌对多种大田作物、蔬菜、果树等有明显的增产效果。同时可以减轻一些土传病害和叶斑病,因此在全国得到迅速推广应用。增产菌的不同菌种和菌系可以表现为广谱性和专化性的作用效果,可用作拌种、浸根和叶面喷雾。菌体在根面、叶表容易定殖和扩散,并在一段时间保持优势。增产菌还可以缓解干热风、霜冻等造成的危害。这些细菌也较少因环境条件而发生波动,是一类适应性较强的生态系统微生物。

▶ 5.4.5 物理防治

物理防治主要是通过热力处理、射线辐射等物理学方法处理种子、苗木和土壤等,达到防控病害的目的。除此之外,在防治果树枝干病害方面,还可以采用外科手术的方法进行治疗。目前,常用的方法有以下几种。

5.4.5.1 汰除

该方法主要用于清除与植物的种子混杂在一起的病原物。如混杂在作物种子中的一些病原物的菌核、线虫的虫瘿和菟丝子的种子等。常用的汰除方法有机械汰除和比重汰除两种方法。机械汰除可根据混杂物的形状、大小、轻重,采用风选、筛选和汰除机。比重汰除法是根据混杂物比重大小,用清水、泥水、盐水汰除。

5.4.5.2　热力处理

(1)温汤浸种　该方法是防治种子、苗木、接穗以及其他无性繁殖材料带菌的很有效的办法。所谓温汤浸种就是将带菌的种子、苗木放入一定温度的热水或热蒸汽中保持一定的时间,直至种子、苗木内的病原物被杀死,且能保持种子及苗木的生活力。

由于品种对温度的敏感性不同,温汤浸种的温度和时间应根据不同的处理对象具体选定。一般先把种子放在较低温度的水中(15~25℃)预浸 4~6 h,使种子内部的病原物从休眠状态进入活动状态,然后再将种子移至较高温度的热水中(50~55℃)。例如,防治番茄早疫病,可先将种子在 20℃的温水中预浸 4 h,然后再将种子移至 52℃的水中浸 30 min。注意:在大量浸种前一定要进行处理前的浸种试验,以确定浸种适宜的时间和温度。浸种后要把种子晾干才能播种。

(2)热力治疗　热力处理感染病毒的植株或无性繁殖材料是获得无毒植物的重要方法。可采用热水或热空气处理,对植物的伤害较小。种子、接穗、苗木、块茎和块根等各种繁殖材料均可用热力治疗。休眠期的植物繁殖材料可用较高的温度(35~54℃)处理。例如,应用 49℃湿热空气处理带黄龙病接穗 50 min,或 46~48℃的 1 000 单位四环素液处理 15~20 min 后,再用清水冲洗,晾干后嫁接,可有效脱除黄龙病菌。

(3)高温愈伤　块根和块茎等收获后采用高温愈伤处理,可促进伤口愈合,以阻止部分病原物或一些腐生物的侵染与危害。例如,甘薯薯块用 30~32℃,相对湿度 85%~90%处理 4 天,可有效地防止甘薯黑斑病菌的侵染。

5.4.5.3　射线处理

射线处理对病原微生物具有抑制和杀灭作用,该方法多用于水果和蔬菜的贮藏。例如,国外有报道,用 250 Gy/min 的 γ 射线处理桃子,当照射总剂量达 1 250~1 370 Gy 时,可以有效地防止桃贮藏期由褐腐病引起的腐烂。

5.4.5.4　外科手术治疗枝干病害

对于多年生的果树和林木,外科手术是治疗枝干病害的常用手段。例如,治疗苹果腐烂病,常用的措施是用快刀将病组织刮干净,并在刮净后涂药杀菌;刮除枝干病斑可有效减轻梨和苹果果实轮纹病的发生;环割枝干可减轻枣疯病的发生。

▶ 5.4.6　化学防治

使用化学药剂来防治植物病害的方法即为化学防治。化学防治是目前农业生产中一项很重要的植物病害防控措施,具有作用迅速、效果显著、方法简便等优点。但是,化学药剂如果使用不当,不仅容易造成果品和蔬菜中的残留超标,引起人、畜中毒,而且还造成环境污染,杀伤有益生物,破坏生态平衡。此外,如果长时间连续使用同一类杀菌剂,容易诱发病原物产生抗药性,导致农药防治效果下降,甚至失效。因此,应用化学防治的同时,应最大限度地降低其对环境和其他生物的不良影响。化学防治植物病害的农药,根据防治对象不同可分为杀真菌剂、杀细菌剂、杀线虫剂和病毒钝化剂等。根据防治原理可分为保护剂、治疗剂、诱抗剂和铲除剂等。根据使用方法分为土壤处理剂、种子处理剂(如种衣剂)、喷雾剂、喷粉剂和熏蒸剂等。

5.4.6.1　化学防治的基本原理

(1)保护作用　在病原物侵入寄主植物之前使用化学药剂,阻止病原物的侵入使植物得到保护。具有保护作用的药剂称为保护剂,当喷施到植物表面后保护剂形成一层药膜,抑制着落在植物表面的病原孢子或细胞萌发侵入。保护剂一般不能进入植物体内,对已侵入的病原物无效,因此必须在病原物侵入之前使用。常见的保护剂有:石硫合剂、铜制剂、代森锰锌和百菌清等,其杀菌谱较广,病原物不易对保护剂产生抗性,但其毒力相对较低。由于不具内吸和系统扩散能力,施用保护剂时需要做到周到均匀,在寄主感病期定时施药,以保证被保护的果实等组织表面能有一层均匀的药膜。

(2)治疗作用　药剂进入植物体内可传导,可杀死或抑制已经侵入的病原物,从而限制病害发展,具有内吸治疗作用的药剂称为(内吸性)治疗剂(systematic therapeutic pesticide,therapeutant)简称内吸剂。理论上,内吸和传导性能良好的内吸治疗剂对已入侵寄主体内的病原物具有抑制或杀死作用,施药不均匀时也可通过药剂在体内的系统扩散,而发挥治疗作用。但是,目前常用的内吸治疗剂,其内吸和传导性能还不理想,所以在使用这类药剂时,施药也同样强调在未发病和发病初期进行,施药也同样强调均匀周到。

目前,在植物病害防治上常用的内吸治疗剂有:甲霜灵、多菌灵、甲基硫菌灵、咪鲜胺、苯醚甲环唑、嘧菌酯和多抗霉素等。内吸性的治疗剂杀菌谱或宽或窄,许多内吸杀菌剂对病原物具有选择性或专化性,即只对特定类群的病原物有效,如甲霜灵只对卵菌类病菌有效。内吸治疗剂兼有保护和治疗作用,一般毒力较强,但长期使用治疗剂易使病原物对其产生抗性。

(3)免疫作用　这类药剂不能直接杀死或抑制病原物,但可激活植物的免疫系统并调节植物的新陈代谢,从而增强植物对病原物的抗性。具有免疫作用的药剂称为植物系统获得抗病性诱导剂(systemic acquired resistance inducers)或植物防卫反应激活剂(plant defense activator),统称为诱抗剂(plant resistance inducers),或植物疫苗(plant vaccine)。诱抗剂具有预防性、系统性、稳定性和对农产品和环境相对安全等优点,但通常不够高效、速效。目前,发现的植物免疫诱导或激发因子主要有病毒衣壳蛋白、寡核苷酸、小分子多肽、水杨酸、寡糖和激活蛋白等。国际上已获得农药登记注册的植物免疫诱抗剂主要有 Messenger、苯并噻二唑(BTH)、腐殖酸、烯丙异噻唑、壳聚糖、甲噻诱胺和植物激活蛋白等。

(4)铲除作用　药剂将存在于作物某些部位(如果树枝干)或作物生存环境(如土壤)中的病原物杀死,减少初侵染源,控制下一季病害的发生。具有铲除作用的药剂称为铲除剂(eradicant)。铲除剂渗透性强,对病原生物有强烈的杀伤作用,但持效期短,有的易使植物产生药害,故很少直接施用。

5.4.6.2　**防治园艺作物病害的主要农药**

常用农药根据化学组成和分子结构分为无机类农药和有机类农药两类。在有机类农药中,又根据农药原料来源分为有机合成类和生物源类。在有机合成类农药中,依据化学结构又可分为有机硫类、取代苯类和杂环类等。而它们的加工剂型有水剂、粉剂、可湿性粉剂、悬浮剂、乳剂、粒剂和烟剂等。

现将园艺作物上常用的农药按化学结构和作用机制分类介绍如下。

（1）铜制剂

①波尔多液。由硫酸铜、生石灰和水配制而成的天蓝色胶状悬液，有效成分为碱式硫酸铜 $CuSO_4 \cdot 3Cu(OH)_2$。当三者比例为 1:1:100 时，称为 1％等量式波尔多液；三者比例为 0.5:1:100 时，称为 0.5％倍量式波尔多液；三者比例为 1:0.5:100 时，称为 1％半量式波尔多液。波尔多液的杀菌谱广，在植物上黏着性好，耐雨水冲刷，残效期可达 15～20 天，多用于果树和花卉等植物上的多种病害的防治。但有些植物，如李、桃、白菜和小麦等对波尔多液中的铜敏感，而葡萄、茄科植物以及黄瓜、西瓜等葫芦科植物对其中的石灰敏感，因此，在这些作物上要慎用波尔多液。如果使用，针对铜敏感植物，需要降低硫酸铜的比例（如 0.5％倍量式）；针对石灰敏感的植物，需要降低石灰的比例（如 1％半量式）。

波尔多液几乎不溶于水，刚配好后悬浮性能很好，有一定的稳定性，但放置时间过长悬浮的胶粒就会互相聚合沉淀并形成结晶，黏着力差，药效降低。因此使用波尔多液时应现配现用，不宜久放。波尔多液的配制方法通常有两种，即两液法和稀铜浓灰法。

两液法：取优质的晶体硫酸铜和生石灰分别放在两个容器中，先用少量水溶解生石灰和少量的热水溶解硫酸铜，然后分别加入全水量的 1/2，配制成硫酸铜液和石灰乳，待两种液体的温度相等且不高于室温时，将两种液体同时徐徐倒入第三个容器内，边倒边搅拌即成。此法配制的波尔多液质量高，防病效果好。稀铜浓灰法：以 9/10 的水量溶解硫酸铜，用 1/10 的水量消化生石灰（搅拌成石灰乳），然后将稀硫酸铜溶液缓慢倒入浓石灰乳中，边倒入边搅拌即成。注意决不能将石灰乳倒入硫酸铜溶液中，否则会产生络合物沉淀，降低药效，产生药害。

为了保证波尔多液的质量，配制时需注意以下几点：一是选用高质量的生石灰和硫酸铜。生石灰以白色、质轻、块状的为好，尽量不要使用消石灰。硫酸铜最好是纯蓝色的，不夹带有绿色或黄绿色的杂质。二是配制时水温不宜过高，一般不超过室温。三是配置波尔多液时不能用金属容器，最好用陶器或木桶。

②其他铜制剂。由于波尔多液需要现配现用不方便，很多农药公司研制出一系列比波尔多液性能更稳定，使用更方便的含铜杀菌剂。归纳起来可分两大类，即无机铜制剂和有机铜制剂。常见无机铜制剂有：氢氧化铜，如 77％可杀得可湿性粉剂和 57.6％冠菌清干粒剂；氧氯化铜，如 30％王铜悬浮剂；氧化亚铜，如 86.2％铜大师可湿性粉剂；27.12％铜高尚悬浮剂的有效成分即为碱式硫酸铜。有机铜类杀菌剂有：噻菌铜，喹啉铜，松脂酸铜，琥珀酸铜、二元酸铜和胺酸铜等。

（2）硫制剂

①石硫合剂。石硫合剂即石灰硫黄合剂，是由生石灰、硫黄粉和水熬制而成的一种深红棕色透明液体，具臭鸡蛋味，呈强碱性。有效成分为多硫化钙（$CaS \cdot S_n$）。多硫化钙的含量与药液比重呈正相关，因此常用波美比重计测定，以波美度（°Bé）来表示其浓度。

石硫合剂的熬制方法：原料配方为生石灰 1 份、硫黄粉 2 份、水 12～15 份。把足量的水放入铁锅中加热，放入生石灰制成石灰乳，煮至沸腾时，把事先用少量水调成糊糊状的硫黄浆徐徐加入石灰乳中，边倒边搅拌，同时记下水位线，以便随时添加开水，补足蒸发掉的水分。大火煮沸 45～60 min，并不断搅拌。待药液熬成红褐色，锅底的渣滓呈黄绿色即成。

按上述方法熬制的石硫合剂，一般可以达到 22～28 波美度。熬制石硫合剂时一定要选择质轻、洁白、易消解的生石灰;硫黄粉越细越好,最低要通过 40 号筛目;前 30 min 熬煮火要猛,以后保持沸腾即可;熬制时间不要超过 60 min,但也不能低于 40 min。

石硫合剂可用于防治多种作物的白粉病及各种果树病害的休眠期防治。它的使用浓度随防治对象和使用时的气候条件而不同。在生长期一般使用 0.1~0.3 波美度,落叶果树休眠期使用 3~5 波美度。因熬制麻烦,可用商品化的石硫合剂,如 45% 的晶体石硫合剂代替。

②有机硫杀菌剂。有机硫杀菌剂有三类:二硫代氨基甲酸盐化合物,常见的有代森类(亚乙基双二硫代氨基甲酸盐),如代森锌、代森锰、代森锰锌等;福美类(二甲基二硫代氨基甲酸盐),如福美双等;以及丙森锌(亚丙基双二硫代氨基甲酸盐);三氯甲硫基类化合物,如克菌丹和灭菌丹;氨基磺酸类,如敌锈钠和敌克松,这类杀菌剂作用于菌体的丙酮酸氧化。

有机硫类杀菌剂的特点是杀菌谱广,对卵菌、子囊菌和担子菌,以及欧氏杆菌、黄单胞杆菌、假单胞杆菌等细菌均具有生物活性,可用于马铃薯晚疫病,果树与蔬菜的霜霉病、炭疽病,苹果和梨的黑星病,葡萄褐斑病、黑痘病,柑橘黑点病等病害;低毒、安全;为非内吸保护性杀菌剂,以保护作用为主,残效期较短。

(3)麦角甾醇合成抑制剂类杀菌剂　麦角甾醇(ergosterol)是许多真菌细胞膜重要的组成成分,其合成受到抑制将引起真菌细胞膜的结构和功能的破坏,最终导致细胞的死亡。甾醇合成抑制剂(sterol biosynthesis inhibitors,SBIs)作为针对甾醇合成途径中关键酶的结合物能够有效地抑制相应的甾醇合成过程。根据作用方式的不同,现有的甾醇合成抑制剂主要包括两类:第一类为 DMIs,是最主要的一类,包括三唑类(triazole)、咪唑类(imidazole)、嘧啶类(pyrimidines)、吡啶类(pyridines)、哌嗪类(piperazines),其作用是抑制甾醇合成途径中的羊毛甾醇(lanosterol)C14 脱甲基作用,称 14-α 脱甲基反应抑制剂(14-α-demethylation inhibitors,简称 DMIs)。第二类是 Δ8-Δ7 异构酶和 Δ14-还原酶抑制剂,包括吗啉类(morpholines)和哌啶类(piperidines)。园艺作物上应用较多的麦角甾醇合成抑制剂类杀菌剂是三唑类和咪唑类,主要包括咪鲜胺、苯醚甲环唑、戊唑醇、丙环唑、腈菌唑、烯唑醇、三唑醇、氟硅唑和抑霉唑等。三唑类杀菌剂的抑菌特点是在植物体内抑制病菌的附着胞、吸器的正常发育,使菌丝生长、孢子的形成受阻,除对卵菌类病原无效外,几乎对所有真菌性病害都有效。常用于白粉病、锈病、梨苹果黑星病、柑橘黑斑病等常见病害防治。三唑类杀菌剂具有较强的内吸传导性,向上传导性特别突出,叶面喷施后,能被很快吸收,并从受药部位向叶尖端输导,叶鞘受药,能向叶部输导。向下传导性不佳,叶尖受药向下输导则很少,输导仅限于在同一张叶片,不能转移到其他叶片。与保护性杀菌剂相比,三唑类药剂的药效较长,叶面喷施可持续 15~20 天,种子处理后植株持效期达 60 天,土壤药剂处理,其持效期可高达 100 天,因此三唑类药剂常作为种衣剂或穴施、灌根用药。病菌对三唑类杀菌剂产生的抗性风险中等,因此需要特别注意合理用药。研究表明病菌对三唑类杀菌剂产生抗性的机制有靶标基因的点突变,靶标基因启动子区的片段插入导致靶标基因表达上升和病菌对杀菌剂的外排能力增强等。需要注意的是三唑类杀菌剂具有抑制一些作物如瓜类生长的副作用,使用时需要严格掌握浓度、作物生长期和使用时间。

(4)苯并咪唑类(benzimidazoles)杀菌剂　20 世纪 60 年代开发的一类药剂,具有杀菌谱广、具内吸性、兼具保护和治疗效果,既可用于叶面喷施防治地上部病害,也可用处理土壤防治根病。苯并咪唑及其衍生物杀菌剂主要包括苯菌灵(benomyl)、甲基硫菌灵(thiophanate-methyl)、多菌灵(carbendazim)、噻菌灵(thiabendazole,TBZ)等,其作用机制是与病菌 β-微管蛋白结合,抑制细胞有丝分裂过程中的纺锤体的形成,从而影响细胞分裂。这类药物具有内吸性,除对卵菌外,对子囊菌和担子菌均有很好效果,广泛应用于很多园艺作物病害的防治中,也包括果品贮藏期病害的防治。由于作用机制的单一,病菌极易产生对苯并咪唑类杀菌剂的抗性,而且抗性一旦产生,其抗性水平通常很高,对同类型的杀菌剂具有正交互抗性,抗性菌系的适生性也并不因抗性的产生而降低。因此,随着这类杀菌剂的长期和大量使用,抗苯并咪唑类杀菌剂的菌系非常普遍,甚至占主要地位,致使这类杀菌剂逐渐退出市场。

(5)甲氧基丙烯酸酯类杀菌剂　甲氧基丙烯酸酯类杀菌剂是以天然抗生素 Strobilurin A 为先导化合物开发的新型杀菌剂,具有保护、治疗、铲除、渗透作用,能有效防治子囊菌、担子菌和卵菌等引起的病害,如霜霉病、疫病、锈病、白粉病等多种园艺作物病害。这类杀菌剂的作用机制是药剂的活性基团与线粒体 bc1 复合物的氢醌氧化中心(Qo)结合(因此也称 Qo 抑制剂,QoI),阻止电子传递,抑制线粒体的呼吸作用,从而抑制菌物生长。目前常见的甲氧基丙烯酸酯类杀菌剂有:醚菌酯、嘧菌酯、吡唑醚菌酯、啶氧菌酯、肟醚菌胺、肟菌酯和氟嘧菌酯等。

甲氧基丙烯酸酯类杀菌剂不会到达动、植物的线粒体,不会影响植物、昆虫、哺乳动物的电子传递,故毒性低,对动植物安全,对环境友好。但是和其他内吸性杀菌剂一样,甲氧基丙烯酸酯类杀菌剂也难逃抗性的厄运,已知很多病菌均极易产生对该类药剂的抗性,同类药剂之间具有正交互抗性,抗药性已开始制约这类杀菌剂的进一步发展。靶标基因的点突变,由此导致与药剂的亲和力下降是抗性产生的主要分子机制。

(6)二甲酰亚胺类(dicarboximides)杀菌剂　常见的二甲酰亚胺类杀菌剂(DCFs)有乙烯菌核利(vinclozolin)、菌核净(dimethachlon)、腐霉利(procymidone)和异菌脲(iprodione)等,是 20 世纪 70 年代初推出的一类广谱性保护性杀菌剂,也具有一定的治疗作用。因其杀菌谱广,防治效果显著等特点,已被广泛应用于多个类群植物病原真菌,如各类作物的灰霉病和菌核病、核果类果树褐腐病、番茄早疫病等许多园艺作物病害防治。此外,也被应用于柑橘、香蕉、苹果、梨等水果贮藏期病害的防治。

随着 DCFs 使用时间的延长、施用量的加大,植物病原真菌对其抗药性问题日益严重。对该类杀菌剂的作用机制尚不甚明了。

(7)嘧啶类(pyrimidines)杀菌剂　目前常见的嘧啶类杀菌剂包括嘧菌胺、乙嘧酚、环酰菌胺、二甲嘧酚和氯苯吡嘧醇等。嘧啶类杀菌剂具有高效、广谱,主要用于各种园艺作物的灰霉病、菌核病等病害的防治,也被登记用于柑橘采后病害(主要是绿霉病和青霉病)、核果上褐腐和灰霉及梨果、猕猴桃和樱桃上灰霉病的防治。

对嘧菌胺的作用机制尚不明了,但已经证明灰霉病菌易对嘧菌胺产生抗药性。

(8)有机磷杀菌剂　防治园艺作物病害的有机磷杀菌剂主要是乙磷铝(phosethyl-AL),又名疫霜灵,化学名称为三乙基磷酸铝。该药剂为内吸性杀菌剂,具有双向传导作用,兼具保护和治疗作用。对卵菌纲霜霉属和疫霉属成员引起的病害有较好的防效。因此常用于霜霉病、疫病等卵菌引起的病害的防治中。

(9)取代苯类杀菌剂　园艺作物病害防治中常见的取代苯类杀菌剂有甲霜灵(metalax-yl)和百菌清(chlorothalonil)。甲霜灵的化学名称为 D-L-N(2,6-二甲基苯基)-N-(2-甲氧基乙酰)丙氨酸甲酯。该药剂为高效、强内吸性杀菌剂,可双向传导,兼具保护和治疗作用。对马铃薯晚疫病、番茄疫病、葡萄霜霉病、各种蔬菜霜霉病特效。由于作用位点的单一,病菌极易对甲霜灵产生抗性,因此生产上通常将甲霜灵和代森锰锌混合使用,有厂家就直接加工成甲霜灵锰锌。

百菌清,化学名称为2,4,5,6-四氯-1,3苯二甲腈,是一种广谱、非内吸性、施用于植物叶面的保护性杀菌剂,对多种植物菌物病害具有预防作用。具有耐雨水冲刷,不耐强碱的特性,主要用于防治苹果早期落叶病、白粉病、葡萄霜霉病、黑痘病、炭疽病,十字花科蔬菜的霜霉病等。除叶面喷施外,百菌清也被加工成烟剂,在温室大棚中使用,克服低温阴雨天气时叶面喷施带来的温室大棚湿度过高的问题。

(10)琥珀酸合成酶抑制剂类杀菌剂 这类杀菌剂作用于病原物线粒体呼吸系统的琥珀酸脱氢酶,从而抑制病菌的呼吸作用。常见的有:萎锈灵、灭锈胺、啶酰菌胺、氟酰胺、噻呋酰胺、甲呋酰胺等。由于该类杀菌剂作用位点独特,与其他类型的杀菌剂不易产生交互抗性,而广泛用于多种作物,特别是园艺作物病害,如灰霉病、菌核病和早疫病等病害的防治。但也因为其作用位点的单一,不可避免地导致病原菌极易产生抗性。因此,田间使用时必须注意药剂的混用、轮换使用和限制使用。

(11)抗生素类杀菌剂 抗生素类杀菌剂是以具有生物活性的微生物次级代谢产物为样板,进行人工合成或结构刷新的化合物,通常具有内吸、高效、选择性强、有治疗和保护作用,在环境中降解快,对人畜和环境相对安全等优点。但成本较高,稳定性差,持效期较短。园艺作物上常用的抗生素类杀菌剂有以下几种。

春雷霉素又名春日霉素,是小金色放线菌产生的水溶性抗生素,对人、畜、家禽、鱼虾类、蚕等均为低毒,具有较强的内吸性,对病害有预防和治疗作用。主要用于防治黄瓜的炭疽病、细菌性角斑病、枯萎病、番茄叶霉病等。

农抗120又称抗菌霉素120或120农用抗菌霉素,是刺孢吸水链霉素菌产生的水溶性抗生素。对人、畜低毒,是一种广谱性抗生素。主要用于防治蔬菜、果树、花卉等作物的白粉病,也可用于瓜果的炭疽病、番茄疫病的防治。

多抗霉素又称多氧霉素、多效霉素,其主要成分是多抗霉素A和多抗霉素B。对人、畜低毒,对植物安全。是一种广谱性抗生素杀菌剂,具有较好的内吸传导性,作用机制是干扰病菌细胞壁几丁质的生物合成。主要用于防治瓜类、番茄白粉病、灰霉病,丝核菌引起的叶菜和其他蔬菜的猝倒病,以及黄瓜霜霉病和番茄晚疫病等。

(12)杀线虫剂 用于防治有害线虫的一类农药,一般用于土壤处理或种子处理,杀线虫剂有挥发性和非挥发性两类,前者起熏蒸作用,后者起触杀作用。一般具有较好的亲脂性和环境稳定性,能在土壤中以液态或气态扩散,从线虫表皮透入起毒杀作用。多数杀线虫剂对人畜有较高毒性,有些品种对作物有药害,故应特别注意安全使用。常用的杀线虫剂有用作土壤熏蒸剂的如氯化苦、棉隆和威百亩;非熏蒸剂如阿维菌素和微生物类制剂如淡紫青霉素、厚孢轮枝菌等。

5.4.6.3 农药的剂型

未经加工的农药一般称为原药,原药一般不能直接使用,必须加工配制成各种类型的制剂,才能使用。经过加工的农药称为农药制剂,农药制剂的形态简称剂型,商品农药都是以某种剂型的形式,销售到用户。农药剂型的种类很多,常见的有以下几种。

①可湿性粉剂:是将农药原药、填充物和一定量的助剂(湿润剂、分散剂等)按一定比例充分混合和粉碎后,达到一定细度的粉状制剂,可湿性粉剂加水稀释后形成悬浮液,常用于

喷雾。

②胶悬剂:将原药超微粉碎,然后把细粉分散在水、油或表面活性剂中,形成黏稠状可流动的液体制剂。胶悬剂粒子的直径很小,只有 2~5 μm。因此,使用后耐雨水冲刷。胶悬剂长时间放置后会发生沉淀,但使用时摇匀一般不影响药效。加水稀释后,胶悬剂在水中分散成悬浮液,常用于喷雾。

③乳油:农药原药按比例溶解在有机溶剂(如苯、甲苯、二甲苯)中,加入乳化剂成为透明的油状液体。加水稀释后成为乳浊液。油珠粒直径一般小于 10 μm,常用于喷雾。

④水剂:农药原药溶于水中制成的液态剂型。可用于喷雾、浇灌、浸泡等。

⑤烟剂:由农药原药、燃料(各种碳水化合物如木屑粉、淀粉等)、氧化剂(又称助燃剂,如氯酸钾、硝酸钾等)、消燃剂(如陶土、滑石粉等)制成的混合物(细度全部通过 80 号筛目)。袋装或罐装,在其上插一引火线。点燃后,可以燃烧,但没有火焰,农药有效成分因受热而气化,在空气中受冷却又凝聚成固体微粒,直径达 0.1~2 μm,可直接杀死病菌。烟剂主要用于设施栽培(如温室、塑料大棚)作物病害的防治。

5.4.6.4 杀菌剂的使用方法

杀菌剂的正确使用方法,是在深入了解病害发生规律的基础上,根据杀菌剂的性质、加工剂型、环境条件、物候期等多种因素确定。在施药方法确定后,还应精确计算用药量及配药浓度,严格掌握使用过程中的技术要领,保证施药质量。只有这样,才能充分发挥药效,达到经济、安全、有效的目的。杀菌剂常见的使用方法简介如下。

(1)种苗处理　许多植物病害是通过种子、苗木传播的,因此种苗消毒是防治植物病害一项很重要的措施。种苗处理就是用杀菌剂处理种子、苗木、插条、接穗、块根、块茎、鳞茎、秧苗等,其目的是消灭种苗表面和种苗内部的病原物,减少初侵染源,减少将病原带到大田的机会,同时保护作物在种子发芽和幼苗期(移栽期,此时根系往往有很多伤口)免受大田病原的侵染。进行种苗处理时,要根据防治对象的具体情况选择不同的药剂。较常用的种苗处理的方法有浸种、拌种和闷种。

①浸种:用一定浓度的药液浸泡种子,经过一定时间后取出,晾干后再播种。浸种使用的药剂必须是溶液和乳浊液,不能使用悬浮液。处理不同的种苗要采用不同的药剂浓度和浸种时间,在操作过程中一定要严格掌握,否则会影响药效或产生药害。浸种时药液用量以浸过种子 5~10 cm 为宜,一般为种子量的 2 倍以上。

②拌种:将干燥的种子与干燥的药粉混拌均匀,用药量一般为种子重量的 0.2%~0.5%。通过拌种可杀死种子表面及种子内部的病原。

③种衣法:一般用内吸性的药剂处理。为使种子表面沾有较多的药剂,先用少量的水将药粉调成糊状,然后拌种,使种子表面涂上一层药浆;或用干粉拌于潮湿的种子上。种子上所附药剂能在种子萌发时进入植物体,因而可维持较长的药效。目前,也可直接使用种衣剂进行包衣,药效可维持更长的时间。

④药剂蘸根法:幼苗移栽前,用一定浓度的药液浸根,可杀死携带的病原,同时保护根系免遭病原从根系的伤口侵入。

⑤果树苗木和接穗除菌处理:很多果树病害都是通过苗木携带传播扩散,故在种植之前对苗木进行严格的检疫,保证苗木无危险性病害至关重要。此外,对一些常规病害,如梨轮纹病、桃流胶病和细菌性穿孔病、柑橘疮痂病和溃疡病等,也可以通过苗木的消毒处理,杀死

可能携带的病菌,对避免、减轻新种果园病害流行压力具有重要作用。

（2）土壤处理　播种或移栽前将药剂施于土壤,杀死或抑制土壤中病原物,以减少土中病原物数量。土壤处理主要防治土传病害和苗期病害,工效高、有效期长,但用药量大、成本高、对环境影响大。药剂处理土壤的方法,常用的有:浇灌、穴施、沟施、泼浇、灌浇和翻混,以及撒毒土法等。

（3）植株施药　将药剂均匀喷于植株地上部分,对植株起保护和治疗作用。植株施药有喷雾、喷粉两种方法。

①喷雾:借助雾化器械产生的压力或风力,把药液分散成细小的雾滴,均匀地喷洒在植物表面的施药方法称为"喷雾"。喷雾法具有目标性强、操作简单等优点。为提高药剂防效,有时可加入一些助剂,以增加药剂的展布性和黏着性。喷雾法根据喷出的雾滴大小和药液用量的多少分为大容量喷雾、低容量喷雾和超低容量喷雾。喷雾时要做到雾滴细小、喷洒均匀、喷药周到。为防止雾滴随风飘散,喷雾应选择雨水或露水干后、晴天、无风或风力在1～2级的条件下进行。

②喷粉:适用于大面积防治,用喷粉器将具有良好分散度的粉状农药均匀喷洒到植物表面上。喷粉工效高,不受水源限制,适用于大面积飞机喷药防治病害,也适用于温室与保护地栽培的作物病害防治。但耗药量大,药粉易受风力影响而漂移、散布不易均匀,在植株表面的附着性差,同时,喷出的粉尘污染空气和环境,危害施药人员的安全,需谨慎使用。有时也将药剂撒在地面上,以杀死越冬病原。喷粉时最好选择晴天的早晨、露水还未干之前进行。

（4）熏蒸　利用烟剂或雾剂杀灭有限空间内的病原物来防治植物病害的方法,适用于温室和大棚等保护地蔬菜病害的防治及仓库的消毒。此外,杀线虫剂和某些易挥发、具有熏蒸作用的杀菌剂,一般采用沟施和翻混方法。这类药剂处理土壤后,需要间隔15～30天后方可播种,否则易产生药害。土壤熏蒸可有效杀死土壤中的微生物(包括病原物)。但此法对环境影响大,不适宜大规模使用。

（5）果蔬贮藏期处理　用药剂浸渍、喷雾、喷淋和涂抹等方法直接处理果品、蔬菜或水果和蔬菜的包装纸和包装盒等,以达到控病保鲜目的。使用时应严格控制果品和蔬菜上的农药残留,以确保食用安全。

5.4.6.5　病原物的抗药性及其治理

20世纪70年代前使用的杀菌剂大多是保护性杀菌剂,其作用位点多,不易引发病原菌产生抗药性。但随着60年代末至70年代以来,高效、内吸、选择性强的杀菌剂不断开发和广泛应用,杀菌剂抗性问题日益普遍和严重,常导致植物病害化学防治失败。病原物对杀菌剂产生抗性的原因很多,主要是在同一范围内长期连续多次使用单一药剂或不断提高使用浓度的结果。在一种农药作用下,一方面可以诱导病原物产生变异,出现抗药的变异体;更重要的是由于农药的选择压力,病原物群体内原本存在的少量抗药性菌系会被不断的选择和积累,随着时间的推移,病原物的种群组成就发生了改变,抗药菌系组分逐渐增多,当抗性种群在群体中成为优势种群时,该类药剂防治效果大大下降甚至完全失效,即病原菌产生抗药性。病原菌的抗药性存在"交互抗性"现象,即当病原菌对一种杀菌剂一旦产生抗性,对另一种或几种作用机制相同的杀菌剂也同样产生抗性,即称为"正交互抗性"。如对多菌灵有抗性的病菌对甲基硫菌灵也同样具有抗性。反之,则为"负交互抗性"。如对多菌灵有抗性的病菌对乙霉威特别敏感。

为了延缓抗药性的产生,使农药的利用年限更长。抗药性的治理常用的对策是通过与不同作用机制的杀菌剂之间的交替使用、混合使用和对易产生抗性的杀菌剂的限制使用。

5.4.6.6 杀菌剂的合理使用

有效、安全、经济地使用农药是防治植物病害的原则,也是合理使用农药的关键。杀菌剂使用应注意以下几个方面。

(1)正确选用农药种类 主要是选择最经济、最有效、最安全的农药品种。做到这一点的关键是必须根据不同的防治对象(病原)对药剂的敏感性(效果)、不同作物种类及其生长期对药剂的适应性(考虑对作物安全),以及作物的生长季和周围环境(考虑食用安全和对环境安全)等,选择适宜的药剂品种及其剂型。

(2)防止产生药害 药害是植物病害防治中经常出现的一种现象,特别是在果实上发生药害对果品的外观造成很大影响,严重影响果品的经济价值。发生药害的原因主要有以下几方面。

药剂方面:不同药剂产生药害的难易程度及可能性不同。一般来说,无机杀菌剂易产生药害,有机合成杀菌剂产生药害的概率较小,植物性药剂及抗生素产生药害的概率更小。在同一类药剂中,药剂水溶性大小与药害大小呈正相关。水溶性越大,发生药害的可能性也越大。例如,硫酸铜是溶于水的,而波尔多液中的碱式硫酸铜是逐渐解离的,所以前者较易发生药害。药剂悬浮性能好坏与药害也有关系。可湿性粉剂的可湿性差或乳剂的乳化性差,药剂在水中分散不均匀;药剂颗粒粗大,在水中较易沉淀,如果搅拌不匀,可能会喷出高浓度药液而造成药害。此外,药剂中的杂质,如合成过程中的杂质、填充剂中的杂质等,有时也成为某些药剂发生药害的原因。如硫酸铜中亚铁盐含量高时,配制的波尔多液则易产生药害。

植物方面:不同作物对农药的抵抗力表现不同,即使是同一种作物的不同种或品种对农药的反应也有差异。例如,在果树中苹果、梨、核桃、枣、柑橘等抗药性较强,而李、杏、桃、柿、葡萄等抗药性较弱;在蔬菜中十字花科(甘蓝等)、茄科(番茄、马铃薯)等作物抗药性较强;豆科作物抗药性较弱;瓜类的抗药力最差。另外,植物的形态结构与抗药性也有较大关系,如气孔大小、多少、开张程度;叶面蜡质层的厚薄、茸毛的多少;表皮细胞壁的厚薄及结构等都与抗药力有关。植物的发育阶段也与抗药力有关,幼苗期、花期比其他时期对药剂敏感;幼嫩组织比老熟组织对药剂敏感;生长期比休眠期对药剂敏感。

环境条件:药害的发生与否主要与温度、湿度、雨量和光照等有关。一般在气温高、光照强的条件下,药剂的活性增强,施药后水分很快蒸发,药剂浓度很快升高,而且也由于作物的新陈代谢活跃,极易发生药害。高温、强日照下施药也极易引起施药者中毒,因此,要十分强调避免高温和强日照条件下用药。

用药方法:正确的使用方法是充分发挥药效、避免药害发生的又一重要因素。正确使用杀菌剂时,必须根据农药的具体性质、防治对象及环境因素等,选择相应的施药方法。如石硫合剂通常是在果树的休眠期使用;一般不建议在桃等对铜敏感的作物上使用波尔多液;作物开花期往往对药剂更敏感,应尽量避免使用。

(3)避免农药对环境和果品、蔬菜的污染 农药都是有毒的化学物质,使用不当常造成果品、蔬菜及环境的污染。对果品和蔬菜的污染主要表现在农药残留量超标,环境污染主要表现在生态平衡的破坏和大量有毒物质的积累。

为了防止杀菌剂对果品和蔬菜的污染,首先,要努力研究、寻找高效、低毒、低残留的杀菌剂,以及毒性差别大、对某些病原物专化的杀菌剂,逐渐淘汰高毒、高残留及广谱性杀菌剂。其次,要注意农药的合理使用及安全使用,特别要以毒性的差别为依据,决定适宜的用药浓度、用药量、用药次数和安全间隔期,避免滥用农药。再次,要研究去污处理的方法及避毒措施,尽量减轻杀菌剂的药害及污染。最后,要积极推广化学防治和其他防治相结合的综合防治措施,逐渐减少对杀菌剂的依赖性。

▶ 思 考 题 ◀

1. 如何在田间识别传染性病害和非传染性病害?
2. 如何通过实验室检查协助进行病害的识别?
3. 病原生物的鉴定与病害的诊断是何种相互关系?
4. 柯赫氏法则的原理和步骤是什么? 如何获得"纯培养"与纯化病原物?
5. 为什么我国实行"预防为主,综合治理"的植保方针? 综合防治的原则是什么?
6. 如何确定检疫性有害生物? 植物检疫有哪些主要措施?
7. 农业防治包含哪些内容? 各项措施的防治对象有何局限性?
8. 如何选育、鉴定抗病品种的抗病性? 如何合理搭配抗病品种?
9. 生物防治代表了未来发展的方向,主要依据哪些原理?
10. 化学防治有哪些优缺点? 如何合理、高效、安全地使用化学农药?

▶ 参考文献 ◀

[1] 方中达.植病研究方法.3 版.北京:中国农业出版社,1998
[2] 许志刚.普通植物病理学.4 版.北京:中国农业出版社,北京,2009
[3] 陈力锋,徐敬友.农业植物病理学.4 版.北京:中国农业出版社,2015
[4] 农业部种植业管理司,农业部农药检定所.新编农药手册.2 版.北京:中国农业出版社,2015
[5] 路寒冰.基于图像处理和 SVM 的植物病害诊断研究.天津科技大学,2018
[6] 王晓妍.园林病虫害网上查询诊断与测报的系统研究.农业与技术,2013,33(12):167
[7] 龙国伟.园林植物病虫害治理决策咨询系统.福州:福建农林大学,2007
[8] 张越,张琦,贺润平,等.植物病害防控方向和措施的研究探讨.山西农业科学,2015,43(01):75-78+100
[9] 中华人民共和国农业部.全国农业植物检疫性有害生物名单:中华人民共和国农业部公告第 1216 号.(2009-06-20).http://www.moa.gov.cn
[10] 中华人民共和国农业部.应施检疫的植物及植物产品名单:中华人民共和国农业部公告第 1216 号.(2009-06-20).http://www.moa.gov.cn
[11] 国家林业局.全国林业检疫性有害生物名单和全国林业危险性有害生物名单:国家林业局公告(2013 年第 4 号).(2013-01-14).http://www.forestry.gov.cn

chapter **6**

第6章

园艺植物菌物病害

➤➤ **本章重点与学习目标**

1. 分类别学习园艺植物常见菌物病害,重点掌握霜霉病、疫病、白粉病、锈病等代表性菌物病害的症状特点、病原特性、发生规律和控制措施。

2. 通过对苗期病害、叶果枝病害、枝干病害、根部病害、采后病害的学习,熟悉果树、蔬菜、花卉植物菌物病害的发生规律和控制措施。

3. 通过代表性病害、重要病害和列表病害的对比学习,达到熟悉各类病害共性、了解具体病害特性,可以"举一反三"应用的目的。

6.1.1　葡萄霜霉病

葡萄霜霉病(grape downy mildew)在我国许多省(直辖市、自治区)葡萄产区均有发生,为葡萄的重要病害。病害严重时,病叶焦枯早落,病梢生长停滞、扭曲、枯死。严重影响产量和品质。

【症状】

葡萄霜霉病主要危害叶片,也危害新梢和幼果。最初在叶正面出现不规则水渍状斑块,边缘不清晰,浅绿色至浅黄色。病斑互相融合后,形成多角形大斑。叶背面出现白色霜状霉层,为病菌的孢囊梗和孢子囊(图 6-1,彩图又见二维码 6-1)。后期,病斑变为黄褐色或褐色干枯,边缘界限明显,病叶常干枯早落。幼嫩新梢、穗轴、叶柄也易感病,初期出现水渍状斑点,逐渐变为黄绿色至褐色微凹陷的病斑,表面生白色霜状霉层,病梢生长停滞、扭曲,严重时枯死。果实多在幼果期染病,病部褪色变成褐色,表面生白色霉层,萎缩脱落。较大果粒感病时,呈现红褐色病斑,内部软腐,最后僵化开裂。病果含糖量低,品质变劣。果粒上浆着色后,就不再受侵染。

二维码 6-1

左:叶片正面病斑;右:叶片背面霉层

图 6-1　葡萄霜霉病症状(李怀方原图)

【病原】

葡萄单轴霉[*Plasmopara viticola*(Berk. et Curt.)Berl. et de Toni],属卵菌门。

菌丝体无隔多核,在寄主细胞间生长,以球状吸器深入寄主细胞内吸取养分。孢囊梗由气孔伸出,1～20 根成簇丛生,无色,大小为(300～400) μm×(7～9) μm。单轴直角或近直角分枝 3～6 次,枝端长 2～4 个小梗。小梗圆锥形,末端钝,上生孢子囊。孢子囊卵形、椭圆形,顶端有乳突,无色,大小为(12～30) μm×(8～18) μm。孢子囊在水中萌发时产生 6～9 个游动孢子,游动孢子肾形,无色,大小为(7.5～9) μm×(6～7) μm,生有双鞭毛,能在水中游动,游动一段时间后,鞭毛收缩,变成圆形静止孢子,静止后产生芽管,由气孔侵入寄主。

葡萄生长后期,在寄主叶脉间海绵组织内形成卵孢子。卵孢子球形,褐色,厚壁,表面平滑或略具波纹起伏,直径 $30 \sim 35\ \mu m$。卵孢子萌发时产生芽管,芽管先端形成孢子囊,萌发后也产生游动孢子(图6-2,彩图又见二维码6-2)。

二维码 6-2

1.游动孢囊梗;2.游动孢子囊

图 6-2　葡萄单轴霉(*Plasmopara viticola*)

(国立耘提供)

【发病规律】

病菌以卵孢子在病组织中或随病叶在土壤中越冬,翌年环境条件适宜时,卵孢子长出芽管,芽管顶端长出孢子囊,再由孢子囊产生游动孢子。游动孢子借风雨传播到寄主叶片上,从气孔侵入,为初次侵染。经过一定的潜育期,再产生孢子囊,进行再侵染。卵孢子寿命较长,在土壤中能存活 2 年以上。温暖地区该菌也可以菌丝体潜伏在枝条、幼芽中越冬,翌年从菌丝体上产生孢子囊。

孢子囊寿命较短,在高温干燥的情况下,只能存活 $4 \sim 6$ 天,低温下可存活 $14 \sim 16$ 天。孢子囊形成的温度范围为 $5 \sim 27℃$,最适温度为 $15℃$。孢子囊萌发的温度范围为 $12 \sim 30℃$,最适温度为 $18 \sim 24℃$。孢子囊形成和萌发必须在水滴或重雾中进行。当气温达 $11℃$ 时,卵孢子可在水中或潮湿的土壤中萌发,最适萌发温度为 $20℃$。

病害的发生发展与气候条件、果园环境和寄主状况有关。

气候条件中,温度、湿度和降雨尤为重要。由于孢囊梗和孢子囊的产生,孢子囊和游动孢子的萌发、侵入都需要有水滴存在,因此,在少风、多雨、多雾或多露的情况下最适发病。夜间低温有利于孢子囊萌发和侵入。阴雨连绵有利于病原菌孢子的形成、萌发和侵入。

果园的地势低洼,土壤潮湿,植株密度过大,栅架过低,架下有杂草,通风透光不良,树势衰弱,氮肥施用过多等有利于病害的发生流行。

葡萄细胞液中钙/钾比例是决定抗病力的重要因素之一,含钙多的葡萄抗霜霉病的能力较强。植株幼嫩部分的钙/钾比例比成龄部分的钙/钾比例小,因此,嫩叶和新梢容易感病。一般美洲栽培品种较抗病,欧洲栽培品种较感病。原产于我国的葡萄属植物无免疫的品种,但抗感的差异较大。一般抗病品种有:康拜而早生、尼加拉、北醇等。感病品种有:新玫瑰香、甲州、甲斐、粉红玫瑰、里查玛特以及我国的山葡萄等。感病轻的品种有:巨峰、先锋、早生高墨、龙宝、红富士、黑奥林、高尾等巨峰系列品种。

【控制措施】

防治该病应采取清洁果园、加强栽培管理和药剂保护相结合的综合防治措施。

(1)清洁果园　及时收集并销毁病残体,特别在晚秋彻底清扫落叶,烧毁或深埋,减少越冬的菌源。

(2)加强栽培管理　合理修剪,尽量剪去接近地面不必要的枝蔓,使植株通风透光良好,

园艺植物病理学(第3版)

降低空气湿度，以减少病菌初侵染的机会。适时灌水，雨季注意排水。增施磷、钾肥，避免偏施氮肥，以提高植株的抗病力。

（3）药剂保护

①发病前预防。喷施保护性杀菌剂，常用药剂有波尔多液、波尔·锰锌或代森锰锌，每10～15天喷施1次，可有效预防病害发生。

②发病期防治。喷施烯酰吗啉、福美锌、烯酰·吡唑酯、精甲霜·锰锌、乙铝·氯吡胺或烯酰·锰锌等。每隔7～14天喷1次，视病情确定喷药次数。

6.1.2　黄瓜霜霉病

黄瓜霜霉病(cucumber downy mildew)是黄瓜生产上的重要病害，全国各地普遍发生。黄瓜感病后，整株叶片迅速干枯，死亡，造成减产，严重时几乎绝产。露地、保护地、温室和塑料大棚内的黄瓜均可被害。

【症状】

幼苗和成株均可发病。主要危害叶片，茎、卷须及花梗也能受害。幼苗发病，子叶正面出现不均匀的黄化褪绿斑，然后变成不规则的枯萎斑；空气潮湿时，病斑背面产生紫灰色的霉层。成株期发病，多从下部老叶片开始，初期在叶片上出现浅绿色小斑点，并逐渐变为黄色，扩大后受叶脉限制而成多角形褐色斑块。潮湿时，叶背的病斑上长出紫灰色的霉层（孢囊梗和孢子囊），后期变成黑色（图6-3，彩图又见二维码6-3），病势由下而上逐渐蔓延。严重时，病斑联合成片，全叶黄褐色，干枯卷缩，除顶端新叶外，其他叶片均死亡。病株上的果小，质劣。

二维码 6-3

左：叶片正面多角形病斑；右：叶片背面灰黑色霉层

图 6-3　黄瓜霜霉病症状（李怀方原图）

【病原】

古巴假霜霉[*Pseudoperonospora cubensis* (Berk. & Curt.) Rostov.]，属卵菌门。

菌丝体在寄主细胞间生长，以指状吸器深入寄主细胞内吸取养分。孢囊梗由气孔伸出，1～5根成簇丛生，无色，大小为(165～420) μm×(3.3～6.5) μm，主干基部略膨大，上部双叉状锐角分枝3～6次，末端小梗直或微弯，上生孢子囊。孢子囊椭圆形或卵圆形，淡褐色，顶端具乳突，大小为(15～32) μm×(11～20) μm(图6-4)。孢子囊在水中萌发时产生6～8个游动孢子。游动孢子椭圆形，生有双鞭毛，能在水中游动，游动一段时间后，鞭毛收缩，变成圆形静止孢子，静止后产生芽管，由气孔侵入寄主。卵孢子散生于叶组织中，球形，淡黄色,壁膜平滑,直径 28～43 μm,在自然情况下不易出现。

该菌在有些地区存在生理小种或专化型,危害不同的瓜类。

【发病规律】

在我国南方冬季温暖的地区,黄瓜全年都有种植,该病能终年不断发生危害。在北方,温室和塑料大棚内的黄瓜上能不断产生孢子囊,成为第二年温室和塑料大棚黄瓜的主要侵染源。塑料大棚里的病菌也可传到露地,成为第二年露地黄瓜的初侵染源。此外,我国北方一些冬季寒冷地区,第一次种植黄瓜就有病害发生,有人推断其初侵染源是由南方发病地区的孢子囊随季风逐步向北传播的。孢子囊主要通过气流传播,其次是雨水和昆虫。苏联和日本有人认为卵孢子可以越冬,我国辽宁省 1959 年也发现了卵孢子,但卵孢子在病害循环中的作用目前还不明确。

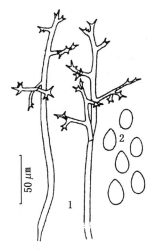

1.孢囊梗;2.孢子囊

图 6-4　古巴假霜霉(_Pseudo-peronospora cubensis_)

该病的发生和流行与气候条件、栽培管理和品种抗病性有密切关系。

病菌对温度的适应范围较广,孢子囊在 5～30℃ 范围内均可萌发,最适萌发温度为 21～24℃。病菌侵入的温度范围为 10～28℃,最适温度为 16～22℃。当气温在 20℃ 时,潜育期仅 4～5 天,而高温或低温则需 8～10 天。孢子囊形成的最适温度为 15～19℃。病害在田间发生的气温为 16℃,适宜流行的气温为 20～24℃。高于 30℃ 或低于 15℃ 发病受到抑制。病菌对湿度的适应范围有一定的要求,空气相对湿度在 50%～60%,病菌不能产生孢子囊;空气相对湿度在 83% 以上,经过 4 h 就可以产生孢子囊。湿度越高,孢子囊形成愈快、数量愈多。孢子囊萌发要求有水滴,在有水滴存在的情况下,有利于孢子囊的形成、萌发和侵入。因此,在黄瓜生长期间,病害发生和流行的气候条件中,温度条件易于满足,而高湿和降雨成为病害流行的决定因素。当日平均气温在 16℃ 时,病害开始发生,日平均气温在 18～24℃,相对湿度在 80% 以上时,病害迅速扩展。在多雨、多雾、多露的情况下,病害极易流行。

栽培管理可影响田间小气候,还可以影响植株的抗病性强弱。田间排水不良,种植过密,除草不及时,可使田间湿度过大,利于病害的流行。土壤板结,施肥不当,植株生长衰弱,抗病性下降。保护地如果浇水过多,不及时通风换气,会使保护地湿度过高,叶面长时间结露水,利于病菌产生孢子囊和孢子囊的萌发侵入,极易导致病害流行。

黄瓜不同品种对霜霉病的抗性差异很大,一般早熟品种抗性比晚熟品种的抗性弱,品质好的品种抗性比品质差的弱。另外,一些抗霜霉病的品种往往对枯萎病抗性较弱,推广后易使枯萎病严重发生。幼苗期子叶较抗病,成株期顶部嫩叶比下部叶片抗病,基部老叶片由于钙积累较多抗性也强,而成熟的中下部叶片较感病;因此,植株上部嫩叶和底部老叶发病较轻,中下层叶片发病最重。

【控制措施】

黄瓜霜霉病应以选用抗病品种,加强栽培管理,以及给予必要的药剂来进行防治。

(1)选用抗病品种　黄瓜品种间抗性差异很大,因地制宜地应用抗病品种能有效地减轻病害的发生。较抗病的品种有津研 2 号、6 号,津杂 1 号、2 号,津春 2 号、4 号,京旭 2 号,夏青 2 号,鲁春 26 号,宁丰 1 号、2 号,冀菜 2 号,郑黄 2 号,吉杂 2 号,夏丰 1 号,上海洋径,杨行,杭青 2 号,中农 3 号等。在推广和种植抗病品种时,要注意控制枯萎病的发生。

（2）加强栽培管理 采用营养钵育苗,可培育壮苗,增强植株的抗性。育苗地与生产地隔离,定植时严格淘汰病苗。大田移栽前要施足基肥,增施磷、钾肥。控制田间湿度,适时适量灌水,防止大水漫灌,以土壤处于湿润状态为准。

（3）药剂防治 苗床发病要及时用药,移栽前要带药下田,大田病害始发期要及时用药。常用的药剂是:三乙膦酸铝、乙铝·氟吡、噁霜·锰锌、代森锰锌和霜脲·锰锌等。

附:温室和大棚黄瓜霜霉病的防治方法

（1）生态防治 利用温室和大棚可以控制室内温湿度的条件,根据黄瓜与霜霉菌生长发育对环境条件的不同要求,采用有利于黄瓜生长发育,不利于病菌侵染的生态条件,达到防治病害发生和流行的目的。具体做法:上午日出后迅速使棚温提高到 25～30℃,湿度在75％左右,满足黄瓜光合作用的要求,增强抗病性,抑制发病。下午适当通风,使棚温降至20～25℃。夜间温度限制在 15～12℃,在拂晓温度降至最低,湿度达到饱和时进行放风,降低棚内湿度。

（2）高温焖棚 在发病初期进行。选择晴天上午,大棚门窗关闭,使大棚黄瓜生长点附近温度升高到 45℃,维持 2 h,然后放风降温。处理时要求棚内湿度高,若土壤干燥,可在前一天浇一次水,处理后适当追肥。每次处理间隔 7～10 天。棚内温度超过 47℃,或棚内干燥,会引起生长点烤伤,应特别注意。

（3）药剂熏烟 在发病初期使用百菌清烟剂,密闭熏蒸 1 夜,次晨开窗通风。隔 7 天熏1 次。

6.1.3 十字花科蔬菜霜霉病

霜霉病（downy mildew）是十字花科蔬菜的重要病害之一,全国各地均有发生。其主要危害白菜、油菜、花椰菜、甘蓝、萝卜、芥菜、荠菜、榨菜等蔬菜。一般以气温较低、湿度较大的早春和晚秋发病较重;在气候潮湿、冷凉地区和沿江、沿海地区易流行。长江中下游地区,以秋播大白菜和青菜受害严重。流行年份大白菜发病率可达 80％～90％,减产三到五成,病株不耐贮存。

【症状】

十字花科蔬菜整个生育期都可受害。主要危害叶片,其次为留种株茎秆、花梗和果荚。成株期叶片发病多从下部或外部叶片开始。发病初期先在叶面出现淡绿或黄色斑点,病斑扩大后为黄色或黄褐色,枯死后变为褐色。病斑扩展受叶脉限制而呈多角形或不规则形。空气潮湿时,在相应的叶背面布满白色至灰白色霜状霉层（孢囊梗和孢子囊）,故称"霜霉病"。大白菜包心期以后,病株叶片由外向内层层干枯,严重的只剩下心叶球。

花轴受害后弯曲肿胀呈"龙头"状,故有"龙头病"之称。花器受害后呈畸形,花瓣肥厚,变成绿叶状,经久不凋落,不能结实;种荚受害后瘦小,淡黄色,结实不良;空气潮湿时,花轴、花器、种荚表面可产生比较茂密的白色至灰白色霉层。花椰菜花球受害后,其顶端变黑,芜菁、萝卜肉质根部的病斑为褐色不规则斑痕,易腐烂。

【病原】

寄生无色霜霉［*Hyaloperonospora parasitica*（Pers.）Constant］，异名：寄生霜霉［*Perenospora parasitica*（Pers.）Fries］，属于卵菌门。

（1）形态　菌丝无隔，蔓延于寄主细胞间，靠吸器伸入寄主细胞内吸收水分和养分，吸器为囊状、球状或分叉状。无性繁殖时，病组织内菌丝产生孢囊梗，从气孔或表皮细胞间隙伸出，孢囊梗无色，单生或丛生，长为 $260\sim300\ \mu m$，顶端双叉分枝 6~8 次。分枝处常有分隔，顶端的小梗细而尖，略弯曲。每小梗顶端着生一个孢子囊，孢子囊椭圆形，无色，大小为 $(24\sim27)\ \mu m\times(15\sim20)\ \mu m$，萌发时直接产生芽管。有性生殖产生卵孢子，多在发病后期的病组织内形成，留种株在畸形花轴皮层内形成最多。卵孢子，黄至黄褐色，球形，直径 $30\sim40\ \mu m$，表面光滑或略带皱纹，抗逆性强。

（2）生物学特性　病菌产生孢子囊最适宜温度为 8~12℃，相对湿度低于 90% 时不能萌发，在水滴中和适温下，孢子囊只需 3~4 h 即可萌发，侵入寄主最适温度为 16℃。孢子囊对日光抵抗力较弱，不耐干燥，在空气中阴干 5 h 后即失去发芽能力。菌丝在植株体内生长发育最适温度为 20~24℃。卵孢子形成的最适温为 10~15℃。霜霉的生长发育需要凉爽高湿的环境条件，在长江中、下游地区，春、秋两季的气象条件正好满足了病菌的要求，因此这两季也正是霜霉病的流行季节。

（3）生理分化　寄生霜霉为专性寄生菌，存在明显的寄生专化性。目前国内分为 3 个专化型。①芸薹专化型，对芸薹属蔬菜侵染力强，对萝卜侵染力极弱，不侵染芥菜。②萝卜专化型，对萝卜侵染力强，对芸薹属蔬菜侵染力极弱，不侵染芥菜。③芥菜专化型，只侵染芥菜，不侵染萝卜属和芸薹属蔬菜。在芸薹专化型中，根据致病力的差异，分为 3 种致病类型：白菜致病类型：对白菜、油菜、芥菜、芜菁等致病力很强，对甘蓝致病力很弱。甘蓝致病类型：对甘蓝、苤蓝、花椰菜致病力较强，对大白菜、油菜、芜菁和芥菜致病力弱。芥菜致病类型：对芥菜致病力很强，对甘蓝致病力很弱，有的菌株能侵染白菜、油菜、芜菁，有的则不能。

【发病规律】

（1）病害循环　北方寒冷或海拔高的地区冬季不生长十字花科作物的地区，病菌主要以卵孢子随病残体在土壤中，或以菌丝体在采种母株或窖贮白菜上越冬。卵孢子只要经过两个月休眠，春季温湿度适宜时就可萌发侵染。在发病部位可产生孢子囊不断重复侵染，因此北方地区卵孢子是春季十字花科蔬菜霜霉病的主要初侵染源。南方地区冬季气温较高，田间终年种植十字花科作物，病菌借助不断产生大量孢子囊在多种作物上辗转危害，致使该病周而复始，终年不断，故不存在越冬问题。长江中下游地区，病菌的卵孢子随病残体在土壤中越冬，春季条件适宜时萌发侵染春菜，也可以菌丝体潜伏于秋季发病的植株体内越冬。越冬后病株体内的菌丝体可形成孢囊梗和孢子囊，经传播侵染。因此，这一地区病害的初侵染源是卵孢子和孢子囊。卵孢子和孢子囊主要靠气流和雨水传播，萌发后从气孔或表皮直接侵入，有多次再侵染，病害逐步蔓延。植株生长后期，病株组织内菌丝分化成藏卵器和雄器，有性结合后发育成卵孢子。直到秋末冬初条件恶劣时，才以卵孢子在寄主组织内越冬。此外，病菌也可附着在种子上越冬，播种带菌种子可直接侵染幼苗，引起苗期发病。

（2）发病因素　霜霉病的发生与气候条件、品种抗性、栽培措施等均有关，其中的气候条件影响最大。

①气候条件。病害的发生和流行与温、湿度关系密切，温度决定病害出现的早迟，雨量

决定病害的轻重;在适温范围内,湿度越大,病害越重。气温在 16～20℃,相对湿度高于70％,昼夜温差大或忽冷忽热的天气有利于病害发生。这是因为孢子囊萌发和侵入需要的温度较低(萌发 7～13℃,侵入 16℃),而菌丝生长发育需要的温度较高(20～24℃)。孢子囊形成、萌发和侵入均需较高的湿度,最好有水滴。因此,田间湿度大,夜间结露或多雾,即使雨量少,病害也会发生较快。我国各地气候条件不同,发生期差别较大,华南、华中及长江流域多发生于春秋两季,内蒙古、辽宁、吉林、黑龙江及云南 7—8 月开始发生,华北一带则多发生于 4—5 月及 8—9 月间。

②栽培条件。十字花科蔬菜连作的田块,由于土中菌量积累多,因而往往是病害早发和重发田块。秋季播种早,大白菜包心期提前利于发病,油菜也会加重冬前发病。基肥不足,追肥不及时会导致植株营养不良,抗病力下降;氮肥施用过量、生长茂密、通风不良、排水不良或过分密植的田块,株间湿度大发病重。移栽田病害往往重于直播田。

③品种抗病性。不同品种间的抗病性差异显著。孢子囊在感病品种汁液和露水中的萌发率高于抗病品种汁液中的萌发率。另外,病菌在感病品种中的生长速度明显加快,吸器形成较多,潜育期较短。大白菜形态抗性差异表现在疏心直筒的品种抗病,因外部叶片直立,田间不易密闭,叶片上难以积存水滴,故发病轻;圆球形、中心型品种,外叶开张,株间叶片重叠,湿度大,发病重。柔嫩多汁的白帮品种发病重,青帮品种发病轻;另外,白菜发育阶段不同,对霜霉病抵抗力不同,苗期子叶最感病,真叶较抗病,但进入包心期后,随着菜株加速生长,外叶开始衰老,进入感病阶段,因此该病多在生长后期发生。此外,一般抗病毒病的植株也抗霜霉病,感染了病毒病的植株也易感染霜霉病。故病毒病流行时,霜霉病也容易大发生。

【控制措施】

霜霉病的防治采用种植抗病品种、加强栽培管理为主,结合药剂防治的综防措施。

(1)利用抗病品种　抗病品种往往有地方性,要因地制宜地选用适合当地栽培的抗病品种。生产上先后应用的抗病品种有北京小青口、天津绿、大麻叶、绿保、巨珠、绿球、双青156、青槐 169 等。近年来已推出一批杂交种(杂交一代),如青杂系列、增白系列、丰抗系列等,且已广泛应用。

(2)栽培防病

①合理轮作。连作田病重,应与非十字花科作物进行隔年轮作,最好是水旱轮作,因为淹水不利于卵孢子存活,可减轻前期发病。

②适期播种。秋白菜不宜播种过早,常发病区或干旱年份应适当推迟播种。

③合理密植,注意及时间苗。

④前茬收获后,清洁田园,进行秋季深翻。

(3)加强田间肥、水管理　施足底肥,增施磷、钾肥,合理追肥。大白菜包心期不可缺肥,油菜要增施腊肥,早施薹肥,不可偏施过量氮肥。苗床要注意通风透光,选择排水良好的地块育苗、种植。低洼地宜深沟、高畦、短垄种植,雨后及时排除积水,合理灌溉,降低田间湿度。

(4)选种及种子消毒　无病株留种或播种前用种衣剂拌种。

(5)药剂防治　加强田间检查,重点检查早播地和低洼地,发现中心病株要及时喷药,控制病害蔓延。常用药剂有:三乙膦酸铝、百菌清、甲霜·锰锌、64％噁霜·锰锌和霜脲·锰锌等。每亩(667 米²)用药液 50～100 kg,随生育期不同而有所不同,前期用量少,后期用量大。隔7～10 天 1 次,连续防治 2～3 次。

◆ 6.1.4　荔枝霜疫病

荔枝霜疫病(litchi downy blight)是荔枝的重要病害,常引起大量的落果、烂果。并且可以在储藏、运输和销售中继续危害,严重影响产量和品质。广州地区每年 4—7 月为发生高峰期,一般减产 10%～30%,严重时减产 50% 以上。

【症状】

病害主要危害果实,亦危害叶片、花穗。果实受害多在果蒂处开始发病,果皮表面初生褐色不规则形病斑,以后病斑迅速扩展,以致全果成暗褐色乃至黑色,果肉腐烂,有酒味或酸味,并有褐色汁液流出。发病中后期,病部表面生白色霉状物,病果易脱落。叶片受害,多沿中脉出现褪色小斑点,后扩大为淡黄褐色不规则形的病斑,上生白色霜霉状物(图 6-5,彩图又见二维码 6-4)。花穗受害造成枯死。

图 6-5　荔枝霜疫病果实症状(李怀方原图)

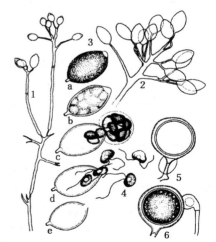

二维码 6-4

【病原】

荔枝霜疫霉(*Peronophythora litchii* Chen ex Ko *et al*.),属卵菌门。目前有的学者认为霜疫霉属于疫霉,考虑到对此病原的分类地位目前还有争议,而病害的习惯名称还是荔枝霜疫病,所以仍然放在此节中介绍。

菌丝体发达,多分枝,无隔膜,宽 2.7～5.4 μm,菌丝产生丝状吸器伸入寄主细胞内吸收养分。无性繁殖产生孢囊梗和孢子囊,孢囊梗直立,双分叉锐角分枝,前端逐渐变细,大小为(440～1 400) μm×(3.7～5.6) μm。孢子囊柠檬形、椭圆形,无色至淡褐色,顶端有明显的乳突,大小为(24.5～44.7) μm×(15.6～27.5) μm。孢子囊可直接萌发产生芽管,或间接萌发产生游动孢子,一个孢子囊可产生 5～14 个游动孢子,多为 6～8 个。游动孢子肾脏形,侧生双鞭毛,大小为(10.3～17.2) μm×(6.5～10.3) μm。萌发方式与温度有密切的关系,一般在 8～22℃产生游动孢子,26～30℃产生芽管。有性生殖产生形成卵孢子,球形,壁平滑,无色至淡黄色,大小为 18.3～30.0 μm(图 6-6)。

【发病规律】

病菌以卵孢子和菌丝体在病叶和病果上越冬,翌年环境条件适宜时,卵孢子可直接萌发长出芽管,侵入寄主,或间接萌发,长出的芽管,顶端再长

1.孢囊梗;2.孢子囊;3(a～e).孢子囊释放游动孢子的过程;4.游动孢子;5.藏卵器;6.雄器和卵孢子

图 6-6　荔枝霜疫霉(*Phytophthora litchii*)

出孢子囊,孢子囊产生游动孢子。游动孢子借风雨传播,从气孔侵入寄主,潜育期 7～12 天。发病后,病部可再产生孢子囊,进行重复侵染。果实在收获、储运、销售过程中,由于病果和健果混在一起,接触传染,能迅速引起大量果实腐烂。

病害发生发展与气候条件、果园环境和寄主状况有关。由于孢子萌发必须在水滴或重雾中进行,因此该病的发生与空气湿度关系密切,多雨、多雾或多露的情况下最适发病。荔枝从开花到果实成熟,若遇连续阴雨天气,病害往往严重发生。果园的地势低洼、排水不良、植株密度大、果园小气候和土壤潮湿时,有利于病害的发生。土壤肥沃,植株枝叶茂盛、通风透光差、叶色浓绿的发病重。

【防治措施】

防治该病应采取清洁果园,减少病原、进行药剂保护的防治措施。

(1)清洁果园　果实采收后,结合修剪,及时收集病残体集中销毁,或结合深翻把病原深埋土中,减少越冬的菌源。喷布 1 次石硫合剂或波尔多液。

(2)药剂保护　在发病重的果园,于荔枝开花前开始,每隔 10～15 天喷药 1 次,连续喷药 2～4 次,保穗、保花、保果。药剂可选用:三乙膦酸铝、代森锰锌、精甲霜·锰锌、嘧菌酯、烯酰·吡唑酯、唑酯·代森联等。

▶ 6.1.5　其他园艺植物霜霉病

其他园艺植物霜霉病见表 6-1。

表 6-1　其他园艺植物霜霉病

病害	症状	病原	发生规律	防治方法
菠菜霜霉病	主要危害叶片,病斑淡黄色,不规则形,叶背初生白霉,后变为灰紫色	粉霜霉 (*Peronospora farinosa*)	病菌以菌丝体在病残体内和以卵孢子在土壤里越冬。孢子囊由气流、雨水和昆虫传播。低温高湿下易发病;多雨多雾,低洼地、重茬地发病重	及时清除病残落叶,实行 2～3 年轮作。低洼地及时排水。适当稀植,注意通风透光。发病初期用波尔多液或百菌清喷雾
大豆霜霉病	叶片沿叶脉形成褪绿斑,扩大至全叶,叶片变黄褐色枯死。叶背密生灰白至紫灰色霉层	东北霜霉 (*Peronospora manshurica*)	病菌以卵孢子在种子和病残体中越冬,成为初侵染源。多雨高湿、气候冷凉,连作田发病重	选用抗病品种,种子消毒处理,轮作。发病初期用甲霜·锰锌喷雾
葱霜霉病	危害叶片、花梗、葱头。叶斑卵形至长卵形,灰黄色,生灰白霉层,后变为淡紫色	损坏霜霉 (*Peronospora destructor*)	病菌以卵孢子在病残体上和附在种子上越冬,鳞茎内的菌丝也能越冬。低温潮湿,多雨重雾的天气,地势低洼,生长不良的地块发病重	选用抗病品种,种子消毒,轮作。发病初期用波尔多液或甲霜·锰锌喷雾

病害	症状	病原	发生规律	防治方法
莴苣霜霉病	危害叶片,病斑淡黄色,不规则形,叶背有霜状霉层。后期病斑黄褐色,连成一片,全叶变黄枯死	莴苣盘梗霉(Bremia lactucae)	卵孢子在病残体上或菌丝体在秋播莴苣上越冬。气流传播,湿度高发病重	加强管理,降低田间湿度;清洁田园,减少病原体。烯酰吗啉喷雾
花毛茛霜霉病	危害叶,其次茎、花梗。叶上病斑淡绿色,不规则形,后灰褐色。叶背有白色霉层。花梗受害稍弯曲,畸形成龙头状	榕茛霜霉(Peronospora ficariae)	病菌以卵孢子在病残体上或土壤中越冬。天气潮湿,多雨重雾时发病重	发现中心病株后开始用药,可参照葡萄霜霉病用药
菊花霜霉病	叶面病斑不规则,界限不清,初淡绿色,后黄褐色,叶背霉层较稀,由污白色或黄白色变为淡褐色至深褐色,病叶常皱缩	菊花霜霉(Peronospora radii)	菌丝在病株上越冬,次年孢子囊借风分散传播。连作病重,植株过密病重	排水不良田块高畦栽培,春季拔除病株销毁。用波尔多液、霜脲·密菌酯或唑醚·霜脲氯喷雾
月季、玫瑰、蔷薇霜霉病	危害叶、嫩梢、花梗、花萼及花瓣。叶面病斑不规则形,界限不清,紫红色至暗褐色。气候潮湿时叶背出现稀疏的霜状霉层。病害严重时,嫩梢、叶片枯死	蔷薇霜霉(Peronospora sparsa)	病菌以卵孢子越冬越夏,植株过密,通风不良,湿度过高,氮肥过多等条件下,发病重	温室内保持通风,相对湿度控制在85%以下。发病初期用波尔多液、精甲·嘧菌酯、烯酰·氰霜唑、霜脲·嘧菌酯或代森锰锌喷雾
矢车菊霜霉病	叶正面出现浅灰绿色至浅红色病斑,不规则形,叶背病斑上产生霉层,导致叶片枯死	莴苣盘梗霉(Bremia lactucae)	湿度高发病重	清洁田园,减少病原体。参考菊花霜霉病防治
紫罗兰霜霉病	主要危害叶、嫩梢、花梗和花。叶片正面出现黄斑,叶背生白霉层。嫩梢、花梗和花上也产生霜状霉层,有时肿胀畸形	寄生淡色霜霉(Hyaloperonospora parasitica)	病菌以卵孢子在病残体和土壤中越冬。温度较低,湿度高,植株过密,通风透光不良等条件下,发病重	清洁田园,清除病残落叶,以减少越冬病源。加强通风透光,适当稀植,低洼地及时排水。参考菊花霜霉病防治
罂粟霜霉病	幼苗常致苗枯。成株叶、茎、花均可受害。叶片正面病斑淡褐色,叶背生白色、浅灰色、紫色霉层。病叶变褐干枯,茎扭曲	树状霜霉(Peronospora arborescens)	病菌以卵孢子在病残体中越冬。潮湿条件有利于发病	开花结束后,将病株和病残体集中烧毁。注意排水,防止土壤过湿。参考菊花霜霉病防治

思考题

1.园艺植物霜霉病常见的症状是什么？它与白粉病有何主要的区别？
2.试分析园艺植物霜霉病发生的特点和条件。
3.对蔬菜、果树霜霉病除药剂防治外还有哪些防治方法？

参考文献

[1] 冯东昕,李宝栋.主要瓜类作物抗霜霉病育种研究进展.中国蔬菜,1997(2):45-48
[2] 李华,郭明浩.葡萄霜霉病预测模型及预警技术研究进展.中国农学通报,2005,21(10):313-316
[3] 余永年.中国真菌志.霜霉目,北京:科学出版社,1998
[4] 周俞辛,杨云碧,张彧,等.荔枝霜疫霉不同发育阶段对4种QoI类杀菌剂的敏感性.农药学学报,2016,18(01):62-69
[5] 王永连,陈红娟.葡萄霜霉病的主要识别特征与综合防治.植物医生,2019,32(02):65-68

6.2 疫病

6.2.1 黄瓜疫病

黄瓜疫病(phytophthora blight of cucumber)是黄瓜上的重要病害之一,近年来有逐渐加重的趋势,在黄瓜产区普遍发生,来势猛,蔓延迅速,常常爆发流行,造成黄瓜大面积死亡,严重减产,成为黄瓜生产上的主要障碍。该病危害春黄瓜最重。

【症状】

黄瓜疫病在黄瓜的整个生育期均可发生,黄瓜的茎、蔓、叶、果、根均可受害。苗期染病多从生长点和嫩尖发生,初呈暗绿色水渍状萎蔫,之后逐渐干枯呈秃尖状。成株期发病,主要在茎蔓基部和嫩茎节部产生暗绿色水渍状病斑,病部发软并显著缢缩,病部以上茎叶迅速失水凋萎或全株枯死,呈青枯状。叶片受害多从叶缘或叶尖开始,产生暗绿色水渍状边缘模糊的近圆形或不规则形大斑,直径可达25 mm;湿度大时,病斑迅速扩大导致全叶腐烂。干燥时,病斑边缘明显,中间呈青灰至黄白色,干枯易碎裂。卷须、叶柄受害症状和茎上相似。瓜果受害多从接触地面处发病,病部初为暗绿色水渍状,近圆形,之后缢缩凹陷,变软腐烂,表面长出白色稀疏霉层,发出腥臭气味,常导致瓜果畸形,幼果脱落。

【病原】

掘氏疫霉(*Phytophthora drechsleri* Tucker)，属于卵菌门。

在纤维素醋酸酯(cellulose acetate，CA)培养基上，菌落灰白色，具短绒毛状气生菌丝体。菌丝粗细均匀，无色无隔，多分枝，老熟后具隔膜，宽 4.0～7.7(平均 5.8) μm。菌丝膨大体常见，多间生，椭圆形至近球形，常串生或交织成网状，直径 10.0～30.0 μm。孢囊梗与菌丝无明显分化，或简单地假轴式分枝，无色透明，宽 2.5～4.0 μm，顶生孢子囊。在皮氏液中，孢子囊卵圆形、椭圆形或长椭圆形，无色，不脱落，无乳突，顶部常较平截，部分孢子囊基部渐尖呈漏斗形，大小为(24～90) μm×(20～45) μm，平均为 58 μm×33 μm，长宽比为 1.2～2.4，平均 1.8，排孢孔宽 9～18 μm，平均 11 μm。孢子囊萌发时，释放出双鞭毛的肾形游动孢子，大小为(11～17) μm×(8～12) μm，游动孢子在水中游动片刻后鞭毛消失成为圆形的休止孢子，休止孢再萌发形成芽管侵入寄主；孢子囊萌发也可直接形成芽管。孢子囊萌发后，其内可再形成孢子囊，即有内层出现象。厚垣孢子未见。有性生殖为异宗配合，偶有同宗配合，菌丝体分化出藏卵器和雄器，藏卵器球形或亚球形，壁光滑，浅褐色，基部大多棍棒形，少数近圆锥形，直径 25～33 μm，平均 31 μm。雄器围生，单细胞，偶尔双细胞或侧生，大多圆筒形，大小为(7～37) μm×(9～25) μm，平均 19.3×18.5 μm。藏卵器受精后形成卵孢子，卵孢子球形或近球形，浅褐色，直径 18～30 μm，平均 26 μm，外壁光滑，厚 2.0～3.8 μm，满器或几乎满器(图 6-7)。病菌生长的温度范围是 9～37℃，最适温度为 26～29℃。该菌可危害葫芦科多种作物及雪松、非洲菊、刺槐、银合欢、印度枣等 23 科 86 种植物。

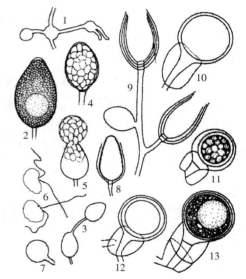

1.菌丝；2～5.孢子囊及其萌发；6.游动孢子；
7.休止孢子萌发；8,9.孢子囊层；
10～13.藏卵器、雄器和卵孢子

图 6-7　掘氏疫霉(*Phytophthora drechsleri*)

【发病规律】

(1)病害循环　病菌以卵孢子随病残体在土壤或粪肥中越冬，成为田间发病的初侵染源。翌年春、夏季，卵孢子经雨水、灌溉水传播到寄主上，萌发时产生芽管，芽管顶端与寄主表面接触时形成附着胞，在附着胞下方形成侵染钉，依靠酶的消解和机械压力穿过寄主表皮，进入寄主体内而导致寄主发病，在高湿或阴雨条件下病部产生大量孢子囊，孢子囊和所萌发的游动孢子又借风、雨传播，引起再侵染。黄瓜疫病潜育期短，再侵染频繁，在 25～30℃并有水滴存在的条件下，完成一次侵染过程仅需 24 h。

(2)发病因素　黄瓜疫病发生的早晚及流行程度与气候条件、田间小气候、栽培管理措施、品种抗病性等因素有关，尤其是田间湿度和栽培措施对该病的影响最大。

①气候条件。病害对温度的要求不严格，病原菌生长的温度范围是 8～40℃，发病适温为 28～30℃，在适温范围内，雨季来临的早晚、降雨量及雨日数是疫病发生的决定因素。因此，雨季来临早、雨量大、雨日多的年份则发病早，再侵染频繁，传播蔓延快，病情重，损失大。

田间发病高峰期通常在降雨高峰之后。南方一般是 4 月下旬开始发病,5 月中、下旬到 6 月份是发病盛期;北方的发病盛期是 7—8 月。田间小气候也是影响该病发生的重要因素,凡地势低洼,地下水位高,浇水过多或水量过大,排水不良的田块,由于土壤含水量过高,湿度过大,导致根系发育不良,植株嫩弱,抗病力下降,发病重。相反则发病轻。

②栽培管理措施。不同的作畦方式直接影响着该病的发生。高畦深沟、小高畦和半垄栽培使植株根系处在一个相对较高的位置,避免根系和茎基部直接浸泡于水中,降低了土壤湿度,减少了病菌侵染的概率,因此发病轻;平畦栽培,由于根际周围容易积水,创造了有利于孢子囊形成和游动孢子活动而不利于植株根系发育的环境,因而发病重。不同的耕作制度也与该病发生有关。由于卵孢子可以在土壤中存活 5 年,所以连作发病重,轮作发病轻。种植过密,氮肥过量,田园不洁,施用带病残体或未经腐熟的厩肥的田块均发病重。此外黄瓜的不同生育期抗病力有所差异,苗期易感病,成株期较抗病。

③品种抗病性。目前在黄瓜品种中尚未发现对该病具有完全免疫或高抗的类型,但品种间存在着显著的抗性差异。如早二春、扬行、沪 58 和乳黄瓜是高感品种,长春密刺和刺青3 号是感病品种,早青 2 号、中农 2 号、夏青 4 号、中农 1101、京旭 2 号、湘黄瓜 1~2 号、津研5 号、津研 7 号、津杂 1~4 号、大连 8102、唐山秋瓜、88-1 和 88-2 是抗病或较耐病的品种,尤其是早青 2 号、中农 2 号、津杂 1 号、津杂 3 号、津研 7 号和 88-1 较抗病。

【控制措施】

黄瓜疫病的防治应采取以栽培防病为中心,结合选用抗病品种和药剂防治的综合防治措施。

(1)选用抗病品种　选用津杂 1 号、津杂 3 号、津研 7 号、京旭 2 号、88-1 等抗病品种,淘汰地方高感品种,从无病种瓜上留种。

(2)种子消毒　用 100 倍福尔马林溶液浸种 30 min,然后洗净晾干播种。

(3)推广高畦种植,加强防涝,控制田间小气候　高畦深沟,沟渠配套,避免积水,控制浇水,尽量小水灌溉,降低田间湿度,保持地面半干半湿状态,创造不利于病原菌传播蔓延而有利于植株生长发育的小环境。

(4)加强栽培管理　轮作换茬,疫区实行与非瓜类作物 5 年以上轮作,覆盖地膜,减少土传病害向上侵染的机会;适时早播,尽量使易感病的苗期错过降雨高峰期。底肥增施磷钾肥,生长期氮肥不能施用过多。清洁田园,及时发现中心病株,拔除烧毁,消灭初侵染源。

(5)药剂防治　在预测预报的基础上于发病前开始喷药,关键在雨季来临之前提前喷药1 次达到预防保护的目的。目前防治疫病的理想药剂有:霜霉威盐酸盐、霜霉威、烯酰·吡唑酯、烯酰吗啉、唑醚·代森联等。一般用药 3~4 次为宜。

6.2.2　辣椒疫病

辣椒疫病(phytophthora blight of pepper)是辣椒生产上的一种毁灭性病害,在我国南方和北方都有分布,温室、塑料大棚及露地均有发生,尤其以中棚、大棚栽培的辣椒幼苗受害最严重,常导致苗期成片死亡,成株期受害,轻则落叶,重则整株萎蔫枯死,对产量的影响很大,甚至造成绝收。

【症状】

辣椒疫病在辣椒的整个生育期均可发生,茎、叶、果实、根都能发病。幼苗受害,茎基部初呈暗绿色水渍状软腐,之后病斑环绕茎部逐渐扩大,形成褐色至黑褐色并显著缢缩的大斑,茎、叶迅速萎蔫,病部易折断,常常造成苗期猝倒病。成株期多危害茎秆分枝处,产生暗绿色水渍状之后,变为褐色坏死长条斑,病部凹陷缢缩,植株上部萎蔫枯死,但维管束不变色,该症状有别于镰刀菌引起的枯萎病。叶片受害产生暗绿色水渍状圆形或近圆形的病斑,直径2～3cm;湿度大时整叶腐烂,干燥时,病斑淡褐色,病叶易脱落。果实受害始于蒂部,产生暗绿色水渍状病斑,湿度大时变褐软腐,表面长出白色稀疏霉层,干燥时形成僵果残留于枝上。根部受害变褐腐烂,整株萎蔫枯死。

【病原】

辣椒疫霉(*Phytophthora capsici* Leonian),属于卵菌门。

在胡萝卜培养基上,菌落灰白色,呈放射状、絮状,气生菌丝中等旺盛。菌丝形态简单,宽3.0～10.0 μm。孢囊梗不规则分枝或伞形分枝,细长,无色透明,宽1.5～3.5 μm,顶生孢子囊。孢子囊形态变异较大,近球形、卵形、肾形、梨形、长卵形、椭圆形、长椭圆形或不规则形,淡黄色,孢子囊基部圆形或渐尖,大小为(40～80)μm×(29～52)μm,平均为56.7 μm×42.2 μm,长宽比为1.4～2.7,平均1.9;具明显乳突1～2个,乳突高2.7～5.4 μm;孢子囊脱落具长柄,柄长17～61 μm;孢子囊成熟后直接萌发形成菌丝,或间接萌发释放出双鞭毛的肾形游动孢子,每个孢子囊含有14～36个游动孢子,大小为(10～15)μm×(8～10)μm,鞭毛长17～30 μm,游动孢子在水中游动片刻后鞭毛消失成为球形的休止孢,直径8～10 μm,休止孢直接萌发形成芽管或间接萌发形成卵形的小孢子囊,大小为(18～23)μm×(6～8)μm。有的菌株可产生厚垣孢子,球形或不规则形,顶生或间生,淡黄色,直径18～28 μm。有性生殖为异宗配合,配对培养易产生大量藏卵器,藏卵器球形,直径20～32 μm,壁薄,一般厚0.5～2.0 μm,光滑,浅褐色,柄大多棍棒形,少数圆锥形。雄器围生,无色,球形或圆筒形,大小为(10～20)μm×(9～14)μm,平均为12.9 μm×12.5 μm。藏卵器受精后形成卵孢子,卵孢子球形,直径21～30 μm,平均24.6 μm,淡黄色,壁光滑,厚0.5～2.5 μm,不满器(图6-8)。病菌生长的温度范围是7～36.5℃,最适温度为25～32℃。该菌可侵染多种园艺植物。

【发病规律】

(1)病害循环　病菌主要以卵孢子或厚垣孢子在病残体、土壤或种子中越冬,成为田间发病的初侵染源。翌年雨季来临时,卵孢子和厚垣孢子经雨水、灌溉水传播到寄主的茎基部或近地面果实上,引起田间初次侵染,形成发病中心或中心病株,在高湿或阴雨条件下病部产生大量孢子囊,孢子囊和所萌发的游动孢子又借风、雨传播,双鞭毛的肾形游动孢子靠水游动到侵染点附近,鞭毛脱落并形成细胞壁,静止不动成为休止孢,休止孢萌发产生芽管直接侵入或从伤口侵入寄主,不断进行再侵染。该病发病周期短,流行速度快。

(2)发病因素　辣椒疫病常发生在高温多湿的环境条件下,温度与该病的发生有一定的关系,病菌生长发育适温30℃,最高36.5℃,最低7℃,在旬平均温度高于10℃时开始发病,田间温度25～30℃,相对湿度高于85%时发病重。雨水或灌溉水与病害的发生有着密切的关系,土壤含水量超过 40％时即可发病。露地栽培,平畦种植,地势低洼,大水漫灌,浇水过多,雨后积水,排水不良的连作地块常导致疫病暴发流行。一般雨季来临或大雨过后,天气突然转晴,温度急剧上升,病害极易流行。当土壤湿度在 95％以上,病菌只要 4～6 h 就可完成侵染,2～3 天就可发生 1 代。因此,雨季来临的早晚、降雨量及雨日数是疫病发生及流行程度的决定因素。品种间存在着显著的抗性差异,双丰、甜杂、茄门和冈丰 37 等品种较感病,碧玉椒、冀研 5 号、丹椒 2 号、赣丰 5 号、晋尖椒 4 号、细线椒、83-58、91-22、91-06 和 91-2-3 等品种较抗病,辣优 4 号、翠玉甜椒、陇椒 1 号等品种较耐病。辣椒的不同生育期抗病力也有所差异,苗期易感病,成株期较抗病。此外,由于卵孢子可以在土壤中存活 2～3 年,所以连作发病重,轮作发病轻。

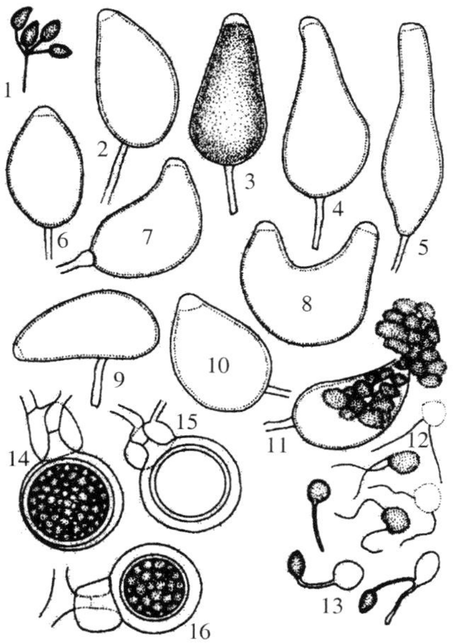

1.孢囊梗和孢子囊;2～10.孢子囊;11.孢子囊释放游动孢子;12.游动孢子;13.休止孢子萌发;14～16.藏卵器、雄器和卵孢子

图 6-8 辣椒疫霉(*Phytophthora capsici*)

【控制措施】

辣椒疫病的防治应采取以农业防治为主,药剂防治为辅的综合防治措施。

(1)农业防治

①选栽早熟避病或抗病耐病品种,培育适龄壮苗。如碧玉椒、冀研 5 号、丹椒 2 号、赣丰 5 号、晋尖椒 4 号、细线椒、83-58、91-22、91-06 和 91-2-3 等抗病品种,辣优 4 号、翠玉甜椒、陇椒 1 号等耐病品种。选留无病种子,进行种子消毒。

②避免连作,实行与茄科、葫芦科以外的作物进行 2～3 年的轮作。

③推广高畦或高垄栽培,小水勤灌,加强田间排水,避免田间积水。

④清洁田园,及时发现中心病株并拔除销毁,减少初侵染源。

(2)药剂防治　药剂防治必须抓准时机,田间出现中心病株和雨后高温多湿是药剂防治的关键时期。用药参考"黄瓜疫病"药剂防治部分。

▶ 6.2.3　番茄晚疫病

番茄晚疫病(tomato late blight)是番茄的重要病害之一,发生普遍,在全国各地的番茄产区均有不同程度的发生。多阴雨的年份发病重,在多雨、冷湿、多雾的地区常发生流行。该病除危害番茄外,还可危害马铃薯。

【症状】

番茄晚疫病在番茄的整个生育期均可发生,幼苗、茎、叶和果实均可受害,以叶和青果受害为重。幼苗染病,病斑由叶向茎蔓延,使茎变细并呈黑褐色,植株萎蔫或倒伏,高湿条件下病部产生白色霉层;叶片受害多从叶尖、叶缘开始发病,初为暗绿色水浸状不规则病斑,扩大后转为褐色。高湿时,叶背病健部交界处长出白霉,整叶腐烂,可蔓延到叶柄和主茎。茎秆染病产生暗褐色凹陷条斑,引起植株萎蔫。果实染病主要发生在青果上,病斑初呈油浸状暗绿色,后变成暗褐色至棕褐色,稍凹陷,边缘明显,云纹不规则,果实一般不变软,湿度大时其上长少量白霉,迅速腐烂(图6-9,彩图又见二维码6-5)。

二维码6-5

左:叶片;中:果实;右:茎秆

图6-9 番茄晚疫病症状(李怀方原图)

【病原】

致病疫霉[*Phytophthora infestans*(Mont.)de Bary],属于卵菌门。病菌在固体培养基上生长缓慢,菌落灰白色,气生菌丝中等旺盛。无色无隔,壁薄,多核,自由分枝。孢囊梗由菌丝生出,直立,无色,合轴分枝,较菌丝稍细,单根或多根成束从气孔伸出,大小为(624～1 136)μm×(6.3～7.5)μm,孢囊梗顶端稍膨大形成孢子囊,在孢子囊基部外侧产生新的孢囊梗分枝,分枝顶端仍然膨大并产生新的孢子囊,使整个孢囊梗呈粗细相间的节状。孢子囊卵形或近圆形,大小为(24～54)μm×(19～30)μm,无色,具半乳突,基部具短柄,顶生。萌发可产生游动孢子或直接形成芽管,每个孢子囊可释放5～12个游动孢子,在水中游动片刻后鞭毛消失成为球形的休止孢子,直径9.8～12.8 μm(图6-10)。

菌丝发育适温24℃,最高30℃,最低10～13℃。孢子囊形成最适温度为18～22℃,相对湿度为100%。孢子囊萌发,10℃条件下需3 h,15℃需2 h,20～25℃需1.5 h芽管才能侵入。此菌只危害番茄和马铃薯,且对番茄的致病力强。虽然马铃薯晚疫病菌对番茄致病力弱,但经多次侵染番茄后,致病力可以提高。致病疫霉有明显的生理分化现象。

【发病规律】

病菌主要以菌丝体在病残体或冬季栽培的番茄、马铃薯块茎上越冬,成为田间发病的初侵染源。借气流和雨水传播到番茄植株上,从气孔或表皮直接侵入。在田间形成发病中心,当条件适宜时,病菌经过3～4天的潜育期就可在中心植株上产生大量菌丝和孢子囊,借风雨、气流向周围传播蔓延,引起多次再侵染,导致该病流行。

番茄晚疫病的发生、流行与气候条件、栽培管理措施等因素有关,尤其是气候条件的影响最大。在低温、高湿,早晚多雾多露,或经常阴雨绵绵的情况下病害容易爆发流行,该病发生常见于白天气温 24℃ 以下,夜间 10℃ 以上,相对湿度 75%～100% 并持续一段时间。温度条件在大部分番茄产区都容易满足,该病能否发生或流行取决于有无饱和相对湿度或水滴。因此,降雨早晚、降雨量及雨日数是该病发生的决定因素。温度的高低影响潜育期的长短、孢子囊萌发的方式和游动孢子的侵染速度,而湿度或水滴则决定着孢子囊是否萌发和游动孢子是否侵染。在最适温度 19～23℃ 时,潜育期最短,只有 3 天。温度降低,潜育期延长。高温低湿孢子囊易失活。常温下,孢子囊在相对湿度低于 80% 的条件下仅存活几小时。

病害的发生与植株本身的抗病性、寄主的生育期以及栽培条件等也有密切关系。地势低洼、排水不畅、过度密植、造成田间小气候湿度过大,有利于病害发生。偏施氮肥,植株徒长,或土壤肥力不足,植株营养不良,长势衰弱,以及番茄生长的中后期,植株老化等因素常常导致寄主植物抗病性下降,易导致病害的发生。

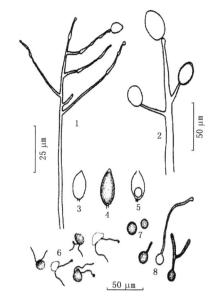

1,2.孢囊梗和孢子囊;3,4.孢子囊;5.空孢子囊内留有 1 休止孢子;6.游动孢子;7.休止孢子;8.休止孢子萌发

图 6-10　致病疫霉(*Phytophthora infestans*)

【防治措施】

(1)种植抗病品种　因地制宜地选用适合当地栽培的抗病品种。生产上先后使用的抗病品种有强力米寿、荷兰 5 号、圆红、渝红 2 号、中蔬 4 号、中蔬 5 号、佳红、中杂 4 号等。

(2)严格实行轮作　番茄与非茄科作物实行 3 年以上轮作,远离马铃薯种植田块。

(3)加强田间管理　采取高畦种植,提早培土,深开排水沟,避免积水,控制浇水,合理密植,及时整枝打杈,摘除植株下部老叶,加强通风透光,降低田间湿度,采用配方施肥技术,创造有利于植株生长发育的小环境。

(4)药剂防治　加强病害发生测报,一经发现中心病株应及时摘除病叶、病枝、病果,拔除销毁重病株,并对中心病株周围的植株进行喷药保护,特别注意喷植株的中下部的叶片和果实,防止病菌蔓延危害。如果田间温湿度适宜发病时,必须对全田进行喷药预防保护。常用的药剂有代森锰锌、氢氧化铜、精甲·百菌清、唑醚·喹啉铜、烯酰·代森联、霜脲·锰锌等。

在病害防治过程中要限制单一杀菌剂的使用次数;按推荐剂量使用;将不同作用机理的杀菌剂轮换使用;优先进行保护性施药;严格施药间隔期,避免持效期低剂量造成抗药性筛选压力。

▶ 6.2.4　其他园艺植物疫病

其他园艺植物疫病见表 6-2。

表 6-2　其他园艺植物疫病

病害	症状	病原	发生规律	防治方法
茄绵疫病	主要危害果实,初期产生水渍状圆形小点,之后扩大蔓延呈褐色斑块,凹陷,变黑腐烂,长出白色稀疏霉层	烟草疫霉(*Phytophthora nicotianae*);辣椒疫霉(*Phytophthora capsici*)	以卵孢子随病残体在土壤中越冬,借风雨传播。雨水多、湿度大、地势低洼的连作地发病重	选用抗病品种,加强栽培管理,降低田间湿度,实行与非茄科作物3年以上轮作。药剂防治参考辣椒疫病
马铃薯晚疫病	主要危害叶片和薯块。叶上病斑初为水渍状黄化小点,之后扩大蔓延到主脉或叶柄,病叶萎蔫下垂,变褐枯死。湿度大时,病斑边缘长有白色稀疏霉层。块茎发病产生淡褐色微凹陷的不规则形病斑,组织变褐软腐,有恶臭	致病疫霉(*Phytophthora infestans*)	以菌丝体在薯块中越冬,成为下一年的初侵染源。孢子囊借风雨传播造成多次再侵染。病菌喜温暖高湿、阴雨天气,多雾、低洼、排水不良的田块,因田间小气候湿度较大,所以发病早而重	选栽抗病品种,选用无病种薯,建立无病留种田,从而减少初侵染源。加强栽培管理,适时早播,选择排水良好的田块种植,及时拔除并销毁中心病株。药剂防治可选择代森锰锌、烯酰·锰锌、氟吡菌酰胺·嘧霉胺、噁酮·霜脲氰、烯酰·代森联、氟吡菌胺·霜霉威等
芋疫病	主要危害叶片,初生黄褐色圆形小斑,后逐渐扩大形成具同心轮纹的大斑,边缘具暗绿色至黄色的水渍状晕圈,后期多形成穿孔。湿度大时,病部长出白色稀疏霉层	芋疫霉(*Phytophthora colocasiae*)	以菌丝体在种芋中或以厚垣孢子在病残体上越冬,孢子囊借风雨传播造成多次再侵染。该病在高温、多雨,时雨时晴的盛夏和梅雨季节发病重;在种植过密、通风透光不好、排水不良的田块发病重	选栽抗病品种,选用无病种芋,建立无病留种田。实行1～2年水旱轮作。加强栽培管理,合理密植,增施磷、钾肥,提高植株抗病性。推广高畦深沟栽培。药剂防治参考辣椒疫病
豇豆疫病	主要危害茎蔓及叶片。茎蔓受害产生水渍状暗绿色不定形斑,之后变褐缢缩,茎叶枯萎腐烂,长出白色稀疏霉层。叶片受害产生水渍状暗绿色病斑,之后变褐腐烂,长出白色稀疏霉层	豇豆疫霉(*Phytophthora vignae*)	以卵孢子随病残体在土壤中越冬,孢子囊借风雨传播。在适温范围内,多雨潮湿,阴雨绵绵或雨后转晴的天气易发病。在地势低洼、排水不良、种植过密、通风不好的田块发病重	选用抗病品种,加强栽培管理,采用高畦深沟种植,合理密植,降低田间湿度,实行轮作。药剂防治参考辣椒疫病
韭菜疫病	主要危害叶、茎、根。叶片受害产生水渍状暗绿色缢缩病斑,之后变黄枯萎,湿度大时长出白色稀疏霉层。茎部及鳞茎受害呈浅褐色水渍状软腐。根部受害变褐软腐,根毛减少,植株枯萎	烟草疫霉(*Phytophthora nicotianae*)	以卵孢子、厚垣孢子或菌丝体随病残体在土壤中越冬,孢子囊借风雨传播。一般降雨量大而集中的年份发病重。在地势低洼,排水不良的田块发病重	实行与非葱蒜类、非茄科蔬菜2～3年轮作。加强栽培管理,深挖排水沟,雨后及时排水。药剂防治参考辣椒疫病

病害	症状	病原	发生规律	防治方法
大葱、细香葱疫病	主要危害叶片、花梗,产生青白色小斑,之后病斑变白枯萎。湿度大时长出白色絮状霉层	烟草疫霉(*Phytophthora nicotianae*)	以卵孢子、厚垣孢子或菌丝体随病残体在土壤中越冬,孢子囊、游动孢子借风雨传播进行再侵染。阴雨绵绵的雨季易发病,地势低洼、排水不良、种植密度过大的田块发病重	实行与非葱蒜类蔬菜2～3年轮作。加强栽培管理,清除病残体,控制初侵染源。深挖排水沟,雨后及时排水,合理密植。药剂防治参考辣椒疫病
苹果、梨疫腐病	主要危害果实、根茎及叶片。果实受害产生褐色病斑,之后扩大成不规则形水渍状暗红褐色,湿度大时果面长出白色絮状霉层,病果腐烂,少数形成僵果。根颈部受害产生黑褐色,开裂凹陷的病斑,最后环割腐烂,整株枯萎死亡。叶片受害产生暗褐色水渍状不规则形病斑	恶疫霉(*Phytophthora cactorum*)	以卵孢子、厚垣孢子或菌丝体随病残体在土壤中越冬,孢子囊、游动孢子借风雨传播进行再侵染。一般降雨量大而集中的年份发病重,雨后高温容易发病。土壤积水,田间小气候湿度过大则发病重	加强果园管理,清除病果、病叶、病枝等病残体,消灭初侵染源。加强中耕除草,降低果园湿度,减少发病。在根茎和枝干的受病部位,采用刮皮或割条手术后及时喷药防治,药剂防治参考辣椒疫病
柑橘褐腐病	引致柑橘果实褐腐和根部腐烂。病果产生水渍状淡褐色圆形病斑,变软腐烂,长出白色絮状霉层,发出带刺激性的芳香气味。根茎部受害产生黄褐色水渍状不规则形病斑,湿度大时,病部腐烂溢出胶液,放出酒糟味,后期病部干缩,开裂,露出木质部	柑橘褐腐疫霉(*Phytophthora citrophthora*)	以菌丝体和卵孢子在老病灶、病果及病残体上越冬,孢子囊和游动孢子借风雨传播进行再侵染。在高温、高湿条件下,不论是果园里还是储运期间都会造成严重危害	加强果园管理,清除病果、病叶、病枝等病残体,消灭初侵染源。加强中耕除草,开沟排水,避免雨后积水,增施有机肥。在受害的根颈部位,采用刮皮或割条手术后及时喷药防治,药剂防治参考辣椒疫病
百合疫病	茎、叶、花、球根均可发病。茎基部受害产生褐色水渍状病斑,后期腐烂,整株枯萎。叶片受害产生暗绿色水渍状病斑。花受害后软腐。球根受害呈褐色水渍状病斑,之后腐烂,产生白色霉层	恶疫霉(*Phytophthora cactorum*);寄生疫霉(*Phytophthora nicotianae*)	以卵孢子在土壤中病残体上越冬。雨水多,排水不良时发病重	大面积生产时应实行轮作,用敌克松进行土壤消毒。推广高畦栽培,深挖排水沟,雨后及时排水,拔除并销毁中心病株。药剂防治参考辣椒疫病

病害	症状	病原	发生规律	防治方法
落地生根根茎腐烂病	根茎部初期产生小黑点,之后扩大成大黑斑,茎基腐烂,花、叶甚至全株枯萎	恶疫霉(*Phytophthora cactorum*);烟草疫霉(*Phytophthora nicotianae*)	以卵孢子在土壤中越冬。高温多雨的季节和地势低洼积水的园圃发病重	加强栽培管理,施用有机肥,避免氮肥施用过多,浇水过多和人为的损伤。药剂防治参考辣椒疫病
翠菊根腐病	根、茎上产生水渍状黑色病斑,之后软腐,植株枯萎	隐地疫霉(*Phytophthora cryptogea*)	病菌由土壤和无性繁殖材料传播,通过幼根或伤口侵入。地势低洼,排水不良的园圃发病重	选用无病繁殖材料,土壤处理,深沟排水,适当浅植。药剂防治参考辣椒疫病
非洲菊根茎腐烂病	根、茎上产生水渍状黑色病斑,叶片迅速萎蔫,褐变,之后病部软腐,植株枯萎,地上部分容易拔起	隐地疫霉(*Phytophthora cryptogea*)	病原菌在土壤和病残体中越冬,通过幼根或伤口侵入。地势低洼,排水不良的园圃发病重	选用无病繁殖材料,土壤处理,深沟排水,适当浅植,采花后造成伤口应该及时喷药保护。药剂防治参考辣椒疫病
刺槐枯萎病	主干基部产生圆形、椭圆形至不规则形黑褐色病斑,病健交界明显,幼树病部稍凹陷缢缩,植株枯萎死亡	樟疫霉(*Phytophthora cinnamomi*);烟草疫霉(*Phytophthora nicotianae*)	病菌在土壤和病株上越冬,土壤是重要的初侵染源。孢子囊和游动孢子借风雨传播,从伤口侵入。夏季多雨潮湿容易发病	加强栽培管理,增施磷、钾肥,避免氮肥施用过多,苗木适当密植,降低园圃湿度。药剂防治参考苹果、梨疫腐病
紫罗兰枯萎病	根和茎基部变黑,下部叶变黄,整株枯萎死亡	大雄疫霉(*Phytophthora megasperma*)	病菌随病残体在土壤中越冬或种子带菌。孢子囊和游动孢子借风雨传播危害。园圃湿度大时发病重	加强水肥管理,拔除中心病株,适当密植,降低园圃湿度,进行种子处理。药剂防治参考辣椒疫病
金鱼草疫病	病原菌主要危害茎秆和根,病部呈褐色腐烂,湿度大时,产生白色绢丝状霉层,植株萎蔫枯死	烟草疫霉(*Phytophthora nicotianae*)	以卵孢子和厚垣孢子随病残体在土壤中越冬,孢子囊和游动孢子靠流水蔓延传播。在低洼和排水不良的地块发病重	加强栽培管理,选择地势高,排水良好的地方种植,进行土壤消毒。药剂防治参考辣椒疫病
马蹄莲根腐病	叶片产生浅黄色条纹斑,变褐软腐,萎蔫枯死	马蹄莲疫霉(*Phytophthora richardiae*)	病原菌在根状茎和病残体中越冬,靠水流传播,地势低洼、排水不良的园圃发病重	进行根状茎消毒。药剂防治参考辣椒疫病
冬珊瑚疫病	叶片产生水渍状不规则形褐色病斑,萎蔫下垂。茎和果实呈水渍状腐烂,湿度大时病部长出白色絮状霉层	寄生疫霉(*Phytophthora parasitica*)	卵孢子随病残体在土壤中越冬,借风雨传播进行再侵染。梅雨和秋雨季节发病重	用消毒土育苗,选择地势较高,排水良好的田地种植。药剂防治参考辣椒疫病

病害	症状	病原	发生规律	防治方法
万寿菊茎腐病	茎部受害后变褐色，皱缩，上部叶片枯萎死亡。根和种子受害后腐烂	隐地疫霉（Phytophthora cryptogea）	病原菌在土壤和病残体中越冬，靠水流传播，地势低洼、排水不良的园圃发病重。法兰西万寿菊和矮化品种较抗病，非洲型品种最感病	选用抗病品种，进行土壤消毒，培育无病苗，拔除并销毁中心病株。药剂防治参考辣椒疫病
长春花疫病	主要危害嫩叶，初期呈水渍状小斑，逐渐扩大，湿度大时产生绵状霉层。严重时花和叶软腐，茎秆曲折下垂	芋疫霉（Phytophthora colocasiae）	病原菌在病残体中越冬，孢子囊借风雨传播，病害在降雨多、排水不良时发病重	拔除并销毁中心病株。药剂防治参考辣椒疫病
大岩桐疫病	叶片产生水渍状暗褐色病斑，向叶柄、茎秆扩展，叶片软腐，形成较大的水渍状凹陷狭窄斑，植株矮化枯萎。严重时球茎凹陷，变成黑褐色软腐，根也变黑	隐地疫霉（Phytophthora cryptogea）	病菌以卵孢子随病残体在土壤中越冬。高温、高湿、地势低洼、排水不良时发病重	加强栽培管理，选择地势高，排水良好的地方种植，平整土地，避免积水。合理密植，浇水不宜过多。药剂防治参考辣椒疫病
杜鹃疫霉根腐病	根部受害纤细瘦弱，水渍状，皮层脱落呈浅红棕色。上部叶片枯黄萎蔫	樟疫霉（Phytophthora cinnamomi）	卵孢子随病残体在土壤中越冬，孢子囊和游动孢子靠流水蔓延传播	进行土壤消毒，培育无病苗，拔除并销毁中心病株，浇水不宜过多。药剂防治参考辣椒疫病

▶▶ 思 考 题 ◀◀

1. 园艺植物疫霉病有何共同的症状特点？
2. 比较各有哪些因子影响黄瓜、辣椒、番茄疫霉病的发生和流行。
3. 防治园艺植物疫霉病的措施有何共同的特点？为什么有些措施未在这类病害防治中采用？
4. 防治植物疫霉病的化学药剂有何共同的特点？

▶▶ 参考文献 ◀◀

[1] 李宝聚，石延霞，王满意，等.辣椒根腐型疫病诊断与防治.中国蔬菜，2008(6):55-56
[2] 石延霞，李宝聚，薛敏菊.番茄晚疫病症状诊断、流行规律及防治.中国蔬菜，2007(2):57-58
[3] 张丽，荣强.黄瓜疫病的发病症状及综合防治技术.长江蔬菜，2019(17):46-47

[4] 王晓梅,程丽,张浩.9种杀菌剂及其不同配比对辣椒疫霉菌的毒力测定.吉林农业大学学报,2014,36(04):407-410

6.3　白粉病

白粉病是植物上发生既普遍又严重的重要病害,除了针叶树外,各种农作物、各类蔬菜果树、观赏植物都有白粉病的发生。白粉病主要为害叶片、叶柄、嫩茎、芽及花瓣等幼嫩部位。被害部位产生近圆形或不规则形褪绿斑,且可相互汇合,成为边缘不明显的大斑,其上布满白粉状物,即病菌的菌丝体、分生孢子梗和分生孢子。后期,白粉变为灰白色或浅褐色,病叶枯黄、皱缩,幼叶常扭曲、干枯,其上可形成黑褐色小粒点(病菌的闭囊壳)。

白粉病病原菌为专性寄生菌,体表寄生,菌丝体只附着在植物体表,靠菌丝产生的吸器伸入寄主细胞内吸收营养。病菌多以菌丝体在芽中越冬或以闭囊壳在病叶、病枝上越冬,有时分生孢子也可以在病部越冬。病菌的粉孢子(分生孢子)靠气流传播,在植物生长季节可发生多次再侵染,引起病害流行。粉孢子萌发最适湿度为97%～99%,水膜对孢子萌发不利,因此高湿度是病害发生的主要因素,冷凉的气候也适于白粉病的发生。该病在温室栽培条件下周年发生。

防治白粉病主要采取减少初侵染源和化学防治相结合的方法。

6.3.1　月季白粉病

月季白粉病(Chinese rose powdery mildew)是世界性病害,月季栽培区均有发生,是温室和露地栽培月季的重要病害。此外玫瑰、蔷薇等植物也可受到侵染。白粉病对月季生产危害很大,引起叶片早落、枯梢、花蕾畸形或完全不能开放。连年发生则严重削弱月季的生长,植株矮化弱小。一般来说,温室发病较露地重。

【症状】

白粉病为害月季的绿色幼嫩器官,叶片、花器、嫩梢发病重。早春,病芽展开后的叶片上下两面都布满了白粉层(图 6-11,彩图又见二维码 6-6)。叶片皱缩反卷,变厚,为紫绿色,逐渐干枯死亡,成为初侵染源。生长季节叶片受侵染,首先出现褪绿斑,逐渐扩大为圆形或不规则形的大型斑,表面覆盖大量白粉层,严重时白粉斑相互连接成片,导致全叶枯黄脱落。老叶比较抗病。嫩梢和叶柄发病时病斑处稍肿大,节间缩短,病梢有回枯现象。叶柄及皮刺上的白粉层很厚,难剥离。花蕾受害后被满白粉层,逐渐萎缩干枯。受害轻

图 6-11　月季白粉病症状

园艺植物病理学(第 3 版)

的花蕾开出的花朵呈畸形。幼芽受害不能适时展开，展开晚且生长迟缓。

【病原】

毡毛叉丝单囊壳［*Podosphaera pannosa*（Wallr.）de Bary，异名：毡毛单囊壳 *Sphaerotheca pannosa*（Wallr.）Lév.］，属子囊菌门。闭囊壳直径 90～110 μm，附属丝短，闭囊壳内含 1 个子囊，子囊椭圆形或长椭圆形，少数球形，无柄，大小为（99～100）μm×（60～75）μm；子囊孢子 8 个，大小为（20～27）μm×（12～15）μm。粉孢子向基型串生、单胞、椭圆形、无色，大小为（20～29）μm×（13～17）μm，分生孢子梗直立、简单、大小为（73～90）μm×（9～11）μm（图 6-12）。月季上只有无性繁殖阶段，蔷薇、黄刺玫等寄主上可形成闭囊壳。

二维码 6-6

【发病规律】

病菌主要以菌丝体在芽中越冬，在有些地区或寄主（玫瑰、黄刺玫）上，病菌可以闭囊壳越冬。分生孢子在温室可周年侵染，引起发病。粉孢子主要由气流传播，直接侵入寄主。温暖潮湿的气候有利于发病。在温度为 20℃，湿度为 97%～99% 的条件下，粉孢子 2～4 h 就萌发；5 天左右就又能形成粉孢子。一般夜间温度较低（15～16℃）、湿度较高（90%～99%）有利于孢子萌发及侵入，白天气温高（23～27℃）、湿度较低（40%～70%）则有利于孢子的形成及释放。在这种条件下，可预测白粉病在 3～6 天后发生。只要温室温度保持在 2～5℃ 以上，就有可能发病，因此温室栽培月季具备周年发病的条件。

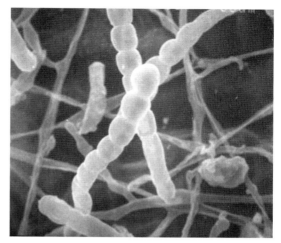

图 6-12　月季白粉病菌分生孢子梗和分生孢子

（康振生、黄丽丽原图）

多施氮肥，栽植过密，光照不足，通风不良都加重该病的发生。灌溉方式、时间均影响发病，滴灌和白天浇水能抑制病害的发生。

月季品种间抗病性有差异。一般来说，小叶、无毛的蔓生多花品种较抗病；芳香族的多数品种，尤其是红色花品种均感病。据美国资料报道，栽培品种 Pink Favorite 和 Sarebande 都是高抗品种。抗病品种叶片中磺基丙氨酸含量很高，而磺基丙氨酸等含氮物质对病菌有明显的抑制作用。在感病品种的嫩叶中含有 β-丙氨酸，这正是月季白粉病粉孢子萌发所必要的物质，抗病品种或感病品种的老叶中则没有这种物质。

【控制措施】

（1）减少侵染来源　结合修剪剪除病枝、病芽和病叶。休眠期喷洒 2～3 波美度的石硫合剂，消灭病芽中的越冬菌丝或病部的闭囊壳。

（2）加强栽培管理，改善环境条件　栽植密度、盆花摆放密度不要过大；温室栽培注意通风透光；增施磷、钾肥，氮肥要适量；灌水最好在晴天的上午进行。

（3）化学防治　防治白粉病的药剂较多，在月季上常用的有三唑酮、肟菌酯和唑醚·啶酰菌。化学防治应注意药剂的交替使用，以免白粉菌产生抗药性。

▶ 6.3.2 瓜类白粉病

瓜类白粉病(cucurbits powdery mildew)是瓜类作物上分布广泛、危害较重的一类病害,通常在植株生长中后期发生,严重时造成叶片干枯。瓜类植物中的黄瓜、西葫芦、南瓜、甜瓜、苦瓜等均可被害。我国北方以黄瓜、西葫芦、南瓜、甜瓜发生较重,南方以黄瓜和苦瓜发生较重。我国的南北方,温室、塑料大棚及露地黄瓜上均有发生,它与霜霉病一样,对黄瓜生产造成很大威胁,病害一旦发生,病情发展迅速。该病在黄瓜全生育期均可发生,但以中、后期危害较重。

【症状】

白粉病自苗期至收获期都可发生,主要危害叶片,亦危害茎部和叶柄,一般不危害果实。在黄瓜上,发病初期,叶片正面或叶背面产生白色近圆形的小粉斑,以后逐渐扩大成边缘不明显的连片白粉斑,好似叶片被撒上一层白粉一样(图 6-13,彩图又见二维码 6-7)。随后许多病斑连在一起布满整个叶面,白粉状物渐变成灰白色或红褐色,叶片也变成枯黄而发脆,但一般不脱落。到秋季病斑上出现散生或成堆的黑褐色小点,即病原菌的闭囊壳。

图 6-13　黄瓜白粉病症状(赵杰原图)

【病原】

包括瓜类白粉菌(*Erysiphe cucurbitacearum* Zheng et Chen)和棕丝叉丝单囊壳[*Podosphaera fusca*(Fr.)Braun et Shishkoff,异名:瓜单囊壳 *Sphaerotheca cucurbitae*(Jacz.)Zhao],属于子囊菌门。专性寄生,危害葫芦科植物。两种病菌的无性繁殖都产生成串的、椭圆形无色的分生孢子。分生孢子梗不分枝,圆柱形,无色。瓜类白粉菌分生孢子向基型 2 个串生,闭囊壳内多子囊,附属丝菌丝状,长约 $300\ \mu\mathrm{m}$;瓜单囊壳分生孢子向基型多个串生,闭囊壳内单子囊,附属丝稀少,无色或仅下部淡褐色。有性繁殖均产生扁球形、暗褐色、无孔口的闭囊壳,附属丝丝状(图 6-14)。

白粉菌在寄主组织表面生长繁殖,在寄主细胞中形成吸器,吸取寄主细胞内的营养,这就是白粉病一般在病叶上不出现坏死斑的原因。但当植物的大量营养物被病原菌夺取,最后寄主的细胞仍可死亡,所以,发病后期病叶呈枯黄状。闭囊壳一般多在植株中段以下老熟叶片上,特别是叶背面比正面形成的多。浙江杭州地区,在秋南瓜和凤仙花的病叶上可见闭囊壳;东北吉林等地,田间秋季黄瓜、西葫芦、南瓜上白粉病发生极为普遍,但未发现闭囊壳,故此病在我国北方一些地区,田间及温室发病的初侵染来源还不清楚,尚需进一步研究。

两种病菌的寄主范围都很广泛,除为害葫芦科蔬菜如黄瓜、甜瓜、南瓜、冬瓜等外,还可以侵染向日葵、芝麻、绿豆、凤仙花等多种作物和杂草。

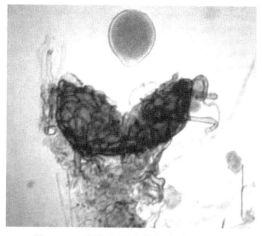

图 6-14　瓜类白粉病菌闭囊壳和子囊
(McGrath,Cornell University,
Riverhead,LI,NY 图)

【发病规律】

在低温干燥的地区,瓜类白粉病菌以闭囊壳随病株残体遗留在田间越冬;在较温暖的地区,病菌以菌丝体在保护地(温室和塑料大棚内)的被害寄主植物上越冬。越冬后的闭囊壳一般在第二年的 5—6 月份当气温在 20～25℃时释放出子囊孢子,或由菌丝体上产生分生孢子,在适宜的条件下侵入寄主,造成初次侵染。子囊孢子及分生孢子主要借气流传播,其次是雨水。当条件适宜时,在当年初发病的部位上,又能产生大量分生孢子进行再次侵染。至晚秋,在受害部位再形成闭囊壳越冬。

(1)温、湿度与发病的关系　病菌的分生孢子萌发所要求的湿度范围较大,即使相对湿度低至 25% 也能萌发,但如叶面上有水滴存在时,因分生孢子吸水后膨压过大,会引起孢子破裂,反而对萌发不利。分生孢子在 10～30℃ 的范围内都能萌发,而以 20～25℃ 为最适宜,超过 30℃ 或低于 -1℃,则难以萌发并且会失去生活力。据试验观察,分生孢子在 26℃ 左右,能存活 9 h;30℃ 以上或 -1℃ 以下,很快失去生活力。露地栽培的瓜类作物,当田间湿度较大,温度在 16～24℃ 时,白粉病很易流行;在高温干旱条件下,病情即受到抑制;病害发生一般在梅雨期和多雨潮湿的秋季。在温室、塑料大棚里容易造成湿度较大、空气不流通的条件,也适于白粉病的发生,且常较露地植株发病早而严重。

(2)栽培管理与发病的关系　栽培管理粗放,施肥、灌水不适,尤其偏施氮肥的地块,易造成植株徒长,枝叶过密,通风不良、株间湿度大,利于白粉病发生;光照不足,植株长势弱,也有利于病害的发生。

此外,瓜类生育期不同,对白粉病的感病性有差异,如黄瓜幼嫩的植株或成长中的嫩叶,一般有较强的抗病力;而至生长中后期,抗病力则逐渐减弱。

【控制措施】

白粉病的防治应以选用抗病品种和加强栽培管理为主,结合药剂防治的综合措施。

(1)选用抗病品种与加强栽培管理　一般抗霜霉病的黄瓜品种也较抗白粉病。有利于防治霜霉病的栽培措施,也有利于防治黄瓜白粉病。主要是注意田间通风、透光,降低湿度,加强肥水管理,防止植株徒长和脱肥早衰等。温室栽培的要注意通风换气,露地栽培的应避免在低洼、通风不良的园地种植。在生长期间,避免偏施氮肥,应适当增施磷、钾肥,提高植物抗病力。当发现白粉病叶时,应及时摘除并销毁。

（2）温室熏蒸消毒　在播种前或定植前2～3天可把整好地的温室熏蒸1次。其原理是利用病菌对硫制剂的敏感性,防治温室黄瓜白粉病。一般4～7天熏蒸1次。

（3）药剂防治　目前防治白粉病的药剂较多,每隔7～10天喷药1次或交替使用,甲基硫菌灵可湿性粉剂、硫黄水分散剂、腈菌唑可湿性粉剂、己唑醇悬浮剂等。试验显示生物农药多抗霉素和丁子香酚对黄瓜白粉病也有很好的防效。保护地可采用百菌清烟剂熏蒸。

▶ 6.3.3　其他园艺植物白粉病

其他园艺植物白粉病见表6-3。

表6-3　其他园艺植物白粉病

病害	症状	病原	发生规律	防治方法
苹果白粉病	主要危害叶片,嫩叶染病后,叶背发生白粉斑,病叶皱缩扭曲。后期在病斑上,特别是在嫩茎及叶脉间,生出密集的黑色小粒点。病芽在春季萌发较晚,抽出的新梢和嫩叶整个覆盖一层白粉	白叉丝单囊壳（*Podosphaera leucotricha*）	以菌丝潜伏在冬芽的鳞片间(内)越冬。顶芽带菌率显著高于侧芽。第四侧芽以下则基本不受害。4—6月为发病盛期,8月底在秋梢上再次蔓延危害。病害发生的两个高峰期完全与苹果树的新梢生长期相吻合。苹果品种之间抗病性有差异	清除病原:结合冬季修剪,剪除病枝、病芽。早春果树发芽时,及时摘除病芽、病梢。药剂防治:一般于花前及花后各喷一次杀菌剂。有效的药剂有硫悬浮剂,石硫合剂,三唑酮,戊唑醇,苯醚甲环唑等。在流行地区与年份,应栽植抗病品种
梨白粉病	一般危害老叶,7—8月叶片背面产生圆形或不规则形的白粉斑,并逐渐扩大,直至全叶背布满白色粉状物。9—10月,当气温逐渐下降时,在白粉斑上形成很多黄褐色小粒点,后变为黑色闭囊壳	梨球针壳（*Phyllactinia pyri*）	以闭囊壳在病落叶上及黏附在枝梢上越冬,通过风雨传播	参考苹果白粉病防治方法
柑橘白粉病	主要危害柑橘新梢、嫩叶及幼果,被害部覆盖一层白粉,可引起落叶落果及新梢枯死	*Fibroidium tingitaninum* 异名:柑橘粉孢菌（*Oidium tingitaninum*）	侵染循环尚不清楚	发病初期及时摘除病梢、病叶及病果。参考苹果白粉病防治方法,冬季和春季抽梢时分别使用石硫合剂等杀菌剂
葡萄白粉病	病叶表面生灰白色粉斑,严重时整叶受害,使病叶卷缩枯萎。果实被害,外被一层白粉,果粒变成褐色至灰黑色。新梢果梗也可受害	葡萄白粉菌（*Erysiphe necator*）	以菌丝体在病组织中或芽内越冬。翌年形成分生孢子,通过气流传播	结合清除病枝、病叶、病果,集中烧毁或深埋。发芽前喷1次石硫合剂。生长季节可喷洒其他杀菌剂

病害	症状	病原	发生规律	防治方法
山楂白粉病	主要危害新梢、幼果和叶片。病部布满白粉,且粉层较厚呈绒毯状。病芽上的病斑粉红色,且迅速蔓延到整个幼叶。幼果在落花后发病,易脱落。稍大的果实受害,病斑硬化、龟裂,果实畸形,着色不良	隐蔽叉丝单囊壳(*Podosphaera clandestina*)	病菌主要以闭囊壳在病叶、病果上越冬,春雨后释放子囊孢子,首先侵染根蘗,并产生大量分生孢子,靠气流传播。5~6 月为发病盛期。一般春旱年份适于白粉病的流行。管理不善,树势衰弱时发病较重	参考苹果白粉病防治方法
桃、李白粉病	危害叶片,叶片两面产生不定形粉斑,并可相互汇合成片,秋季在粉斑上形成小黑粒点	三指叉丝单囊壳(*Podosphaera tridactyla*)	病菌以闭囊壳在落叶上越冬。翌春产生子囊孢子经风雨传播	冬季清除落叶,生长季节喷药防治
柿白粉病	危害叶片,造成早期落叶。夏季病斑黑色,秋季老叶背面出现典型的白粉斑,后期白粉中产生初黄色后变为黑色的小粒点	柿生球针壳(*Phyllactinia kakicola*)	病菌以闭囊壳在病落叶上越冬	冬季清除病落叶和病枝梢,生长季节喷药防治
菊花白粉病	危害叶片,受害叶片失绿,并覆盖白粉层	菊科白粉菌(*Erysiphe cichoracearum*)	病菌以闭囊壳或菌丝体在病落叶上越冬	冬季清除病落叶和病枝梢,生长季节喷药防治
芍药白粉病	主要危害叶片,叶面密被白粉层,后期产生小黑点	芍药白粉菌(*Erysiphe paeoniae*)	病菌以闭囊壳或菌丝体在病落叶上越冬	冬季清除病落叶和病枝梢,生长季节喷药防治
丁香白粉病	危害叶片,叶面生白色粉层,叶背较少。后期产生闭囊壳	华北紫丁香白粉菌(*Erysiphe syringae-japonicae*)	病菌以闭囊壳在病落叶上越冬。有多次再侵染	冬季清除病落叶和病枝梢,生长季节喷药防治
黄栌白粉病	主要危害叶片,叶面密被白粉层,后期产生小黑点	漆树白粉菌(*Erysiphe verniciferae*)	以闭囊壳在病落叶上越冬或以菌丝体在病枝条上越冬	冬季清除病落叶和病枝梢,生长季节喷药防治
紫薇白粉病	在我国普遍发生。主要危害叶片、嫩梢和花蕾,病部密被白粉层,后期产生小黑点	南方白粉菌(*Erysiphe australiana*)	以菌丝体在病芽,或以闭囊壳在病落叶上越冬,粉孢子由气流传播	清除病落叶,集中销毁。生长季节喷药防治

病害	症状	病原	发生规律	防治方法
正木（大叶黄杨）白粉病	主要危害叶片,在叶面产生圆形白粉斑,严重时叶背、新梢均覆白粉,病叶萎缩、枯黄	正木白粉菌（*Erysiphe euonymi-japonici*）	以菌丝体或分生孢子在被害组织内或芽鳞间越冬。粉孢子由气流传播	生长季节喷药防治
凤仙花白粉病	主要危害叶片、嫩茎和花蕾等,病部密被白粉层,后期产生小黑点	凤仙花叉丝单囊壳（*Podosphaera balsamina*）,异名:凤仙花单囊（*Sphaerotheca balsamina*）	以闭囊壳在病落叶上越冬	生长季节喷药防治
辣椒白粉病	主要危害叶片,叶正面呈黄绿色不规则斑块,边缘不清晰,白粉少,背面生大量白粉斑,病叶易早落	鞑靼内丝白粉菌（*Leveillula taurica*）	在气候温暖地区,白粉病周年发生。分生孢子靠气流传播,萌发后直接入侵,潜育期约5天。再侵染频繁	喷施苯甲·氟酰胺、咪酰胺等杀菌剂
瓜叶菊白粉病	主要危害叶片,也侵染其他部位。病部密被白粉层,后期产生小黑点	菊科白粉菌（*Erysiphe cichoracearum*）	以闭囊壳在病残体上越冬,气流传播,直接入侵	以药剂防治为主
菜豆白粉病	主要危害叶片,病部密被白粉层	蓼白粉菌（*Erysiphe polygoni*）	以闭囊壳在病残体上越冬气流传播,	以药剂防治为主
草莓白粉病	主要危害叶片,也侵染其他部位。病部密被白粉层,后期产生小黑点	斑点叉丝单囊壳（*Podosphaera macularis*）,异名:斑点单囊壳（*Sphaerotheca macularis*）	以闭囊壳在病残体上越冬气流传播	以药剂防治为主
猕猴桃白粉病	危害叶片,病部密被白粉层,后期产生小黑点	萨蒙球针壳（*Phyllactinia salmonii*）	以闭囊壳在病落叶上或以菌丝体在病枝干越冬	以药剂防治为主
十字花科蔬菜白粉病	危害叶片和茎、荚,病部密被白粉层	十字花科白粉菌（*Erysiphe cruciferarum*）	以闭囊壳在病残体上越冬,气流传播,直接入侵	以药剂防治为主
莴苣白粉病	危害叶片和茎,病部密被白粉层	棕丝单囊壳（*Podosphaera fusca*）	以闭囊壳在病残体上越冬,气流传播,直接入侵	以药剂防治为主

病害	症状	病原	发生规律	防治方法
胡萝卜白粉病		蓼白粉菌（*Erysiphe polygoni*）	以闭囊壳在病残体上越冬,气流传播,直接入侵	以药剂防治为主
番茄白粉病	危害叶片,病部密被白粉层	鞑靼内丝白粉菌;棕丝单囊壳;或白粉菌属一种（*Erysiphe* sp.）	以闭囊壳在病残体上越冬,气流传播,直接入侵	以药剂防治为主
茄子白粉病	危害叶片,病部密被白粉层	棕丝单囊壳;鞑靼内丝白粉菌或菊科白粉菌	以闭囊壳在病残体上越冬,气流传播,直接入侵	以药剂防治为主
豇豆白粉病	危害叶片,病部密被白粉层	粉孢属某些种（*Oidium* spp.）	以闭囊壳在病残体上越冬,气流传播,直接入侵	以药剂防治为主
秋海棠白粉病	危害叶片和茎、花等部位,病部密被白粉层	秋海棠白粉菌（*Erysiphe begoniae*）	以闭囊壳在病残体上越冬,气流传播,直接入侵	以药剂防治为主

思 考 题

1.综合分析白粉病发生在园艺植物的不同器官(叶、枝、果)上的症状特点。

2.比较白粉菌属、叉丝单囊壳属、球针壳属、钩丝壳属白粉菌的形态特点,掌握病害诊断的依据。

3.比较、总结白粉菌病害循环中各个阶段在不同地区、不同作物上的异同。

4.白粉病化学防治可选药剂有哪些? 需要注意哪些问题?

5.如何评价白粉病防治中其他防治措施的作用?

参考文献

[1] 曹若彬.果树病理学.上海:上海科学技术出版社,1986

[2] 方中达.中国农业百科全书-植物病理学卷.北京:中国农业出版社,1996

[3] 侯明生,黄俊斌.农业植物病理学.2 版.北京:科学出版社,2014

[4] 李付军,王佰晨,吴红,等.防治黄瓜白粉病田间药效试验.现代园艺,2015,8:6

[5] 徐明慧.园林植物病虫害防治.北京:中国林业出版社,1993

[6] 张中义.观赏植物真菌病害.成都:四川科学技术出版社,1992

[7] 张丽荣,陈杭,杜玉宁,等.不同生物农药对黄瓜白粉病和霜霉病的防治试验.农药,2019,58(11):831-833

[8] 中国农业科学院植物保护研究所,中国植物保护学会.中国农作物病虫害.3 版.北京: 中国农业出版社,2014

6.4 锈病

6.4.1 梨锈病

梨锈病(pear rust)又名赤星病,是梨树重要病害之一。我国梨产区均有分布,以梨园附近有桧柏栽培的地区发病严重。春季多雨年份,几乎每张叶片上都长有病斑,引起叶片早枯,幼果被害,造成畸形、早落,影响产量和品质。

梨锈病还能危害木瓜、山楂、棠梨和贴梗海棠等。病原菌为转主寄生的锈菌,其转主寄主为松柏科的桧柏、欧洲刺柏、南欧柏、高塔柏、圆柏、龙柏、柱柏、翠柏、金羽柏和球桧等。其中以桧柏、欧洲刺柏和龙柏最易感病,球桧和翠柏次之,柱柏和金羽柏较抗病。

【症状】

梨锈病主要危害叶片和新梢,严重时也能危害幼果。叶片受害,开始在叶正面形成橙黄色有光泽的小斑点,后逐渐扩大为近圆形橙黄色病斑,外围有一层黄绿色的晕圈。病斑直径为 4~5 mm,大的可达 7~8 mm,表面密生橙黄色针头大的小粒点,即病菌的性孢子器。天气潮湿时,溢出淡黄色黏液,即性孢子。黏液干燥后,小粒点变为黑色。病斑组织逐渐变肥厚,向叶片背面隆起,正面微凹陷,有时病斑呈红褐色。在隆起部位长出灰黄色毛状物,与病组织内的锈子腔共同组成锈孢子器。一个病斑上可产生 10 多条毛状物。锈孢子器成熟后,毛状物先端破裂,散出黄褐色粉末,即病菌的锈孢子。叶片上病斑较多时往往导致叶片早期脱落。后期病斑上常有其他腐生菌,其症状特点便不明显。在四川雅安,后期锈孢子器常被重寄生菌(*Tuberculina vinosa*)寄生,只见一堆褐色粉末。

幼果受害,初期病斑大体与叶片上相似,病部稍凹陷,后期在同一部位产生灰黄色毛状物,即锈孢子器。病果生长停滞,往往畸形早落。

新梢、果梗与叶柄被害时,症状与果实上大体相同。病部稍肿起,初期病斑上密生性孢子器,以后在同一病部长出锈孢子器。最后,病部发生龟裂。叶柄、果梗受害引起落叶、落果。新梢被害后病部以上常枯死,并易在刮风时折断。

转主寄主桧柏染病后,起初在针叶、叶腋或小枝上出现淡黄色斑点,后稍隆起。在被害后的翌年 3 月间,渐次突破表皮露出红褐色圆锥形的角状物,单生或数个聚生,此为病菌的冬孢子角。在小枝上发生冬孢子角的部位,膨肿较显著。甚至在数年生的老枝上,有时也出现冬孢子角,该部位膨肿更为显著。春雨后,冬孢子角吸水膨胀,成为橙黄色舌状胶质块,干燥时缩成表面有皱纹的污胶物。

【病原】

亚洲胶锈菌(*Gymnosporangium asiaticum* Miyabe ex Yamada),属担子菌门。病菌需要在两类不同的寄主上完成其生活史。在梨、山楂、木瓜等寄主上产生性孢子器及锈孢子器,在桧柏、龙柏等转主寄主上产生冬孢子角,吸水萌发形成担孢子。

性孢子器扁烧瓶形,埋生于梨叶正面病部组织表皮下,孔口外露,内生有许多无色单胞纺锤形或椭圆形的性孢子。

锈孢子器生于梨叶病斑背面,或嫩梢、幼果和果梗的肿大病斑上,由寄主内圆筒形腔室和病斑外的毛状物组成。毛状物长5~6 mm,管壁由长圆形或梭形的护膜细胞组成,外壁有长刺状突起。锈孢子器内生有很多锈孢子,锈孢子球形或近球形,橙黄色,表面有瘤状细点。

冬孢子角红褐色,圆锥形,冬孢子通常需要25天才能发育成熟。冬孢子纺锤形或长椭圆形,双胞,黄褐色。在每个细胞的分隔处各有两个发芽孔,柄细长,其外表被有胶质,遇水胶化。冬孢子萌发时长出4个细胞的担子,每细胞生一小梗,每小梗顶端生一担孢子(图6-15,彩图又见二维码6-8)。担孢子卵形,淡黄褐色,单胞。冬孢子萌发的温度范围为5~30℃,最适温度为17~20℃。担孢子萌发的适宜温度为15~23℃。锈孢子萌发的最适温度为27℃。

1.梨树叶背和正面症状;2.生于柏或桧树嫩枝上的冬孢子角;3.锈孢子;4.冬孢子;5.性孢子器

图6-15　梨锈病病原及症状(龚国淑提供)

【发病规律】

病菌以多年生菌丝体在桧柏等转主寄主病部组织中越冬。一般在春季3月间开始显露冬孢子角。遇雨时,冬孢子角吸水膨胀,成为舌状胶质块。冬孢子萌发后,产生有隔膜的担子,并在上面形成担孢子。梨树发芽展叶至花瓣凋落、幼果形成期,担孢子随气流传播至嫩叶、新梢、幼果上,在适宜条件下萌发,产生侵染丝,直接从表皮细胞侵入,也可以从气孔侵入。侵入过程约需数小时。当温度为15℃左右,在有水的情况下,担孢子仅1 h可完成侵入。梨树自展叶开始直至展叶后20天容易感染,展叶25天以上,叶片一般不再受感染。

该病的潜育期一般为6~13天,其长短除受温度影响外与叶龄有密切关系。病菌侵入经潜育期后,在叶面呈现橙黄色病斑,接着在病斑上长出性孢子器,在器内产生性孢子。性孢子由孔口随蜜汁溢出,经昆虫传带至异性的性孢子器的受精丝上。性孢子与受精丝互相结合,其雄核进入受精丝内完成受精作用,形成双核菌丝体。双核菌丝体向叶的背面发展,形成锈孢子器。在锈孢子器中产生锈孢子,这种锈孢子不能再危害梨树,转而随气流侵害转主寄主桧柏的嫩叶或新梢,并在桧柏上越夏和越冬,至翌年春再度形成冬孢子角。冬孢子角吸水胶化,同时冬孢子萌发产生担孢子,担孢子不能危害桧柏,只能危害梨树。冬孢子角吸水胶化率与降雨大小或降雨时间长短成正比。

梨锈病菌无夏孢子阶段,不发生重复侵染,一年中只在一个短时期内产生担孢子侵害梨树,属单循环病害。担孢子寿命不长,传播距离一般为 2.5～5 km。

梨锈病发生的轻重与转主寄主、气候条件、品种的抗性等密切相关。

(1)转主寄主 在担孢子传播的有效距离内,一般患病桧柏越多,梨锈病发生越重。

(2)气候 在转主寄主存在的条件下,病害流行与否受气候条件的影响。病菌一般只能侵害幼嫩组织。当梨芽萌发、幼叶初展时,如遇天气多雨,温度又适合冬孢子萌发,风向和风力均有利于担孢子的传播,则病害重。若冬孢子萌发时,梨树还没有发芽,或当梨树发芽、展叶时,天气干燥,不利于冬孢子萌发,则病害发生均很轻。所以,2—3月的气温高低,3月下旬至4月下旬的雨水多少,是影响当年梨锈病发生轻重的主要因素。

(3)种和品种抗性 西洋梨最抗病,新疆梨品种次之,秋子梨和沙梨品种第三,白梨品种最感病。

【控制措施】

(1)清除转主寄主 砍除桧柏等转主寄主是防治梨锈病最彻底有效的措施。担孢子传播范围一般在 2.5～5 km 内,故砍除梨园周围 5 km 内桧柏和龙柏等转主寄主,就能基本保证梨树不发病。

(2)喷药保护 当转主寄主不宜砍除时,在3月上中旬用石硫合剂喷洒桧柏等以杀灭冬孢子。在梨树萌芽期至展叶后 25 天内喷药保护梨树,即在担孢子传播侵染的盛期进行。我国南方一般在 3 月下旬(梨萌芽期)开始喷第 1 次药,以后每隔 10 天左右喷 1 次,连续喷 3次,雨水多的年份应适当增加喷药次数。药剂可选用唑醚·戊唑醇、辛菌胺·醋酸盐、硫黄·戊唑醇、氟硅唑、苯甲·吡唑酯、腈菌唑等。

▶ 6.4.2 蔷薇科锈病

蔷薇科玫瑰锈病(rust of rosaceous plant)是世界性病害。该病在我国发生很普遍,北京、上海、山东、辽宁、内蒙古、甘肃、陕西、河北、吉林、江苏、浙江、广东、广西、云南等省(自治区、直辖市)均有报道,其中北京、济南、兰州、西安、南京、桂林、呼和浩特等城市发病较重。该病还可以危害月季、野玫瑰等植物。发病植株提早落叶,生长衰弱,是玫瑰花减产的重要原因。

【症状】

该病可危害植株地上部分所有绿色器官,主要危害叶片和芽。早春新芽初放时,芽上布满鲜黄色的粉状物。叶片背面出现黄色稍隆起的小斑点(锈孢子器),初生于表皮下,成熟后突破表皮散出橘红色粉末,直径 0.5～1.5 mm,病斑外围常有褪色晕圈。在叶片正面生有性孢子器,但不明显。随着病情的发展,叶面出现褪绿小黄斑,叶背又产生近圆形的橘黄色粉堆(夏孢子堆),直径 1.5～5.0 mm,散生或聚生。夏孢子堆也可发生在叶片正面。生长后期,叶背出现大量的黑色小粉堆(冬孢子堆),直径 0.2～0.5 mm。嫩梢、叶柄、果实等部位的病斑明显地隆起。嫩梢、叶柄上的夏孢子堆呈长椭圆形;果实上的病斑为圆形,直径 4～10 mm,果实畸形。

【病原】

种类较多,国外报道有 9 个种,国内已知有 3 个种,即短尖多胞锈菌[*Phragmidium*

mucronatum（Pers.）Schlecht]、蔷薇多胞锈菌（*P. rosae-multiflorae* Diet）和玫瑰多胞锈菌（*P. rosae-rugosae* Kasai），均属担子菌门。危害玫瑰、月季及其他蔷薇属植物。

（1）短尖多胞锈菌　寄生多种蔷薇属植物。较另两个种危害大、分布广。据报道，北京、南京、杭州、无锡、苏州、上海等城市的月季、蔷薇、玫瑰上有此锈菌侵染。性子器生于叶上表皮，往往不明显。锈孢子器橙黄色，周围侧丝很多；锈孢子近球形或椭圆形，淡黄色，有瘤状刺。夏孢子堆橙黄色，周围侧丝很多；夏孢子球形或椭圆形，孢壁密生细刺。冬孢子堆黑褐色；冬孢子圆筒形，暗褐色，有 3～7 个横隔，不缢缩，顶端有乳头状突起，近无色，孢壁密生无色瘤状突起；孢子柄永存，上部有色，下部无色，显著膨大（图 6-16，彩图又见二维码6-9）。锈孢子在 6～27℃时均可萌发，萌发最适温度 15～21℃。夏孢子在 6～28℃时均可萌发，萌发最适温度为 15～21℃。冬孢子在 6～25℃时均可萌发，萌发最适温度约 18℃。锈孢子和夏孢子都要在自由水中才能萌发。

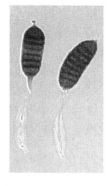

二维码 6-9

左：叶片背面；中：茎；右：冬孢子形态

图 6-16　短尖多胞锈菌引起的叶和茎部症状（龚国淑提供）

（2）多花蔷薇多胞锈菌　寄生蔷薇属的多种植物。据报道，沈阳、包头、唐山、广州、南京、杭州、上海等城市的月季、蔷薇、玫瑰有此种锈菌侵染。锈孢子器橙黄色；锈孢子卵形至椭圆形，壁无色，有细瘤，内含物橙黄色。夏孢子堆早期破裂，橙黄色，周围侧丝多，无色，圆筒形至棍棒形；夏孢子球形至广椭圆形，黄色，有瘤，壁无色，有细瘤，内含物橙黄色。冬孢子堆早期破裂，黑色；冬孢子圆筒形，隔膜 4～9 个，分隔处不缢缩，深褐色，密生细瘤，顶端有黄褐色的圆锥状突起；柄不脱落，长 75～140 μm，上部黄褐色，下部无色，膨大。

（3）玫瑰多胞锈菌　玫瑰多胞锈菌寄生于玫瑰和蔷薇属的其他多种植物。据报道，兰州、西安、呼和浩特、济南、南京、桂林等城市的蔷薇、玫瑰有此种锈菌侵染。锈孢子器鲜橙黄色，侧丝甚多，棍棒形，平滑，无色。锈孢子亚球形至广椭圆形，壁有细瘤，几乎无色，内含物橙黄色。夏孢子堆早期破裂，橙黄色，侧丝多，棍棒形或圆筒形，平滑，几乎无色。夏孢子球形至广椭圆形，有细刺，壁无色，内含物橙黄。冬孢子堆早期破裂，褐色至栗褐色。冬孢子圆筒形，有横隔膜 4～7 个，分隔处不缢缩，顶端突起小，高约 6 μm，或无突起，壁淡褐黄色；柄不脱落，长 60～168 μm，基部膨大。

【发病规律】

病菌系单主寄生锈菌，以菌丝体在芽内或在发病部位越冬，冬孢子在枯枝落叶上也可越冬。翌年春,冬孢子萌发产生担孢子,担孢子萌发侵入植株后形成性子器,随后形成锈孢子器。锈孢子可以产生 6 次之多,这在锈菌中是独特的。夏孢子经风雨传播,由气孔侵入,在生长季节有多次重复侵染。

发病最适温度为 18～21℃;连续 2～4 h 以上的高湿度有利于发病。四季温暖、多雨、多露、多雾的天气,均有利于病害发生;偏施氮肥能加重病害的发生。夏季高温、冬季寒冷的地方,玫瑰锈病发生较轻。

【控制措施】

(1)减少侵染来源　休眠期清除枯枝落叶,喷洒 3 波美度的石硫合剂,杀死芽内及病部的越冬菌丝体;生长季节及时摘除病芽或病叶。

(2)改善环境条件,控制病害的发生　温室栽培要注意通风透光,降低空气湿度;增施磷、钾、镁肥,氮肥要适量;在酸性土壤中施入石灰等能提高寄主的抗病性。

(3)药剂防治　发病初期喷洒三唑酮、己唑·壬菌铜或肟菌酯等药剂均有良好的防效。连用 2 次,间隔 12～15 天。

▶ 6.4.3　豆科蔬菜锈病

豆科蔬菜锈病(rust of leguminous vegetables)是豆科蔬菜重要病害之一,在我国几乎均有分布。除豌豆锈病的危害性不大外,菜豆、豇豆、蚕豆等锈病发生普遍,有时危害很严重。有些区域菜豆锈病发生严重时,每个叶片上的病斑可达 2 000～3 000 个,严重影响产量和品质。

【症状】

各种豆类蔬菜锈病的症状都很相似。该病主要发生在叶片上,也危害叶柄、茎和豆荚。叶片上初生黄白色小斑点,稍突起,后逐渐扩大,呈锈褐色疱斑(夏孢子堆),表皮破裂,散出红褐色粉末(夏孢子)。往往在一个夏孢子堆周围还有许多夏孢子堆围成一团,其外围常有黄晕(在豇豆上更明显)。夏孢子堆一般多发生在叶背面,而在相对应的正面部位形成褪绿斑点。发病后期或寄主接近衰老时,夏孢子堆转变为黑褐色的冬孢子堆,或者在叶片上长出冬孢子堆,裂开散出黑褐色粉末(冬孢子)。叶脉上如果产生夏孢子堆或冬孢子堆时,叶片变形早落(图 6-17,彩图又见二维码 6-10;图 6-18,彩图又见二维码 6-11)。

1.叶片被害状;2.叶片上的夏孢子堆;3 叶片背面的冬孢子堆

图 6-17　菜豆锈病(龚国淑原图)

园艺植物病理学(第3版)

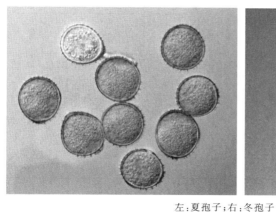
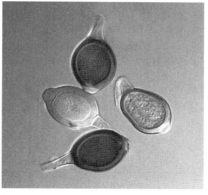

二维码 6-10

二维码 6-11

左:夏孢子;右:冬孢子

图 6-18　豇豆单胞锈菌(*Uromyces vignae-sinensis*)**形态图**(龚国淑原图)

有时在叶片的正面及荚上产生黄色小粒点(性孢子器),以后在这些小粒点的四周(茎、荚上)或背面(叶片)形成白色至淡黄色绒状物(锈孢子器),再继续形成夏孢子堆及冬孢子。一般性孢子器和锈孢子器在豆类蔬菜上不常发生。

【病原】

①菜豆锈病:病原菌为疣顶单胞锈菌[*Uromyces appendiculatus*(Pers.)Ung.];②豇豆锈病:病原菌为豇豆单胞锈菌(*U. vignae-sinensis* Miura)(图 6-18);③蚕豆锈病:病原菌为蚕豆单胞锈菌[*U. fabae*(Pers.)de Bary];④豌豆锈病:病原菌为豌豆单胞锈菌[*U. pisi-sativi*(Pers.)Liro]。上述锈菌都属于担子菌门。其中除豌豆单胞锈菌是转主寄生外,其他 3 种都是单主寄生锈菌,有生理专化型,见表 6-4 。

表 6-4　三种豆科蔬菜锈病病原菌形态比较

病菌	性孢子器及性孢子	锈孢子器及锈孢子	夏孢子堆及夏孢子	冬孢子堆及冬孢子
菜豆锈病菌	罕见	锈孢子近椭圆形或楔形,淡橄榄色,表面生微刺(罕见)	夏孢子堆黄褐色,周围有残存的寄主表皮。夏孢子单胞,椭圆形或卵圆形,浅黄褐色,表面有细刺,大小为(18～30)μm×(18～22)μm	冬孢子堆黑褐色。冬孢子单胞,圆形或短椭圆形,顶端有乳头状突起,下端有长柄,栗褐色,表面光滑或仅上部有微刺,大小为(24～41)μm×(19～30)μm
豇豆锈病菌	性子器为栗褐色小粒点(罕见)	锈孢子器为黄白色粗绒状物(罕见)	夏孢子堆褐色。夏孢子单胞,椭圆形或卵圆形,黄褐色,表面有细刺,大小为(19～36)μm×(12～35)μm	冬孢子堆深褐色。冬孢子单胞,圆形或短椭圆形,顶端有乳头状突起,下端有长柄,栗褐色,表面光滑或仅上部有微刺,大小为(24～40)μm×(20～34)μm

病菌	性孢子器及性孢子	锈孢子器及锈孢子	夏孢子堆及夏孢子	冬孢子堆及冬孢子
蚕豆锈病菌	性子器为橘红色小粒点,常集结成群。性孢子单胞,无色	锈孢子器杯状,白色或黄白色小点,周缘白色。锈孢子橙黄色,近球形,表面具细瘤。大小为$(21\sim27)$ μm × $(17\sim24)$ μm	夏孢子堆锈褐色,大小 $0.2\sim1.0$ mm。夏孢子单胞,圆形至卵圆形,淡褐色,表面有细刺,具 $3\sim5$ 个发芽孔,大小为 $(28\sim31)$ μm × $(16\sim27)$ μm,有黄色的柄	冬孢子堆深黑色,直径 $1\sim5$ mm。冬孢子单胞,近圆形,棕色,基部有柄,表面光滑,大小为 $(22\sim40)$ μm × $(17\sim29)$ μm

【发病规律】

豆科蔬菜锈菌在北方寒冷地区以冬孢子随同病残体留在地表越冬,萌发时先产生菌丝和小孢子,小孢子侵入豆株成为初次侵染。在南方温暖地区主要以夏孢子越冬,夏孢子萌发产生芽管从气孔侵入,形成夏孢子堆后又散出夏孢子通过气流传播,一年四季反复侵染危害。

高温和高湿是诱发豆科蔬菜锈病的主要因素。寄主表皮上的水滴是锈菌萌发和侵入的必要条件,故早晚露重、雾大最易诱发该病。此外,种植地低洼和排水不良或种植过密、通风不良等发病也重。品种间抗病性有差异,菜豆矮生种较抗病,蔓生种易感病。

【控制措施】

(1)消灭病残体　收获后清除田间病残体并集中烧毁。

(2)药剂保护　发病初期及时喷药防治。常用药剂:氟硅唑和苯醚甲环唑。

6.4.4　其他园艺植物锈病

其他园艺植物锈病见表 6-5。

表 6-5　其他园艺植物锈病

病害	症状	病原	发生规律	防治方法
苹果锈病	主要危害叶片,也能危害嫩枝、幼果和果柄。症状与梨锈病相似。病菌侵染转主寄主桧柏小枝后,在小枝一侧或环绕小枝形成球形瘿瘤。春季瘿瘤表面出现深褐色不规则、革质的角状物,或彼此相互联合成鸡冠状(冬孢子角),吸水膨大为橘黄色胶质花瓣状	山田胶锈菌 (*Gymnosporangium yamadae*)。寄生苹果、沙果、山定子、海棠等。转主寄主为松柏科植物	与梨锈病相似,可参考梨锈病中的有关内容	与梨锈病防治方法相同

病害	症状	病原	发生规律	防治方法
桃褐锈病（桃锈病）	主要危害叶片,在叶背面产生红褐色圆形小疱斑（夏孢子堆）,稍微隆起,破裂后散出黄褐色粉状物（夏孢子）。后期,在夏孢子堆的中间形成黑褐色冬孢子堆。严重时,叶片常枯黄脱落	刺李瘤双胞锈菌（Tranzschelia prunispinosae）,寄生桃、梅、杏、李树,其转主寄主为毛茛科的白头翁和唐松草	为完全型转主寄生锈菌。主要以冬孢子在落叶上越冬,也可以菌丝体在白头翁和唐松草的宿根或天葵的病叶上越冬,南方温暖地区则以夏孢子越冬	清除初侵染源。冬季清除落叶,铲除转主寄主,集中烧毁或深埋。生长季节结合防治桃褐腐病和疮痂病喷药保护。选用药剂参见梨锈病
桃白锈病	桃叶被害,叶正面产生暗紫褐色边缘不明显的近圆形或不规则形病斑,中部褪绿成淡黄色。对应叶背面,散生淡褐色小疱疹（夏孢子堆）。破裂后散出淡褐色粉末（夏孢子）。发病后期在叶背病部长出白色的小疱疹（冬孢子堆）	桃白双胞锈菌（Leucotelium prunipersicae）。寄生桃、碧桃等李属植物,转主寄主为天葵、白头翁	在转主寄主上产生性孢子和锈孢子,在桃叶上产生夏孢子和冬孢子,以菌丝体在转主寄主病叶上越冬	清除桃园及附近杂草,铲除转主寄主,消灭病菌侵染源。4—5月间结合桃树其他病害防治,喷洒代森锰锌或石硫合剂2~3次
稠李锈病	叶片上产生铁锈色小疱斑,后变为褐色壳状,即病菌的夏孢子堆和冬孢子堆	杉李膨锈菌（Pucciniastrum areolatum）	转主寄生锈菌,性孢子器和锈孢子器生在转主寄主云杉的球果鳞片上	铲除转主寄主;施药防治桃树和转主寄主,药剂有代森锰锌、苯醚甲环唑等
梅锈病	危害叶、芽、花及枝梢。病芽提早开放,病叶多呈肉质,稍褪色,病花常转变成叶,肉质。受害部位产生橙黄色斑点（性孢子器）,叶片背面长出锈孢子器,锈孢子呈粉末状。新梢发病,节间缩短,叶簇生	牧野裸孢锈菌（Caeoma makinoi）。主要寄主有梅、杏、东北杏、毛樱桃、欧洲酸樱桃、梅花	病菌以菌丝体在芽附近越冬,翌年早春随新芽、花等的展开进行侵染	铲除越冬菌源,冬季剪除枯枝、病枝,全园喷施铲剂。生长季节喷洒抑霉唑、咪鲜胺、嘧菌酯等药剂

病害	症状	病原	发生规律	防治方法
枇杷锈病	危害叶片。叶表产生略带暗紫色斑点，后呈圆形，紫褐色，多数集合在一起时，叶背呈橙黄色，表面覆有胶质外膜，不成粉状飞散	简单鞘柄锈菌（*Coleopuccinia simplex*）	不详	参考梅锈病
山楂锈病	主要危害叶片、叶柄、新梢、果实及果柄。其症状与梨锈病相似。叶片染病，初生橘黄色小圆斑，病斑稍凹陷，表面产生黑色小粒点（性孢子器）；病斑变厚逐渐向叶背突起，产生灰色至灰褐色毛状物（锈孢子器），破裂后散出褐色锈孢子。最后病斑变黑，重者干枯脱落	亚洲锈菌山楂专化型（*Gymnosporangium asiaticum* f. sp. *crataegicola*）和珊瑚形胶锈菌（*G. clavariiforme*）	参考梨锈病	参考梨锈病
枣锈病	只危害叶片。病叶背面散生淡绿色小点，后渐变为暗黄褐色不规则突起（夏孢子堆），后突破表皮散出黄粉状物（夏孢子）。叶面呈花叶状，失去光泽，枣果近成熟期即大量落叶。落叶后于夏孢子堆边缘形成黑色冬孢子堆	枣层锈菌（*Phakopsora ziziphivulgaris*）。只发现夏孢子堆和冬孢子堆两个阶段	病害循环尚不十分清楚，可能以冬孢子在落叶上越冬，也有报道以夏孢子越冬，越冬夏孢子在 3～30℃ 均可萌发，潜育期 11～15 天。未发现转主寄主。雨季早、降雨多、气温高的年份发病重	晚秋和冬季清除落叶，集中烧毁。发病严重的枣园，可于 7 月上中旬开始喷洒代森锰锌、丙环唑、唑醚·代森联
栗锈病	主要危害幼苗，造成早期落叶。夏孢子堆为黄色或褐色的疱状斑，表皮破裂，散出黄粉；冬孢子堆为褐色蜡质斑，表皮不破裂，均在叶背着生	栗膨痂锈菌（*Pucciniastrum castaneae*）	以夏孢子在落叶上越冬。秋季发病明显，对苗木影响较大	参考枣锈病防治

病害	症状	病原	发生规律	防治方法
栗毛锈病	病叶上产生黄色疱状物（夏孢子堆）。病叶变黄，甚至早落。夏季于叶背长出毛发状物（冬孢子堆）。冬孢子侵染松属植物，产生近圆形的木瘤。春季木瘤开裂，散出粉状锈孢子，侵染栗及麻栎属植物	栎柱锈菌（Cronartium quercuum）	主要寄主为栗属和麻栎属植物，转主寄主为松属植物，引起松树枝干肿瘤	松树林附近不要种植栗树。参考枣锈病防治
葡萄锈病	叶面出现小斑点，在对应的叶背出现锈黄色夏孢子堆，后期在病斑上出现多角形黑褐色小斑点（冬孢子堆）	葡萄层锈菌（Phakopsora ampelopsidis）。属于复杂生活循环锈菌。据日本报道，该菌在清风藤科的一种泡花树（Meliosma myriantha）上形成性子器和锈子器	病菌以冬孢子在病落叶上越冬，温暖地区可以夏孢子在病株上越夏或越冬。通过气流传播。各品种间抗性差异大	晚秋收集落叶烧毁。枝蔓上喷洒 3～5 波美度石硫合剂。选用抗病品种，如欧洲种。发病初期可喷洒代森锰锌、波尔多液、苯甲·吡唑酯等药剂，隔 15～20 天喷 1 次
大葱、洋葱锈病	主要危害叶、花梗及绿色茎部。发病初期表皮上产出椭圆形稍隆起的橙黄色疱斑（夏孢子堆），后表皮破裂向外翻，散出橙黄色粉末（夏孢子）。秋后疱斑变为黑褐色（冬孢子堆），破裂时散出暗褐色粉末（冬孢子）	葱柄锈菌（Puccinia porri）。形态特征同韭菜锈病菌	北方以冬孢子在病残体上越冬；南方则以夏孢子在葱、蒜、韭菜等寄主上辗转危害，或在活体上越冬，翌年夏孢子随气流传播进行初侵染和再侵染。气温低、肥料不足及生长不良发病重	施足有机肥，增施磷钾肥提高寄主抗病力。发病初期喷洒苯醚甲环唑或氟菌·霜霉威等，隔 10～15 天左右 1 次，连续防治 2～3 次
大蒜锈病	主要侵染叶片和假茎。在表皮下产生圆形或椭圆形稍凸起的夏孢子堆，表皮破裂后散出橙黄色粉状物（夏孢子），病斑四周具黄色晕圈。生长后期，在未破裂的夏孢子堆上形成黑色冬孢子堆。后期病斑连片致全叶枯黄，植株提前枯死	葱柄锈菌（Puccinia porri）	病菌可侵染大蒜、葱、洋葱、韭菜等。多以夏孢子在留种葱和越冬青葱及大蒜病组织上越冬。气温高时则以菌丝在病组织内越夏。阴湿田块和 4、5 月份降雨量增多则发病重	选用抗锈病品种，如紫皮蒜、小石口大蒜、舒城蒜较耐病，应因地制宜选用。避免葱蒜混种，注意清洁田园以减少初侵染源。适时晚播，合理施肥，减少灌水次数，杜绝大水漫灌。遇到降雨多的年份，早春要及时检查发病中心，喷药预防。发病初期，选用苯醚甲环唑或唑醚·代森联等药剂，隔 10～15 天 1 次，防治 1 次或 2 次

病害	症状	病原	发生规律	防治方法
韭菜锈病	主要侵染叶片和花梗。在病部产生纺锤形或椭圆形隆起的橙黄色疱斑,即夏孢子堆,病斑周围具黄色晕环。疱斑破裂后,散出橙黄色夏孢子。叶两面均可染病,后期叶及花茎上出现黑色小疱斑,即冬孢子堆,病情严重时,病斑布满整个叶片,失去食用价值	香葱柄锈菌(*Puccinia porri*)	南方以菌丝体或夏孢子在寄主上越冬或越夏。一般春秋两季发病重,冬季温暖利于夏孢子越冬,夏季低温多雨利于越夏。温暖、高湿、露多、雾大、或种植过密、氮肥过多、钾肥不足发病重	(1)轮作。(2)收获时,尽可能低割。(3)发病初期及时喷洒药剂防治,参考葱锈病
葛锈病	主要危害叶片。叶两面的主脉和侧脉上初现黄色至橙黄色疱斑,即夏孢子堆。后疱斑破裂,散出黄色至黄褐色粉状物,严重时疱斑遍布全叶,散布锈色粉状物,致叶面变形,生长受阻。还可危害豆薯、沙葛、甘薯、凉薯(*Pachyrhizus trosus*)和大豆	豆薯层锈菌(*Phakopsora pachyrhizi*)	在温暖地区,病菌主要以夏孢子进行初侵染和再侵染。在寒冷地区,冬孢子阶段虽然存在,但在病害循环中的作用尚不明。在适温条件下,降雨量是当年病害流行的决定因素。品种间抗性有差异	种植抗病良种。高畦深沟,清污排渍,降低田间湿度。适当增施磷钾肥和有机肥。发病初期喷洒药剂防治,参考葱锈病
黄花菜锈病	主要危害叶片和花蔓。病部散生橘红色稍凸起的疱斑,后表皮破裂,露出黄褐色粉堆,即夏孢子堆和夏孢子。后期表皮下产生排列紧密的长椭圆形黑色小疱斑,即冬孢子堆	萱草柄锈菌(*Puccinia hemerocallidis*)	以冬孢子在病残体上越冬,翌年冬孢子萌发产生担孢子,借气流传到败酱草上并形成性子器与锈子器,锈孢子再借气流传到黄花菜上侵染危害,产生夏孢子堆和夏孢子,如此反复侵染。南方黄花菜秋苗区,夏孢子也可能是翌春初侵染源	参考葱锈病防治
石刁柏锈病	主要危害叶和枝。初生黄褐色稍隆起的疱斑,即夏孢子堆,表皮破裂后散出黄褐色夏孢子。秋末冬初,病部形成暗褐色椭圆形病斑,即冬孢子堆。病情严重时,茎叶变黄枯死	天冬柄锈菌(*Puccinia asparagi*),有报道认为,天门冬柄锈菌(*P. asparagi-lucidi*)也是该病病原。为单主寄生,孢子具有多型性	以冬孢子在病部越冬,翌春萌发产生担孢子,借气流传到茎叶上产生性子器和锈子器。锈孢子借气流传播蔓延,继续侵染石刁柏,产生夏孢子堆和夏孢子,进行重复侵染,到秋末冬初,又在病部形成冬孢子堆和冬孢子,并转入越冬	选用抗病品种,如玛莉华盛顿等。注意改善通风条件,雨后及时排水,降低田间湿度。及时清洁田园。发病初期喷药防治

园艺植物病理学(第3版)

病害	症状	病原	发生规律	防治方法
茭白锈病	主要危害叶片。叶片及叶鞘散生黄色隆起的小疱斑,后疱斑破裂,散出锈色粉状物,后期叶片、叶鞘现黑色小疱斑,表皮不易破裂	*Ontotelium coronatum* 异名:冠单胞锈菌 (*Uromyces coronatus*)	以菌丝体及冬孢子在老株、病残体上越冬。高温多湿,偏施氮肥有利发病	清除病残体及田间杂草。适当增施磷钾肥。高温季节适当深灌降低水温和土温,控制发病。发病初期喷药防治
苦苣、苦荬菜锈病	主要危害叶片、叶柄。初在叶两面散生或沿脉出现黄色小疱斑,即锈孢子堆,后疱斑破裂,散出鲜黄色粉状物即锈孢子。严重时病部覆盖一层醒目的鲜黄色粉状物,后在疱斑上或其四周出现棕褐色至黑褐色小疱斑,即夏孢子堆,在生长后期生暗褐色疱斑,即冬孢子堆,被害叶不堪食用	莴苣柄锈菌(*Puccinia sonchi*)	以菌丝体和冬孢子堆在活体寄主上越冬;在温暖地区尤其是南方菜区,病菌以夏孢子借气流在寄主间辗转传播蔓延,完成病害周年循环,无明显越冬期。通常温暖高湿、雾大露重的天气有利于病害发生,偏施过施氮肥,植株生长柔嫩,发病重	参考葱锈病防治
水芹锈病	主要危害叶片、叶柄和茎。幼苗期即受害,夏孢子堆点状或条状排列,呈褐色疱状突起,破裂散出橙黄色至红褐色粉状物,即夏孢子。后期在疱斑上及其附近产出暗褐色冬孢子堆。被害部病斑密布,表皮破裂,致蒸腾量剧增,终致叶片、茎秆干枯	水芹柄锈菌 (*Puccinia oenanthes-stoloniferae*)	以菌丝体和冬孢子堆在留种株上越冬。南方,病菌可以夏孢子在田间辗转传播危害,完成病害周年循环,不存在越冬问题。天气温暖雨少或雾大露重及偏施氮肥,植株长势过旺发病重	施足基肥,适时适量追肥,增施磷钾肥,以增强寄主抗病力。发病初期及时喷药防治,隔10~20天1次,连续防治2~3次
香石竹锈病	主要发生在叶片上,很少发生在茎和花蕾上,叶上多在背面出现红褐色夏孢子堆,早期破裂,散出夏孢子。冬孢子不易产生	石竹单胞锈菌 (*Uromyces dianthi*)	田间以夏孢子进行周年循环。夏孢子也可随插条进行远距离传播	从无病植株上采取插条繁殖。浇水勿湿叶片。发病时可用苯甲·醚菌酯、醚菌·代森联或咪鲜·己唑醇等防治

病害	症状	病原	发生规律	防治方法
菊花锈病	菊花上可发生以下3种锈病。黑色锈病：多在叶背形成褐色疱状突起（夏孢子堆），破裂后散出黄褐色夏孢子，后期生黑褐色冬孢子堆。白色锈病：在叶背产生灰白色至淡褐色疱斑。重病植株整个叶片布满锈斑，导致叶片早枯。褐色锈病：夏孢子堆多生于叶正面，橙黄色，长期留于表皮下，以后开孔	黑色锈病：菊柄锈菌（*Puccinia chrysanthemi*），寄主为菊属植物；白色锈病：堀氏菊柄锈菌（*Puccinia horiana*），寄主为菊属植物；褐色锈病：篙层锈菌（*Phakopsora artemisiae*），寄主为篙属、紫菀属、菊属和泽兰属等植物	黑色锈病病菌以冬孢子堆和菌丝在病株上越冬。病菌在16～27℃之间发生侵染。一般冷凉地区发病较多白色锈病病菌在植株芽内越冬，次年春侵染新长出的幼苗。温暖多雨有利于发病。菊花品种间抗病性有差异，如上海种植的京白、新兴京白、朝红白发病比较严重，桃金山、舞姬比较抗病	选无病植株作繁殖材料。种植地要求地势高燥，排水良好，土壤肥沃，通风透光。植株密度适当，不过量施氮肥。开花结束后，清除病株。发病期间，可喷洒三唑酮、嘧菌酯或苯并烯氟菌唑·嘧菌酯等药剂
天竺葵锈病	危害叶片、叶柄和茎，产生红褐色疱斑（夏孢子堆），破裂后散出红褐色粉末（夏孢子）。病重时叶片褪绿、脱落	天竺葵柄锈菌（*Puccinia pelargonii-zonalis*）。冬孢子时期少见	附在植株表面的夏孢子在温室中经过6个月后仍有生活力，条件适宜时可侵染发病	采用健康无病的插条繁殖。可疑插条于50℃热水中浸泡1.5 min或在38℃的饱和湿空气中处理24 h可防治此病。拔除病株，集中烧毁。药剂防治可参考菊花锈病
唐菖蒲锈病	叶片两面均可出现橘红色疱斑（夏孢子堆），此后3～6周可环绕夏孢子堆周围产生小而黑的冬孢子堆	横点单胞锈菌（*Uromyces transversalis*）	病害在16～28℃和相对湿度80%～100%时，夏孢子经气流传播造成病害流行。目前尚未发现抗病品种	参考菊花锈病
金鱼草锈病	主要危害叶片、嫩茎和花等。病部产生红褐色疱斑，破裂后散出褐色粉末（夏孢子）。后期病斑逐渐形成黑色粉末。花朵小，病重植株枯萎死亡	金鱼草柄锈菌（*Puccinia antirrhini*）	病菌为单主寄生。在病落叶及病株残体内越冬。以夏孢子侵染完成病害循环。高湿和冷凉条件发病重。除气流传播外，昆虫也可传播夏孢子	用无病种子和插条繁殖。保持通风、透光和注意防虫。温室栽培，应保持21℃以上数天，夜间不低于16℃，即能控制锈病。药剂防治参考菊花锈病
补血草锈病	在叶及茎上产生疱状突起，病部可见成串或成堆的孢子，都是从疱状突起内产生的。受害叶表面粗糙，而茎则变粗、变弯，呈暗紫色	补血草单胞锈菌（*Uromyces limonii*）。尚未发现转主寄主	不详	参考菊花锈病

病害	症状	病原	发生规律	防治方法
翠菊锈病	叶片正面出现褪绿黄斑,相应背面可见圆形淡黄色至橙黄色的粉状孢子堆,严重发生时叶片黄化枯死。有时萼片、花冠等部位也有橙黄色疱斑	紫苑鞘锈菌(*Coleosporium asterum*)。转主寄主为松属植物	翠菊附近有转主寄主松属植物时,容易导致病害的发生和流行	参考菊花锈病
芍药(牡丹)锈病	叶片上出现圆形、椭圆形或不规则形褐色病斑,叶背产生黄褐色小颗粒状物(夏孢子堆)。后期从夏孢子堆中长出暗褐色刺毛状物(冬孢子堆)。在松属植物上,症状表现为枝干肿瘤和病皮下产生橘黄色的疱囊,即松疱锈病	*Cronartium pini* 异名:松芍柱锈菌(*Cronartium flaccidum*)。夏孢子和冬孢子生于芍药、牡丹等双子叶植物上;性孢子和锈孢子产生于松属(云南松、五针松、黑松和马尾松等)上	病菌主要以菌丝在松树病组织内越冬。在温暖潮湿、多风雨天气,以及地势低洼、排水不良和邻近转主寄主等情况发病重	远离松树种植以切断病害循环,此乃防治的根本措施。彻底清除病株、残体,集中烧毁。注意通风、排水。药剂防治参考菊花锈病
鸢尾锈病	危害叶片。叶片两面出现褪绿斑点,逐渐形成淡黄色小疱斑,破裂后散出锈黄色粉末(夏孢子堆和夏孢子)。后期产生深褐色冬孢子堆,多从夏孢子堆中长出,表皮易破裂,露出冬孢子	鸢尾柄锈菌(*Puccinia iridis*)。侵染鸢尾属植物。转主寄主为颉草(*Valerina officinalis*)和刺荨麻(*Urtica dioica*)	据国外报道,夏孢子可以越冬。据南京地区观察,4月上旬开始发病,形成夏孢子,7月份开始形成冬孢子堆。病菌侵入适温为15～20℃,发病适温为17～22℃。不同种和不同品种鸢尾,抗病性差异很大,有的发病,有的不发病	用抗病品种,如矮化紫鸢尾、溪苏、刚毛茸尾等。冬季摘除病叶,清理病残体,集中烧毁。药剂防治参考菊花锈病
美人蕉锈病	叶上初生黄色圆形水渍状斑点,以后扩大,形成疱斑。病斑黄褐色或褐色,边缘黄绿色,疱斑多生于叶背,也有生于叶正面的,破裂后散出橘黄色粉末状物,即夏孢子。后期产生深褐色冬孢子堆,重病叶上病斑密集连接,导致大块组织坏死	美人蕉柄锈菌(*Puccinia cannae*)	夏孢子经风传播,进行多次侵染。在广州地区一般4月份开始发病,10—12月份天气凉爽发病严重,炎热干燥天气则发病较轻	不要栽植带病种苗。冬季清除病残体,集中烧毁。药剂防治参考菊花锈病

病害	症状	病原	发生规律	防治方法
杜鹃锈病	叶片上产生黄色或褐色斑点,叶背病斑上产生长圆形或圆形、橙色的夏孢子堆,后期产生密集的红褐色冬孢子堆	杜鹃金锈菌(*Chrysomyxa rhododendri*)和疏展金锈菌(*C. expansa*)	云杉和杜鹃混栽易导致病害的发生	杜鹃属植物应远离云杉属植物种植。发病前两周施药保护,药剂防治参考菊花锈病
月季锈病	见玫瑰锈病	见玫瑰锈病	见玫瑰锈病	见玫瑰锈病
贴梗海棠锈病	主要危害嫩叶,叶上病斑近圆形,橘红色,上密生黄色小点并分泌蜜露,即病菌性孢子器,不久变为黑色。与此同时背面隆起并丛生灰黄褐色细管状物,即病菌锈子器。植株往往引起早期落叶。叶柄、新梢被害,在另一寄主桧柏的绿枝和鳞片上则产生楔形的冬孢子角	病原菌主要有 2 种:山田胶锈菌(*Gymnosporangium yamadai*)和亚洲胶锈菌(*G. asiaticum*)	菌丝在转主寄主的小枝上越冬。次年春形成冬孢子角,遇雨水即膨大成胶质花朵状物,产生大量担孢子,随气流传播侵入贴梗海棠。夏末秋初以锈孢子侵染桧柏。全年只发生一次,没有再侵染	参照梨锈病
蜀葵锈病	危害叶、茎、苞叶和其他绿色组织。在叶背产生针头大小的褐色疱斑,叶正面病斑稍大,鲜黄色或橘黄色,中央淡红色。通常叶上病斑较多,可连接成片,导致叶枯死脱落	锦葵柄锈菌(*Puccinia malvacearum*)	病菌以冬孢子在病落叶上越冬,翌年冬孢子萌发产生担孢子侵入寄主。在多雨或夜间有重露时,发病严重	选用无病种子。发病初期,摘除病叶后,可喷洒三唑酮或波尔多液等药剂。开花结束后,将病株和病残体集中烧毁,以减少越冬菌源
向日葵锈病	病菌主要侵染叶片。性子器群生。锈子器生于叶背。叶背生褐色疱斑即夏孢子堆,破裂后散出褐色粉末即夏孢子。后期病部产生黑色冬孢子堆。发病严重时,叶片布满锈色斑点,皱缩后枯黄	向日葵柄锈菌(*Puccinia helianthi*),单主寄生锈菌。5 种孢子都产生在向日葵上	病菌以冬孢子在病残体上越冬。翌年春天,冬孢子萌发产生担孢子,侵染子叶和嫩叶,形成性子器和锈子器。病菌以夏孢子进行再次侵染。后期,形成冬孢子越冬。野生向日葵上的锈菌也可侵染栽培品种。病害发生的轻重与品种的抗病性强弱有关	引进野生向日葵种质资源时切勿引入锈病。开花结束后,将病株和病残体集中烧毁。药剂防治参考菊花锈病

病害	症状	病原	发生规律	防治方法
梅花锈病	芽、花、叶和枝梢均可受害。芽上产生橙黄色斑点,破裂后散出橙黄色锈孢子。其他部位受害后,肥厚变形,也产生橙黄色斑点	牧野裸孢锈菌(*Caeoma makinoi*),只发现锈孢子,锈子器无包被	不详	参考梅锈病
萱草锈病	在叶片背面及花茎上产生疱状斑点(夏孢子堆),表皮破裂后散出黄褐色粉状物,即夏孢子。后期,病部产生黑褐色、长椭圆形或条状的冬孢子堆,排列紧密,表皮不破裂。病重时,整株叶片枯死,花梗变成红褐色,花蕾枯萎、凋谢脱落	萱草柄锈菌(*Puccinia hemerocallidis*),转主寄生,转主寄主为败酱草(*Patrinia villosa*),在其上形成性子器和锈子器	病菌以菌丝体在病组织和冬孢子在病株、病残体上越冬。气温25℃左右,相对湿度85%以上,有利于发病。植株过密、地势低洼、土壤黏重、贫瘠、氮肥施用过多发病重。品种间抗病性有差异	清除病残体和败酱草。选用抗病良种。药剂防治参考菊花锈病

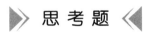

思 考 题

1.以梨-桧胶锈菌为例,简述病原菌转主寄生的各个阶段和过程。说明此与病害防治的关系。

2.如何区分菜豆、豇豆、蚕豆锈病的症状及其病原?

3.转主寄生与单主寄生锈菌在防治措施上有哪些异同?

参考文献

[1] 曹洪建,等.苹果锈病成为胶东地区苹果的重要病害.烟台果树,2008(4):52-53

[2] 李春霞,党云萍,李宏飞,等.6种杀菌剂对果树园林植物锈病的防治效果研究.现代农业科技,2018(02):123-124+128

[3] 辛文军,高永强.枣锈病的发生与防治.西北园艺(果树专刊),2008(4):54-55

[4] 赵娅玲,马千里,程东美.菊花白锈病的药剂防治试验.仲恺农业工程学院学报,2017,30(04):21-25

[5] 朱瑞玮,郑春江.几种生物农药防治平贝母锈病试验.黑龙江农业科学,2008(3):76-78

第6章 园艺植物菌物病害

6.5 灰霉病

灰霉病(grey mould)是被葡萄孢属的真菌侵染所造成的一类病害的总称。灰霉病菌寄主范围很广,可以危害多种园艺植物。不仅在植株生长期间发生严重,而且在采后的贮藏、运输过程中也发生严重。

▶ 6.5.1 茄科蔬菜灰霉病

茄科蔬菜灰霉病(grey mould of solanaceous vegetables)发生普遍。在露地栽培条件下,尤其是在潮湿条件下及多雨季节,灰霉病发生严重;近年来,保护地栽培面积扩大,如果管理不善,尤其是遇到低温多雨天气,灰霉病发生严重,每年有30%左右面积的番茄、茄子、甜椒遭受灰霉病危害,流行年份发病率可达45%以上,严重影响茄科蔬菜的前期产量。

【症状】

叶片、茎、枝条、花和果实等均可受害。田间发病首先在靠近地面的衰老叶片、花瓣和果实上,然后再侵染其他部位。

苗期多危害幼茎,亦可危害叶片。幼茎被害部缢缩变细,幼苗倒折。叶片被害,初为水渍状病斑,不规则状,后湿腐。成株期主要危害花器和未成熟果实,造成落果、烂果。叶片上初见褐色病斑,扩大后引起腐烂。茎及枝条上多形成枯斑,上端枝叶枯死。花器被害,多从开败的花及花托部侵入,造成褐色腐烂,并向花梗蔓延。果实被害,病部变软、萎缩,最后腐烂。病征:这类病害的共同特点是在发病部位产生灰褐色霉状物(分生孢子梗和分生孢子),后期在发病部位产生黑色不规则状菌核。

辣椒灰霉病:病茎上初起为水渍状病斑,后变褐色至灰白色,病斑可向上下左右延伸,环绕茎1周后,其上端枝叶迅速枯死,病部表面密生一层灰色霉状物。花器被害后花瓣上可见褐色斑点,后期整个花瓣呈褐色腐烂,花丝、柱头亦呈褐色。病花上初见灰色霉状物,随后从花梗到与枝连接处,并在枝上下左右蔓延,呈灰色或灰褐色,一般向下蔓延至分枝处止,病枝叶片凋萎枯死。幼苗受害部主要为茎和叶片,初呈水渍状边缘不明显的病斑,后变为褐色,茎部缢缩变细,叶片腐烂,表面密生灰色霉状物。

番茄灰霉病:番茄的花、果、叶、茎都可以受害。叶片发病多由小叶顶部开始,沿支脉之间成楔形发展,由外及里,初为水浸状,病斑展开后呈黄褐色,边缘有深浅相间的纹状线,使病健组织界线分明;青果由残留的花瓣、柱头或花托侵染而发病,分别向果实和果柄扩展、病斑沿花托周围逐渐蔓延果面,致使整个果面呈灰白色,上覆厚厚的灰色霉层,呈水腐状。从脐部发病的病斑呈灰褐色,边缘有一深褐色的带状圈,与健康组织有明显的界线。潮湿时表面生有灰色霉层,严重时使病斑变灰褐色,病斑以上枝叶枯萎死亡。后期病部上密生灰色霉状物(图6-19,彩图又见二维码6-12)。

二维码 6-12

图 6-19　番茄灰霉病症状（箭头所指为灰色霉状物）

（李国庆原图）

【病原】

　　病原菌是葡萄孢菌,属于子囊菌门,主要有 3 个种:灰葡萄孢(*Botrytis cinerea* Pers. ex Fr.)(图 6-20)、葱鳞葡萄孢(*Botrytis squamosa* Walker)(图 6-20)和葱腐葡萄孢(*Botrytis allii* Munn),以灰葡萄孢的寄主范围最广。灰葡萄孢的菌丝体无色,有隔膜;分生孢子梗丛生,分生孢子簇生于顶端,圆形或倒卵形,表面光滑,无色,孢子聚集时呈淡褐色。菌核黑色,不规则状。

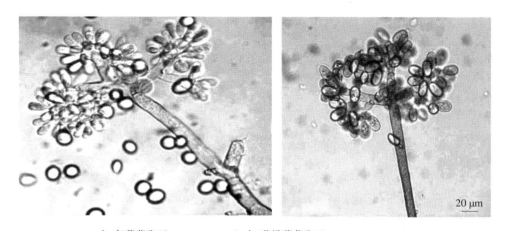

左:灰葡萄孢(*Botrytis cinerea*);右:葱鳞葡萄孢(*Botrytis squamosa*)

图 6-20　葡萄孢分生孢子梗及分生孢子形态(李国庆原图)

【发病规律】

病菌主要以分生孢子、菌丝体或菌核在病残体和土壤中越冬,分生孢子存活期较短,仅4～5个月。第二年早春,环境条件适宜时,菌核萌发产生分生孢子梗及分生孢子。灰葡萄孢的分生孢子在自然环境条件下,经过138天仍有萌发能力,因而在温暖环境下,分生孢子也可越冬。

病菌的分生孢子可以借助气流和雨水进行传播,是灰霉病的主要传播途径,菌核可以通过带有病残体的粪肥进行传播。分生孢子在适宜的温度和湿度下萌发产生芽管,通过伤口侵入寄主植物。

菌核经过越冬后萌发产生的分生孢子通过雨水和气流传播后,产生芽管侵入寄主,引起蔬菜发病,为初次侵染;发病部位在潮湿的环境条件下产生分生孢子,进行再次侵染(图6-21,彩图又见二维码6-13)。

灰霉病菌是一类寄生性较弱的病菌,当寄主植物生长健壮时,植株抗病性较强,不易被侵染,寄主处于生长衰弱的状况下,抗病性较弱,最易感病。

灰霉病菌分生孢子萌发的温度范围较宽,5～30℃均可萌发,最适温度为13～25℃,其中以偏低温度最为适宜;分生孢子的抗旱能力较强,但分生孢子的萌发对湿度要求很高,在水中最易萌发。当气温达20℃左右,相对湿度持续在90%以上发病最重,并形成灰色霉层,产生大量分生孢子,进行再次侵染。

二维码 6-13

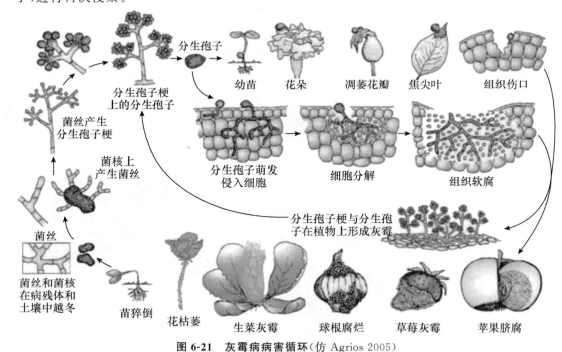

图 6-21　灰霉病病害循环(仿 Agrios 2005)

【控制措施】

灰霉病的防治主要以控制温、湿度,培育壮苗为主,及时喷药保护,防止病害蔓延。

(1)加强通风透光,培育壮苗　保护地栽培的蔬菜上午尽量保持较高的温度,促进幼苗生长,下午适当延长放风时间,加大放风量,降低棚内湿度,夜间适当提高棚温,减少或避免叶片结露。发病初期适当控制浇水,浇水应在上午进行,以便放湿,减少夜间棚内结露。

（2）清洁田园,减少田间病原数量　蔬菜收获后,及时将病残体清出田间销毁,减少病原越冬数量;发病后及时清除病果、病叶和病枝,并集中烧毁或深埋,减少再次传播和侵染的病原数量,减轻病害的发生。

（3）生态防治　利用设施栽培蔬菜可以调节温度和湿度的特点,进行生态防治。如番茄灰霉病的生态防治,可以从初花期开始,晴天上午 9 时后关棚,棚温迅速升高,当棚温升至32℃,开始放风,中午继续,下午棚温保持在 20～25℃;当棚温降至 20℃时关棚,夜间棚温保持在 15～17℃;阴天白天开棚换气。通过控害变温管理的大棚,发病较轻。

（4）药剂防治　发病初期可选用以下施药方式:①烟雾法:用腐霉利或腐霉•百菌清烟剂防治,按照药剂说明使用,熏 3～4 h。②喷雾法:可用腐霉利、异菌•福美双、氟吡菌酰胺•嘧霉胺、嘧霉•百菌清或腐霉•福美双防治,注意交替使用药剂,以防产生抗药性。

（5）生物防治　灰霉病主要发生在保护地栽培的蔬菜上,这也给病害的生物防治提供了便利条件。木霉(*Trichoderma* spp.)可以寄生在灰霉病菌的菌核上,具有很好的生防作用。

▶ 6.5.2　其他园艺植物灰霉病

灰霉病菌寄主范围很广,可侵染多种园艺作物,引起灰霉病(表 6-6)。

表 6-6　其他园艺植物灰霉病

病害	症状	病原	发病规律	控制措施
茄灰霉病	危害茄苗,多发生于子叶及嫩茎上。病叶稍呈水浸状,密生灰色霉层。茎部缢缩变细,幼苗折倒。潮湿时表面密生灰色霉层。果实被害引起腐烂	灰葡萄孢(*Botrytis cinerea*)	参照茄科蔬菜灰霉病	参照茄科蔬菜灰霉病
花椰菜灰霉病	主要危害生长及贮藏期间的花序,病部变淡褐色,稍软化,逐渐腐败,在潮湿环境,病部长出灰色霉状物	灰葡萄孢(*Botrytis cinerea*)	参照茄科蔬菜灰霉病	参照茄科蔬菜灰霉病
黄瓜灰霉病	主要危害黄瓜的花、瓜条、叶片和茎蔓。从开败的雌花处侵入,花瓣腐烂并向幼瓜扩展,造成幼瓜腐烂;叶片发病,病斑较大,不规则形。被害各部位可见到灰褐色的霉状物	灰葡萄孢(*Botrytis cinerea*)	参照茄科蔬菜灰霉病	参照茄科蔬菜灰霉病

病害	症状	病原	发病规律	控制措施
大蒜灰霉病	主要危害叶片，也危害蒜薹。在叶片（正反两面）上初生褪绿小白斑，扩大后呈梭形褪色斑，危害严重时叶片枯黄，或叶片呈水渍状变褐腐烂。潮湿时斑面密生较厚的绒霉层。蒜薹被害多发生于贮藏期间，初见褐色凹陷斑点，扩大后变为褐色，表面密生绒毛状霉	葱鳞葡萄孢（Botrytis squamosa）	不详	参照茄科蔬菜灰霉病
菜豆灰霉病	近地面的茎基部发生云状斑，周缘呈深褐色，内部为淡棕色，干燥时病斑表皮破裂，上端叶片萎蔫。苗期叶片也可受害，呈水渍状	灰葡萄孢（Botrytis cinerea）	参照茄科蔬菜灰霉病	参照茄科蔬菜灰霉病
葱灰霉病	又称灰色腐败病，危害叶鞘及假茎基部。初见淡褐色病斑，病组织腐烂，潮湿时表面生灰色霉层。后期在葱假茎的表皮下生出黑色片状的菌核	葱鳞葡萄孢（Botrytis squamosa）	参照茄科蔬菜灰霉病	参照茄科蔬菜灰霉病
莴苣灰霉病	苗期被害时多发生在叶和幼茎上，呈水浸状腐烂。成株发病时多从近地面的叶片开始，水浸状不规则病斑，扩大后变为褐色，病斑形状、大小不等，表面密生灰色霉层	灰葡萄孢（Botrytis cinerea）	参照茄科蔬菜灰霉病	参照茄科蔬菜灰霉病
芹菜灰霉病	在保护地的芹菜上发生较多。苗期受害多从根茎部开始，呈水浸状斑驳，表面密生白色、后变为灰色的霉层。成株期地上各部分均可被感染，其主要特征与幼苗的大致相同，但茎、叶柄等部常因病组织腐烂而倒折	灰葡萄孢（Botrytis cinerea）	参照茄科蔬菜灰霉病	参照茄科蔬菜灰霉病

病害	症状	病原	发病规律	控制措施
芦笋灰霉病	发病初期,枝条上出现水渍状病斑,上有白霉,逐渐变为灰色的病菌孢子堆。田间湿度大时发生顶枯或枝腐	灰葡萄孢(*Botrytis cinerea*)	参照茄科蔬菜灰霉病	参照茄科蔬菜灰霉病
草莓灰霉病	主要危害花和采获前的果,在采后继续危害。花期开始侵染果柄、花瓣、花萼,在青果和成熟的果上显症,果实被害,病部变软、萎缩,最后腐烂。发病部位产生灰褐色霉状物	灰葡萄孢(*Botrytis cinerea*)	参照茄科蔬菜灰霉病	参照茄科蔬菜灰霉病
葡萄灰霉病	从伤口处开始发病,初产生黄色、凹陷的病斑,逐渐扩大至全果及果穗,导致果粒软腐,病部长出灰色的霉层,散出霉臭味	灰葡萄孢(*Botrytis cinerea*)	借风雨和昆虫传播。在花期和幼果期侵入,潜伏至成熟期发病。成熟期、贮运期通过伤口或病、健果接触侵染。高湿发病重	采收、贮运中减少损伤。
柑橘灰霉病	危害花及嫩叶。侵染花瓣出现水浸状腐烂。花瓣落到嫩叶上,引起嫩叶腐烂。潮湿时病部产生灰色霉层	灰葡萄孢(*Botrytis cinerea*)	参照茄科蔬菜灰霉病	参照葡萄灰霉病
紫罗兰灰霉病	在苗床上引起幼苗猝倒,成株期花、叶变褐腐烂。高湿时病部有灰色霉层	灰葡萄孢(*Botrytis cinerea*)	参照茄科蔬菜灰霉病	参照茄科蔬菜灰霉病
月季灰霉病	主要危害花及叶片。花芽受害变褐枯萎;花朵被害,变褐皱缩;叶片被害变枯。潮湿时病部产生灰褐色霉层	灰葡萄孢(*Botrytis cinerea*)	参照茄科蔬菜灰霉病	参照茄科蔬菜灰霉病
唐菖蒲灰霉病	危害叶、花、茎,叶上有褐色不规则状病斑;潮湿时茎变褐色软腐;花上有褐色小斑,潮湿时腐烂。病部产生灰色霉层,并有黑色菌核	*Botryotinia draytonii*(异名:唐菖蒲球腐葡萄孢(*Botrytis gladiolorum*);灰葡萄孢(*Botrytis cinerea*)	参照茄科蔬菜灰霉病	参照茄科蔬菜灰霉病

病害	症状	病原	发生规律	防治
杜鹃灰霉病	主要危害花和叶片。叶缘产生水浸状大斑。花朵受害变软腐。潮湿时病部长出灰色霉层	灰葡萄孢（Botrytis cinerea）	参照茄科蔬菜灰霉病	参照葡萄灰霉病
仙客来灰霉病	主要危害叶、花、茎。叶和花的边缘产生水浸状褐色病斑，潮湿时叶片和花朵变黑腐烂；茎部被害，在茎基部产生不规则水浸状褐色病斑，扩展围茎，倒折。病部有灰色霉层	灰葡萄孢（Botrytis cinerea）	四季海棠、蟆叶海棠发病重	参照葡萄灰霉病

思考题

1. 从灰葡萄孢菌的寄生性和致病性关系的角度分析灰霉病为何主要发生在苗期和贮藏期、花果等幼嫩多汁的器官上。

2. 灰霉病被称为管理不良导致的病害，如何通过加强管理控制病害的大发生？

3. 结合图 6-21 分析病害循环中病菌侵染过程与防治的关系。

4. 比较药剂防治灰霉病的 2 种施用方法的原理和注意事项。

参考文献

[1] Agrios,G N. Plant Pathology. 5th ed. Salt Lake City：Academic Press,2005

[2] 马艳勤,王海梅.蔬菜灰霉病的识别与防治.现代农业,2008(8)：30

[3] 魏冬梅,等.施药方法对温室番茄灰霉病的防治效果.内蒙古农业科技,2007(6)：71-72

[4] 纪军建,张小凤,王文桥,等.番茄灰霉病防治研究进展.中国农学通报,2012,28：109-113

[5] 赵杨,苗则彦,李颖,等.番茄灰霉病防治研究进展.中国植保导刊,2014,7：21-29

[6] 李明远.冬天常见病害——番茄灰霉病的识别与防治.蔬菜,2020,2：80-84

6.6　炭疽病

炭疽病是由炭疽菌引起的一类常见病害。该病主要危害叶片和果实，也可危害枝梢。引起叶斑、落叶、果实腐烂和枝梢枯死。炭疽病的主要特点是病部易产生黑色小点，往往呈轮纹状排列,潮湿条件下溢出粉红色黏孢子团。该病有潜伏侵染的特点,常给园艺植物的种植造成损失。

6.6.1 苹果炭疽病

包括两种,一种是苹果苦腐病(apple bitter rot),是苹果果实上的重要病害之一。在我国辽宁、河北、河南、山东、江苏、浙江、湖北、山西、陕西、甘肃、四川和云南等省苹果产区均有发生。多雨年份,重病果园病果率高达60%～80%,造成大量烂果。另一种是近年在世界各地发生严重的炭疽叶枯病(glomerella leaf spot of apple),主要危害叶片、果实和枝梢,造成树体早期大量落叶和果实病斑,以嘎啦、金帅、秦冠、乔纳金、美八等品种受害严重。病重年份,7月底落叶率达90%,严重削弱树势,导致腐烂病大发生。

【症状】

苹果苦腐病:果实发病,初期果面出现圆形、淡褐色病斑,后迅速扩大,变褐色至深褐色,边缘清晰,果肉软腐下陷,向果心深入呈圆锥状腐烂。后期病斑表面生出突起的小粒点。小粒点初期褐色,很快变为黑色,常呈同心轮纹状排列,空气潮湿时,溢出粉红色黏质物(病菌分生孢子)。病果上病斑数目不等,往往具有很多小病斑,数个病斑相互连接后可致全果腐烂;但单个病斑扩大后也会使果实1/3～1/2腐烂。晚秋染病时,因受低温限制,病斑为深红色小斑点,中心有1个暗褐色小点,病果腐烂失水而干缩成为黑色僵果。病果多数脱落,少数悬挂枝头,经冬不落。果台受害,从顶部开始发病。病部暗褐色,逐渐向下蔓延。严重时导致果台干枯死亡。此外,病菌还可在生长衰弱的枝条基部营寄生或腐生生活。初在表皮形成不规则的褐色病斑,逐渐扩大成溃疡斑,后期病皮龟裂脱落,致使木质部裸露。严重时溃疡斑以上枝条干枯。病部表皮上也可产生小黑点。

炭疽叶枯病:叶片发病,初期症状为形状不规则形、边缘不清晰、直径3～5 mm的近圆形黑色病斑。迎着光线观察,病斑组织呈黑色,病组织很快枯死。7—8月发病高峰期,一个叶片上有上百个病斑。天气干旱时,病斑扩展缓慢,病组织枯死,形成大小不等、形态不规则的褐色枯死斑,周围有深绿色晕圈。病叶在1～2周内变黄脱落。遇高温高湿天气,病斑扩展迅速,形成大型黑色坏死斑,多个病斑融合,叶片变黑坏死,病叶很快失水焦枯,故称"叶枯病"。高湿条件下,病斑上产生大量橘黄色的孢子堆。叶片发病20～30天后,病斑上形成黑色小点,为病原菌的子囊壳。果实发病,形成直径1～2 mm的褐色至深褐色的圆形病斑,边缘明显,周围有红色晕圈,病斑不再扩展。病菌侵染枝梢,但没有明显的症状。

初始叶片病斑边缘不清晰、形状不规则,果实上有直径1～2 mm褐色圆形斑点,依此可诊断炭疽叶枯病。

【病原】

两种病害都是由子囊菌门的几种刺盘孢(*Colletotrichum* spp.)引起的。引起苹果苦腐病的有胶孢刺盘孢(*C. gloeosporioides*)、果生刺盘孢(*C. fructicola*)和隐秘刺盘孢(*C. aenigma*)。引起炭疽叶枯病的目前已报道4个病原种类:果生刺盘孢、隐秘刺盘孢、松针刺盘孢(*C. fioriniae*)和萱草刺盘孢(*C. karstii*)。我国炭疽叶枯病的病原为果生刺盘孢和隐秘刺盘孢,其中果生刺盘孢为田间优势种。

病原菌形态:炭疽叶枯病菌能在病叶上进行有性生殖,形成子囊壳和子囊孢子。果生刺盘孢：分生孢子盘埋生于寄主表皮下，无刚毛，成熟后突破表皮。在 PDA 培养基上不形成分生孢子盘，也不形成有性孢子。分生孢子直，单胞，光滑，无色，长椭圆形、椭圆形，两端钝圆，大小为 $(9.7 \sim 14)$ μm×$(3 \sim 4.3)$ μm（图 6-22）。分生孢子堆橘黄色。子囊果暗褐色，近球形，外部有毛状菌丝，子囊壳直径为 $(312 \sim 385)$ μm×$(354 \sim 490)$ μm。子囊棍棒状或舟状，薄壁，大小为 $(30 \sim 55)$ μm×$(6.5 \sim 8.5)$ μm，内含 6～8 个子囊孢子。子囊孢子单胞无色，弯曲，两端钝圆，大小为 $(9.7 \sim 14)$ μm×$(3 \sim 4.3)$ μm。

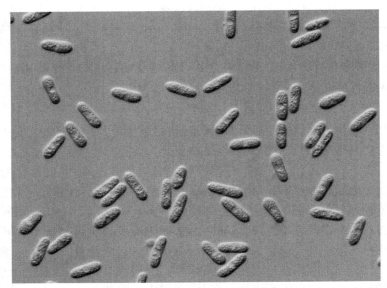

图 6-22　果生刺盘孢（*Colletotrichum fructicola*）分生孢子（孙广宇提供）

病菌分生孢子萌发温度范围为 12～40℃，最适温度为 28～32℃；适宜相对湿度在 95% 以上；并且萌发时需要补充一定的营养，在 20% 的苹果汁里萌发率较高，而在蒸馏水中不能萌发。

【发病规律】

病菌主要以菌丝在弱小枝条、枯死枝或果台枝上越冬。翌年 5—6 月，遇持续时间的阴雨，越冬病菌产生分生孢子，随雨水溅散、或在雨滴中随风飘散传播。着落到寄主表面的分生孢子萌发后，形成带分枝的芽管，芽管末端产生附着胞和侵染钉，由侵染钉直接侵入寄主组织。分生孢子还可通过伤口侵入果实。受侵染的叶片和果实经过 2～4 天的潜育期开始发病。新形成的病斑遇阴雨或高湿 1～2 天后，产生大量分生孢子。可发生多次再侵染。

炭疽叶枯病从 6 月上中旬开始发病，8 月中下旬达发病高峰期，造成大量落叶。6—7 月雨水多的年份，发病高峰期可提前到 7 月中下旬；干旱年份，能推迟到 9 月上中旬。苹果树大量落叶后，落地病叶上能产生大量子囊孢子。子囊孢子能随气流远距离传播，侵染周边的果园。从未发病的果园，常于 8、9 月突发炭疽叶枯病。炭疽叶枯病菌的产孢量大、侵染能力强，经过 2～3 次再侵染，可造成严重发病和大量落叶。

病害发生受气候和寄主抗病性影响。

气候条件：降雨是炭疽叶枯病发生与流行的必要条件。越冬枝条上的病菌和新病斑上的病菌，遇 2～5 天的阴雨或超过 95% 的高湿才能产生分生孢子。遇能使叶面流水的降雨

（超过 2 mm），分生孢子才能传播。落到叶果表面的分生孢子，叶面需有超过 3 h 的结露，才能完成全部的侵染过程，导致叶果发病。

炭疽叶枯病发病的温度为 15～30℃，适温为 25℃。进入 6 月份，遇持续时间超过 2 天阴雨就会导致大量炭疽叶枯病菌的侵染，阴雨时间越长，病菌的侵染量越大。经过 3～4 次的阴雨后，或遇 2～3 周的持续阴雨，会造成炭疽叶枯病严重发病，导致树体大量落叶。

寄主抗病性：不同苹果品种的抗病性差异显著。嘎啦、金冠、秦冠、乔纳金、美八等品种高度感病，富士、元帅等品种高度抗病。嫁接在嘎啦苹果上的富士枝条，在嘎啦树体全部落叶后，仍保持完好。不同龄期的叶片抗病性有所差异，幼龄叶片易感病，但田间发病时表现不明显。

幼果感病潜育期长，成熟后感病潜育期则短。病害潜育期最短 1.5 天，最长 114 天，一般为 3～13 天，在一个生长季节可有多次再侵染。

【控制措施】

应采取以改善栽培管理条件为主，辅以药剂防治的综合措施。

（1）清除病菌来源　结合冬季修剪搞好清园工作，清除病僵果、枯枝和干枯果台等。枝干上喷施波尔多液、5 波美度石硫合剂等。

（2）加强栽培管理　改善果园通风透光条件，及时排水降低果园湿度。深翻改土，增施农家肥，适当增施磷、钾肥，控制坐果量，以增强树势，提高抗病能力。

（3）药剂防治　多雨地区或多雨年份，自 6 月份雨季开始前至 9 月份，每月喷施 1 次波尔多液；多雨季节在 2 次波尔多液之间穿插以吡唑醚菌酯为主要有效成分的杀菌剂。降雨相对较少的地区或年份，密切关注病害的发生动态，当田间出现炭疽叶枯病的病叶时，每隔 7～10 天，连续喷施 2～3 次以吡唑醚菌酯为主要有效成分的杀菌剂，也能有效控制炭疽叶枯病的流行。

波尔多液是防治炭疽叶枯病的首选药剂，其持效期可维持 15 天以上。吡唑醚菌酯在病菌侵染后 24 h 内使用对炭疽叶枯病有一定内吸治疗作用。

6.6.2　柑橘炭疽病

柑橘炭疽病（citrus anthracnose）在国内各柑橘产区均有分布，且普遍发生，有些年份危害还较重。病害在叶片、枝梢、果实上均可发生，造成落叶、梢枯、落果及果实腐烂，对产量影响较大。

【症状】

危害叶片有两种症状类型。叶斑型（慢性型），病斑多出现在成长叶片或老叶的近叶缘、叶尖处，病斑呈半圆形或近圆形，稍凹陷，中央黄褐色，后呈灰白色，边缘褐色或深褐色，病健组织分界明显。在干燥条件下病斑上产生黑色小粒点，散生或呈轮纹状排列（分生孢子盘）；天气潮湿时，则出现许多橘红色带黏性的小点（大量分生孢子）。病斑型炭疽病的病叶脱落较慢。叶枯型（急性型），症状常从叶尖开始向叶基发展，初为暗绿色，似烫伤状，后变为黄色或黄褐色，病健分界不明显，似云纹状。病部组织枯死后，常呈"V"字形或倒"V"字形斑块，其上也可产生橘红色小点或黑色小点，病叶很快脱落。

枝梢的症状也有两种。一种由梢顶向下枯死，病斑多发生在受冻害后的秋梢上，初期病部褐色,逐渐扩展终至病梢枯死。枯死部位呈灰白色,病健交界明显,其上有许多小黑点。另一种是发生在枝梢中部,从叶柄基部的腋芽处或受伤皮处开始发病。病部初为淡褐色,椭圆形,后扩展呈梭形,稍凹陷,当病斑环割枝梢一周时,其上部枝梢很快干枯死亡。果梗受害,多发生在椪柑等果梗细长的品种上,在果实发育的中后期较多,有时也发生在果实膨大期,靠近果蒂处的果梗发病干枯,引起落果。

幼果被害,病部初为暗绿色油渍状斑点,后变褐色,逐渐扩展至全果,在潮湿条件下,病果出现白色霉层及淡红色小粒点。病果腐烂后失水干缩成僵果,不脱落。长大后的果实发病,症状表现有干疤、泪痕和腐烂3种类型。干疤型多出现在果腰部,圆形或近圆形,黄褐至深褐色,病部果革质或硬化,病组织只限于果皮层。泪痕型症状表现为果皮外表形成红褐色或暗红褐色条点状微凸的干疤,像流泪的痕迹一样。泪痕型病变组织局限于果皮表面,不深入白皮层。腐烂型症状主要出现在贮藏期,多从病的果蒂蔓延至果实,围绕果蒂形成褐色凹陷的干腐型病斑,腐烂发展较慢;但潮湿时,病斑快速扩大,全果很快变褐腐烂。

【病原】

胶孢刺盘孢(*Colletotrichum gleosporioides* Penz.),属子囊菌门。分生孢子盘初埋生于寄主表皮下,后突破表皮外露。分生孢子盘有刚毛,深褐色,直或稍弯曲,具有1～2个分隔,长40～160 μm。分生孢子梗在盘呈栅栏状排列,圆柱形,无色单胞,顶端尖,大小为(9.8～29.4) μm×(2.8～4.9) μm。分生孢子椭圆形至短圆筒形,有时稍弯曲或一端稍小,无色,单胞,大小为(8.4～16.8) μm×(3.5～4.2) μm,内常有1～2个油球(图6-23,彩图又见二维码6-14)。

图 6-23 胶孢刺盘孢(*Colletotrichum gloeosporioides*)在柑橘上的分生孢子盘切片,示刚毛与分生孢子(李怀方原图)

病菌最低生长温度为9～15℃,最高为35～37℃,最适为21～28℃;致死温度为65～66℃(10 min)。分生孢子萌发适温为22～27℃,最低为6～9℃,在清水中不易萌发,在4%橘叶煎汁或葡萄糖液中萌发最好。

【发生规律】

病菌主要以菌丝体和分生孢子盘在病梢、病叶和病果上越冬,翌年春季,当环境条件适宜时,病组织中越冬的分生孢子盘或病组织中病菌产生分生孢子盘,再产生分生孢子,通过风雨、昆虫传播,落在寄主组织表面,孢子

二维码 6-14

萌发形成芽管和附着胞,可以直接侵入寄主组织,或通过气孔和伤口侵入,在表皮细胞中潜伏,条件适宜时再引发病害。果园的初次侵染源主要来自枯死枝梢和病果梗,少数来自叶片上的病斑。只要温、湿度适宜,枯死病枝上几乎全年都可产生分生孢子,尤其以当年春季枯死的病梢上产生的数量多。在柑橘生长季节,每逢雨后在果园中都可捕捉到大量的分生孢子。

柑橘炭疽病菌具有潜伏侵染特性。对外表无症状的叶片、枝干皮层及果实皮层的组织分离结果证明,不但成熟的叶片及木质化枝干皮层组织中容易分离到炭疽病菌,而且抽发不久的嫩叶或幼果皮中也可分离到该病菌。当柑橘树势旺盛时,侵入的附着胞即附着在表皮表面或以树突状的菌丝潜伏于角质层下,不扩展;当树势弱衰、抗病性下降时,病菌即得以扩展,而表现出症状。但病菌从伤口(冻伤、虫伤、机械伤等)侵入,则一般无潜伏现象。

甜橙、椪柑、温州蜜柑及柠檬等发病较重。在同一品种中,发病程度与树势关系极为密切。树势强壮的抗病、发病轻或一时不表现症状;而树势弱的,发病常严重。

凡冬季、早春冻害严重,春季气温低和阴雨多的年份发病较重,夏、秋季高温多雨发病常较重。

栽培管理粗放,树势衰弱,施肥不合理(如偏施氮肥),引起枝条徒长,晚秋梢抽生过多,常易遭致冬季冻害,加重发病。此外土质黏重、土层浅、有机质含量少;地下水位高,排水不良;病虫害严重;修剪不合理的果园常发病严重。结果量过大,树体负担过重,而肥水又不足时,易在果实接近成熟前发生果梗枯炭疽病,引起大量果实未熟即果梗枯死,果实发黄脱落,损失严重。果梗枯死严重的果园采后的果实带菌量往往更高,贮运期发生从果蒂开始腐烂的概率也高。

【防治措施】

应采取以加强栽培管理,增强树势,提高树体抗病力为基础,结合喷药保护的综合防治措施。

(1)加强栽培管理,冬季搞好清园工作　果实采摘后应及时施肥,恢复树势,提高树体的抗寒能力,以减轻冻害。萌芽前结合树体修剪整形,剪除徒长弱枝、病虫枝、病果梗,清扫地面落叶、病果和枯枝,集中烧毁。并在萌芽前结合其他病害的防治,全面喷1次3波美度的石硫合剂,杀灭越冬病菌。合理施肥,增施磷、钾肥,使树体生长健壮,抗病性增强。促发早秋梢,控制晚秋梢,避免秋梢受冻而加重病害发生。

(2)药剂保护　春、夏、秋梢嫩叶期要各喷1次杀菌剂保梢,幼果期(5—6月),果实膨大期(8—10月)要根据具体情况加喷2~3次,以保护果实。波尔多液、代森锰锌、丙森锌、咪鲜胺、咪鲜胺锰盐、醚菌酯、吡菌酯、唑醚·代森联等是防治柑橘炭疽病的有效药剂,使用浓度根据药剂的具体商品制剂的有效成分决定。喷药时树冠枝干,叶片正、背面,花果都要喷布均匀,以提高防效。对炭疽病预防不力的果园,可抓住发病初期(田间始见病斑时)喷药,以内吸性杀菌剂为主,如咪鲜胺、咪鲜胺锰盐等。

果实采收后贮藏前,使用次氯酸钠溶液洗果,然后采用杀菌剂抑霉唑、咪鲜胺或咪鲜胺锰盐和保鲜剂的混合液浸果,以清除和杀灭果面病菌,防治贮藏期发病。

6.6.3　梅花炭疽病

梅花炭疽病(plum blossom anthracnose)是梅花的重要病害,各地区发生普遍,病害引起梅花树早期落叶,致使树势衰弱,花芽减少,大大降低观赏价值。

【症状】

主要危害叶片,也可侵染嫩梢。叶片病斑圆形或椭圆形,直径3~7 mm,发生在叶尖叶缘的病斑呈半圆形或不规则形。病斑黑褐色,后变为灰褐色或灰白色,边缘红褐色或暗紫色。其上生有轮纹状排列的黑色小点(分生孢子盘),在潮湿条件下溢出橘红色的黏质团(大量分生孢子)。病斑常穿孔而脱落,病叶极易脱落。嫩梢病斑为椭圆形、边缘稍隆起的溃疡斑。

【病原】

梅刺盘孢(*Colletotrichum mume* Hoti),属于子囊菌门。子囊壳埋生于基物内,球形、洋梨形或烧瓶形,有喙和缘丝,黑色,直径 $100\sim250\ \mu m$;子囊棍棒形或洋梨形,大小为$(58\sim80)\ \mu m\times(8\sim13)\ \mu m$;子囊孢子长椭圆形至圆筒形,微弯,单胞,无色,大小为$(10\sim18.4)\ \mu m\times(3.2\sim5)\ \mu m$(参见图 3-19)。分生孢子盘中间有深褐色的刚毛,刚毛大小为$(50\sim60)\ \mu m\times(3.5\sim4)\ \mu m$。分生孢子梗短,排列成层,突破表皮。分生孢子圆筒形,单胞,无色,大小为$(10\sim16.5)\ \mu m\times(3.6\sim6)\ \mu m$(参见图 3-42)。分生孢子在 $12\sim32{}^{\circ}\!C$ 都能萌发,以 $28{}^{\circ}\!C$ 左右萌发最好。

【发生规律】

病菌以分生孢子及菌丝块(发育未完成的分生孢子盘)在嫩梢溃疡斑和被害的落叶上越冬。翌年,侵染新抽出的叶片及嫩梢。分生孢子借风雨传播。秋末,在自然条件下可产生子囊壳,但很少发现。

武汉地区从 4 月下旬开始发病,直至 10 月结束,其中以 7—8 月发病最重。一般情况下多数地区 5 月上旬开始发病。春季多雨,特别是梅雨季节,常发病较重。高温高湿有利于病害的发生。

盆栽梅花往往比地栽梅花发病重,因为盆栽梅花植株矮,雨滴易把地表病残体上的分生孢子溅散到植株下部的叶片上,下部的叶片先发病,病斑多而大。

栽植过密,通风不良,光照不足有利于该病的发生。

【防治措施】

(1)及时清除病落叶　结合修剪剪去病枝梢,并集中烧毁。休眠期喷布 1 次 3～5 波美度石硫合剂,杀死越冬病原。

(2)加强栽培管理　地栽或盆栽梅花摆放不要过密,以利于通风透光,降低湿度。增施磷、钾肥,适量施氮肥,提高寄主的抗病性。

(3)药剂保护　从 4 月下旬或 5 月上旬开始,可用苯醚·甲硫、苯甲·醚菌酯、苯甲·咪鲜胺防治。连续防治 3～4 次。波尔多液、石硫合剂,对梅花有药害,不宜在生长期使用。

▶ 6.6.4　瓜类炭疽病

瓜类炭疽病(cucurbits anthracnose)是瓜类作物上的重要病害,全国各地均有发生。夏季多雨年份西瓜和甜瓜常严重发生。北方塑料大棚和温室黄瓜,通常秋茬受害较重。此病在生长期危害,影响产量和品质,而且在贮运期间染病瓜可继续蔓延,造成后续腐烂,加剧损失。

瓜类炭疽病主要危害西瓜、甜瓜和黄瓜,也可危害冬瓜、瓠瓜、葫芦、苦瓜等,南瓜和丝瓜比较抗病。

【症状】

此病在幼苗和成株期都能发生,植株的子叶、叶片、叶柄、茎蔓和果实均可被侵染。症状常因寄主的不同而略有差异。

园艺植物病理学(第3版)

黄瓜幼苗发病,沿子叶边缘出现圆形或半圆形、稍凹陷的褐色病斑;幼茎基部受害,病部变色、缢缩并引起倒伏。成株发病,叶片上初为水渍状圆形小斑点,扩大后呈黄褐色至红褐色近圆形病斑,边缘具黄色晕圈,病斑上有不明显的小黑点状轮纹;潮湿时产生粉红色黏稠状物质(分生孢子堆),干燥时挣裂穿孔。后期多个病斑连片,叶片焦枯至死。茎蔓和叶柄上病斑梭形或长圆形,灰白色至黄褐色,凹陷或纵裂,有时表面生有粉红色小点;病斑环绕一周后,致茎蔓枯死、叶片萎垂。果实以成熟瓜条易于受害,初为淡绿色水渍状斑点,扩大后呈暗褐色至黑褐色,稍凹陷,后期病部表面生有小黑点或粉红色黏稠物。瓜条变形。

西瓜和甜瓜受害,各部位症状与黄瓜基本相似。区别是西瓜叶片病斑不规则,纺锤形、辐射状或近圆形,黑褐色,外围紫黑色晕圈。茎蔓和叶柄病斑初为黄褐色、水渍状,后变为黑色。果实上初为暗绿色水渍状小斑点,逐渐扩大成圆形或椭圆形病斑,颜色暗褐至黑褐色,明显凹陷龟裂,溢出粉红色黏稠胶质物。幼瓜受害后全部变黑,收缩腐烂。成熟甜瓜较易感病,病斑较大,明显凹陷并开裂,黏稠胶质物橘红色。

【病原】

圆盘长孢[*Gloeosporium orbiculare*(Berk.)Berk.],异名:瓜类刺盘孢[*Colletotrichum lagenaria*(Pass.)Ell. et Halst],属子囊菌门。近紫外灯光照射可以产生子囊壳,自然条件下尚未发现。

分生孢子盘在寄主表皮下产生,成熟后突破表皮外露。分生孢子梗无色,单胞,圆筒状,大小为$(20\sim26)\mu m\times(2.6\sim3.0)\mu m$。分生孢子无色,单胞,卵圆或长圆形,一端稍尖,大小为$(14\sim20)\mu m\times(5\sim6)\mu m$,多聚合一起成粉红色黏孢子团。分生孢子盘上有刚毛数根,长$90\sim120\mu m$,$2\sim5$个隔膜,暗褐色(图6-24,彩图又见二维码6-15)。

二维码6-15

黄瓜炭疽病症状(台莲梅原图)

病原菌在黄瓜上的分生孢子盘与刚毛(李怀方原图)

图6-24 黄瓜炭疽病症状及病原菌形态图

病菌生长最适温度24℃左右,高于30℃和低于10℃均停止生长,45℃经10 min死亡。分生孢子萌发最适温度为$22\sim27$℃,需要水和充足的氧气,低于4℃不能萌发。温度在$14\sim18$℃时,可产生黑褐色的厚垣孢子。

据美国和俄罗斯报道,瓜类炭疽病菌有生理小种分化现象,国内尚无报道。

【发病规律】

病菌主要以菌丝体及拟菌核(未成熟的分生孢子盘)随病株残体在土壤里越冬,亦可以菌丝体潜伏于种皮内越冬。带菌种子可作远距离传播。另外,塑料大棚、温室的连作黄瓜,不仅常年保持菌源,其设施和架材也是病菌越冬的重要场所。翌春条件适宜,菌丝体和拟菌核发育成分生孢子盘,产生分生孢子,成为初侵染源。播种未经消毒的种子,病菌可直接侵染子叶引起发病。寄主染病后,遇适宜温、湿度条件,病部形成分生孢子盘产生分生孢子,借风雨、灌溉水及农事操作、昆虫携带进行传播,形成多次再侵染。

炭疽病的发生与流行与温湿度影响最为密切。虽然病菌在 10~30℃ 温度范围内均可生长,但病害往往在气温 18℃ 左右时才开始发生,22~24℃ 时发生普遍,27℃ 以上病势减弱。湿度是诱发此病的主导因素。在适温条件下,空气相对湿度愈高,发病潜育期愈短。持续 87%~95% 的高湿时,潜育期仅 3 天,降至 54% 以下时,病害则很难发生,以温度 22~24℃、相对湿度 95% 以上时发病最重。此外,连作地块、黏重偏酸土壤、排水不良、偏施氮肥、塑料大棚和温室光照不足、通风排湿条件差,均可诱使此病严重发生。一般植株在生长中后期受害较重,瓜果的抗病性随着果实成熟度而降低。西瓜、甜瓜在贮运过程中,若包装和管理不善,环境湿度过大,空气通透性差,也可引起病害迅速发展。

【控制措施】

应以预防为主,采取选用抗病品种或无病良种,结合农业措施,辅以药剂保护的综合措施。

(1)种子处理 从无病株上选留种瓜采种,播种前用 55℃ 温水浸种 15 min,冷水冲洗降温后催芽;或用种衣剂拌种后播种。

(2)选用抗(耐)病品种,合理品种布局 黄瓜品种津杂 2 号、津研 4 号、津研 7 号、碧春、中农 5 号、中农 1101 号、早青 2 号等,西瓜品种红优 2 号、丰收 3 号、克伦生、海农 6 号、新澄 1 号、新克、庆红宝等,对炭疽病均有一定抗(耐)性,可因地制宜选种。一般黄瓜、西瓜、甜瓜品种等的抗病表现有逐年衰减的规律。故应不断选育新的抗病品种且经常更换、调配品种,保持优质、高产和稳产。

(3)苗床和棚室消毒 苗床消毒;温室和大棚进行消毒,按 2.5 g/m² 的硫黄粉加锯末点燃,密闭熏蒸 1 夜,消灭残留病菌。

(4)加强栽培管理 选择通透性良好的沙壤地和有排水、灌溉条件的田块种植;与非瓜类作物实行 3 年以上轮作;高畦覆膜栽培;施足基肥,增施磷钾肥和有机肥,增强作物抗病性;及时清除病株残体,减少菌源。西瓜坐瓜后铺草垫瓜,防止与土壤接触传病。塑料大棚、温室栽培黄瓜,上午以闭棚为主,将温度保持在 30~32℃,午后和晚上放风,使湿度降至 70% 以下,或地面铺稻草、麦秸等吸潮,控制病害发生。贮运时严格剔除病瓜,贮运场所适当通风降温。

(5)药剂防治 发病初期摘除病叶,交替使用农药,福·福锌、唑醚·代森联、甲硫·异菌脲、甲硫·丙森锌、苯醚·甲硫、咪鲜·丙森锌或甲硫·福美双等。发病较轻的保护地,还可用百菌清烟剂,且兼治多种气传病害。

▶ 6.6.5 辣椒炭疽病

辣椒炭疽病(pepper anthracnose)是辣椒的一种常见病害,我国各辣椒产区都有发生,通常减产 20%~30%。该病主要危害叶片和近成熟的果实,造成落叶和烂果,对辣椒生产的威胁很大。辣椒炭疽菌还可侵染果树、蔬菜、花卉、药用植物和大田作物的果实、茎、叶,造成烂果、枯枝、叶斑和死苗。

【症状】

辣椒苗期和成株期均可被炭疽病病菌侵染。以果实发病为主,叶片发病较轻。若种子带菌,苗期发病表现为须根少、出芽后腐烂、幼苗干枯萎蔫、子叶形成深褐色病斑或干枯等症状。根据症状表现和病原物不同,辣椒炭疽病可分为红色炭疽病、黑色炭疽病、黑点炭疽病和尖孢炭疽病 4 种。一般引起叶部炭疽的主要是黑色炭疽病,红色炭疽病与黑点炭疽病则主要引起果实炭疽。

(1)黑色炭疽病 叶部初生水渍状病斑,圆形至近圆形,干燥后易破裂,上生轮生的小黑点(分生孢子盘);果实成熟时发病,病斑不规则形,褐色,稍凹陷,微具轮纹,上生小黑点。

(2)红色炭疽病 叶部受害形成不规则形或近圆形斑点,中央淡褐色,边缘褐色或暗褐色,具同心轮纹,上生小黑点(分生孢子盘)。幼果及成熟果受害,产生黄褐色水渍状凹陷病斑,其上密生轮纹状排列的橙红色小点,潮湿时整个病斑表面溢出淡红色黏质物。

(3)黑点炭疽病 叶部初生水渍状、暗绿色小病斑,渐变为近圆形、褐色或暗褐色斑,边缘呈黄色,干燥后易破裂,上生轮生的小黑点(分生孢子盘);果实发病病斑与黑色炭疽病相似,但其上的小黑点较大,色更黑,潮湿时从小点溢出黏质物。

(4)尖孢炭疽病 叶片上的病斑近圆形,中央灰白色,边缘汇合成大斑,上生小黑点(分生孢子盘);果实上的病斑圆形,淡褐色水渍状,后期凹陷,上生粉红色黏粒。

【病原】

世界上已经报道可侵染辣椒的炭疽病病菌有 17 种,国内报道的有 4 种,均为子囊菌门刺盘孢属(*Colletotrichum*)。

(1)黑色炭疽病 病原菌为黑色刺盘孢(*C. nigrum*)。分生孢子盘周缘生暗褐色刚毛,有 2~4 个隔膜。

(2)红色炭疽病 病原菌为胶孢刺盘孢(*C. gloeosporioides*)。分生孢子盘散生,黑褐色,顶端不规则开裂,刚毛少,直立,褐色。分生孢子圆柱形或近椭圆形,无色,单胞,大小为(11~21)μm×(4~6)μm。

(3)黑点炭疽病 病原菌为平头刺盘孢(*C. truncatum*),异名:辣椒刺盘孢(*C. capsici*)。分生孢子盘多聚生,黑色,顶端不规则开裂,周缘及内部均生暗褐色或棕色刚毛,内部刚毛特多,有隔膜。分生孢子镰刀形,顶端尖,基部钝,无色,单胞,大小为(22~26)μm×(4~5)μm,内含油球。

(4)尖孢炭疽病 病原菌为短尖刺盘孢(*C. acutatum*)。分生孢子盘表生,黑褐色,无刚毛。分生孢子梭形,无色,单胞,大小为(10~16)μm×(2~4)μm。

【发病规律】

病菌以菌丝、分生孢子或分生孢子盘在病残体和土壤中越冬,成为翌年的初侵染来源。播种带菌的种子或播种于带菌的土壤上,环境条件适宜时产生分生孢子,进行初侵染。病菌多由伤口侵入,盘长孢状刺盘孢还可以从寄主表皮直接侵入。以后病斑上产生新的分生孢子,通过风雨、昆虫、农事操作等传播,频繁再侵染。辣椒刺盘孢主要侵染红色成熟果实,而短尖刺盘孢和盘长孢状刺盘孢可同时侵染成熟和未成熟的果实。

炭疽病的发生与气候条件,尤其与温、湿度关系密切,27℃左右、相对湿度 95% 左右是发病的最佳条件,相对湿度低于 70% 则不利于病害发生。条件适宜时,病害潜育期为 $3\sim$ 5 天。高温多雨、排水不良、常年连作、种植密度大、施肥不当或施氮肥偏多、通风状况不良都会加重炭疽病的发生和流行。果实受损伤或果实日灼等均易发病。成熟果或过成熟果容易受害,幼果很少发病。辣椒品种间抗病性有差异,通常圆椒比尖椒感病。

【控制措施】

辣椒炭疽病的防治,应根据当地生产特点,积极选取抗病品种,并结合农业栽培、种子处理、药剂防治等措施进行综合防治。

(1)种植抗病品种　一般辣味强的品种相对抗病。辣椒可选用杭椒 13 号、湘研 10 号和湘研 11 号等,甜椒可选用鲁椒 1 号、茄椒 1 号、蒙椒 3 号、哈椒 2 号、鲁椒 3 号、早杂 2 号、苏椒 2 号、早丰 1 号、茄椒 1 号、皖椒 2 号、长丰、吉农方椒等。

(2)选用无菌种子及种子处理　选种时应选择无菌种子并进行种子消毒。在冷水中预浸 $6\sim10$ h,播种前用种衣剂进行包衣处理,可有效防止炭疽病的发生。

(3)加强栽培管理　避免连作,生产上应注意不能与茄果类、瓜类蔬菜如番茄、茄子、马铃薯、黄瓜等进行轮作,最好选择与大田作物如玉米等进行轮作;合理密植,使辣椒封行后行间不郁蔽,果实不暴露;适当增施磷、钾肥料,促使植株生长健壮,提高抗病力;低湿地种植要做好开沟排水工作,防止田间积水,以减轻发病。田间一旦发现病果、病株,应及时摘除或拔除以防病害蔓延。辣椒炭疽病菌为弱寄生菌,成熟衰老的、受伤的果实易染病,及时采果可避病。

(4)清洁田园　果实采收后,清除田间遗留的病果及病残体,集中烧毁或深埋,并进行一次深耕,将表层带菌土壤翻至深层,促使病菌死亡,可减少初侵染源,控制病害的流行。

(5)药剂防治　辣椒炭疽病的防治应尽早发现、及时用药。田间防治辣椒炭疽病的药剂较多,可用苯甲·吡唑酯、氟菌·肟菌酯、苯甲·嘧菌酯、唑醚·戊唑醇、嘧菌·百菌清、福·甲·硫黄等防治。隔 $7\sim10$ 天喷 1 次,连续防治 $2\sim3$ 次可有效防治辣椒炭疽病。

6.6.6　其他园艺植物炭疽病

其他园艺植物炭疽病见表 6-7。

表 6-7　其他园艺植物炭疽病

病害	症状	病原	发病规律	控制措施
桃炭疽病	主要危害果实,也危害新梢和叶片。果实病斑圆形或椭圆形,红褐色,明显凹陷。潮湿时病斑上长出橘红色小粒点。枝梢受害,病斑暗褐色,稍凹陷,潮湿时病斑上长出橘红色的小粒点,严重的病梢枯死。病叶萎蔫下垂纵卷成筒状	胶孢刺盘孢(*Colletotrichum gloeosporioides*)	病菌主要在病梢组织内越冬,也可在僵果内越冬,通过风雨和昆虫传播,在整个生长期可多次侵染危害。开花期至果实成熟期多雨、高湿利于发病。早、中熟品种发病重	冬季及生长期清除枯枝、僵果及落果,消灭侵染源。加强果园管理,选栽抗病性较强的品种。在芽萌动期喷 1:1:100 波尔多液或 5 波美度石硫合剂。落花后至采果前 $3\sim4$ 周每隔 10 天左右喷 1 次药,可用甲基硫菌灵、咪鲜胺锰盐等

病害	症状	病原	发病规律	控制措施
葡萄炭疽病	只发生在着色或近成熟的果实上。病斑圆形、褐色、凹陷,长出轮纹状排列的黑色小粒点,潮湿时溢出粉红色黏质团,果粒变褐软腐,易脱落,或形成僵果。果梗及穗轴也可受害	胶孢刺盘孢(Colletotrichum gloeosporioides)	病菌在一年生枝蔓及病果梗、僵果处越冬,经风雨、昆虫传播。幼果不发病,果实近熟后发病。高温多雨发病重。一般皮薄、晚熟的品种发病较重	发芽前喷1次3波美度石硫合剂。发病初期至采果前半个月,每隔10天左右喷咪鲜胺、腈菌唑、苯醚甲环唑、多抗霉素或1:0.5:200波尔多液等
柿炭疽病	主要危害果实及新梢。果实病斑圆形、深褐色或黑色凹陷,密生呈轮纹状排列的灰色至黑色小粒点,湿度大时溢出粉红色黏质团。病斑可深入果肉,形成黑色的硬块。病果提早脱落。新梢病斑长椭圆形,中部凹陷纵裂,并产生黑色小粒点,潮湿时溢出粉红色黏质团	胶孢刺盘孢(Colletotrichum gloeosporioides)	病菌主要在枝梢病斑中越冬,也可在病果、叶痕和冬芽中越冬,翌年初夏通过风雨、昆虫传播,侵染新梢和幼果,直至采收期可不断受害。病菌喜高温、高湿,病害消长与降雨关系密切	冬季剪病枝梢、病果,拾落果,集中烧毁或深埋。发芽前喷石硫合剂。6月上中旬至8月每隔10～15天喷1次药保护,可用1:3:300波尔多液。参考桃炭疽病防治
梨叶炭疽病	叶斑圆形、褐色,逐渐成灰白色,常有同心轮纹。严重时,病斑相互汇合成不规则形褐色大斑块,上有条状小黑点,潮湿时出现粉红色的黏液	梨刺盘孢(Colletotrichum pyri f. sp. tieoliense)	以菌丝体在落叶上越冬,第二年产生分生孢子,通过风雨传播	冬季清扫落叶,集中烧毁。增施肥料,提高抗病力。结合梨锈病喷药防治
核桃炭疽病	主要危害果实,病斑圆形或不规则形,黑褐色,稍凹陷,严重时全果变黑腐烂,干缩脱落。潮湿时病部产生轮纹状排列的黑色小点	胶孢刺盘孢(Colletotrichum gloeosporioides)	以菌丝体在病果、病叶上越冬	选栽抗病品种。冬季清除病果、病叶,集中烧毁。发病期可喷1:1:100波尔多液
栗炭疽病	在栗蓬蓬刺基部产生褐色病斑,后期病部长出小黑点。种子在种仁表面产生黑色或黑褐色、圆形或近圆形坏死斑,后期果肉腐烂干缩。外种皮病斑多发生在尖端,形成"黑尖"症状。芽、新梢和小枝受害,导致枯死	胶孢刺盘孢(Colletotrichum gloeosporioides)	以菌丝体在枝、芽内越冬,树势衰弱,多雨发病重	剪病、枯枝烧毁。在7月下旬至8月下旬喷药保护

病害	症状	病原	发病规律	控制措施
芒果炭疽病	果皮外部出现暗褐色或黑色小斑点,以后逐渐扩大并愈合成黑色或黑褐色、凹陷的大斑块,潮湿条件下,病斑上产生黑色小点和粉红色黏质物,有时成同心轮纹状排列,严重时果皮皱缩,全果软化腐烂	病原有两种:胶孢刺盘孢(Colletotrichum gloeosporioides)和尖胞刺盘孢(Colletotrichum acutatum)	病菌在田间从气孔或伤口侵入,潜伏在果皮内,直至采收后才发病。贮运期间可通过病、健果接触传播	加强田间栽培、药剂防病。采后在52～54℃热水浸泡8～10 min,再用咪鲜胺锰盐或咪鲜胺,按使用说明上的浓度浸果1 min
香蕉炭疽病	病斑有两种。一种初期产生圆形、黑色或黑褐色的小斑,以后病斑凹陷并迅速扩展成不规则形大斑,2～3天内全果变黑,湿度大时病斑上产生橙红色的黏质团。果肉变褐色,软化腐烂。另一种症状为果实表面散生褐色或暗红色小点,果实发出特异香味,斑点逐渐扩大并深入到果肉引起腐烂。感病果实早熟。又称芝麻蕉	芭蕉刺盘孢(Colletotrichum musae)	病菌在感病的蕉叶上越冬,翌年通过风雨或昆虫传播,病菌附着在果皮内,果实采后随着成熟逐渐表现症状,并产生分生孢子进行再侵染。在贮运期间可通过病、健果接触传播	适时采收,尽量减少损伤。贮运、催熟场所消毒。采后可用咪鲜胺,按使用说明上的浓度浸果3 min
十字花科蔬菜炭疽病	主要危害叶片,也危害花梗及种荚。叶病斑直径1～3 mm,圆形或近圆形、灰褐色,稍凹陷,呈薄纸状,边缘褐色,稍隆起;后期病斑呈灰白色,半透明,易穿孔。叶背多危害叶脉,形成条状、褐色、凹陷的病斑。叶柄、花梗及种荚病斑长圆形至纺锤形,褐色至灰褐色、凹陷,湿度大时,病斑上有粉红色黏质物溢出	希金斯刺盘孢(Colletotrichum higginsianum)	以菌丝体在病残体和种子上越冬,通过风雨传播。早播白菜,种植过密、地势低洼发病重。高温、高湿有利于发病。品种间抗病性有差异	播种前种子在50℃水中浸泡20 min,或用种衣剂拌种。清洁田园,与非十字花科蔬菜隔年轮作。发病初期及时喷药,可用百菌清或代森锌,每7～10天喷1次,连喷2～3次

病害	症状	病原	发病规律	控制措施
菜豆炭疽病	危害叶片、茎和豆荚。叶片背面的叶脉上,初为红褐色条斑,后变为黑褐色或黑色,扩展为多角形网状斑。叶柄和茎部病斑锈褐色,细条形,凹陷,龟裂;豆荚上初为褐色小点,扩大后为圆形或近圆形,褐色至黑褐色斑,边缘稍隆起,四周常有红褐色或紫褐色晕环,湿度大时溢出粉红色黏质物;种子上病斑大小不一,黄褐色至褐色,稍凹陷	菜豆刺盘孢(*Colletotrichum lindemuthianum*)	病菌主要潜伏在种子上,也可在病残体上越冬。播种带菌的种子,幼苗即可发病。病菌通过雨水和昆虫传播,引起再侵染。温度17℃,相对湿度100%有利于发病	种植抗病品种。可用种衣拌种。与非豆科植物实行2年以上的轮作。开花后,发病初期喷药,药剂参照十字花科炭疽病
豇豆炭疽病	主要危害茎,形成梭形或长条形病斑,初为紫红色,后变淡,稍凹陷,龟裂。病部密生小黑点。病部因腐生菌生长而变黑,加速茎腐烂,严重者整株死亡	平头刺盘孢(*Colletotrichum truncatum*)	参照菜豆炭疽病	参照菜豆炭疽病
大葱、洋葱炭疽病	危害叶、花茎和鳞茎。叶上形成纺锤形或不规则形淡灰褐色至褐色病斑,上长许多小黑点,严重者叶枯死。病鳞茎外层鳞片上生出暗绿色或黑色圆形斑纹,扩大后连接成片,病部散生和轮生黑色小点,严重时深入内部,引起鳞茎腐烂	葱刺盘孢(*Colletotrichum circinans*)	病菌在病残体或土壤中染病的鳞茎中越冬,靠雨水飞溅传播。在多雨年份发病重。有色洋葱品种较抗病,白皮种较感病	收获后清洁田园。与非葱类作物进行2年以上轮作。选栽抗病品种。发病地区在雨季前和发病初期喷药,参照十字花科炭疽病药剂,每7~10天1次,可喷1~2次
菠菜炭疽病	叶上初为淡黄色污点,后扩大为灰褐色、圆形或椭圆形病斑,有轮纹,中间生黑色小点。采种株上主要危害茎,病斑梭形或纺锤形,密生黑色小点,成轮纹状排列	暗色刺盘孢 *Colletotrichum dematium* 异名:菠菜刺盘孢(*C. spinaciae*)	以菌丝体在病组织内越冬,也可随病残体在地上或种子上越冬,通过风雨传播。多雨或地面潮湿有利于发病	从无病株采种,种子可用52℃温水浸20min,冷却晾干播种。与其他蔬菜实行3年以上轮作。清洁田园,加强田间管理,降低湿度。发病初期开始喷药,药剂参照十字花科炭疽病,每7~10天1次,连喷3~4次

病害	症状	病原	发病规律	控制措施
兰花炭疽病	主要危害兰花叶片,病斑的大小、形状因品种不同而异。可归纳为:发生于叶尖和叶缘的病斑多为半圆形或不规则形,叶尖端发病时可引起部分叶段枯死。发生于叶基部的病斑大,导致全叶或整株枯死。病斑初为红褐色,后变为黑色,中间灰褐色或有不规则的轮纹,有的品种周围有黄色晕圈,后期病斑上轮生黑色小粒点	兰科刺盘孢(Colletotrichum orchidearum)	病菌以菌丝体、分生孢子盘在病残体、假鳞茎上越冬,通过风雨和昆虫传播,从伤口或嫩叶表皮直接侵入。老叶4月初开始发病,新叶8月开始发病。高温多雨、盆花放置过密,盆土黏重发病重。品种不同,抗病性有差异	盆兰应放在通风透光处,不要放置过密,要沿盆缘浇水,避免碰伤。及时剪除病叶,集中销毁。发病初期可用甲基硫菌灵、苯甲·吡唑酯、苯甲·咪鲜胺、苯醚·甲硫等杀菌剂,每10天左右1次,连喷3~4次
山茶炭疽病	主要危害叶和嫩梢。病菌多从叶尖和叶缘侵入形成圆形、半圆形或不规则形病斑,黑褐色,边缘隆起。病斑大小不一,后期病斑上长出黑色小点,轮生或散生,湿度大时,溢出粉红色黏质团。病叶干枯,易脱落。新梢病斑长形,略凹陷,浅褐色,边缘明显,严重时枝梢枯死	球状刺盘孢 Colletotrichum coccodes 异名:山茶刺盘孢(C. camelliae)	病菌以菌丝体或分生孢子盘在病株和病残体上越冬,通过风雨传播,多从伤口和衰弱部分侵入。植株生长衰弱、排水不良,高温高湿有利于病害的发生	清除枯枝、落叶,剪除病枝并销毁。增施有机肥、磷钾肥及硫酸亚铁,增强抗病性。新梢抽出后可用甲基硫菌灵、苯甲·吡唑酯、苯甲·咪鲜胺、苯醚·甲硫等杀菌剂,每10~15天1次,连喷4~5次
茉莉炭疽病	主要危害叶片,有时也危害嫩梢。叶片初为褪绿小斑点,后扩大为浅褐色,圆形或近圆形病斑,直径2~10 mm。病斑中央灰白色,边缘褐色,稍隆起,后期病斑上轮生稀疏的黑色小粒点	茉莉刺盘孢(Colletotrichum jasminicola)	病菌以菌丝体和分生孢子在病落叶上越冬,通过风雨传播,自伤口侵入,一般夏秋期间病害较重	清除病叶集中销毁。药剂防治参照山茶炭疽病
米兰炭疽病	主要危害叶片,也可危害叶柄和嫩梢。叶片病斑多在叶尖和叶缘处,半圆形或不规则形,有波纹状皱缩,病斑初为黄褐色,后变灰白色,边缘褐色,稍隆起。病斑可扩展到整个叶面。病部散生黑色小点。叶柄和嫩梢发病导致小枝、枝干枯死。引起早期落叶	胶孢刺盘孢(Colletotrichum gloeosporioides)	病菌以菌丝体、分生孢子在落叶、病枯梢上越冬,通过风雨传播,从伤口侵入。该病具潜伏侵染特点,植株生长衰弱发病重。运输期间或刚移栽的苗木易发病	及时清除病落叶、病枝条,集中销毁。加强运输和移栽的苗木管理。需运输的苗木,起苗前喷1次药,如甲基硫菌灵等内吸杀菌剂。发病初期用药剂参照山茶炭疽病

病害	症状	病原	发病规律	控制措施
万年青炭疽病	危害叶片。病斑灰白色,边缘宽阔红褐色,有时有轮纹,几个病斑连在一起,呈不规则大斑。病斑上生黑色小点	胶孢刺盘孢(Colletotrichum gloeosporioides)	病菌以菌丝体或分生孢子盘在病组织内越冬,翌年产生分生孢子侵染危害。管理粗放或介壳虫危害的植株发病重	发病初期及时喷药,药剂参照山茶炭疽病,每 10～15 天 1 次,连喷 3～4 次
白兰花炭疽病	主要危害叶片,初为褪绿、黄色的小斑点,后扩大成圆形或不规则形的褐色病斑,直径 3～10 mm,后期中间变成淡褐色至灰白色,边缘暗褐色,散生或轮生黑色小点,潮湿时溢出粉红色黏质物。病斑发生在叶缘时为半圆形、叶扭曲。受害严重时,叶枯焦,发黑脱落。除危害白兰外,还可危害含笑、广玉兰和白玉兰等植物	玉兰刺盘孢(Colletotrichum magnoliae)	病菌在病组织内越冬,借风雨传播。高温、多雨,或盆栽浇水过多、湿度过大,或温室放置过密、通风不良时发病重	及时清除病叶销毁。花盆放置应保持适当距离以利通风透光。喷药参照山茶炭疽病
君子兰炭疽病	最初在叶片上产生淡褐色小斑,逐渐扩大成圆形、椭圆形或半圆形,有轮纹的病斑。后期病斑上产生许多小黑点,在潮湿条件下,涌出粉红色黏液	一种刺盘孢(Colletotrichum sp.)	高温多雨、潮湿的季节发病严重,盆土过湿、盆距过密、氮肥过量易发病	不偏施氮肥,适当增施磷、钾肥。盆花不要放置过密。及时剪除病叶。发病期及时喷药
仙人掌类炭疽病	感病茎节或球茎初现水渍状淡褐色小斑,后扩大为褐色、灰褐或灰白色的圆形、近圆形或不规则形病斑,并可遍及各部分,病部腐烂,稍凹陷,表面散生或轮生黑色小点,潮湿时溢出粉红色黏质团,严重时可引起整个茎节或球茎变色腐烂	球刺盘孢 Colletotrichum coccodes 异名:仙人掌刺盘孢(Colletotrichum opuntiae)	病菌在病残体上存活,通过风雨或昆虫传播,从伤口侵入。高温高湿有利于发病。不同属种的仙人掌科植物发病有差异	切除病株病部,集中销毁。用无病茎节繁殖,可用甲基硫菌灵浸泡 5～10 min 后插植。避免过分潮湿,注意通风透光。发病初期及时喷药
草坪草炭疽病	叶片病斑圆形至长形,红褐色,周围有黄色晕圈,病斑扩大或多个病斑愈合,叶片腐烂,有的变褐枯死,病部长出黑色小粒点。茎部病斑黄褐色,不规则形	禾生刺盘孢(Colletotrichum graminicola)	病菌在病残体上越冬。高温、高湿的条件下发病严重。土壤干燥、低氮或缺氮发病重	27 g/100 m² 氮肥可防止该病的严重发生。选栽抗病品种。发病期间喷药

⟫ 思 考 题 ⟪

1. 炭疽病在不同作物上发生,在症状上有何共同点和细微差异?
2. 引起苹果、柑橘、梅花、瓜类、辣椒炭疽病的病原在形态上有何特点和不同?
3. 炭疽病如何完成病害循环?影响炭疽病发生的条件主要有哪些?
4. 化学防治炭疽病用到哪些药剂?使用时要注意哪些问题?
5. 除化学防治以外,炭疽病还可以采用哪些防治措施?

⟫ 参考文献 ⟪

[1] 蒲占湑,黄振东,胡秀荣,等.六种杀菌剂对柑橘炭疽病菌的室内毒力和田间防治效果.浙江农业学报,2014,26(1):122-126
[2] 王绍良,张彦茹.柿炭疽病防治技术.河北果树,2008(4):53-54
[3] 王薇,符丹丹,张荣,等.苹果炭疽叶枯病病原学研究.菌物学报,2015,34(1):13-25
[4] 张宏宇,李红叶.柑橘病虫害绿色防控彩色图说.北京:中国农业出版社,2017

6.7 菌核病

菌核病(sclerotinia disease)是园艺植物上一类重要病害。在我国发生普遍,危害严重。露地栽培主要危害十字花科、茄科、葫芦科、豆科等多种蔬菜及金鱼草、菊花、风信子、蒲包花等花卉植物。可致幼苗枯萎、猝倒、茎基腐、叶腐、花腐、果腐和茎枝腐烂枯死。近年来,随着设施栽培蔬菜的发展,菌核病发生有迅速加重的趋势,一般发病率达 10%～30%,严重地块可达 80% 以上,甚至绝收。

6.7.1 十字花科蔬菜菌核病

十字花科蔬菜菌核病(crucifer sclerotinia disease)从苗期至成熟期均可发病,主要危害留种株叶片和茎基部。

【症状】

染病幼苗多在近地面处的茎基部变色,呈水渍状和腐烂,引起猝倒。甘蓝、白菜成株受害多在茎基部、叶柄或叶片上,初生水渍状淡褐色病斑,呈不规则形,无明显边缘,在潮湿的环境下,病斑上长出白色棉絮状菌丝体和黑色鼠粪状菌核。后期组织软腐,无臭味。留种株(大白菜、小白菜、萝卜等)发病在终花期,叶、茎及荚受害,但以茎部受害最重。一般多从距地面较近的衰老叶片或植物下半部老叶开始发病,初呈水渍状浅褐色病斑,在多雨高湿的环境下,病斑上可以长出白色棉絮状菌丝体,并在叶柄向茎蔓延,引起茎部发病;茎部病斑亦先呈水渍状,后凹陷,由浅褐色变为白色,高湿条件下患病部也能长出白色棉絮状菌丝体,最后茎秆组织腐朽呈纤维状,茎内中空,生黑色鼠粪状菌核;种荚受害呈黄白色,荚内常生有黑色小粒状菌核。

【病原】

核盘菌[*Sclerotinia sclerotiorum*（Lib.）de Bary]，属子囊菌门。

菌丝体由菌核或子囊孢子萌发而产生,有隔膜,无色。菌丝体可以相互纠集在一起形成菌核。菌核不规则状,黑色。菌核由皮层、拟薄壁细胞和疏丝组织组成,具有抵抗不良环境的能力,可以越冬越夏。菌核在干燥条件下,可以存活4~11年。菌核萌发产生1至数个肉质具柄的子囊盘,浅褐色至褐色,柄长可达6~7 cm(图6-25,彩图又见二维码6-16),上着生一层子囊,子囊之间有侧丝,子囊无色,倒棍棒状,内生8个子囊孢子,子囊孢子无色,单胞,椭圆形,在子囊内斜向排成一列。病菌一般不产生分生孢子。

二维码6-16

包菜菌核病症状

核盘菌（*Sclerotinia sclerotiorum*）子囊盘

图6-25　菌核病症状及病原图(姜道宏原图)

【发病规律】

病菌主要以菌核遗留在病残体、土壤或混杂在种子中越冬和越夏。混杂在种子中的菌核,在播种时随着种子带入田间。第二年早春季节,在适宜的温、湿度条件下,土壤中的菌核萌发形成菌丝,侵染寄主苗期茎基部;或萌发产生子囊盘及子囊孢子,通过气流传播,侵染寄主留种株的花瓣,之后随花瓣飘落为害茎秆。

病害的发生与土壤中菌核数量和气候因素有关。土壤中越冬的有效菌核数量越多,发病就越严重;反之,菌核数量越少,引起的病害就越轻。温度和湿度影响菌核的萌发和子囊孢子的侵染。菌核萌发需要较高的土壤湿度,最适温度为15℃左右,菌核的萌发在温度20℃左右。偏施氮肥、通风透光性能差、田间排水不良等,有利于病菌的生长与繁殖,病害易于扩展、蔓延。

【控制措施】

病菌主要以菌核的形式越冬,因此对于菌核病的防治,主要采用农业措施控制越冬菌核数量,降低田间相对湿度,提高植株抗病性,及时施药保护。

（1）选用无病种子或进行种子处理　从无病株上采种，可用 10％盐水淘除种子中混杂的菌核，然后用清水反复冲洗种子。

（2）加强栽培管理　增温排湿，增强光照，控制发病条件；增施磷、钾肥，避免偏施氮肥，提高植株抗病能力。清洁田园，将发病植株和病残体及时清出田间销毁，避免蔓延，减少田间菌核数量；对病地要进行深翻，使菌核深埋土中不能萌发；采用高畦或半高畦铺盖地膜栽培，以防止子囊盘出土；保护地灌水闷棚半个月，可以消灭土壤中的菌核；水旱轮作或与禾本科作物实行隔年轮作。

（3）化学防治

①喷药防治。发病初期立即喷药，可选用菌核·福美双、多·酮、腐霉·福美双和腐霉·多菌灵等。植株茎基部及地面应喷洒药液保护，隔 7～8 天 1 次，连续防治 3～4 次。要注意交替使用，以防止病菌产生抗药性。

②烟熏防治。对于保护地栽培的十字花科蔬菜可用腐霉·百菌清烟剂，傍晚进行密闭烟熏，隔 7 天熏 1 次，连熏 3～4 次。

（4）生物防治　研究发现盾壳霉（*Coniothyrium minitans*）、木霉（*Trichoderma* spp.）、粘帚霉（*Gliocladium* spp.）等真菌均可以寄生核盘菌的菌核，其中盾壳霉和木霉还可以寄生或抑制菌丝生长，防病效果可达 40％～80％。此外，寄生真菌在土壤中通常能存活 1 年以上，有相当长的防治持效。

▶ 6.7.2　其他园艺作物菌核病

菌核病菌的寄主范围很广，可侵染 60 多科 450 种植物。除危害十字花科蔬菜之外，还可危害其他园艺植物（表 6-8）。

表 6-8　其他园艺植物菌核病

病害	症状	病原	发生规律	防治
莴苣菌核病	茎基部受害，先呈水渍状，后扩大，全部腐烂；病株叶片变黄凋萎，直至全株枯死。病部遍生白色菌丝，最后在茎内外产生黑色鼠粪状菌核	核盘菌（*Sclerotinia sclerotiorum*）	参照十字花科蔬菜菌核病	参照十字花科蔬菜菌核病
菜豆菌核病	危害菜豆茎基部和蔓，病部呈水渍状、灰白色，皮层组织仅残存纤维；近地面的嫩荚出现浅褐色、不规则形病斑，后期荚果腐烂。病部布满白色绵状菌丝，并伴有黑色菌核	核盘菌（*Sclerotinia sclerotiorum*）	参照十字花科蔬菜菌核病	参照十字花科蔬菜菌核病

病害	症状	病原	发生规律	防治
黄瓜菌核病	主要危害瓜果、叶、蔓。瓜果受害在残花部呈水渍状腐烂;茎蔓受害,病部呈水渍状,褐色,病部以上蔓、叶萎凋枯死。病部长出白色菌丝,后菌丝上散生黑色鼠粪状菌核	核盘菌(Sclerotinia sclerotiorum)	参照十字花科蔬菜菌核病	参照十字花科蔬菜菌核病
胡萝卜菌核病	在田间和贮藏期均可发生,只危害肉质根。生育期发病,使植株地上部枯死,地下肉质根软化,外部缠有大量白色棉絮状菌丝和鼠粪状菌核。贮藏期发病常造成整窖肉质根腐烂	核盘菌(Sclerotinia sclerotiorum)	参照十字花科蔬菜菌核病	参照十字花科蔬菜菌核病
芹菜菌核病	主要危害茎叶。病叶初呈暗色污斑,湿度大时有白霉,病斑向下蔓延至叶柄和茎,病部水浸状,后腐烂,严重时全株溃烂,表面有白色霉层,后形成菌核	核盘菌(Sclerotinia sclerotiorum)	参照十字花科蔬菜菌核病	参照十字花科蔬菜菌核病
香菜菌核病	主要危害茎基部或茎分杈处,病斑扩展环绕一圈后向上下发展,潮湿时病部表面长有白色菌丝,随后皮层腐烂,内有黑色菌核	核盘菌(Sclerotinia sclerotiorum)	参照十字花科蔬菜菌核病	参照十字花科蔬菜菌核病
番茄菌核病	叶片染病,叶缘呈水浸状,淡绿色,病斑呈灰褐色,致叶枯死;茎部染病,多由叶柄基部侵入,病斑灰白色,果实及果柄染病,致未成熟果实水烫状。湿度大时长出少量白霉,菌核外生在果实上	核盘菌(Sclerotinia sclerotiorum)	参照十字花科蔬菜菌核病	参照十字花科蔬菜菌核病
茄子菌核病	主要危害茎部。病茎初呈淡绿色,常有轮纹,生有白色絮状菌丝,菌丝体纠集成初为白色后为黑色的菌核。重病株皮层腐烂使植株死亡,有菌核	核盘菌(Sclerotinia sclerotiorum)	参照十字花科蔬菜菌核病	参照十字花科蔬菜菌核病

病害	症状	病原	发生规律	防治
金鱼草菌核病	茎部出现水浸状褐色病斑,枝条受害,变灰白色枯萎,病茎内外有白色菌丝和黑色菌核	核盘菌(Sclerotinia sclerotiorum)	参照十字花科蔬菜菌核病	参照十字花科蔬菜菌核病
桂竹香菌核病	在茎基部产生水浸状褐色病斑,并向茎和叶柄蔓延,组织软腐。病部长有白色菌丝和黑色菌核	核盘菌(Sclerotinia sclerotiorum)	参照十字花科蔬菜菌核病	参照十字花科蔬菜菌核病
匍匐翦股颖币斑病	主要危害叶片,春季发病。叶片受害初呈黄绿色斑点,后枯黄,病斑边缘红褐色,早上有露水时可见白色、絮状菌丝;病草形成硬币大小、白色至黄褐色的斑点,因而得名,斑点或愈合	币斑核盘菌(Sclerotinia homoeocarpa)	菌丝通过接触扩散,经风、水、鞋子或器具传播,不形成孢子,以假菌核形式在休眠的病组织中越冬、越夏	晚春增施氮肥可减轻危害;防治参照十字花科蔬菜菌核病

▶ 思 考 题 ◀

1. 菌核作为主要的越冬菌态和初侵染来源,相对于孢子有何主要特点?
2. 菌核病的症状有哪些特点? 如何与其他类别菌物病害区分?
3. 菌核病防治与其他类别菌物病害有哪些异同?

▶ 参考文献 ◀

[1] 刘志恒,邵丹,杨红,等.辣椒菌核病菌生物学特性的研究.沈阳农业大学学报,2008,39(5):556-560

[2] 申洪利,张志武.芹菜菌核病发生及防治技术.天津农林科技,2008(5):37

[3] 王庆成,高秀娟.黄瓜菌核病的发生与防治.现代化农业,2008(6):5

[4] 王勇,王万立,刘春艳,等.保护地蔬菜菌核病的发生及防治技术.北方园艺,2008(3):211

[5] 杨清坡,刘杰,姜玉英,等.2016 年全国油菜菌核病发生特点、原因分析及治理对策.植物保护,2018,44(1):147-152

[6] 魏林,梁志怀,张屹.结球甘蓝菌核病发生规律及其综合防治.长江蔬菜,2017,9:52-53

6.8 其他园艺植物真菌类病害

6.8.1 苗期病害

苗期病害(seedling diseases)是园艺植物育苗期间发生的病害,主要有猝倒病、立枯病和根腐病等,全国各地均有不同程度发生。发病严重时常引起死苗、烂苗,甚至毁床,损失严重。苗期病害发生范围很广,如葫芦科、茄科和十字花科蔬菜,草本和木本花卉的扦插苗,苹果、梨、柑橘等果树幼苗等,均可受到危害,其中以蔬菜和花卉育苗期间受害最为严重。

【症状】

苗期病害的症状,可因幼苗种类、发病时期和病原的不同而异,初期症状往往易于混淆,但各自特点仍有规律可循。3种主要苗病的症状区别是:

(1)猝倒病 秧苗幼茎至基部受害,病部水渍状,快速扩大,幼茎很快缢缩成线状,病苗易倒伏,后期表面生出白絮状菌丝。

(2)立枯病 危害秧苗茎基部,病部产生梭形斑点,逐渐纵横扩展,最后绕茎缢缩,病苗直立枯死,后期病部生出淡褐色蛛网状菌丝。

(3)根腐病 主要危害幼苗根部和根颈部(地表附近),病部水渍状,不缢缩,软化腐烂,后期糟朽状,病苗萎蔫黄枯而死。

3种病害详细特点见表6-9。

表 6-9 三种主要苗期病害症状特点

特点	猝倒病	立枯病	根腐病
发病苗龄	初出土幼苗	幼苗、较大幼苗	幼苗至大苗期
发病部位	茎基部	茎基部	根部和根颈部
症状特点	初呈水渍状,黄褐色,渐缢缩成线状,变软,表皮易脱落,病苗易倒伏	产生椭圆形、暗褐色病斑,逐渐凹陷,环绕茎部扩展一周,最后收缩、干枯,致茎叶逐渐萎蔫枯死	初水渍状,褐色,软化腐烂,不缢缩,维管束随之变褐,后期病部糟朽状;病苗萎蔫黄枯而死
病势发展	发展迅速,子叶绿色尚未萎蔫时,病苗即倒伏,故称"猝倒",苗床上表现"膏药状"成片死苗	病苗初时白天萎蔫,夜间恢复,反复几天后逐渐干枯,站立而死,故称之为"立枯"	病苗根、茎部水分和营养输导受阻,似缺水状,逐渐萎蔫,最后枯黄而死,病株易于拔出
病征表现	湿度大时,倒苗表面及附近床土表面长出白色、棉絮状菌丝	湿度大时,病部长出稀疏、淡褐色、蛛网状菌丝	湿度大时,病部长出淡粉色、稀疏的霉状物

【病原】

(1)猝倒病 病菌主要为瓜果腐霉 [*Pythium aphanidermatum*(Eds.)Fitzp],属卵菌门。

菌丝发达,无色,无隔膜,顶端或中间形成孢子囊;孢子囊不规则圆筒形或呈手指状、姜瓣状分枝,大小为(24～62.5)$\mu m \times$(4.9～14.8)μm,表面光滑,无色。成熟时孢子囊生出排孢管,其顶端膨大形成球形泡囊,泡囊内形成游动孢子。游动孢子肾形,大小为(14～17)$\mu m \times$(5～6)μm,中间凹陷处侧生 2 根鞭毛,游动 30 min 后休止、鞭毛消失,变为球形的静止孢子,后萌发出芽管,侵入寄主。藏卵器在菌丝中间或顶端形成,球形,每个藏卵器内形成 1 枚卵孢子,卵孢子球形、光滑,直径 13～23 μm(参见图 3-12)。

此菌喜低温,10℃ 左右可以生长,15～16℃ 下繁殖较快,30℃ 以上生长受到抑制。

(2)立枯病　病菌为茄丝核菌(*Rhizoctonia solani* Kühn),属担子菌门,异名:瓜亡革菌[*Thanatephorus cucumeris* (Frank) Donk.]。

菌丝分隔明显,直径 8～12 μm,初时无色,较细,老熟时黄褐色,大多呈现直角分枝、分枝基部多略缢缩且具分隔。老熟菌丝常形成成串的桶形细胞、逐渐聚集交织形成菌核。菌核无定形,似菜籽或米粒大小,多褐色至深褐色(参见图 3-48)。

有性生殖在自然条件下少见。担子无色、单胞、长椭圆形,顶生 2～4 个小梗,各小梗上着生 1 个担孢子。担孢子球形、无色、单胞,大小为(6～9)$\mu m \times$(5～7)μm(图 6-17)。

病菌对湿度要求不严格;一般在 10℃ 下开始生长,最高为 40～42℃,最适温度为 20～30℃。

(3)根腐病　病菌为几种镰孢菌(*Fusarium* spp.),属子囊菌门,以茄镰孢菌(*F. solani*)为多。

菌丝纤细,无色,有隔膜,可产生大、小两型分生孢子。大型分生孢子无色,镰刀形,稍弯曲,具 3～5 个分隔,大小为(22～45)$\mu m \times$(3～5)μm;小型分生孢子无色,单胞,椭圆形至卵圆形,大小为(5～12)$\mu m \times 3.5 \mu m$;病菌的菌丝和大型分生孢子可产生圆形、厚壁、淡褐色的厚垣孢子,直径 12 μm 左右(参见图 3-41)。

病菌喜高湿;生长发育温度范围为 13～35℃,适宜温度为 29～32℃。

【发病规律】

腐霉菌以菌丝体和卵孢子,丝核菌以菌丝体及菌核,镰孢菌以菌丝体和厚垣孢子越冬。3 种病菌的腐生性均很强,一般可在土壤中存活 2～3 年及以上,三者均可经雨水、流水、农事操作及病残体的转移传播蔓延。腐霉菌萌发产生游动孢子或直接生出芽管侵染寄主;镰孢菌由伤口侵入;丝核菌则直接侵入为害。侵入后,病菌在寄主皮层的薄壁细胞组织中发育繁殖,以后又可产生新的子实体,进行再侵染,所以田间可见以中心病株为基点、向四周辐射蔓延——形成“斑块状”发病区。

3 种病害的发生,均与土壤环境尤其温湿度有密切关系,此外,还受寄主生育阶段等因素的影响。

(1)苗床管理　苗床管理不当如播种过密、间苗不及时、浇水过量而导致苗床湿度大,通风管理不良、加温不匀等使床温忽高忽低,均不利于菜苗生长,易诱使病害发生。苗床保温不良如土壤黏重,地下水位高,亦易导致病害发生。

(2)气候条件　影响蔬菜苗病发生的主要因素是苗床土壤的低温高湿条件,与外界气候条件也有关系。

适于大多蔬菜幼苗生长的气温为 20～25℃,土温为 15～20℃。此时,幼苗生长良好,抗病力强;反之,温度不适则易诱发病害。若阴雨或雪天,影响苗床光照,床温过低,长期处于15℃ 以下,不利于幼苗生长,猝倒病容易发生。另外,苗床温度较高,幼苗徒长柔弱时,则易发生立枯病和根腐病。

空气及床土湿度大病害发生重。尤其猝倒病和根腐病。腐霉菌生长、孢子萌发及侵入均需水分;且床土湿度大,又妨碍根系生长和发育,降低抗病力,故利于病害的发生和蔓延。

光照充足,幼苗光合作用旺盛,则生长健壮,抗病力强;反之,幼苗生长衰弱,叶色淡绿,抗病力差则易发病。同时,阳光还有杀菌作用。

幼苗生活中也需吸收 CO_2、呼出 O_2,苗床通风换气,可使幼苗长势正常,抑制病害;通气适当又可降低苗床湿度以减轻病害。

(3)寄主的生育期 幼苗子叶中养分耗尽而新根尚未扎实及幼茎尚未木栓化之关键期——幼苗的感病阶段,抗病力最弱,尤其对猝倒病最敏感。新根发育与土壤温度和养分有关,土温较高及养分充足新根发育快,反之则否。新根未扎实,真叶不易长出,幼苗体内营养消耗则抗病力亦弱。若此时遇阴雨天气,光合作用弱,且呼吸作用增强,则使养分消耗多于积累,植株长势衰弱,有利病菌侵入,会造成病害严重发生。

【控制措施】

应采取加强栽培管理、培育壮苗以增强幼苗抗病力为主,药剂防治为辅的综合措施。

(1)加强苗床管理 苗床应选地势较高、向阳、排水良好的地块;床土应选用无病新土;沿用旧床,应在播前床土消毒。肥料应充分腐熟。播种均匀,不宜过密;覆土适度,以促进出苗。播前应一次浇足底水,以防苗后水勤增湿降温;出苗后补水应选择晴天中午小水润灌,避免床土湿度过大。苗稍大后,晴天中午应适当放风炼苗,增强抗性;并且对温度要求不同的菜苗分室培育。同时做好保温工作,防止冻苗。苗床温度勿低于12℃,采用双层草帘、天幕法或双膜法,冷天应迟揭早盖保温。苗出齐后,尽早间苗,剔除病、弱苗,防止病害蔓延。重病区采用快速育苗或无土育苗法。

(2)床土消毒 通常是在播种前对旧苗床处理。

可热力或氯化苦等土壤需蒸剂处理苗床,按使用说明操作,加细潮土 15 kg 拌匀,播种时按 1/3:2/3 用量垫床、覆种。处理后保持苗床土表湿润,以防发生药害。

(3)药剂防治 发现病苗及时拔除,然后用药剂喷雾或浇灌,控制蔓延。可用:三乙膦酸铝、甲基硫菌灵、霜霉•噁霜灵、石菌清和代森锌。药剂喷雾或灌根后,撒草木灰或干细土,降湿保温。亦可用一些有益微生物制剂与床土混匀,对猝倒病和立枯病有一定的抑制作用。

▶ 6.8.2 叶果枝病害

6.8.2.1 月季黑斑病

月季黑斑病(Chinese rose black spot)是世界性病害,我国各地均有发生,已成为月季栽培中的重要问题。该病使月季叶片枯黄、早落,引起植株当年第二次发叶,削弱树势。发病严重时 8 月份叶片全部落光,月季呈"光秆"状,不仅影响景观,而且削弱了植株生长势,降低了切花产量。除月季外,该病还可危害玫瑰、黄刺梅等蔷薇属中的多种植物。

【症状】

该病主要危害叶片,叶柄、叶脉、嫩枝、花梗等部位也可受害。发病初期,叶片正面出现褐色小斑点,逐渐扩展成为圆形、近圆形或不规则形病斑,直径为 4～12 mm,黑紫色至暗褐色,病斑边缘呈放射状,这是该病的特征性症状(图 6-26,彩图又见二维码 6-17)。后期,病斑中央组织变为灰白色,其上着生许多轮纹状排列的黑色小粒点,即为病原菌的分生孢子盘。在有些月季品种上,病斑周围组织变黄,有的品种在黄色组织与病斑之间有绿色组织,称为"绿岛"。叶上几个病斑交汇在一起,使叶片变黄,极易脱落。受害严重时,整株除顶部留存数叶外,中下部叶片全部落光。嫩枝上的病斑为紫褐色的长椭圆形,尔后变为黑色,病斑稍隆起。叶柄、叶脉上的病斑与嫩枝上的相似。花蕾上的病斑多为紫褐色的椭圆形斑。

二维码 6-17

【病原】

月季双壳菌(*Diplocarpon rosae* Wolf.),属子囊菌门,异名:月季放线孢菌[*Actinonema rosae*(Lib.)Fr.],蔷薇盘二孢(*Marssonina rosae*(Lib.)Died.)。菌丝在寄主角质层与表皮细胞间生长,以垂直分枝穿过细胞壁,进入细胞内,形成吸器来吸收营养。分生孢子盘生于角质层下,初埋生,后突破表皮,圆形至不规则形,黑色,直径 108~198 μm,盘下有呈放射状分枝的菌丝。分生孢子梗无色,极短,不明显。分生孢子长卵圆形或近椭圆形;无色,双胞,分隔处略缢缩,2 个细胞大小不等,略弯曲,大小为(18~25.2)μm×(5.4~6.5)μm(图6-27)。子囊盘生于越冬病叶的表面,球形至盘形,深褐色,裂口辐射状;子囊圆筒形,子囊孢子长椭圆形,有一个隔膜,两个细胞大小不等,一般不易见到。病菌在寄主体内分泌毒素,杀死和分解寄主细胞,致使叶面产生黑褐色坏死斑,同时还产生乙烯和脱落酸,导致病叶大量脱落。

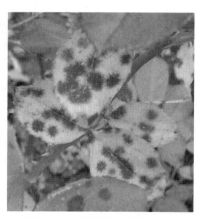

图 6-26　月季黑斑病的症状

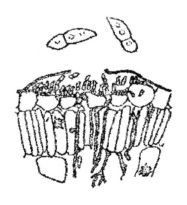

分生孢子盘、分生孢子及组织内菌丝

图 6-27　月季黑斑病菌

【发病规律】

病原菌的越冬方式因栽植方法而异。露地栽培时病原菌以菌丝体在芽鳞、叶痕越冬,或以分生孢子盘在枯枝落叶上越冬,翌年春天产生分生孢子进行初侵染;温室栽培则以分生孢子和菌丝体在病部越冬。分生孢子由雨水、灌溉水的喷溅传播,昆虫也可携带传播。分生孢子由表皮直接侵入,在 22~30℃ 以及其他适宜条件下,潜育期最短为 3~4 天。在叶片上只要有水滴,分生孢子短时间内就可萌发入侵,潜育期一般为 7~10 天,15 天后产生子实体。病菌在生长季节有多次再侵染。病害每年发生的早晚及危害程度,与当年降雨的早晚、降雨次数、降雨量密切相关。多雨、多雾、多露,雨后闷热,通风透气不良,或人为造成的高湿条

园艺植物病理学(第3版)

件,均有利于发病。植株生长衰弱,尤其是刚移栽的植株发病重;新叶较感病,展开6～14天的叶片最感病,老叶则较抗病。露地栽培密度大,或花盆摆放太挤,偏施氮肥,以及采用喷灌或渍水的方式浇水,都可加重病害的发生。所有的月季栽培品种均可受侵染,但抗病性有明显差异,抗病性与叶片厚薄、表面光泽度、花色有关,黄色花品种比红色花品种较感病。此外,枝条直立和半张开的以及保留野生性状的多数较抗病。

【控制措施】

(1)清理侵染来源 秋季彻底清除枯枝落叶,并结合冬季修剪剪除有病枝条;休眠期喷石硫合剂等杀菌剂消灭病残体上的越冬菌源。

(2)改善环境条件,控制病害的发生 采用滴灌、沟灌或沿盆边浇水,灌水时间最好是晴天的上午,以便使叶片保持干燥。栽植密度、花盆摆放密度要适宜,以利于通风透气。增施有机肥和磷、钾肥,氮肥要适量,使植株生长健壮,提高抗病性。栽培抗病品种、选用抗病砧木,淘汰观赏效果差的感病品种。

(3)药剂防治 发病期间每7～10天喷1次杀菌剂。药剂可选用己唑·壬菌铜、四氟·吡唑酯、石灰少量式波尔多液等。为了防止病原菌抗药性的产生,药剂必须轮换使用。

6.8.2.2 梨黑星病

梨黑星病(pear scab)又称疮痂病,是梨树的一种主要病害,常造成生产上的重大损失。梨黑星病于1899年在我国黑龙江省发现,现在我国梨产区均有发生。梨黑星病发病后,引起梨树早期大量落叶,幼果被害呈畸形,不能正常膨大,同时第二年结果减少,影响产量甚大。

【症状】

黑星病能危害果实、果梗、叶片、叶柄和新梢等部位(图6-28,彩图又见二维码6-18)。果实发病初生淡黄色圆形斑点,病部稍凹陷、上生黑色霉层,后病斑木栓化,坚硬、凹陷并龟裂。幼果因病部生长受阻碍,呈畸形。果实成长期受害,则在果面生大小不等的圆形黑色病疤,病斑硬化,表面粗糙,果实不畸形。果梗受害,出现黑色椭圆形的凹斑,上长黑霉。叶片受害,初在叶背主、支脉之间呈现圆形、椭圆形或不整形的淡黄色斑,不久沿主脉边缘长出黑色的霉。危害严重时,许多病斑互相汇合,整个叶片的背面布满黑色霉层。叶脉受害,常在中脉上形成长条状的黑色霉斑。叶柄上症状与果梗相似。由于叶柄受害影响水分及养料运输,往往引起早期落叶。新梢受害,初生黑色或黑褐色椭圆形的病斑,后逐渐凹陷,表面长出黑霉。最后病斑呈疮痂状,周缘开裂。

二维码 6-18

叶部症状

叶柄症状

果实症状

图 6-28 梨黑星病症状(黄丽丽原图)

【病原】

东方梨黑星菌(*Venturia nashicola* Tanaka & Yamamoto.),属子囊菌门。病斑上产生的黑色霉层为病菌的分生孢子梗及分生孢子,分生孢子梗暗褐色,散生或丛生,直立或稍弯曲。分生孢子着生于孢子梗的顶端或中部,脱落后留有瘤状的痕迹。分生孢子梗大小为(8.0~32.0)μm×(3.2~6.4)μm。分生孢子淡褐色或橄榄色,纺锤形、椭圆形或卵圆形,单胞,大小为(8.0~24.0)μm×(4.8~8.0)μm,但少数孢子在萌发前可产生一个隔膜(图6-29)。

分生孢子梗   分生孢子

图 6-29 梨黑星病菌(康振生、黄丽丽原图)

病菌有性生殖形成子囊壳,一般在过冬后的落叶上产生。子囊壳埋藏在落叶的叶肉组织中,成熟后有喙部突出叶表,状如小黑点。子囊壳在落叶的正反两面均可形成,但以反面居多,并有成堆聚生的习性。子囊壳圆球形或扁圆球形。颈部较短粗,黑褐色,平均大小为118.6 μm×87.1 μm,壳壁由2~4层胞壁加厚的细胞组成。子囊棍棒状,生于子囊壳的底部,无色透明,大小为(37.1~61.8)μm×(6.2~6.9)μm。每个子囊内含子囊孢子8个。子囊孢子淡黄绿色或淡黄褐色,状如鞋底,双胞,上大下小,大小为(11.1~13.6)μm×(3.7~5.2)μm。

在亚洲梨上寄生的黑星病菌与西洋梨上寄生的黑星病菌是两个不同的种,前者称东方梨黑星菌(*V. nashicola*),后者称梨黑星菌(*V. pirina* Aderh.)。两种病菌除形态上有差异外,前者只能侵害亚洲梨,而不能侵害西洋梨;后者只能侵害西洋梨,而不能侵害亚洲梨。东方梨黑星菌菌丝在5~28℃下均可生长,但以22~23℃最为适宜。分生孢子形成的最适温度为20℃,萌发的温度范围为22~30℃,以21~23℃为最适宜。温度越适合,孢子萌发越快,温度越低,萌发所需时间也越长,一般萌发最快要3~5 h。新鲜的分生孢子在25℃下经24 h后,萌发率可达95%以上。分生孢子萌发时芽管可自顶端、侧面或中腰部分伸出,但以从孢子中部萌发者居多。分生孢子萌发所需的相对湿度为70%以上,在80%以上时萌发率最高;低于50%则不萌发,分生孢子生活力很强。在−14~−8.3℃温度下,经过3个月尚有一半以上能萌发,在自然条件下,残叶上的分生孢子可存活4~7个月。干燥和较低的温度有利于分生孢子的存活,可是在湿润的条件下,虽然分生孢子容易死亡,但病菌却大量产生子囊壳,以更换越冬方式来保存菌源,这也是病菌在系统发育过程中对环境条件适应的一种表现。子囊壳形成的数量因气候条件在不同年份及地区间表现出差异。影响子囊壳形成的主导因素是降水量与湿度,此外,温暖的条件对子囊壳的形成亦有一定的促进作用。

分离病原菌以果实上的新鲜病斑较易成功,若要从病叶分离,则比较困难。病菌菌丝在燕麦琼脂培养基上生长最好,其次为杏干琼脂培养基,在玉米琼脂培养基上生长尚可,但在马铃薯琼脂培养基上生长不良。

【发病规律】

病菌主要以分生孢子或菌丝体在腋芽的鳞片内越冬,也能以菌丝体在枝梢病部越冬,或以分生孢子、菌丝体及未成熟的子囊壳在落叶上越冬。第二年春季一般在新梢基部最先发病,病梢是重要的侵染中心。病梢上产生的分生孢子,通过风雨传播到附近的叶、果上,当环境条件适宜时即可萌发侵染。病菌侵入的最低日均温为 8～10℃,最适流行的温度则为 11～20℃。孢子从萌发到侵入寄主组织只需 5～48 h,经过 14～25 天的潜育期,表现出症状,以后产生新的分生孢子造成再次侵染。阴雨连绵,较低的气温,有利于病害的迅速蔓延。晚秋病叶落于地面时,菌丝体已遍布全叶,在严寒到达以前,子囊壳就开始于病组织内形成并发育,但一直停留于未成熟状态,到第二年春天,才发育产生子囊孢子。子囊壳多形成于老病斑的边缘,而且只有在潮湿的环境下才能形成,冬季干旱不易形成子囊壳。分生孢子和子囊孢子均可作为病菌的初次侵染源,但以子囊孢子的侵染力较强。

根据陕西关中地区观察,梨黑星病自开花、展叶期开始直到果实采收为止,均可在植株地上部的幼嫩部位上陆续危害,但以叶片和果实受害最重。4 月中下旬,病害首先在花序、新梢及叶簇上出现,花序上的病斑多发生在基部和花梗上,常引起病部以上组织的枯死和脱落,新梢受害也大多发生在基部,叶簇上的霉斑最初在簇生叶柄的下部形成,其后逐渐沿叶柄向上延伸至叶片。叶片从 5 月中旬至 8 月都可发病,果实自幼果期至收获期也都能产生新病斑,病害流行时期则在 6—7 月。

由于我国各地气候条件不同,所以梨黑星病在各地发生的时期亦不一样。在果树生长季节,温度一般可以满足病菌侵染和病害发生的要求,因此,降雨早晚、降雨量大小和持续天数是影响病害发展的重要条件。雨季早而持续期长,尤其是 5—7 月降雨量多、日照不足、空气湿度大容易引起病害的流行。不同品种抗病性有差异,一般以中国梨最感病,日本梨次之,西洋梨免疫(非寄主)。此外,地势低洼、树冠茂密、通风不良、湿度较大的梨园,以及树势衰弱的梨树,都易发生黑星病。果园清园工作的彻底与否,直接影响来年菌源的多少,与发病轻重也有密切关系。

【控制措施】

(1)清理病菌侵染来源　秋末冬初清扫落叶和落果;早春梨树发芽前结合修剪清除病梢、叶片及果实,加以烧毁。也可于发病初期摘除病梢或病花丛,对减轻发病有很大的作用。

(2)加强果园管理　增施肥料,特别是有机肥料,可增强树势,提高抗病力。

(3)药剂防治　在梨树开花前和落花 70% 左右各喷 1 次药,以保护花序、嫩梢和新叶。以后根据降雨情况,每隔 15～20 天喷药 1 次,先后共喷 4 次。药剂可选用烯唑醇、1:2:200波尔多液等。其他有效药剂有戊唑醇、氟硅唑、苯醚甲环唑、腈菌唑、克菌丹、硅唑·多菌灵代森锰锌、己唑醇等。

6.8.2.3　苹果斑点落叶病

苹果斑点落叶病(apple spot leaf drop)又称褐纹病、褐色叶枯病、褐色斑点病、大星病。辽宁、山东、河南、江苏、河北、陕西、甘肃等省都有发生。我国自 20 世纪 70 年代后期开始,陆续有该病发生的报道,80年代以来已成为各苹果产区的重要病害。7—8月新梢叶片大量染病,提早落叶。发病严重的果园病叶率可达90%以上,严重影响树势和翌年的产量。此病通常只危害苹果。

【症状】

该病主要危害叶片,尤其是展叶后不久的嫩叶,也能危害一年生枝条及果实。叶片染病初期出现褐色圆点,直径2~3 mm,其后病斑逐渐扩大为5~6 mm,红褐色,边缘紫褐色,病部中央常具一深色小点或同心轮纹。天气潮湿时,病部正反面均可长出墨绿色至黑色霉状物,即病菌的分生孢子梗和分生孢子。发病中后期有的病斑再次扩大为不整形,病斑的一部分或全部呈灰白色,其上散生小黑点(为二次寄生菌灰斑病菌的分生孢子器),有的病斑破裂或穿孔。高温多雨季节,病斑迅速扩展为不整形大斑,长达几十毫米,叶片的一部分或大部分变为褐色,如药害状,其后焦枯脱落。发病严重的幼叶,往往扭曲变形,全叶干枯。夏秋季节,病菌可侵染叶柄,产生暗褐色椭圆形凹陷病斑,直径3~5 mm,染病叶片随即脱落或自叶柄病斑处折断。枝条染病,在徒长枝或一年生枝条上产生褐色或灰褐色病斑,芽周变黑,凹陷坏死,直径2~6 mm,边缘裂开。轻度发病枝条只皮孔裂开。幼果至成熟期均能受害,产生黑点型、疮痂型、斑点型和果实褐变型4种,其中斑点型最常见。贮藏期病果在低温下病斑扩大或腐烂缓慢,遇高温时,易受二次寄生菌侵染导致果实腐烂。

【病原】

苹果链格孢(*Alternaria mali* Roberts),也有研究认为是由可产生寄主转化性毒素的链格孢的苹果致病型(*Alternaria alternata* Apple Pathotype)引起的,属子囊菌门。苹果链格孢:分生孢子梗由气孔伸出,呈束状,暗褐色,弯曲,有隔膜,大小为(16.8~65)μm×(4.8~5.2)μm,分生孢子黄褐色至暗褐色,形状变异颇大,一般呈倒棍棒状或纺锤形,亦有卵形、椭圆形者,顶端有短柄(喙胞、嘴胞),具横隔1~5个,纵隔0~3个,大小为(36~46)μm×(9~13.7)μm。分生孢子单生或链生(5个以上)(图6-30)。

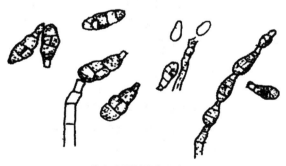

分生孢子梗及分生孢子

图6-30 苹果链格孢菌(*Alternaria mali*)

病菌在PDA培养基上生长良好,孢子萌发和菌丝生长以pH 4.5~7.0为宜,适温为20~28℃。分生孢子在清水中萌发良好,补充糖类物质可提高萌发率。病菌在培养滤液中能产生毒素,这种毒素具有寄主特异性,对热稳定,可被活性炭吸附,可用丙酮提取和被氯仿溶解。据报道,病菌可产生3种毒素,不同品种对毒素的抗性存在明显差异,这一特点可用于苗木的抗病性鉴定。如AM-毒素I 0.1 mg/kg即可引起感病品种印度苹果叶的中毒褐变,但对抗病品种红玉苹果 1.0 mg/kg 才能发生褐变。该毒素不仅对苹果,而且对东方梨、西洋梨、木瓜、山樱桃等也表现毒性。毒素的中毒作用是使细胞膜的透过性异常增大,致使原生质膜凹陷、断片化、小胞化、变性,从而引起细胞内膜的崩溃,在毒素的存在下寄主细胞壁解离。

【发病规律】

病菌以菌丝在受害叶、枝条或芽鳞中越冬,翌春产生分生孢子,随气流、风雨传播,从气孔侵入进行初侵染。分生孢子一年有两个活动高峰。第一高峰从 5 月上旬至 6 月中旬,孢子量迅速增加,致春梢和叶片大量染病,严重时造成落叶;第二高峰在 9 月份,这时会再次加重秋梢发病的严重度,造成大量落叶。受害叶片上孢子形成在 4 月下旬至 5 月上旬,枝条上 7 月份才有大量孢子产生,所以叶片上的孢子形成比枝条上早。病害的发生和流行与气候、品种密切相关。高温多雨病害易发生,春季干旱年份,病害始发期推迟;夏季降雨量大发病重。病害流行取决于当年降雨量,特别是春、秋梢抽生期间的雨量和湿度,而受温度影响较小。田间分生孢子数量与降雨呈正相关,孢子高峰出现在雨后 5～10 天内。苹果各栽培品种抗病性有差异,但无高抗品种。此外,树势衰弱,通风透光不良,地势低洼,地下水位高,枝细叶嫩等易发病。

【控制措施】

(1)利用抗病品种　在发病严重的地区或果园,选栽红富士、乔纳金等较抗病品种。

(2)搞好清园工作　秋、冬季彻底清扫果园内的落叶,结合修剪清除树上病枝、病叶,集中烧毁或深埋,并于果树发芽前喷布 5 波美度的石硫合剂等铲除剂,以减少初侵染源。

(3)加强栽培管理　夏季剪除徒长枝,减少后期侵染源,改善果园通透性,低洼地、水位高的果园要注意排水,降低果园湿度。合理施肥,增强树势,提高树体的抗病力。

(4)化学药剂防治　抓住初次用药时期是防治此病的关键之一。初次用药时期以病叶率大约达 10% 时为宜,可选用 1:2:200 倍量式波尔多液、碱性硫酸铜、代森锰锌、多抗霉素、戊唑醇、戊唑·丙森锌、唑醚·代森联等杀菌剂,各地应根据发病时期和气候条件确定喷药次数和时间。以春梢前中期、秋梢前中期用药效果较好,能尽早控制发病,达到充分保护功能叶片的目的。一般间隔 10～20 天喷药 1 次,共喷 3～4 次。

6.8.2.4　苹果褐斑病

苹果褐斑病(apple leaf brown spot),又称绿缘褐斑病,在我国各苹果产区均有发生。主要引起苹果早期落叶,落叶严重时导致二次开花,削弱树势,影响次年果实产量和品质。褐斑病是导致我国苹果早期落叶的主要病害,病重果园 8 月底落叶率可达 80% 以上。

【症状】

病菌主要侵染叶片,树冠下部和内膛叶片先发病。受寄主抗性、病菌遗传多样性、病菌侵染量和环境等因子的影响,病斑形状和大小变化很大。褐斑病的病斑可分为几种类型(图6-31,彩图又见二维码6-19),其共同特征为:叶片脱落时,叶片健康组织的叶绿素分解变黄,病斑褐色,病斑外缘叶组织叶绿素不分解,仍保持绿色,故有"绿缘褐斑病"之称。褐斑病另一典型特征是所有病斑上均有半球形、直径 0.1～0.2 mm、表面发亮的分生孢子盘,绝大部分病斑都伴有菌索。菌索和分生孢子盘是诊断褐斑病的主要依据。

褐斑病病斑的 4 种类型:

二维码 6-19

①针芒型:病菌侵染后,在叶片正面表皮下形成无色至褐色菌索,菌索放射状生长扩展,形成大小不等、形状不定、边缘不齐的病斑。菌索上散生黑色小点(分生孢子盘)。后期叶片逐渐变黄,菌索周围仍保持绿褐色。

②同心轮纹型:病菌侵染后,菌丝不集结形成菌索,而向四周均匀生长扩展,逐渐形成暗褐色、圆形病斑,病斑上有同心轮纹排列的黑色小点。后期病组织枯死,叶片变黄,病斑边缘仍为绿色。

③混合型:病菌侵染后,初期不形成菌索,菌丝向不同方向均匀扩展,后期菌丝集结形成菌索,放射状扩展,最终形成暗褐色、近圆形或不规则形病斑,病斑上散生黑色小点。后期病斑枯死,多个病斑连成一片,形成不规则大斑。

④褐点型:秋季幼嫩叶片受侵染,常在叶片正面形成褐色、圆形病斑,病斑中央有半球形分生孢子盘,受害严重时病组织坏死,形成枯死斑。

除危害叶片外,褐斑病菌还能侵染果实和叶柄。果实发病,初为淡褐色小点,渐扩大为褐色、近圆形病斑。病斑稍凹陷,边缘清晰,直径 1~6 mm,上生黑色小点。表皮下数层果肉细胞变褐、坏死、呈海绵状。叶柄受侵染,形成黑褐色长圆形病斑,叶柄发病常导致叶片枯死。

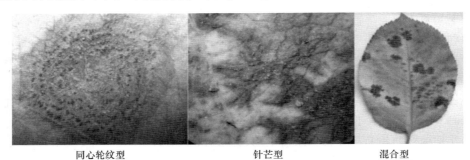

同心轮纹型　　　　　针芒型　　　　　混合型

图 6-31　苹果褐斑病的 3 种症状(黄丽丽、赵华原图)

【病原】

苹果双壳菌(*Diplocarpon mali* Harada & Sawamura),属子囊菌门双壳属;异名:花冠盘二胞[*Marssonina coronaria* (Ell. & Davis) Davis],苹果盘二胞[*M. mali* (P. Henn.) Ito]。

病原菌形态:子囊盘肉质,杯状,淡褐色,大小为(120~220)μm×(100~150)μm。侧丝与子囊等高,有 1~2 个分隔,宽为 2~3 μm,顶部稍宽。子囊阔棍棒状,大小为(55~58)μm×(14~18)μm,有囊盖,内含 8 个子囊孢子。子囊孢子香蕉形,直或稍弯曲,顶端圆或尖,通常有 1 个分隔,有的在分隔处稍缢缩,大小为(24~30)μm×(5~6)μm(图 6-32)。分生孢子盘初期埋生在表皮下,成熟后突破表皮外露,直径为 100~200 μm。分生孢子梗栅状排列,单胞,无色,棍棒状,大小为(15~20)μm×(3~4)μm。分生孢子双胞,无色,上胞大且圆,下胞窄且尖,分隔处缢缩,内含 2~4 个油

图 6-32　苹果褐斑病菌子囊及子囊孢子(引自弘前大学农学生命科学部植物病理学教室)

球,大小为(20～24)μm×(7～9)μm(图6-33)。偶尔产生单胞分生孢子。病菌菌丝常在叶片表皮集结形成菌索,菌索多分枝,粗为20～40 μm,细胞深褐色,穿行于表皮下,交叉点常产生分生孢子盘。

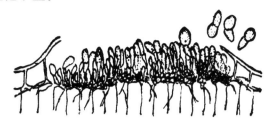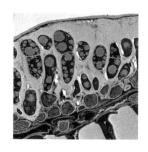

左:示意图;右:切片图

图6-33 苹果褐斑病菌分生孢子盘及分生孢子(黄丽丽、赵华原图)

病原菌生物学:褐斑病菌寄生性强,在人工培养基上生长缓慢,菌丝生长的适温为20～25℃。分生孢子在5～30℃下都能萌发,萌发适温为25℃。分生孢子萌发需要自由水。叶片浸出液、琼脂、葡萄糖等能促进孢子萌发。

褐斑病菌除可侵染苹果外,还可侵染沙果、海棠、山定子等。

【发病规律】

病菌以菌丝、菌索、分生孢子盘或子囊盘在落地病叶上越冬,翌年春季产生分生孢子和子囊孢子进行初次侵染。苹果树萌芽后,发育成熟的分生孢子随雨水散溅传播,侵染树体下部叶片。分生孢子初侵染形成的病斑,在树体上的位置低,发病后很快脱落,在再侵染中作用不大。子囊孢子于苹果落花1～2周后陆续发育成熟,成熟的子囊孢子遇雨后释放,随气流传播侵染树体上部叶片。子囊孢子初侵染形成的病斑是导致褐斑病后期流行的主要侵染菌源。

分生孢子主要随雨水溅散、叶面流水,或在雨滴中随风飘散传播。病菌孢子从叶片正面直接侵入,发病后也在叶片正面产孢。褐斑病的最短潜育期为8天。同一批次接种的叶片,接种后8天可见发病叶片,60天后仍有叶片发病,平均24天,发病历期长达50天。褐斑病菌侵染生长旺盛的叶片,常先在叶片正面形成分生孢子盘和菌索,当叶内的病菌达到一定数量后,或叶片的长势衰弱时,才导致叶部病变,表现典型的症状。病菌从侵入到引起落叶经13～55天。叶片不脱落,病斑就一直产孢,不断进行再侵染。

褐斑病的周年流行动态可划分为4个时期:①苹果萌芽至6月底,此时为病原菌的初侵染期,其中落花1～2周后至6月底是子囊孢子的初侵染期。②7月,为病原菌积累期,5～6月的初侵染病斑在7月陆续发病,并产生分生孢子,遇雨后再侵染,不断积累侵染菌源。③8—9月,为褐斑病的盛发期,8月,初侵染病斑、再侵染病斑大量发病,并产孢,遇阴雨,尤其连续阴雨,导致病菌大量侵染。8月下旬,褐斑病达到全年的发病高峰,10～15天后树体大量落叶。④10—11月,随着气温下降,叶片对病菌的敏感性降低,病菌在病叶内不断生长扩展,并产生性孢子,进行交配,为越冬做准备。10月底果园内的病叶数量直接决定了越冬病菌的数量。

病害发生受气候、寄主抗病性和栽培管理条件的影响:

气候条件:降雨是病菌孢子释放、传播和侵染的必要条件。降雨和高湿还能促进病斑显症、子囊孢子发育和分生孢子形成。能使叶面流水的降雨(超过 2 mm)就能将病菌孢子传播到健康的叶片上。在 20~25℃下,叶片结露超过 6 h,分生孢子就能完成全部的侵染过程,导致叶片发病。春季当日均温超过 15℃时,遇能使病叶湿润 2 天的阴雨或浇水,越冬子囊盘开始发育,并陆续成熟。当果园内的病叶率达 3%,遇持续 1 周的阴雨可导致大量叶片发病。春季降雨早、次数多、雨量大、持续时间长,夏、秋季阴雨连绵,褐斑病发病重。

寄主抗病性:不同苹果品种对褐斑病的抗性有差异,但还没有发现高抗和免疫品种。中国目前的主栽品种,如富士、嘎啦、金冠、元帅等都易感褐斑病。同一株树上,树冠内膛、下部叶片比外围和上部叶片发病早而且重。结果枝上的叶片、衰老叶片、光合作用受影响的叶片,受侵染后发病早,脱落快。旺盛生长的叶片受侵染后,潜育期长,不易病变。

栽培管理:果园管理不善,地势低洼,排水不良,通风透光条件差,不但提高果园内的相对湿度,延长叶面结露时间,促进病菌产孢,增加了病菌侵染量,而且造成苹果树势衰弱,使病叶提早脱落。春季清园不彻底,树上和地面上留有大量病叶,可为病菌的初侵染提供大量初侵染菌源。

【控制措施】

应遵循以药剂防治为主,辅以清除落叶等农业防治措施。

(1)清除初侵染菌源 春季苹果萌芽前,彻底清扫果园内和果园周边的落叶,剪除病梢,集中烧毁或深埋,以清除越冬菌源。5 月份,剪除离地面 50 cm 以下的枝条,切断病菌向上传播的途径。

(2)化学防治 自 5 月下旬病菌初侵染开始用药到 8 月份雨季结束,依据降雨情况每隔 15~20 天喷药 1 次。雨前喷施保护性杀菌剂,雨后喷施内吸治疗剂。降雨频繁,应适当增加喷药次数。5 月中下旬至 6 月底子囊孢子的初侵染期,以及 7 月份病菌的累积期是防治褐斑病的 2 个关键时期,尤其注意降雨前后的用药防治,将 7 月底的病叶率控制在 1% 以内。波尔多液黏附性强、耐雨水冲刷、持效期长,是雨季防治褐斑病的首选保护剂,其他商品化铜质剂也有很好的效果。三唑类杀菌剂,如戊唑醇、氟硅唑、丙环唑、苯醚甲环唑等,甲氧丙烯酸酯类杀菌剂,如吡唑醚菌酯等,对褐斑病有较好的内吸治疗效果,在病菌侵染后的 2 周内使用都会获得理想的防治效果。

烟台苹果产区一般年份于 6 月中旬雨季前和 7 月下旬的雨季前喷布 2 遍倍量式波尔多液,8 月上中旬气象预报的降雨前喷布 1 次三唑类杀菌剂,6 月份雨水多的年份于 7 月初再增喷 1 次三唑类杀菌剂,可有效控制褐斑病的发生。

6.8.2.5 桃褐腐病

桃褐腐病(peach brown rot)又名菌核病,是桃树的重要病害之一。我国南北方均有发生。辽宁、北京、河北、河南、山东、甘肃、陕西、四川、云南、湖南、湖北、安徽、江苏、新疆、浙江等省(自治区、直辖市)均有分布,尤以北京、浙江、山东沿海地区和长江流域的桃产区发生最重。春季开花展叶期,遇低温多雨,可引起严重的花腐及叶枯,果实生长后期,若果园虫害严重,又碰上多雨潮湿年份,常造成严重烂果落果。发病果实不仅在果园中传染危害,而且在贮运期间也可继续传染发病,危害严重的损失率高达 60%。

桃褐腐病菌除危害桃外,还能侵害李、杏、梅、樱桃等核果类果树以及梨、苹果等果树。

【症状】

桃褐腐病主要危害果实,也危害花、叶和枝梢。果实在整个生育期均可被害,但以近成熟期和贮藏期受害严重。果实受害,初于果面产生褐色圆形病斑,几天内迅速扩展到整个果面,病部果肉腐烂呈褐色(图6-34,彩图又见二维码6-20)。病斑表面产生白色或灰褐色绒状霉层(病菌的分生孢子梗及分生孢子),初呈同心轮纹状排列,逐渐布满全果。后期病果全部腐烂,并失水干缩变成僵果;僵果初为褐色,后变为黑褐色,即菌丝与果肉组织夹杂在一起形成的大型假菌核。僵果常悬挂于枝上久不脱落。

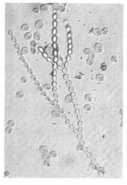

二维码 6-20

左:桃褐腐病的症状;右:*Monilinia yunnanensis* 分生孢子链及分生孢子

图 6-34　桃褐腐病(朱小琼原图)

花器受害,先从花瓣和柱头开始,产生褐色水渍状斑点,逐渐蔓延到萼片和花柄上。在潮湿条件下,病花迅速腐烂,表面丛生灰色霉状物。若在干燥条件下,则病花干枯萎缩,残留于枝上经久不落。

嫩叶染病,多从叶缘开始,产生褐色水渍状病斑,以后扩展至叶柄,使全叶枯萎。病花与病叶中的病菌分别通过花柱和叶柄蔓延侵入枝条,形成长圆形溃疡斑,病斑边缘紫褐色,中央灰褐色稍下陷,初发生的溃疡斑常产生流胶现象,当受害严重枝梢被病斑环绕1周时,枝条即枯死。

【病原】

桃褐腐病的病原已知有5种,均属于链核盘菌属(*Monilinia*)的真菌,分别为美澳型核果链核盘菌[*Monilinia fructicola*(Winter)Honey]、核果链核盘菌[*M. laxa*(Aderhold & Ruhland)Honey]、果生链核盘菌[*M. fructigena*(Aderhold & Ruhland)Honey]、云南链核盘菌[*Monilinia yunnanensis*(M. J. Hu & C. X. Luo)Sandoval-Denis & Crous](图6-34)以及梅生链核盘菌[*Monilinia mumeicola*(Y. Harada et al.)Sandoval-Denis & Crous]。我国栽培桃上的褐腐病菌有 *M. fructicola*、*M. yunnanensis* 及 *M. mumeicola* 3种。不同地区种类不同。常见的都是它们的无性型。分生孢子为柠檬形或卵圆形,无色,单胞,呈长链状,孢子与孢子间无孢间联体(图6-34)。在病果上常形成分生孢子丛,呈绒状的颗粒,但在花、叶上常只形成分生孢子,肉眼见为白色或灰褐色霉层。条件适宜时在落地越冬的僵果(假菌核)上产生有柄的子囊盘。子囊盘柄长 5～30 mm,暗褐色,子囊盘直径10 mm 左右,紫褐色,子囊长圆柱形,无色,内有子囊孢子 8 个,单列,椭圆形,无色、单胞。

【发病规律】

病菌主要在假菌核(僵果)或以菌丝体在病枝上越冬,翌年产生大量分生孢子进行初侵

第6章　园艺植物菌物病害

201

染。分生孢子经风、雨、昆虫传播。子囊孢子有强大的发射能力,可主动传播。由于有性生殖很少发生,分生孢子在初侵染中起主要作用。再侵染靠当年各病部产生的分生孢子,经柱头、蜜腺侵入花器引起花腐,经皮孔、虫伤或各种伤口侵入果实引起果腐。混进贮运果品中的病果,环境适宜时产生大量分生孢子又继续在贮运中接触传播,或由昆虫爬动而扩散,蔓延极快,往往造成严重损失。

影响发病的主要条件:

(1)环境条件 桃树开花前及幼果期遇低温多雨,果实接近成熟期多雨、重雾、高湿,有利于花腐和果腐发生。果实贮运中如遇高温高湿,有利于病害发展,通常表面受病菌污染的果实在 22～24℃ 下,24 h 便可发病,30 h 产孢,3 天就可烂掉。

(2)栽培管理 管理不善,果园通风透光差,桃食心虫、桃蛀螟及各种蝽象等虫害严重造成的伤口是发病的主要原因。地势低洼积水,树势衰弱等均有利于发病。

(3)品种 果实成熟后质地柔嫩、汁多、味甜、皮薄的品种较感病,反之,皮厚、汁少、质地坚硬的品种较抗病。早熟品种较抗病,晚熟品种如中华寿桃较感病。

【控制措施】

(1)清除越冬菌源 秋末冬初结合修剪,彻底清除园内树上的病枝、枯死枝、僵果和地面落果,集中烧毁或深埋,以减少初侵染源。

(2)加强栽培管理 注意桃园的通风透光和排水,增施磷、钾肥。及时防治害虫,如桃食心虫、桃蛀螟、桃蝽象等,可减少伤口和传播机会,减轻病害发生,有条件套袋的果园,可在 5 月上中旬进行,以保护果实。

(3)选用抗病品种 品种之间抗病性有差异,如有的品种抗花腐,有的品种果实抗病力较强。一般表皮角质层厚、下皮层组织形成木栓化能力强、气孔腔周围细胞生成木栓质、细胞壁厚品种,抗病力就强,在重病区应适当选栽抗病品种。

(4)药剂防治

①桃树发芽前 1 周喷 5 波美度的石硫合剂或 45％ 晶体石硫合剂 30 倍液。

②花前花后各喷 1 次杀菌剂。

③发病初期和采收前 3 周喷杀菌剂。药剂可以选择腈苯唑、小檗碱盐酸盐、戊唑·噻唑锌、苯醚甲环唑和苯甲·嘧菌酯等。发病严重的桃园,可间隔半个月喷 1 次,采收前 3 周停止喷药。

(5)加强贮藏和运输期间的管理 桃果采收、贮运时应尽量避免造成伤口,减少病菌在贮运期间的侵染;发现病果,及时检出处理。采后迅速预冷,预冷温度愈低,果实硬度变化愈慢,冷藏最好控制在 4℃,使病菌扩展减慢。国外用异菌脲浸果,防效较好。

6.8.2.6 葡萄白腐病

葡萄白腐病(grape white rot)又称腐烂、水烂、穗烂,是葡萄的重要病害之一。1878 年首先在意大利发现,我国 1899 年最早报道。我国黑龙江、吉林、辽宁、内蒙古、北京、河北、山东、河南、山西、陕西、安徽、江苏、浙江等省(自治区、直辖市)都有该病分布。我国北方产区一般年份果实损失率在 15％～20％,病害流行年份果实损失率可达 60％ 以上。

【症状】

白腐病主要危害果穗,也危害新梢、叶片等部位。果穗感病,一般先发生在近地面的果穗尖端,小果梗或穗轴上发生浅褐色、水渍状、不规则病斑,逐渐蔓延至整个果粒。果粒发病,先在基部变淡褐色软腐,果面密布白色小粒点(病菌的分生孢子器),严重发病时全穗腐烂,果穗及果梗干枯缢缩,受震动时病果及病穗易脱落。有时病果不落,失水干缩成有棱角的僵果,悬挂树上(图 6-35,彩图又见二维码 6-21)。

二维码 6-21

新梢发病,往往出现在损伤部位,如摘心部位或机械伤口处。从植株基部发出的徒长枝,因组织幼嫩,很易造成伤口,发病率亦高。病斑呈水渍状,淡褐色;不规则,并具有深褐色边缘的腐烂斑。病斑纵横扩展,以纵向扩展较快,逐渐发展成暗褐色、凹陷、不规则形的大斑,表面密生灰白色小粒点。病斑环绕枝蔓 1 周时,其上部枝、叶由黄变而逐渐枯死。病斑发展后期,病皮呈丝状纵裂与木质部分离,如乱麻状。

叶片发病,多从叶尖、叶缘开始,初呈水渍状淡褐色近圆形或不规则斑点,后逐渐扩大成具有环纹的大斑(图 6-36,彩图又见二维码 6-22),其上着生灰白色小粒点,但以叶背、叶脉两边为多。病斑发展末期常常干枯破裂。

二维码 6-22

图 6-35 葡萄白腐病在果实上的症状
(黄丽丽原图)

图 6-36 葡萄白腐病在叶部的症状
(黄丽丽原图)

【病原】

白腐垫壳孢[*Coniella diplodiella* (Speq.) Petr. & Syd.],异名:白腐卡尼囊壳霉[*Charrinia diplodiella* (Speq.) Viala & Ravaz.],属子囊菌门。病部长出的灰白色小粒点即病菌的分生孢子器(图 6-37),分生孢子器球形或扁球形,壁较厚,灰褐色至暗褐色,大小为 $(118\sim164)\,\mu m \times (91\sim146)\,\mu m$。分生孢子器底部壳壁凸起呈丘形,其上着生不分枝、无分隔的分生孢子梗,长 $12\sim22\,\mu m$。分生孢子梗顶端着生单胞、卵圆形至梨形一端稍尖的分生孢子,大小为 $(8.9\sim13.2)\,\mu m \times (6.0\sim6.8)\,\mu m$(图 6-38)。分生孢子初无色,随成熟度的增长而逐渐变为淡褐色,内含 $1\sim2$ 个油球。此外,病菌有的还能产生一种小型分生孢子器,其中产生小型分生孢子,大小为 $(4\sim6)\,\mu m \times 1.5\,\mu m$,无色,短棒状,中部膨大。还有一种孢子不生在孢子器中,而直接产生在无色、分枝且很长的分生孢子梗上(长 $180\sim200\,\mu m$),这种分生孢子大小为 $(6\sim8)\,\mu m \times (3\sim4)\,\mu m$,形态和分生孢子器内的分生孢子相似。其有性生殖在我国尚未发现。

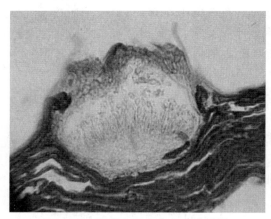

图 6-37　葡萄白腐病菌分生孢子器
（黄丽丽原图）

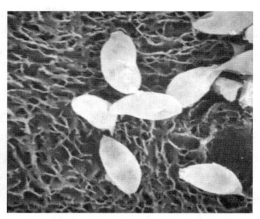

图 6-38　葡萄白腐病菌分生孢子
（康振生、黄丽丽原图）

【发病规律】

病菌主要以分生孢子器和（或）菌丝体随病残体遗留于地面和土壤中越冬。产生于僵果上的分生孢子器基部，有一些密集的菌丝体（即子座），其对不良环境有很强的抵抗力。第二年春季环境条件适宜时，产生分生孢子器和分生孢子。分生孢子靠雨水溅散传播，从伤口侵入，引起初次侵染。之后在病斑上产生分生孢子器及分生孢子，从而引起多次再侵染。发病时期因各地气候条件不同而有早晚，华东地区一般于 6 月上中旬开始发病，华北在 6 月中下旬，东北则在 7 月份，发病盛期一般都在采收前的雨季（7—8 月份）。

病菌在室内干燥条件下可存活 7 年之久。在自然情况下，土壤病组织中的病菌能存活 2 年以上。病菌在土壤中的分布，以表土 5 cm 深的范围内最多，越深病菌数量越少，但 30 cm 处仍有病菌存在。此外，病菌也能以分生孢子器在树上病果和病梢上越冬。

高温高湿的气候条件是病害发生和流行的主要因素。分生孢子萌发的温度范围为 13～40℃，最适温度为 28～30℃。孢子萌发要求 95％ 以上的相对湿度，92％ 以下时不能萌发，分生孢子在蒸馏水中不能萌发，在 0.2％ 葡萄糖液中萌发率也不高，在葡萄汁液中萌发率可达 93％，在放有穗梗的蒸馏水中萌发率最高。

多雨年份发病重，高湿通风透光不良的果园发病重，特别在发病季节遇暴风雨或雹害，果梗、果穗受伤，常能导致病害的流行。病害的发生与寄主的生育期关系密切，果实进入着色期和成熟期，其感病程度亦逐渐增加。果穗离地面的高度与发病也有很大关系，一般近地面的果穗先发病，这与病害的初次侵染源来自土壤有关。此外，土质黏重，排水不良，地下水位高或地势低洼，杂草丛生的果园发病重。在架式方面，立架式比棚架式病重，双立架比单立架病重，东西架向又比南北架向病重。不同品种的抗病性差异也很大。

【控制措施】

（1）彻底清除病原　生长季节及时摘除病果、病叶，剪除病蔓；秋季采后搞好清园工作，并刮除病皮，清除的所有病组织应带到园外集中烧毁。

（2）加强栽培管理

①提高结果部位。由于病害初次侵染源主要来自土壤，因此适当提高果穗距离地面的距离，以减少病菌侵染的机会。

②及时摘心、绑蔓、剪副梢，使枝叶间通风透光良好，不利于病菌蔓延。同时搞好果园排水工作，以降低田间湿度。

（3）药剂防治

喷药保护：始发期开始喷第一次药，以后每隔10～15天喷1次，共喷3～5次。选用多菌灵、福美双、代森锰锌、戊菌唑、嘧菌酯、氟硅唑、咪鲜胺、抑霉唑等。

6.8.2.7　葡萄黑痘病

葡萄黑痘病（grape elsinae anthracnose）又名疮痂病。是葡萄重要病害之一。我国多数葡萄种植地区都有分布，在春、夏两季多雨潮湿的地区发病严重，常造成巨大损失。

【症状】

二维码 6-23

黑痘病主要危害葡萄的绿色幼嫩部位如果实、果梗、叶片、叶柄、新梢和卷须等（图6-39，彩图又见二维码6-23）。叶片感病，开始出现针头大小红褐色至黑褐色斑点，周围有黄色晕圈。后病斑扩大呈圆形或不规则形，中央灰白色，稍凹陷，边缘暗褐色或紫色，直径1～4 mm，干燥时，病斑中央破裂形成穿孔，但病斑周缘仍保持紫褐色的晕圈。叶脉上病斑呈梭形，凹陷，灰色或灰褐色，边缘暗褐色。叶脉被害后，由于组织干枯，常使叶片扭曲、皱缩。穗轴发病使全穗或部分小穗发育不良甚至枯死。果梗患病可使果实干枯脱落或僵化。绿果被害，初为圆形深褐色小斑点，后扩大，直径可达8～15 mm，中央凹陷，灰白色，外部仍为深褐色，周缘紫褐色似"鸟眼"状。多个病斑可连接成大斑，后期病斑硬化或龟裂，病果小而酸，失去食用价值；染病较晚的果实仍能长大，病斑凹陷不明显，但果味较酸。病斑限于果皮，不深入果肉，空气潮湿时病斑上出现乳白色的黏质物，此为病菌的分生孢子团。新梢、蔓、叶柄或卷须发病时，初现圆形或不规则形褐色小斑点，后呈灰黑色，边缘深褐色或紫色，中部凹陷开裂，新梢未木质化以前最易感染，发病严重时，病梢生长停滞，萎缩，甚至枯死。叶柄染病症状与新梢上相似。

叶片症状

叶脉症状

新梢症状

图 6-39　葡萄黑痘病症状（黄丽丽原图）

【病原】

葡萄痂囊腔菌（*Elsinoe ampelina* Shear），属子囊菌门。异名：葡萄痂圆孢（*Sphacelo-*

ma ampelinum de Bary)。分生孢子盘半埋生于寄主组织内,分生孢子梗短小,无色,单胞,大小为(6.6～13.2) μm×(1.3～2) μm。分生孢子椭圆形或卵形,无色,单胞,稍弯曲,两端各有 1 个油球,大小为(4.8～11.6) μm×(2.2～3.7) μm。病菌子囊果为子囊座,其内有多个排列不整齐的腔穴,每个腔穴内着生 1 个子囊。子囊无色,近球形,其内藏有 4～8 个子囊孢子。子囊孢子无色,香蕉形,具有 3 个隔膜,大小为(15～16) μm×(4～4.5) μm(图 3-43)。有性生殖在我国尚未发现。

【发病规律】

病菌主要以菌丝体潜伏于病蔓、病梢等组织中越冬,也能在病果、病叶和病叶痕等部位越冬。病菌生活力很强,在病组织中可存活 3～5 年之久。翌年 4—5 月间产生新的分生孢子,借风雨传播。孢子萌发后直接侵入寄主,引起初次侵染。侵入后,菌丝主要在表皮下蔓延并在病部形成分生孢子盘,突破表皮。条件适宜时,不断产生分生孢子,进行重复侵染。病菌近距离的传播主要靠雨水,远距离的传播则依靠带病的枝蔓。

分生孢子的形成要求 25℃ 左右的温度和比较高的湿度,菌丝生长温度范围为 10～40℃,最适为 30℃,潜育期一般为 6～12 天,在 24～30℃ 温度下,潜育期最短,超过 30℃ 发病受抑制。新梢和幼叶最易感染,其潜育期也较短。黑痘病的流行和降雨、大气湿度及植株幼嫩情况有密切关系,尤以春季及初夏 4—6 月的雨水影响最大。多雨高湿有利于分生孢子的形成、传播和萌发侵入,同时,多雨高湿又造成寄主组织的成长迅速,因此病害发生严重。干旱年份或少雨地区发病轻。地势低洼,排水不良的果园往往发病较重。栽培管理不善,树势衰弱,肥料不足或配合不当等,都会诱致病害发生。不同品种的抗病性差异很大。此外,不同生长期的葡萄植株抗病性差异明显,幼嫩组织易感病,停止生长的叶片以及表皮变褐后的枝蔓不受侵染,果粒越小越感病。

【控制措施】

(1)选育抗病品种　可选育和利用园艺性状良好而又抗病的品种栽培。

(2)使用无病苗木　选用无病接穗或插条;果园发现病苗后应及时拔除并销毁。新建果园对苗木或插条应进行严格检验,对有带菌嫌疑的苗木应进行消毒处理。

(3)冬季搞好清园工作　葡萄落叶后清扫果园,冬季修剪时仔细剪除病梢,摘除僵果,刮除主蔓上的枯皮,并收集烧毁。葡萄发芽前喷施铲除剂,可减少越冬菌源。

(4)避雨栽培　在我国南方,避雨栽培是非常有效的措施。搭建避雨设施,如避雨拱棚等,采用避雨栽培及配套技术后,新梢、肥水、土壤管理和喷药的人工成本都有所下降,喷药次数能从 12～16 次,降低到 6～8 次。

(5)药剂保护　葡萄展叶后至果实着色前,每隔 10～15 天喷药 1 次,其中以开花前及落花 70%～80% 时喷药最重要。药剂可选用 1:0.7:(200～240)波尔多液、代森锰锌、氟硅唑、百菌清、喹啉·噻灵、苯醚甲环唑和咪鲜胺锰盐等。

6.8.2.8　番茄早疫病

番茄早疫病(tomato early blight)又称为"轮纹病",各地均普遍发生,是危害番茄的重要病害之一。近年来,一些地区由于推广抗病毒病而不抗早疫病的番茄品种,导致早疫病严重发生。该病在露地和保护地都有发生,常年减产 20%～30%,严重时可达 50% 以上,甚至绝产。此病寄主范围广泛,除危害番茄外,还可危害茄子、辣椒和马铃薯等茄科蔬菜作物。

【症状】

主要危害叶、茎和果实(图 6-40,彩图又见二维码 6-24)。叶片受害,初呈暗褐色小斑点,后扩大成圆形至椭圆形病斑,并有明显的同心轮纹,边缘具黄色或黄绿色晕圈。潮湿时病斑上生有黑色霉层。病害常从植株下部叶片开始,逐渐向上蔓延,严重时病斑相连呈不规则形大斑,病叶干枯脱落。茎部发病多在分枝处发生,病斑黑褐色,椭圆形,稍凹陷。果实发病多在果蒂附近或裂缝处形成近圆形凹陷病斑,也有同心轮纹,病果较硬,后期开裂,有时提早变红。空气潮湿时,其上生有黑色霉层,病果易早落。幼苗发病多在接近地面的茎部形成黑褐色病斑,并长有黑霉,严重时幼苗从发病部位折断。

二维码 6-24

图 6-40　番茄早疫病症状(马青原图)

【病原】

茄链格孢菌(*Alternaria solani* Sorauer),属子囊菌门。病部霉层为病菌的分生孢子和分生孢子梗。分生孢子梗从寄主组织的气孔中伸出,单生或簇生,暗褐色,有 1～7 个隔膜,大小为(30.6～104) μm×(4.3～9.19) μm,直或较直,梗顶端着生分生孢子。分生孢子长棍棒状,淡褐色,孢子大小为(85.6～146.5) μm×(11.7～22) μm,具纵横隔膜,顶端长有细长的喙,无色,多数具 1～3 个隔膜,大小为(6.3～74) μm×(3～7.4) μm(图 6-41)。

病菌生长的温度范围很广,1～45℃均可,最适温度 26～28℃,分生孢子在有水滴和16～34℃温度下,经 1～2 h 即可萌发。侵染的最适温度为 24～29℃ 。

早疫病菌在一般培养基上不易形成分生孢子。诱导产生分生孢子的方法是,将病原菌在 PDA 培养基上培养 1 周后,注入 4℃冷水,刮除气生菌丝,20～22℃下培养基徐徐干燥,6 h 后皿内即可形成大量分生孢子。另外,在碳酸钙-蔗糖培养基上(SA)也可产生分生孢子,但光照是分生孢子形成的首要条件。报道认为,在玉米粉培养基上,经过光照和变温处理,

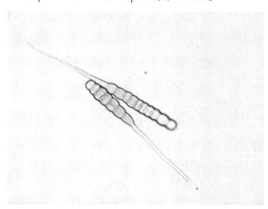

图 6-41　茄链格孢菌(*Alternaria solani*)分生孢子(马青原图)

也可以产生较多的分生孢子。该菌存在致病性分化,不同地区菌株间致病力有明显差异。

番茄早疫病菌在培养滤液中产生的毒素,对番茄愈伤组织生长的抑制作用非常明显。因此可以用毒素作为选择压力,来进行抗病突变体的筛选。

【发病规律】

(1)病害循环　病菌主要以菌丝体和分生孢子随病残体在土壤中或种子上越冬。第二年产生新的分生孢子,借气流、雨水及农事操作传播,从寄主的气孔、皮孔或表皮直接侵入。条件适宜时 2～3 天可形成病斑,4～5 天病斑上即可产生大量分生孢子,进行再侵染。

(2)发病条件　番茄早疫病的发生、流行与温湿度、植株的生长状况及品种抗病性等关系密切。

早疫病菌对温度适应性很强,旬平均气温 15～30℃ 均可发生。田间温度高、湿度大有利于侵染发病。气温 15℃,相对湿度 80% 以上时开始发病;20～25℃、多雾阴雨,病情发展迅速,易造成病害流行。5—6 月正是番茄坐果期,空气相对湿度和降雨是影响早疫病严重程度的最重要因子。

此病多在结果初期开始发病,结果盛期进入发病高峰。老叶一般先发病,嫩叶发病轻。一般农家底肥充足、灌水追肥及时、植株生长健壮,发病轻;连作、基肥不足、种植过密,植株生长衰弱,田间排水不良,发病重。

植株含糖量测定表明,番茄早疫病是一种低糖病害,所以喷糖能提高番茄植株的含糖量,增强植株抗病性。

不同番茄品种对早疫病的抗病性有一定差异。西安地区对部分品种的抗病性鉴定表明,毛 801、毛 802、大毛粉 T 等表现耐病;台湾红、加 8 等中度感病;早魁、79T 等高度感病。

【控制措施】

应采取以种植抗病品种和加强栽培管理为主,结合喷药保护,控制病害发生的综合防治措施。

(1)种植抗病品种　可选用荷兰 5 号、强力米寿、茄抗 5 号、矮立元、毛粉 802、西粉 3 号、满丝、密植红、强丰、强力米寿、满丝、苏抗 5 号、西粉 3 号、锡杂 84-4 和粤胜等抗早疫或耐早疫品种。

(2)清洁田园和实行轮作　拉秧后应及时清除田间残余植株、落叶落果等,结合翻整地,搞好田园卫生。有条件时应与非茄科蔬菜实行 2 年以上轮作。

(3)种子消毒　用 52℃ 温水浸种 30 min 后,移入冷水中冷却;或将种子在清水中浸 4 h后,移入 0.5% 硫酸铜溶液中浸 5 min,捞出后清水洗净即可催芽。定植时剔除病苗,选无病壮苗定植。

(4)加强栽培管理　低洼地采用高畦种植,降低地下水位,合理密植。保护地栽培的番茄,要抓好微生态调控,控温降湿,及时通风散湿。灌水选晴天上午进行,灌水后及时通风,避免早晨叶面结露。最好采用膜下灌溉。

加强中耕培土,促进植株根系生长。及时摘除下部老病叶并携出田外深埋,减少菌源,利于通风透光。采用配方施肥技术,施足底肥,生长期及时追肥,后期可追施钾肥。坐果期叶面喷 0.1% 蔗糖加 0.2% 磷酸二氢钾再加 0.3% 尿素,以提高植株抗病性。

(5)药剂防治　保护地发病时用百菌清烟剂。露地栽培可喷百菌清、碱式硫酸铜、异菌脲、唑醚·代森联和苯甲·百菌清等杀菌剂。

6.8.2.9　茄子褐纹病

茄子褐纹病(eggplant phomopsis rot)是世界性茄子病害,几乎所有栽培区都有发生,是茄子重要病害之一。在我国北方与茄绵疫病、茄黄萎病一起被称为茄子三大病害。此病从苗期到成株期均可危害,常引起死苗、枯枝和果腐,但以果腐损失最大。其发病程度受气候条件影响较大,结果盛期如遇高温多雨,茄果发病较重,常造成较大损失。采种田受害最重。据吉林省长春、四平等地调查,采种株发病率一般为40%～50%,个别地块高达80%,常造成种子绝收,损失惨重。此病仅危害茄子。

【症状】

茄褐纹病自苗期到收获期均可发生。因发病部位不同,常形成幼苗枯死、枝干溃疡、叶斑和果实腐烂等不同症状。

幼苗受害,多在茎基部发病,产生水渍状梭形或椭圆形病斑,后变褐凹陷并缢缩,幼苗猝倒死亡。幼苗稍大时,则造成立枯症状,病部生有黑色小粒点。

叶片发病,一般从底叶开始,逐渐向上发展。初呈水渍状小斑点,后扩大为近圆形或不规则形,边缘暗褐色,中央灰白色至淡褐色病斑,其上轮生许多黑色小粒点(图6-42)。阴雨天,病部变脆易破裂成穿孔状。后期病斑愈合成片,枯死。

茎部受害,多以茎基部发病较重。病斑梭形,边缘暗褐色,中央灰白色,凹陷,呈干腐状溃疡斑,表面散生黑色小粒点。后期病部皮层脱落而露出木质部,遇大风易从病部折断枯死。

二维码 6-25

果实受害,产生近圆形凹陷病斑,初浅褐色,后变为暗褐色。病斑上密生同心轮纹状排列的小黑点。多个病斑常互相联合,致使整个果实腐烂脱落,或干缩为僵果挂在枝上(图6-42,彩图又见二维码6-25)。

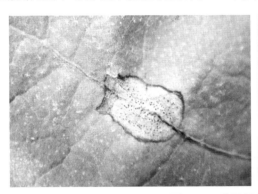

图6-42　茄子褐纹病症状(马青原图)

【病原】

茄褐纹拟茎点霉[*Phomopsis vexans* (Sacc. & Syd.) Harter],异名:坏损间座壳菌[*Diaporthe vexans* (Sacc. & Syd.) Gratz.],属子囊菌。

病部产生的黑色小粒点(即病菌的分生孢子器),初埋生于寄主表皮下,成熟后突破表皮外露。孢子器单独着生于子座上,球形或扁球形,具孔口,直径为55～400 μm。分生孢子器大小因寄生部位和环境条件而异,一般果实上的较大,而叶片上的较小。分生孢子单胞无色,有两种类型:一种为椭圆形或纺锤形,大小为(4.0～6.0) μm×(2.3～3.0) μm;另一种为丝状或钩状,大小为(12.2～28.0) μm×(1.8～2.0) μm(图6-43)。叶片上的分生孢子器内以椭圆形分生孢子占多数,而丝状分生孢子则较少见,有时则多长在茎和果实上的分生孢子器内。丝状分生孢子不能萌发。

病菌的有性生殖仅出现在茎秆或果实的老病斑上，田间一般很少见到。子囊壳常2～3个聚生在一起，球形或卵形，具不整形的喙部，直径为130～350 μm。子囊倒棍棒形，大小为(28～44) μm×(5～12) μm。子囊孢子双胞，无色透明，长椭圆形或钝纺锤形，隔膜处稍有缢缩，大小为(9～12) μm×(3.4～4) μm。

病菌发育的最高温度为35～40℃，最低温度为7～11℃，最适温度为28～30℃。分生孢子器形成的最适温度为30℃；分生孢子形成的最适温度为28～30℃，萌发的最适温

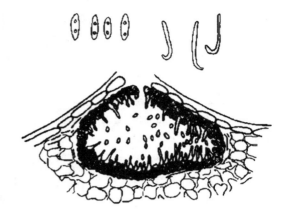

图6-43　茄褐纹病菌的分生孢子器与分生孢子

度为28℃，但在清水中不能萌发，在新鲜茄汁浸出液中萌发最好。各种培养基均能培养此菌，但在查伯克氏(CzaPeck)组合培养基上生长良好，且能产生较多的分生孢子器。

【发病规律】

(1)病害循环　茄子褐纹病菌主要以菌丝、分生孢子器随病株残体在土表层越冬，也可以菌丝体潜伏在种皮内或以分生孢子器附着在种子表面越冬。病菌在种子内可存活2年，在土壤中的病残体上可存活2年以上。种子带菌是造成幼苗发病的主要原因，并可导致该病的远距离传播。而土壤中病残体带菌多造成植株茎基部溃疡。幼苗及茎基部病斑上产生的分生孢子是再侵染的主要来源，通过重复侵染而使叶片、果实和茎的上部发病。分生孢子借风雨、昆虫及田间农事操作等传播。分生孢子萌发后可直接从寄主表皮侵入，也可通过伤口侵入。在适宜条件下，在病苗上经3～5天，成株上7～10天，发病部位就可产生分生孢子器。

(2)发病条件　病害的发生、流行与温湿度、栽培管理和品种抗病性等有密切关系。

高温(28～30℃)、高湿(相对湿度80%以上)有利于病害发生。北方6—8月高温多雨季节病害易流行。高温高湿、结露多雨是茄子褐纹病发生流行的主导因素。华北、东北和西北等地区茄子褐纹病不同年份间发生的轻重主要取决于当地雨季的早晚和降雨量的多少。幼苗长势弱，地势低洼，排水不良，栽植密度过大，氮肥过多或脱肥，易诱发病害。茄子连作发病早而重。

棚室内病害发生的轻重主要取决于大棚内的小气候，温度28～30℃、相对湿度80%以上时，适合病害流行。

不同品种间抗病性有明显差异，茄子抗源品系及含有抗源的杂交一代均表现明显的抗性。一般长茄品种较圆茄品种抗病，白皮、绿皮茄较紫皮、黑皮茄抗病。国外报道，茄子对褐纹病的抗性为隐性多基因控制；而国内研究则认为，茄子抗源83-02的抗性为显性遗传。

【控制措施】

应采取选用无病种子、农业防治和药剂防治相结合的综合防治措施。

(1)选用抗病品种　选用白皮、绿皮的长茄子品种。

(2)苗床消毒　可用多·福可湿性粉剂或五氯·福美双粉剂与细土混匀，其中1/3的量撒于苗床底部，2/3的量覆盖在种子上面，药剂用量按说明使用。

(3)选用无病种子及种子处理　建立无病留种田，从无病株上采种。种子消毒可采用温

汤浸种或药剂处理。用55℃温水浸种15 min或50℃温水浸种30 min,后移入冷水中降温,晾干备用。

（4）轮作　应与其他作物实行2～3年轮作。

（5）加强栽培管理　施足腐熟有机底肥,适期早定植,加强中耕,适度蹲苗促进根系发育。此外,在定植后茎基部周围地面,撒一层草木灰,可减轻基部感染发病。结果后及时追肥,提高植株抗病力。果实发育及生育后期,应小水勤浇,以满足果实对水分的需要。雨季要及时排水。

棚室应加宽栽培行距,增加通风透光条件;高畦栽培;增施磷钾肥料,以利于提高抗病性;选择3年以上未种过茄子的大棚或阳畦,采用电热线育苗,培育壮苗,施足基肥,促进早长早发,使大棚茄子的采收盛期提前在病害流行期之前。

（6）田园卫生　及时摘除病叶、病枝和病果,应深埋或烧毁。茄子收获后及时清除病残体,以减少第二年初侵染菌量。

（7）药剂防治　苗期发病,在苗床茎基部周围撒施草木灰,可减轻危害。结果期发病,可用百菌清、64%噁霜·锰锌和甲霜灵锰锌等喷雾,每隔7天左右1次,连续防治2～3次。

6.8.2.10　豇豆煤霉病

豇豆煤霉病(cowpea sooty blotch)又称为叶霉病,各地均有发生,是豇豆上危害较为严重的病害,染病后叶片干枯脱落,直接影响植株结荚,减少采收次数,造成严重的产量损失。近年来在各地的发生越来越重。

【症状】

叶两面初生赤褐色小点,后扩大成直径为1～2 cm、近圆形或多角形的褐色病斑,病、健交界不明显。潮湿时,病斑上密生灰黑色霉层,尤以叶片背面显著。严重时,病斑相互连片,引起早期落叶,仅留顶端嫩叶。病叶变小,病株结荚减少。

【病原】

红色球腔菌[*Mycosphaerella cruenta*（Sacc.）Latham],异名:豆类假尾孢[*Pseudocercospora cruenta*（Sacc.）Deighton],属子囊菌门。分生孢子梗从气孔伸出,直立不分枝,数枝至十数枝丛生,具1～4个隔膜,褐色,大小为(15～52) μm×(2.5～6.2) μm;分生孢子鞭状,上端略细,下端稍粗大,淡褐色,具3～17个隔膜,大小为(27.5～127) μm×(2.55～6.2) μm(图6-44)。分生孢子抗逆性强,在自然干燥的状态下,可存活1年以上。病菌发育的温度范围为7～35℃,最适温度为30℃。病菌除侵染豇豆外,还可侵染菜豆、蚕豆、豌豆和大豆等豆科作物。

图6-44　豆类假尾孢的分生孢子梗与分生孢子(马青原图)

【发病规律】

（1）病害循环　豇豆煤霉病菌以菌丝块随病残体在田间越冬。翌年环境条件适宜时,在菌丝块上产生分生孢子,通过风雨传播,从寄主的气孔侵入,进行初侵染,引起发病。病部产生的分生孢子又可以进行多次再侵染。

（2）发病条件　田间高温、高湿或多雨是发病的重要条件，当温度25～30℃，相对湿度85％以上，或遇高湿多雨，或保护地高温、高湿、通气不良则发病重。连作地较轮作地发病重，播种过晚的田块发病重。

豇豆一般在开花结荚期开始发病，病害多发生在老叶或成熟的叶片上，顶端嫩叶或上部叶片较少发病。品种间抗病性有差异，如红嘴燕品种发病较重，而鳗鲤豇品种比较抗病，发病轻。

【控制措施】

应采取加强栽培管理为主的农业防治和药剂防治相结合的综合防治措施。

（1）实行轮作　与非豆科作物实行2～3年的轮作。

（2）种植抗病品种　如鳗鲤豇等品种比较抗病，可以根据各地情况加以选用。

（3）加强栽培管理　施足腐熟有机肥，采用配方施肥技术。合理密植，使田间通风透光，防止湿度过大。保护地要通风透气，排湿降温。发病初期及时摘除病叶，豇豆采收后清除病残体，集中烧毁或深埋。

（4）药剂防治　发病初期喷施苯醚甲环唑和百菌清等，每隔10天左右1次，连续防治2～3次。

6.8.2.11　黄瓜黑星病

黄瓜黑星病（cucumber scab）是一种世界性病害，除澳大利亚、南美洲尚未见报道外，已广布欧洲、北美和东南亚。20世纪70年代前我国仅在东北地区温室中零星发生，80年代以来，随着保护地黄瓜的发展，该病害迅速蔓延和加重。黄瓜黑星病在黄瓜苗期发病时，对生产影响很大，结瓜前可全株枯死。生长中期发病时，危害瓜条，造成瓜条畸形，后期病部多形成疮痂，湿度高时病部表面产生绿褐色霉层，该病可造成瓜类减产70％以上，病瓜受损变形，失去商品价值。目前，该病已成为我国北方保护地及露地栽培黄瓜的常发性病害，一般损失可达10％～20％，严重时可达50％以上，甚至绝收。该病除危害黄瓜外，还侵染南瓜、西葫芦、甜瓜、冬瓜等葫芦科蔬菜，是生产上亟待解决的问题。

【症状】

黄瓜在苗期和成株期均可被病原菌侵染。成株期黄瓜不同部位，如叶片、茎蔓、果实均可发病。苗期种子带菌，发芽后子叶发病产生黄褐色近圆形斑点；真叶发病，产生黄白色近圆形斑，后变暗褐色，穿孔开裂，随着发病时间的延长，病斑数量增多、穿孔扩大、叶片发生扭曲，湿度大时长出灰黑色霉层，严重时苗期生长点发病变褐，随后坏死；茎秆发病，病斑呈长梭形或长椭圆形，淡褐色，稍凹陷，形成疮痂状，有时茎裂开。成株期叶片发病，病斑较小，近圆形，淡黄色至白色，病斑直径1～4 mm，初期病斑周围有黄色晕圈，后期病斑薄而脆，易破裂穿孔呈星状，叶脉受害后，病组织坏死，周围健部继续生长，使病部周围叶组织皱缩。成株期茎蔓、叶柄、卷须发病，茎秆发病症状同苗期；卷须受害处变深褐色至黑色而干枯（图6-45，彩图又见二维码6-26）。成株期瓜条发病，发病初期为近圆形褪绿小斑，病斑处溢出乳白色透明的胶状物，不流失，后变为琥珀色，后期胶状物脱落，病斑凹陷，进而龟裂成疮痂状，由于病斑处组织生长受抑制形成木栓化，使瓜条弯曲畸形，受害瓜条一般不腐烂。

二维码 6-26

【病原】

由 5 种枝孢（*Cladosporium* sp.）引起，即：枝状枝孢（*C. cladosporioides*）、瓜枝孢（*C. cucumerinum*）、多主枝孢（*C. herbarum*）、尖孢枝孢（*C. oxysporum*）、细极枝孢（*C. tenuissimum*）。属子囊菌门。其中由瓜枝孢（*C. cucumerinum*）引起的黄瓜黑星病发生最严重。

（1）病原形态　瓜枝孢分生孢子梗单生或 3～6 根簇生，分枝或不分枝，直立，深褐色，上部色淡，光滑，3～8 个隔膜，基部常膨大，大小为（76.0～380.0）μm×（3.2～5.0）μm，基部有时膨大处直径 5.0～7.5 μm。枝孢柱形，0～2 个隔膜，大小为（18.5～30.0）μm×（3.0～5.4）μm。分生孢子链生且具分枝链，椭圆形、

图 6-45　黄瓜黑星病症状（徐秉良原图）

圆柱形、近球形，淡橄榄色，平滑或具细微疣突，多数无隔膜，偶有一隔，大小为（3.8～23.5）μm×（2.5～6.0）μm，参见图 3-38。

（2）病原生物学　病菌生长适宜温度为 2～30℃，最适温度为 20℃，高于 32.5℃ 不生长。孢子的致死温度为 40℃ 处理 60 min，菌丝的致死温度为 52℃ 处理 45 min。孢子萌发对湿度反应敏感，随着湿度的增加，萌发率逐渐提高。相对湿度 90% 以上孢子萌发率较高，81% 以下则较低，66% 以下孢子不萌发；碱性条件抑制孢子萌发，pH 5.5～7.0 孢子萌发最好，最适 pH 6.0。试验证明，高温、高湿处理病菌超过 2 h，病菌孢子不萌发，也基本无致病性。田间高温高湿防治黄瓜黑星病的最佳温度区间为 40℃ 2 h 或 45℃ 1 h（相对湿度 80%）。

碳源可促进孢子萌发，其中以麦芽糖、乳糖和木糖为佳；几种氨基酸中以天门冬氨酸有利于孢子萌发，孢子在无机盐中不萌发。

人工对黄瓜子叶、真叶及下胚轴接种发现，随着瓜枝孢孢子浓度的增加，病情指数逐渐增大，孢子浓度为 $2×10^6$·mL^{-1} 时发病最重；随着病原菌菌龄的增加，致病性明显减弱，菌龄在 33 天以上无致病力；幼苗的不同部位以真叶最敏感，子叶和下胚轴次之；子叶生长期 18 天、真叶生长期 16 天、下胚轴生长期 19 天后接种不感病，田间病原菌也极易侵染嫩叶、嫩茎和幼果，而老叶和老瓜发病较轻。

此外，有研究表明瓜枝孢在辽宁省存在病菌致病力分化现象。

【发病规律】

黄瓜黑星病的初侵染源主要为种子和病残体，或者以菌丝体或菌丝块存留在病残体和土壤中。病原菌靠雨水、气流和农事操作在田间传播，在适宜的温湿度条件下产生新的分生孢子，随风或靠孢子弹射到植株各部位上开始侵染，周而复始一直延续到秋末。病原菌可以从叶片、果实及茎表皮直接侵入，或从气孔和伤口侵入，棚室内的潜育期一般为 3～10 天，在露地为 9～10 天，黄瓜整个生长期均为黑星病菌繁殖侵染期。

我国北方辽宁省日光温室冬春茬黄瓜黑星病流行过程可划分为 4 个时期，该病主要借

病苗传播到定植的温室中,成为初侵染源。定植后的 3 月中下旬为叶部黑星病的始发期。3 月下旬以后,随着幼瓜的出现,瓜条开始染病,至 4 月中旬为叶部及瓜部黑星病的上升期,此时病害发生速率较快。4 月中旬至 5 月中下旬为该病害发生的高峰期。5 月中下旬以后,随着温度升高及温室开始大放风,病害开始下降,为病害发生的衰退期。田间病害发生与幼苗带病关系密切,幼苗带病率高,发病则有加重的趋势。一般幼嫩叶、茎和果被害严重,而老叶和老瓜发病轻。幼苗带病率高则后期发病重。潜育期随温度而异,一般棚室为 3~6 天,露地 9~10 天。该菌在相对湿度 93% 以上,平均温度 15~30℃ 较易产生分生孢子;相对湿度 100% 产孢最多;分生孢子在 5~30℃ 均可萌发,最适温度 15~25℃,并要求有水滴和营养。经潜育出现病斑后,条件适宜时,植株发病后在病部形成霉层(分生孢子)引起再侵染。

【发病条件】

该病的发生和流行主要取决于黄瓜品种的抗病性、栽培管理和气候条件等。

(1)品种抗病性　黄瓜黑星病发病与栽培条件和栽培品种关系密切。20 世纪 90 年代在黄瓜黑星病发生严重的地区推广种植的高抗黑星病品种,如中农 11、中农 13 和津春 1 号等,减少了黄瓜黑星病的发生与蔓延。

(2)栽培管理　连茬发病重,轮作及新菜地发病轻;密植比稀植重;棚内湿度增大,利于该病发生;露地栽培架内比架外发病重;阴雨天较晴天发病重。

(3)气候条件　黄瓜黑星病属低温高湿类型病害。温室或大棚内,相对湿度在 90% 以上,温度在 9~36℃ 有利于病原菌侵染,最适发病温度为 20~23℃。黄瓜黑星病菌必须在有水滴的情况下孢子才能萌发,否则即使相对湿度达 100% 也不萌发。此外,温室内温度低于 20℃ 时,黄瓜植株生长较弱,利于发病。弱光下发病重。

【控制措施】

防治策略以严格检疫和选用抗病品种为主,加强栽培管理,辅助以必要的药剂防治。

(1)严格检疫,选用无病种子　严禁在病区繁种或从病区调种,做到从无病地留种,采用冰冻滤纸法检验种子是否带菌。可采用温汤浸种法对带病种子消毒,或多菌灵或克菌丹可湿性粉剂拌种。

(2)选用抗病品种　黄瓜不同品种之间对黑星病的抗性存在明显差异,黄瓜黑星病的抗性由 1 对显性单基因 Ccu 控制。单一的抗病基因源对农作物生产具有较大隐患,不利于生产的可持续发展。目前种植的抗黑星病水果型黄瓜品种有中农 19 号和中农 29 号,密刺型品种有中农 31 号。

(3)加强栽培管理,及时清除菌源　黄瓜与非葫芦科作物进行轮作,以防止田间病原菌数量逐年积累;棚室于定植或育苗前进行翻地整地,或土壤消毒,可降低棚室内病原菌基数;黄瓜定植后,要合理通风,尽量采用膜下滴灌,注意控制温室内温度及湿度;一旦发现黄瓜黑星病株,应及时清除黄瓜病株残体,集中销毁深埋,结合深翻地,杜绝初侵染源继续发展。

(4)高温闷棚防治　黄瓜黑星病菌生物学研究表明,病菌生长适宜温度为 2~30℃,最适温度为 20℃,高于 32.5℃ 不生长。孢子的致死温度为 40℃ 处理 60 min,菌丝的致死温度为 52℃ 处理 45 min。棚室中,在黄瓜能够忍受的高温下(47~48℃)处理 1~2 h,对黄瓜黑星病具有明显的控制作用,同时高温闷棚兼具防治黄瓜霜霉病的功效。

(5)药剂防治　在田间发病初期施药防治,以喷施幼苗及成株嫩叶、嫩茎、幼瓜为主。可使用以下药剂:氟硅唑、腈菌·福美双、腈菌唑、嘧菌酯喷雾,7~10 天 1 次,连喷 2 次;也可以用百菌清烟剂熏烟。

6.8.2.12　番茄叶霉病

番茄叶霉病(tomato leaf mould)是番茄上的常见病害,老百姓俗称"黑毛"。我国各地均有发生。塑料大棚、温室受害重于露地栽培,是保护地番茄的重要的病害之一,随着保护地番茄栽培面积的扩大,叶霉病的病情不断发展,危害加重,对番茄产量影响很大。该病仅发生在番茄上。

【症状】

主要危害叶片,严重时也危害茎、花、果实等。叶片发病,初期叶面出现椭圆形或不规则形淡黄色病斑,边缘不明显,叶背面病斑上长出灰紫色至黑褐色的绒状霉层(图6-46,彩图又见二维码6-27)。湿度大时,病叶正面也长出霉层。病害严重时可引起全叶卷曲,植株呈现黄褐色干枯。病害常由中、下部叶片开始发病,逐渐向上扩展蔓延。发病严重时叶片干枯卷曲,后期导致全株叶片皱缩枯萎提早脱落。果实染病,果蒂附近形成圆形黑色病斑,硬化稍凹陷,不能食用。

二维码 6-27

图 6-46　番茄叶霉病症状(马青原图)

【病原】

黄褐孢霉[*Fulvia fulva*(Cooke)Cif.],属子囊菌门。病菌分生孢子梗成束地从气孔中伸出,暗橄榄色,稍具分枝,有 1～10 个隔膜。许多细胞上端向一侧膨大,其上产生分生孢子。分生孢子串生,孢子链通常分枝。分生孢子椭圆形、长椭圆形或圆柱形,初无色,后变淡褐色。具 1～3 个隔膜,大小为(13.8～33.8)μm×(5.0～10.0)μm(图6-47,彩图又见二维码6-28)。

二维码 6-28

病菌菌丝在 9～35℃均能生长,最适生长温度为 20～25℃,在 PDA 和PSA 培养基上生长缓慢,但菌丝层厚。在燕麦培养基和玉米粉培养基上生长迅速,但菌丝层薄。在适宜的湿度下,分生孢子在 5～30℃的温度范围内均能萌发产生芽管,以 20～25℃最适宜。在一定温度下,空气相对湿度在 85％以上时分生孢子能够萌发,随着湿度的增大,萌发率提高,在水中萌发率最高。分生孢子在 pH2.2～9.0 均能萌发,以 pH 3.5～5.5 萌发最好。

番茄叶霉病菌是生理小种分化非常明显的病原之一。到目前为止,世界上报道的番茄叶霉病菌生理小种有 24 个。番茄对番茄叶霉病的抗病性稳定性差,一些抗病基因很快被新的生理小种克服。

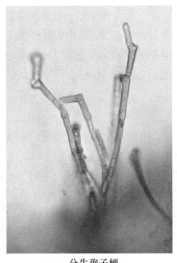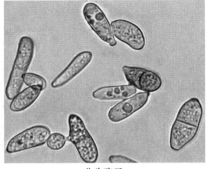

分生孢子梗　　　　　　　　　　　分生孢子

图 6-47　番茄叶霉病菌分生孢子梗及分生孢子(马青原图)

【发病规律】

病害循环:病菌主要以菌丝体或菌丝块在病残体上越冬,也可以分生孢子黏在种子表面或菌丝体潜伏于种皮越冬,成为第二年的初侵染源。分生孢子通过气流传播。

发病条件:温暖、高湿是病害发生的主要因素。病菌生长发育的最适温度为 20~25℃。一般气温 22℃,相对湿度 90% 以上,利于病害发生。高湿持续时间越长,叶面湿润时数越长,发病越重。空气相对湿度低于 80%,影响孢子的形成和萌发,不利于病害发生。在干燥的条件下,发病迟缓或停止扩展。温室、棚内光照不足,通风不良,湿度过大,常诱发叶霉病发生。

番茄品种间对叶霉病抗性具有明显差异。

【控制措施】

(1)选用抗病品种　如毛粉 802、佳粉 15、佳粉 16、佳粉 17、双抗 2 号等。目前应用的抗病品种多是单基因高抗品种,应注意病原菌生理小种的消长,及时更换品种。培育新品种要注意多个抗性基因的积累,抑制病原菌群体的变化,延长抗病品种使用年限。

(2)选用无病种子及种子处理　可用 52℃ 温水浸种 30 min,晾干备用;或 2% 武夷霉素、硫酸铜浸种;或用 50% 克菌丹按种子质量 0.4% 进行拌种。

(3)轮作　重病田应与其他作物实行 3 年以上的轮作。连年发病严重的温室和旧址塑料大棚,在番茄定植前进行消毒处理,每亩(667 米²)地用 1.5 kg 硫黄粉,3.0 kg 锯末,混合后分几处点燃闭棚熏蒸 1 夜。

(4)加强栽培管理,增施磷、钾肥提高植株抗病性　加长棚室通风时间与次数,改善浇水方式,使用无滴膜,合理调控棚内相对湿度,使其维持在 85% 以下,减轻病害的发生。

(5)药剂防治 喷药前或发病初期摘除病叶及老叶,以利于棚内番茄植株透风透光,带出田外集中处理。药剂可用百菌清、春雷霉素、多抗霉素、唑醚•氟酰胺、代森锰锌、甲基硫菌灵、异菌脲、苯醚甲环唑、氟硅唑、嘧菌酯,每隔 7~10 天喷 1 次,共喷 3~5 次。此外,还可在发病初期,用百菌清烟剂熏蒸,每隔 7 天施用 1 次,连续 2~3 次。

6.8.2.13　大叶黄杨叶斑病

大叶黄杨叶斑病(leaf spot of euonymus)是危害大叶黄杨的一种严重病害,在我国各地普遍发生,引起大叶黄杨提早落叶,树势生长衰弱,严重发生时可使植株成片死亡。

【症状】

主要危害叶片,病斑生于叶的正背两面。叶片上初生褪绿色小斑,逐渐变黄而转为褐色,病斑近圆形或不规则形,直径 4.0~18.0 mm,有时可连接成片。叶正面病斑中央呈灰白色,边缘有浅褐色至深褐色稍隆起的环纹,外具浅黄褐色晕圈,病斑上密生黑色细小霉点,为病原菌分生孢子座。叶背面病斑颜色较正面稍浅,着生有少量灰绿色小霉点。病斑干枯后与健部裂开,最终形成穿孔。后期病叶枯黄、大量凋落,造成植株提前落叶,形成秃枝,甚至枯死(图6-48,彩图又见二维码6-29)。

图 6-48　大叶黄杨叶斑病症状

【病原】

坏损假尾孢[*Pseudocercospora destructiva* (Ravenel) Guo & Liu],异名:坏损尾孢 *Cercospora destructiva*,属子囊菌门。该菌子座发达,球形至椭圆形,近黑色,直径 40.0~135.0 μm;分生孢子梗细,紧密地丛生于子座上,浅青黄色,宽度不规则,不分枝,不呈屈膝状,直立或略弯曲,顶部圆形至圆锥形,无隔膜,大小为(6.5~24.0) μm×(3.0~4.0) μm;分生孢子圆柱形至倒棍棒圆柱形,近无色,直或稍弯,顶部近尖细至钝,基部短的倒圆锥形,具 1~18 个隔膜,大小为(25.0~95.0) μm×(2.0~4.0) μm(图 6-49)。

二维码 6-29

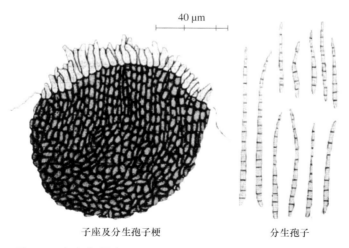

40 μm

子座及分生孢子梗　　　　分生孢子

图 6-49　坏损假尾孢(*Pseudocercospora destructiva*,引自郭英兰)

病菌生长的温度范围很广(10~30℃),最适温度 25~26℃;分生孢子在 72.6% 以上的相对湿度中,均可萌发,但相对湿度越高,孢子萌发率越高,在有水滴和 20~25℃ 温度下,经 1~2 h 即可萌发。菌丝体及分生孢子在较大的 pH 范围中均可较好地萌发和生长,以偏酸环境中生长为好,最适 pH 4.0~4.5。病原菌在人工培养基上很难产孢。

【发病规律】

病害循环:病菌以菌丝体在病落叶上越冬,第二年春季产生新的分生孢子,借气流、雨水传播,从寄主的气孔、伤口或表皮直接侵入。3~4 周后,出现病斑,有时则更长。在整个生长季节进行 2~3 次再侵染。

病菌一般于 5 月中旬开始侵染,6—7 月为侵染盛期,8—9 月为发病盛期,至 11 月底以后,病害停止蔓延。

发病条件:大叶黄杨叶斑病病害发生的轻重与气温及降雨的多少有直接关系,一般高温多雨霉湿的年份发病严重。特别是 8 月末和 9 月初如遇大雨,则迅速发病,而且很快产生分生孢子。

一般农家底肥充足、灌水追肥及时、植株生长健壮,发病轻;土地条件差、管理粗放、圃地排水不良、扦插苗过密、植株生长衰弱,发病重。

春季天气寒冷、夏季炎热干旱,肥水不足,树势生长不良,也加重病害的发生。此外,扦插苗圃发病重于绿篱,行道树下遮阴的绿篱发病重。

【控制措施】

应采取以加强栽培管理为主,结合喷药保护,控制病害发生的综合防治措施。

(1)清理侵染源　秋末及早春及时清除病落叶、病枝和病株,集中烧毁或深埋于土中,同时将植株下部表土翻到下面,以清除越冬菌源;春季发芽前喷洒 5 波美度石硫合剂杀死越冬菌源;注意从健康无病的植株上取条,扦插繁殖无病的苗木。

(2)加强养护管理　选择排水良好、肥力适中的地块建造苗圃,以利于植株生长,增强树势,提高抗病性。合理密植,注意通风透光,降低叶面湿度,减少发病率。肥水要充足,尤其是夏季干旱时,要及时浇灌,注意采用科学浇水方式,避免喷射浇水。

(3)药剂防治　对已发病的地方要喷洒药剂保护,减少病菌侵染,降低发病率。在五六月份发病前,喷洒 1:1:160 倍波尔多液 1 次,以后每隔半月再喷 1 次,共喷 3~4 次;亦可用百菌清、甲基硫菌灵或苯甲•咪鲜胺等,化学药剂宜交替使用,每隔 10~15 天喷洒 1 次,连续2~3 次。

6.8.2.14　山茶花藻斑病

山茶花藻斑病(camellia algal leaf spot)又称白藻病,全国各地均有分布,主要发生于长江流域以南及气候潮湿、炎热地区或季节。除危害山茶花外,还发生在白兰、玉兰、含笑、桂花、阴香、樟树、芒果等花木上。藻斑病危害叶片和幼茎,降低植株光合作用,导致植株生长不良。

【症状】

主要危害植株中下部老叶片。病原物可侵染叶片的正面和背面,但以正面居多。受害叶片初期出现针头大小灰白色至黄褐色小圆点,有时略呈十字形斑,后来病斑逐渐向四周呈辐射状扩展,形成圆形至不规则形稍隆起的毛毡状斑,边缘不整齐,灰绿色或暗褐色,病斑表面有纤维状细纹,直径 2~15 mm,后期色泽变深褐色,表面也较光滑。嫩枝受害病部出现红褐色毛状小梗,病斑长椭圆形,严重感染时枝梢干枯死亡。

【病原】

绿头孢藻(*Cephaleuros virescens* Kunze),属于绿藻门头孢藻属。在病部上的毡状物是病原的孢子囊和游动孢子。孢囊梗呈二叉状分枝,具多个隔膜,顶端膨大近圆形,上生 8～12 小梗,每个小梗着生 1 个卵形孢子囊;孢子囊黄褐色,大小为(14.5～20.3)μm×(16.0～23.5)μm,内生游动孢子;游动孢子椭圆形,双鞭毛、无色(图 6-50,彩图又见二维码 6-30)。

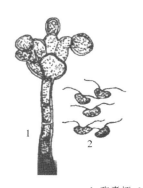

1.孢囊梗;2.游动孢子;3.孢子囊;4.头孢

图 6-50　绿头孢藻(*Cephaleuros virescens*)

【发病规律】

　　病原物以营养体在病叶中越冬。翌春炎热潮湿条件下产生孢子囊和游动孢子,通过风雨传播,从自然孔口或叶片角质层直接侵入,在叶片表皮细胞与角质层之间蔓延危害,在整个生长季节可以进行多次再侵染。高温高湿的条件有利于头孢藻游动孢子的产生、侵入和传播。土壤贫瘠、栽植或盆花放置过密,通风不良,干旱或水涝,潮湿闷热的气候有利于病害的发生和蔓延。

【控制措施】

　　(1)加强栽培管理　合理施肥,及时修剪,清除病枝、叶,避免过度荫蔽,保持通风透光环境,提高植株抗性。

　　(2)药剂保护　早春或晚秋发病初期可喷洒 0.5%～0.7%半量式波尔多液、碱式硫酸铜、噻菌铜,或在叶片上先喷洒 2%尿素或 2%氯化钾后,再喷铜制剂。

6.8.2.15　芍药红斑病

　　芍药红斑病(peony leaf blotch)又称芍药叶霉病、轮斑病,我国各地均有发生,是栽培芍药中最常见的重要病害之一,造成芍药叶片早枯,连年发生可以削弱植株的生长势,使植株矮小,花少、花小甚至植株枯死。此病除危害芍药外,亦危害牡丹等花卉作物。

【症状】

　　主要危害叶片,也危害枝条、花和果壳等部位。叶片受害,初期在叶背出现绿色针头状小点,后扩大成直径 4～25 mm 紫褐色斑,病斑近圆形或受叶脉限制呈半圆形,后期病斑中央具淡褐色轮纹,周围暗紫色(图 6-51,彩图又见二维码 6-31),潮湿时,病部背面会出现墨绿色霉层。严重时多个病斑汇合,引起整叶焦枯,易破

图 6-51　芍药红斑病症状

裂。茎部发病多从茎基部开始，病斑初期为暗紫红色的长圆形斑点，稍突起，后逐渐扩大为 3～5 mm，中间开裂并下陷，严重时也可相连成片。萼片、花瓣上的病斑均为紫红色小斑点，严重时边缘往往枯焦。

在牡丹上病斑不带紫色而为褐色。

【病原】

Graphiopsis chlorocephala（Fresen.）Trail，异名：牡丹枝孢（*Cladosporium paeoniae* Pass.），属子囊菌门。分生孢子梗从寄主组织的气孔中伸出，单生或 3～7 根簇生，直立或稍弯，上端少有分枝，黄褐色，有 3～7 个隔膜，大小为（40.0～189）μm×（3.2～6.7）μm。枝孢圆柱形，一端钝圆，一端齿状，0～3 个隔膜，淡黄褐色，长达 26 μm。分生孢子链生并具分枝，椭圆形或卵圆形，淡褐色，0～1 个隔膜，大小为（4.3～18.9）μm×（3.2～6.0）μm（图 6-52）。

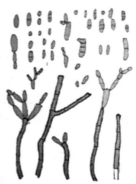

图 6-52　牡丹枝孢（*Cladosporium paeoniae*）（引自张中义）

【发病规律】

（1）病害循环　病菌主要以菌丝体和分生孢子在地面病残体上越冬，也能在分株后遗留在种植圃旁的肉质根上腐生。翌年春季产生分生孢子，借气流、雨水及农事操作传播，多从伤口侵入，也可直接侵入。

（2）发病条件　芍药红斑病的发生和流行与温湿度、植株的生长状况及品种抗病性等关系密切。

病菌的生长和分生孢子的萌发需温暖条件，在 20～24℃条件下，病害的潜育期 5～6 天，8℃则为 14 天，且发病率也低。潮湿条件有利于病害的发展和分生孢子的形成。

此病多在 3 月下旬芍药开花初期开始发病，至五六月梅雨季节和秋末潮湿时才形成子实体，时间长达 2 个月以上；夏季高温少雨对子实体的形成、孢子萌发及菌丝生长均不利，所以一般只有一次再侵染，病害严重程度主要决定于病菌越冬后初侵染的数量。老叶一般先发病，嫩叶发病轻。一般农家底肥充足、灌水追肥及时、植株生长健壮，发病轻；连作、基肥不足、种植过密，植株生长衰弱，田间排水不良，发病重。

不同品种对红斑病的抗病性有一定差异，东海朝阳、紫袍金带、小紫玲、兰盘银菊、凤落金池等品种抗病性强，紫芙蓉、胭脂点玉、娃娃面等品种易感病。

【控制措施】

应采取以种植抗病品种和加强栽培管理为主,结合喷药保护,控制病害发生的综合防治措施。

(1)种植抗病品种　可选用东海朝阳、紫袍金带、小紫玲、兰盘银菊、凤落金池等抗病性强的品种。

(2)清洁田园　病害发生与田间初侵染源的关系最为密切,因而每年秋季和早春彻底清除地面病残落叶和分株后残留的肉质根,剪除病茎,集中销毁,并加垫肥土(厚约 15 cm)作屏障,以减少下年的初侵染来源。

(3)加强栽培管理　初见病后及时摘除病叶;田间要经常锄草、松土,开花期间宜多浇水,但不能过于潮湿;谢花后应迅速剪掉残花,以免结籽消耗养分;低洼地采用高畦种植,降低地下水位;合理密植,雨后及时排水,降低田间湿度,以提高植株抗病性。

(4)药剂防治　早春植株萌动前,地面喷洒 3~5 波美度的石硫合剂 1 次。根据病害发生规律,在 3 月初进行一次防治,以后每隔 10~15 天喷 1 次、连续防治 2~3 次。常用药有:甲基硫菌灵、嘧菌酯、苯甲·克菌丹等。保护地可采用烟熏施药,于发病初期释放腐霉利烟剂。

6.8.2.16　其他园艺植物叶果枝病害

危害各种园艺植物叶、果、枝的病害种类很多,表 6-10 列出一些常见的园艺植物叶果枝病害,及其发生规律和防治方法。

表 6-10　其他园艺植物叶果枝病害

病害	症状	病原	发生规律	防治方法
苹果黑星病(疮痂病)	主要危害叶片和果实。叶片病斑圆形或放射状,褐色至黑色,表面生褐色绒毡状霉层。果实受害产生疮痂状干硬病斑	苹果黑星菌(*Venturia inaequalis*)	以子囊壳在病落叶上越冬,或以菌丝体在枝溃疡斑或芽鳞内越冬。风雨传播,雨水和高湿是病害流行的主要条件	参见梨黑星病的防治
苹果花腐病	以危害花、果为主,花蕾染病腐烂;幼果感病出现褐色病斑,并迅速腐烂形成僵果	苹果链核盘菌(*Monilinia mali*)	以菌核在落叶、病果、病枝上越冬。第二年早春形成子囊盘和子囊孢子,子囊孢子随风传播,入侵叶花	冬季清园。生长期喷药保护
苹果枝芽腐病	以危害 1~3 年生枝条为主。病斑褐色梭形,中部凹陷,边缘隆起。后期病疤周围形成愈伤组织	干癌丛赤壳(*Nectria galligena*)	以菌丝体在病组织内越冬。分生孢子借昆虫雨水及气流传播,伤口入侵。高湿度利于发病	剪除病枝和刮除病斑。化学防治药剂参考苹果树腐烂病

病害	症状	病原	发生规律	防治方法
苹果白粉病	新梢发病,病梢瘦弱,节间短缩,叶片细长,变硬变脆,叶缘上卷,初期表面布满白色粉状物,后期变为褐色,并在病部产生成堆的小黑点,严重时干枯脱落	白叉丝单囊壳(*Podosphaera leucotricha*)	以菌丝在芽的鳞片间或鳞片内越冬。春季随芽的萌动,病菌开始生长并产生分生孢子。分生孢子随气流传播,侵染嫩芽、嫩叶和幼果。 通常,5月份进入侵染盛期,5月底形成全年的第一个发病高峰期	随修剪剪除病梢、病芽、新发病的枝梢,集中烧毁或深埋。自苹果花序分离期开始喷药防治。常用药剂有苯醚甲环唑、三唑酮、腈菌唑、戊唑醇、甲基硫菌灵等
苹果锈病	叶片正面病斑橘黄色、圆形,边缘红色。后期病部叶肉肥厚变硬,正面稍凹陷,背面微隆起。丛生土黄色羊毛状锈子器,内生大量黄褐色粉状物	山田胶锈菌(*Gymnosporangium yamadae*)	病菌以菌丝体在柏树枝条内越冬,春天形成球形菌瘿,产生褐色冬孢子角。冬孢子角遇雨后吸水膨胀,萌发产生大量担孢子,随风雨和气流传播侵染叶片和幼果	新建果园应远离桧柏、龙柏等柏科植物。结合其他病害,于花前、花后和5月中下旬各用药1次。三唑类的内吸性杀菌剂
梨黑斑病	主要危害果实、叶片和新梢。叶片上病斑圆形,中央灰白色,边缘黑褐色。潮湿时病斑表面生黑霉。果实上病斑圆形,略凹陷,表面生黑霉。	盖森链格孢(梨黑斑链格孢)(*Alternaria gaisen*)	以分生孢子及菌丝体在被害枝梢及落地病叶、病果上越冬。分生孢子靠风雨传播,引起重复侵染。高湿度利于发病	冬季清园。生长期喷药保护
梨褐斑病(斑枯病、白星病)	仅危害叶片。病斑圆形或近圆形,中央灰白色,其上密生小黑点,病斑周围褐色或黑色	梨球腔菌(*Mycosphaerella pyri*),异名:梨生壳针孢(*Septoria piricola*)	以分生孢子器及子囊果在病落叶上越冬。孢子靠风雨传播。有多次再侵染	冬季清园。生长期喷药保护
柑橘疮痂病	危害叶片、果实和新梢的幼嫩组织。叶片上病斑圆形褐色,木栓化并向叶背突出成瘤状的疮痂。天气潮湿时病斑顶部生红色霉状物。果实和新梢的症状与叶片相似	柑橘痂囊腔菌(*Elsinoe fawcetti*),异名:柑橘痂圆孢(*Sphaeceloma fawcetti*)	以菌丝体在病组织内越冬,分生孢子靠风雨传播,有多次再侵染。高湿度利于发病	冬季清园。生长期喷药保护

病害	症状	病原	发生规律	防治方法
柑橘煤污病	在叶片果实表面发生黑色片状煤烟状菌丝层，菌丝不侵入植物组织，但影响光合作用	柑橘霉炱（Capnodium citri）等多种真菌	以菌丝体、闭囊壳或分生孢子器在病部越冬，风雨传播。介壳虫、蚜虫的发生易诱发该病的发生	喷杀虫剂并结合杀菌剂保护植物
桃缩叶病	主要危害叶片，叶上病斑浅绿色或红褐色，增厚变脆，病叶卷曲皱缩。病叶表面生一薄层白色粉状物	畸形外囊菌（Taphrina deformans）	以子囊孢子或芽孢子在桃芽鳞片和枝干的树皮上越冬越夏；气流传播；直接入侵。一般无再侵染。低温多雨利于发病	以药剂防治为主
桃疮痂病（黑星病）	主要危害果实，病斑圆形、黑色或紫黑色，直径 2～3 mm，病果易龟裂。病斑表面可产生暗色小绒点状霉层	嗜果黑星菌（Venturia carpophila），异名：嗜果枝孢（Cladosporium carpophilum）	以菌丝体在枝梢病部越冬；分生孢子借风雨传播；潜育期 40 天以上。一般无再侵染。多雨或潮湿利于发病	冬季清园。生长期喷药保护
杏疔病（红肿病、叶枯病）	主要危害新梢、叶片。新梢发病呈簇生状，其上叶片变为黄绿色并密生黄褐色小粒点。后期病叶干枯，质脆易碎，叶背散生小黑点	畸形疔座霉（Polystigma deformans）	以子囊壳在病叶上越冬，子囊孢子借风雨传播，入侵幼叶和幼枝。多雨利于发病	清除越冬菌源，生长期喷药保护
李红点病	危害叶片和果实，叶上病斑圆形、红色，病部增厚，密生深红色小粒点（分生孢子器），后期病叶变成红褐色，病斑背面密生黑色小粒点（子囊壳）	红色疔座霉（Polystigma rubrum）	以子囊壳在病叶上越冬，子囊孢子借风雨传播，多雨利于发病	以喷药保护为主
葡萄褐斑病	仅危害叶片，分为大褐斑（直径 3～10 mm）和小褐斑（直径 2～3 mm）。病斑褐色不规则形，病斑背面生有黑色霉层	大褐斑：葡萄假尾孢（Pseudocercospora vitis），小褐斑：座束梗尾孢（Cercospora roesleri）	以菌丝体和分生孢子在病落叶上越冬，分生孢子借风雨传播，从叶背气孔入侵，多雨地区和年份发病重	清除越冬菌源，生长期喷药保护
柿角斑病	危害叶片和柿蒂，叶片上病斑多角形，黄绿色至褐色，病斑上密生黑色绒状小霉点	柿尾孢（Cercospora kaki）	以菌丝体在病蒂和病落叶上越冬，分生孢子借风雨传播，发病早晚和病情轻重与雨季早晚和雨量大小密切相关	清除越冬菌源，生长期喷药保护

病害	症状	病原	发生规律	防治方法
柿圆斑病	主要危害叶片,病斑圆形褐色,边缘黑色,病斑周围有黄绿色晕圈。后期病斑背面产生小粒点	柿叶球腔菌(*Mycosphaerella nawae*)	以未成熟的子囊果在病落叶上越冬,子囊孢子借风雨传播,从气孔入侵,多雨利于发病	清除越冬菌源,生长期喷药保护
核桃枝枯病	病菌先侵害顶梢幼嫩短枝,然后向下蔓延。病部皮层褐色或灰色,其上有小黑点(分生孢子盘),湿度大时产生黑色柱状孢子团	胡桃黑盘壳(*Melanconis juglandis*)	以菌丝体和分生孢子盘在枝干病部越冬,分生孢子借风、雨、昆虫等传播,从伤口入侵	清除越冬菌源,生长期喷药保护和刮除病斑
枇杷灰斑病	危害叶片,引起灰白色圆形病斑,病斑边缘明显,中央散生小黑点(分生孢子盘)	枯斑盘多毛孢(*Pestalozzia funerea*)	以菌丝体、分生孢子盘及分生孢子在病落叶上越冬,分生孢子借风雨传播	清除越冬菌源,生长期喷药保护
香蕉黑星病	危害叶片,产生许多散生或群生的小黑点,后期叶片变黄	香蕉叶点霉(*Phyllosticta musarum*)	以菌丝体或分生孢子器在病叶上越冬,分生孢子借风雨传播	清除越冬菌源,生长期喷药保护
香蕉褐缘灰斑病	叶片上产生与叶脉平行的褐色椭圆形或纺锤形病斑,中央灰色,边缘黑褐色,表面生稀疏灰色霉状物	香蕉球腔菌(*Mycosphaerella musicola*),异名:芭蕉假尾孢(*Pseudocercospora musae*)	以菌丝体在病叶上越冬,分生孢子借风雨传播。多雨利于发病	清除越冬菌源,生长期喷药保护
龙眼灰斑病	叶片上生褐色椭圆形或不规则形病斑,后变灰白色,两面散生黑色小粒点	一种盘多毛孢(*Pestalotia* sp.)	以菌丝体在病叶上越冬,分生孢子借风雨传播。多雨利于发病	清除越冬菌源,生长期喷药保护
百合灰霉病	主要危害叶片,也可危害茎、芽、花等。叶上病斑圆形或椭圆形、中央灰白色至浅红色(有些品种上呈浅褐色)大小不一,长度为 2～10 μm,其上有同心轮纹。病部生灰色霉层	椭圆葡萄孢(*Botrytis elliptica*)	病菌主要以菌核,也可以菌丝体随病残体在土壤中越冬。菌核萌发产生分生孢子,通过气流、雨水及农事操作传播,经伤口或自然孔口侵入寄主。条件适宜时2～3天可形成病斑,4～5天病斑上即可产生大量分生孢子,进行再次侵染	清洁田园和实行轮作,加强栽培管理,选用健康无病鳞茎进行繁殖,田间或温室要注意通风透光,避免栽植过密,结合生长期喷药保护

病害	症状	病原	发生规律	防治方法
鸡冠花褐斑病（叶斑粉腐病）	主要危害叶片，产生褐色近圆形轮纹斑，直径 5～25 mm，背面生粉红色霉层	硫色镰刀菌（*Fusarium sulphureum*）；侧枝镰刀菌（*F. lateritium*）	病菌在病残体或病土中越冬，由水流、土壤、雨滴传播。连作、潮湿地发病重	轮作防病，结合生长期喷药保护
菊花褐斑病（斑枯病）	主要危害叶片，叶片上生褐色椭圆形或不规则形病斑，其上散生黑色小粒点	小菊壳针孢（*Septoria chrysanthemella*）	以菌丝体和分生孢子器在病残体上越冬，分生孢子借风雨传播，气孔入侵，潜育期 20～30 天。阴雨连绵利于发病	清除越冬菌源，生长期喷药保护
香石竹叶斑病（黑斑病、茎腐病）	主要危害叶片和茎干，叶上病斑圆形、椭圆形或半圆形，中央灰白色，边缘褐色，潮湿时病斑上产生黑色霉层	香石竹链格孢（*Alternaria dianthi*）	以菌丝体和分生孢子在土壤中的病残体上越冬，分生孢子借风雨传播，气孔和伤口入侵，或直接入侵。多雨利于发病	清除越冬菌源，生长期喷药保护
荷花斑枯病	主要危害叶片，病斑褐色、大型、具轮纹，后期病斑上散生小黑点	白莲叶点霉（*Phyllosticta hydrophlla*）	以分生孢子器在病落叶上越冬，分生孢子借风雨传播，伤口入侵或直接入侵。高温高湿利于发病	清除越冬菌源，生长期喷药保护
水仙大褐斑病（叶枯病）	侵染叶片和花梗，病斑褐色，长条状或椭圆形，周围有黄晕圈，潮湿时病斑上产生密集的小黑点	柯蒂斯多孢菌（*Stagonospora curtisii*）	以菌丝体和分生孢子在鳞茎表皮的上端或枯死的叶片上越冬越夏，分生孢子借风雨传播，伤口入侵。多雨、连作、密植发病重	清除越冬菌源，生长期喷药保护
山茶灰斑病（轮斑病）	主要危害叶片，病斑黑褐色、大型、具轮纹，中央灰白色，边缘红褐色，后期病斑上散生较粗大的小黑点。潮湿时从黑点上溢出黑色的孢子团	茶褐斑拟盘多毛孢（*Pestalotiopsis guepinii*），异名：茶褐斑盘多毛孢（*Pestalotia guepinii*）	以菌丝体或分生孢子、分生孢子盘在病枯枝落叶上越冬，分生孢子借风雨传播，伤口入侵，潜育期 10 d 左右。高温高湿利于发病	清除越冬菌源，生长期喷药保护
杜鹃褐斑病（叶斑病、角斑病）	主要危害叶片，病斑圆形或多角形，中央灰白色，边缘褐色，病斑上生黑色小霉点	杜鹃尾孢（*Cercospora rhododendri*）	以菌丝体在病残体上越冬，分生孢子借风雨传播，伤口入侵，多雨病重	清除越冬菌源，生长期喷药保护

病害	症状	病原	发生规律	防治方法
月季枝枯病（普通茎溃疡病）	茎秆上病斑椭圆形或不规则形，中央浅褐色或灰白色，边缘紫褐色，稍凹陷，病斑上生黑色小粒点	盾壳小球腔菌（Leptosphaeria coniothyrium）	以菌丝体和分生孢子器在枝条的病组织内越冬，分生孢子借雨水传播，通过休眠芽和伤口入侵，管理粗放利于发病	剪除病枯枝并结合药剂防治
兰花叶枯病	叶上病斑近圆形，黑褐色，边缘轮廓不清，有时具环纹，潮湿时病斑背面生稀疏轮纹状排列的红褐色小粒点	一种柱盘孢（Cylindrosporium sp.）	以菌丝体和分生孢子盘在病残体上越冬，分生孢子借雨水、昆虫传播，伤口入侵，管理粗放利于发病	清除越冬菌源，生长期喷药保护
百日菊黑斑病	叶上病斑圆形或不规则形，褐色，具轮纹，表面生少许灰黑色霉层	百日菊链格孢（Alternaria zinniae）	以菌丝体在土表病残体上越冬，分生孢子借风雨传播，高湿利于发病	清除越冬菌源，生长期喷药保护
鸢尾黑斑病	叶上病斑圆形或不规则形，大小不一，边缘红褐色，中央浅褐色或灰白色，成为独特的"眼斑"，上有黑色霉层	鸢尾枝孢（Cladosporium iridis），异名：鸢尾瘤蠕孢（Heterosporium iridis）	以菌丝体在病残体上越冬，分生孢子借风雨传播，高湿利于发病	清除越冬菌源，生长期喷药保护
凤尾兰（丝兰）轮纹斑病	叶上病斑圆形、浅褐色，具同心轮纹，中央灰白色，斑上小黑点成同心环状排列	同心盾壳霉（Coniothyrium concentricum）	以菌丝体和分生孢子器在病组织内越冬，分生孢子借雨水传播，高湿利于发病	清除越冬菌源，生长期喷药保护
大白菜黑斑病	从外叶开始，形成近圆形灰褐色病斑，有明显的同心轮纹，外围有黄色晕圈，常引起叶片穿孔。茎、叶柄和花梗的病斑呈褐色，长梭形，稍凹陷。潮湿时病斑上生黑霉	芸薹链格孢（Alternaria brassicae）	以菌丝体和分生孢子在病残体、土壤、采种株及种子上越冬，借风雨传播。冷凉高湿时发病重	选用抗病品种；增施磷、钾、锌肥；高垄栽培；清除病残体。发病期喷药防治，药剂可选用苯醚甲环唑、戊唑·噻森铜、戊唑醇等
大白菜白锈病	叶正面黄绿色小圆斑，背面生白色隆起的疱斑。疱斑破裂后散出白色粉状物。茎、花序受害，畸形肥肿，上生白色疱斑	白锈菌（Albugo candida）	以卵孢子随病残体在土壤中或附着在种子表面越冬，或以菌丝体在留种株中越冬。借风雨传播，低温、高湿发病重	清除病株残体；发病期喷药防治，药剂可选用氟菌·霜霉威等

病害	症状	病原	发生规律	防治方法
大白菜白斑病	叶上病斑为灰白色不定形,周缘有淡黄绿色晕圈,潮湿时叶背生淡灰色霉层。后期病斑半透明状,穿孔,似火烤状	白斑小尾孢菌（*Cercosporella albomaculans*）	以菌丝体在病残体或采种株上越冬,或以分生孢子黏附于种子表面越冬。借风雨传播,低温、高湿发病重	种子消毒；轮作；药剂防治,参照大白菜黑斑病
大白菜黑胫病	叶受害,多在老叶上出现圆形或不规则形病斑,浅褐色,其上散生黑色小粒点。茎上病斑长条形,略凹陷,浅褐色,其上散生黑色小粒点。根部也可受害	斑点小球腔菌（*Leptosphaeria maculans*）,异名:黑胫茎点霉（*Phoma lingam*）	以菌丝体在种子、土壤或有机肥中的病残体上或采种株上越冬,通过雨水或昆虫传播	发病期可喷施百菌清或代森锌等
黄瓜蔓枯病	多从叶缘向内形成黄褐色"V"字形或半圆形病斑,上生小黑点,易破碎。茎蔓上病斑梭形,黄褐色,常有琥珀色胶状物溢出。干燥时,病部干缩,其上散生许多小黑点	瓜类球腔菌（*Mycosphaerella citrullina*）	以分生孢子器随病残体在土壤里或保护地棚架上越冬,种子带菌引致子叶染病。借风雨传播	轮作,高畦定植；清除病残体；喷施百菌清、甲基硫菌灵、春雷·王铜等
番茄斑枯病	叶上出现圆形或近圆形病斑,边缘深褐色,中央灰白色,其上密生黑色小粒点。叶柄、茎和果实也可受害	番茄壳针孢（*Septoria lycopersici*）	以分生孢子器或菌丝随病残体在土壤中越冬,或在种子内外越冬。通过风雨、农事操作和昆虫传播。温暖潮湿利于发病	参见番茄叶霉病
番茄煤霉病	叶上出现淡黄绿色近圆形或不规则形病斑,边缘不明显,病斑背面生褐色绒毛状霉。后期病斑褐色。叶柄和茎也可受害	煤污尾孢（*Cercospora fuligena*）	以菌丝体及分生孢子随病残体在土壤中越冬,借风雨传播,高温、高湿发病重	选用抗病品种；保护地生态防治；喷施药剂防治
茄子早疫病	主要危害叶片。病斑圆形至近圆形,边缘褐色,中部灰白色,有同心轮纹。潮湿时病斑上生灰黑色霉状物,后期病斑中部脆裂	茄链格孢（*Alternaria solani*）	以菌丝体在病残体内或潜伏在种皮下越冬	喷施百菌清、代森锰锌、唑醚·代森联和苯甲·百菌清等药剂

病害	症状	病原	发生规律	防治方法
辣椒白星病	主要危害叶片。病斑圆形或近圆形,边缘深褐色且稍隆起,中央灰白色,其上散生黑色小粒点	辣椒叶点霉 (*Phyllosticta capsici*)	以分生孢子器在病残体或在种子上越冬	喷施百菌清、代森锰锌等药剂
菜豆角斑病	叶上产生多角形黄褐色斑,后变紫褐色,叶背簇生黑色霉层。严重时危害荚果,生黄褐色斑,不凹陷,表面生霉层	灰褐柱丝霉 (*Phaeoisariopsis griseola*)	以菌丝体或分生孢子在病残体和种子上越冬	喷施苯甲·嘧菌酯、腈菌唑、百菌清、代森锌、甲基硫菌灵等
菜豆褐斑病	叶上病斑近圆形或不规则形,较大,有明显轮纹,褐色,表面散生黑色小粒点,后期病部干枯易裂	菜豆壳二孢 (*Ascochyta phaseolorum*)	以菌丝体或分生孢子器在病残体上越冬,借风雨传播	参考菜豆角斑病
豇豆轮纹病	叶面生近圆形褐斑,具赤褐色同心轮纹;茎部为深褐色条斑,后绕茎扩展,致使上部茎枯死。荚上生赤褐色具轮纹的病斑	多主棒孢霉 (*Corynespora cassiicola*),异名:豇豆尾孢菌 (*Cercospora vignicola*)	以菌丝体和分生孢子随病残体在土壤中或种子上越冬或越夏。借风雨传播,高温、高湿发病重	参考豇豆煤霉病
豇豆赤斑病	发病早,一般老叶先发病,叶片上病斑多角形,紫红色或红色,边缘灰褐色,后期病斑中间变为暗灰色,叶背生灰色霉状物	变灰尾孢菌 (*Cercospora canescens*)	以菌丝体和分生孢子在种子或病残体中越冬。借风雨传播,高温、高湿发病重	参考菜豆角斑病
芹菜斑枯病	叶片发病,病斑边缘黄褐色,外围有黄色晕环,中央黄白色至灰白色,散生很多黑色小粒点	芹菜壳针孢 (*Septoria apiicola*)	以菌丝在种子内、或在病残体上越冬。借风雨或灌溉水传播。阴雨、湿度大、温度忽高忽低,发病重	合理密植;合理施肥,注意磷、钾肥的配合;清除病残体;喷施百菌清、代森锌等
芹菜早疫病	叶片上病斑圆形或不规则形淡褐色。茎和叶柄染病后产生长圆形或长条形褐色病斑,稍凹陷,发病严重时植株倒伏。潮湿时,病斑表面生灰白色霉层	芹菜尾孢 (*Cercospora apii*)	以菌丝体附着在种子、病株和病残体上越冬。通过风雨、农事操作传播。高温高湿、多雨发病重	参考芹菜斑枯病

病害	症状	病原	发生规律	防治方法
大葱紫斑病	主要侵害叶片和花梗。病斑椭圆形或梭形,褐色到紫色,大型。潮湿时病斑上生黑色霉层,并有同心轮纹,病部易折断	葱链格孢 (*Alternaria porri*)	病菌以菌丝体或分生孢子在病株残体上或种苗上越冬。风雨传播。温暖潮湿时发病重	与非葱蒜类作物轮作;清除病株残体;药剂防治可喷施百菌清、代森锌等
落葵蛇眼病	主要危害叶片,病斑边缘紫褐色、中央灰褐色至黄褐色,稍凹陷,圆形,质薄易穿孔。病害严重时病斑密布,完全丧失食用价值	一种尾孢菌 (*Cercospora* sp.)	以菌丝体随病残体在土壤里越冬。通过气流、流水等传播。多雨、高湿发病重	发病期可喷施百菌清、代森锌等
芦笋茎枯病	主要危害茎和侧枝,产生椭圆形或纺锤形、边缘红褐色、中间灰褐色、稍凹陷病斑,病部密生黑色小点。严重时,病斑相连成长条状或环绕茎一周,茎脆易折断,早期落叶而干枯死亡	天门冬拟茎点霉 (*Phomopsis asparagi*)	病菌在土壤中的病株残体上越冬,借风雨传播。幼笋遇高温多雨发病重。连作、地势低洼等田块发病重	轮作;铲除枯老病茎;发病期喷施甲基硫菌灵、代森锰锌、苯醚甲环唑、代森锌等杀菌剂

6.8.3 枝干病害

6.8.3.1 苹果树腐烂病

苹果树腐烂病(apple tree valsa canker),又称烂皮病、臭皮病,是影响我国苹果生产的重要病害。该病主要为害结果树的枝干,造成树势衰弱,商品果少。受害较重的果园,树干上病疤累累,枝干残缺不全,严重时造成死树毁园。腐烂病除危害苹果树外,还可使梨、山楂、桃、樱桃、梅以及柳、杨等多种落叶果树和阔叶树种受害。

【症状】

主要危害苹果树的主干、大枝,也危害弱小枝,严重时还可侵染果实。成龄结果树比幼树、苗木受害严重。腐烂病症状可分为局部皮层溃疡腐烂和枝条枯死两种类型,但以溃疡型为主。

溃疡型:主要发生在主干、主枝上。病斑水渍状,红褐色,不规则形,稍隆起,手指按压时有松软感,并流出红褐色汁液,病皮层腐烂易撕裂,有酒糟味(图 6-53,彩图又见二维码 6-32)。发病后期病部失水,干缩下陷,呈黑褐色,而病部四周的健康组织木栓化隆起,形成溃疡。其后病组织内产生外子座突破表皮,露出黑色小点,雨后或天气潮湿时,涌出橘黄色卷须状分生孢子角。秋季以后,病斑上可产生较大、颜色略深的黑色粒点,为病菌的子囊壳。

枯枝型:多发生在小枝、果台或树势极度衰弱的大枝上,病斑蔓延迅速,全枝迅速失水干枯死亡,病斑不隆起,不呈水渍状,后期病部产生很多小黑点。

【病原】

苹果壳囊孢(*Cytospora mali* Grove),属子囊菌门。异名:苹果黑腐皮壳(*Valsa mali* Miyabe & Yamada)和苹果黑腐皮壳梨变种(*Valsa mali* var. pyri Lu)。

病部表面的小黑点为子座,子座分为内子座和外子座。外子座内含有1个分生孢子器,分生孢子器成熟时形成多个腔室,各室相通,具有一个共同的孔口。腔室内壁上着生无色、透明的分生孢子梗,分枝或不分枝。分生孢子无色,单胞,腊肠形,两端圆,内有油球,大小为$(4.0\sim10.0)\ \mu m \times (0.8\sim1.7)\ \mu m$。

图6-53　苹果腐烂病溃疡型病斑

(国立耘原图)

秋季在外子座下或周围形成内子座。内子座外观为大型瘤状物,与寄主组织之间有明显的黑色界线,每个内子座中含$3\sim14$个子囊壳。子囊壳球形或烧瓶状,具长颈,顶端有孔口,子囊壳内壁着生子囊层。子囊长椭圆形或纺锤形,顶端钝圆,大小为$(28\sim35)\ \mu m \times (7.0\sim10.5)\ \mu m$,内含8个无色、单胞、腊肠状子囊孢子,排成两行或不规则排列,大小为$(7.5\sim10.5)\ \mu m \times (1.5\sim1.8)\ \mu m$,参见图3-20。

二维码6-32

病菌菌丝生长温度范围为$5\sim38℃$,最适温度为$28\sim32℃$;分生孢子器形成最适温度为$20\sim30℃$,分生孢子萌发最适温度为$24\sim28℃$,但10℃低温处理32 h后,萌发率仍可达30%以上;子囊孢子最适萌发温度为19℃左右。

【发病规律】

病菌以菌丝体、分生孢子器及子囊壳在病枝干、果园及其周围堆放的病残体上越冬,遇雨水时,从分生孢子器和子囊壳中释放出大量分生孢子和子囊孢子,通过风、雨和昆虫活动传播,从伤口(冻伤、剪锯伤、环剥伤、虫伤、日灼伤等)处侵入,在坏死组织中扩展。

苹果树地上部树皮带菌普遍,外观无症状的苹果树皮中可检测到腐烂病菌的存活。当树体或其局部组织衰弱、抗病能力弱时,病菌迅速生长,产生致病物质,并向四周扩展蔓延,致使皮层组织腐烂。已有研究证明对羟基苯丙酸、原儿茶酸等毒素、异香豆素(isocoumarins)、细胞壁降解酶如果胶酶和木聚糖酶、有机酸(主要为草酸)以及多肽等物质在病菌的致病和病斑扩展中可能起重要作用。

苹果树腐烂病的周年发生规律在不同苹果栽培区的表现略有不同。对陕西省苹果树腐烂病周年消长规律和病菌分生孢子传播规律的调查结果显示:每年11月至翌年3月是腐烂病新病斑形成的高峰期;病菌在树体内全年都可扩展,3—5月间病斑扩展速度最快;在果园中全年均可捕捉到腐烂病菌分生孢子,传播高峰在 2—6 月,其中又以 4 月(花期)最多。腐烂病在田间的发生与树势、伤口类型和数量、寄主愈伤能力等关系密切。

(1)树势　果园管理粗放、果树营养不良引致果树树势衰弱是导致腐烂病流行的一个重要因素。立地条件差,施肥不足,特别是磷、钾肥不足,或施肥时期和施肥技术不当,导致树势衰弱,腐烂病发生往往严重。幼龄树壮,发病轻,老龄树相对较弱,发病重。结果量过大或大小年现象严重的果园发病重。此外,其他病虫的危害,可导致树势衰弱,常加重腐烂病的发生。

(2)伤口　冻害是诱导腐烂病流行的主要因素之一。严重冻害后造成大量组织冻伤,引起腐烂病大发生。低洼积水和后期贪青的果园易遭冻害,常诱发病害流行。山地或沙地果园,向阳面的枝干易受日灼伤,发病也常较重。修剪不当和虫害造成的伤口,有利于病菌的侵染,发病重。

(3)寄主愈伤能力　愈伤能力强的品种或单株抗病菌扩展能力也较强。营养充足、生长健壮的树体愈伤能力强,发病轻。树体愈伤能力与树皮含水量有关。当枝条含水量在 80%(枝条正常含水量)时,愈伤速度最快,病斑扩展缓慢;含水量接近 100%(枝条含水量饱和)时,愈伤速度稍慢;含水量 67% 以下(枝条呈失水状态)时,愈伤速度最慢。高温、高湿有利于愈伤,故一般年份 6—7 月间愈伤快,病斑扩展缓慢。

【控制措施】
腐烂病的防控应以加强栽培管理、提高树势为核心,以清除田间菌源量为基础,同时结合药剂保护、病斑刮治等的综合防治措施。

(1)加强栽培管理,壮树抗病　加强果园管理,提高树体抗病力是防治腐烂病的关键。①合理施肥,做到施肥量要足;种类要全,注意有机肥及氮、磷、钾肥的配合施用;提倡秋施肥,同时加强叶面喷肥。②合理灌水,提倡早春适当提早浇水,秋季控制灌水;注意果园排灌,防止早春的旱害和夏季积水,避免后期施肥、灌水,防止晚秋贪青徒长而易遭冻害。③合理修剪,培养良好的树形和树势。④疏花疏果,合理负载,克服大小年现象。⑤秋、冬季对幼树进行绑草、培土、树干涂白处理,以防冻害。

(2)搞好果园卫生,减少病菌　冬剪和夏剪过程中及时清除枯死枝干、病枝、残桩等病残体,以减少果园病菌数量,同时注意防治其他病虫害,也是减轻腐烂病害发生的重要措施。剪锯口及其他伤口及时封闭保护,减少病菌侵染途径。

(3)药剂预防　为控制夏季形成的落皮层上形成病变,防止产生表层溃疡和新生病斑的形成,可在果树生长期用药剂涂刷树干。春季发芽前和秋季落叶后全树喷 1 次化学药剂,防病效果更佳。在腐烂病防治中涂刷主干可选用的药剂有戊唑醇、甲基硫菌灵、甲硫·萘乙酸、噻霉酮、腐殖·硫酸铜等糊剂或涂抹剂等。

(4)病斑刮治　刮除病斑要尽早并且彻底,方可达到预期的治疗效果。病斑刮除时应将病部树皮表层组织及周围少量健康组织刮除(对处于扩展高峰期的病斑,应刮掉 1 cm 左右的健皮),刮口应为光滑和立茬,以利于伤口愈合。每次刮除病斑后,伤口涂抹药剂 1~2 次。也可用利刀以 1 cm 的间隔在病斑上划道,后用药液涂抹于病斑处,每周 1 次,连续 3 次。病疤刮治后应选用如戊唑醇、噻霉酮和甲基硫菌灵等渗透性强的药剂和增加涂药次数,以减少病疤复发。

6.8.3.2　苹果、梨轮纹病,苹果干腐病

苹果、梨轮纹病(apple and pear ring rot)又称粗皮病、轮纹褐腐病等。近年研究表明,

苹果轮纹病与苹果干腐病以及欧美等国发生的苹果白腐病（white rot）是同一病害。苹果、梨轮纹病是我国苹果、梨产区一种严重的病害，尤其是高温、高湿和沿海果产区更为严重，个别果园发病株率高达80％以上，有的年份田间病果率可达70％～80％。此病在我国环渤海湾和黄河故道地区的苹果产区发生普遍，常造成严重损失。该病在采收后贮藏的果实上可继续发生危害导致果腐。

【症状】

轮纹病主要为害枝干和果实，叶片受害比较少见。

枝干受害，在不同的情况下可表现瘤状凸起、粗皮、溃疡斑、干腐型病斑和枯枝等症状（图6-54，彩图又见二维码6-33）。瘤状凸起常见于新发病的幼树主干或大树的侧生枝条。初期以皮孔为中心产生褐色凸起斑点，逐渐扩大形成直径0.5～3 cm（多为1 cm）、近圆形或不规则形、红褐色至暗褐色的病斑。翌年病部周围隆起，病健部裂纹加深，病组织翘起如"马鞍"状，病斑表面产生黑色小粒点（病菌的分生孢子器和子囊壳）。枝干受害严重时，病斑往往连片，表皮粗糙，故有粗皮病之称。在适宜条件下，可以皮孔为中心形成暗褐色水渍状病斑，有时可见褐色的汁液流出，这一阶段通常称为溃疡斑。后期病斑略凹陷并可扩大连片，造成枝条失水枯死。病、健交界处裂开，有时病皮翘起乃至剥离，这一阶段通常称为干腐型病斑，这一症状通常在植株受干旱胁迫条件下发生。枯枝症状常见于一年生枝条，常发生于春季干旱时期。病皮上面遍布黑色细小粒点，即病原菌的分生孢子器或子囊壳。

果实受害，症状主要在近成熟期或贮藏期出现。初期也以皮孔为中心，生成水渍状褐色小斑点，近圆形。病斑扩展迅速，逐渐呈淡褐色至红褐色，并有明显同心轮纹（图6-54）。病斑快速扩展，整个果实可在几天内腐解。田间发病的果实，后期病斑中心部位通常可见黑色点状物，即：病原菌的分生孢子器。病果失水后可成黑褐色僵果。

二维码6-33

叶片受害，病斑多为圆形或不规则形，褐色，常具轮纹，直径0.5～1.5 cm。后期病斑呈灰白色。条件适宜时，病部也能产生黑色粒状物。叶片上病斑较多时，易造成早期落叶。

枝干上的病瘤　　　　粗皮　　　　干腐　　　　果腐

图6-54　苹果轮纹病症状图（国立耘原图）

【病原】

葡萄座腔菌［*Botryosphaeria dothidea*（Moug. ex Fr.）Ces. & De Not.］，属于子囊菌门。菌落初期为白色，菌丝无色透明，后期菌落颜色逐渐加深呈橄榄绿色。分生孢子器球形

（直径 153～197 μm），聚生，在果实病斑中央、开裂的小瘤、干裂的溃疡斑和枯枝上都可见到。分生孢子单胞，无色，纺锤形，大小为（18.0～35.0）μm×（5.0～8.5）μm。在湿润条件下从分生孢子器口溢出。有性生殖产生假囊壳，通常产生于一年生或多年生的干枯枝条的表皮下，呈褐色，球形或扁球形（直径 175～250 μm），具孔口。子囊长棍棒状，无色，壁厚透明，双重膜，顶端膨大，基部较窄，内含 8 个子囊孢子。子囊孢子单胞，无色，椭圆形，大小为（24.5～26）μm×（9.5～10.5）μm（图 6-55，彩图又见二维码 6-34）。在适当条件下从子囊中弹射出。

　　病菌菌丝生长温度范围为 15～32℃，适宜温度为 25～27℃；分生孢子萌发适宜温度为 25℃左右，在相对湿度 75% 以上或清水中萌发良好。病菌除侵染危害苹果、梨外，还为害山楂、桃、李、杏、栗、枣和海棠等果树。

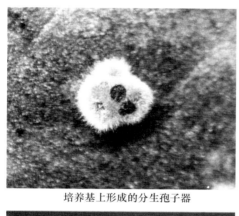

培养基上形成的分生孢子器

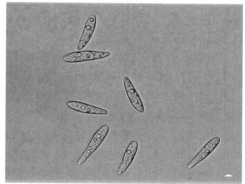

分生孢子

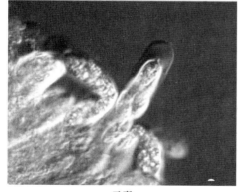

子囊

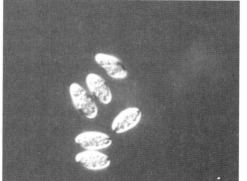

子囊孢子

图 6-55　葡萄座腔菌（国立耘原图）

【发病规律】

　　病菌主要以菌丝体、分生孢子器和子囊壳在病树受害部位越冬，也能在剪锯下来的病枯残枝上越冬，成为翌年的侵染菌源。果实发病期较晚，很少产生子实体，或虽产生子实体，但孢子不能成熟，故不能成为侵染来源。当年形成的病斑不产孢子，病菌仅在越冬部位于生长期不断形成孢子，陆续侵染枝干和果实。据此多次发生的侵染均属初次侵染，而无再次侵染。春季气温 15℃、相对湿度 80% 以上及遇雨时，病菌大量释放孢子。北方地区正常年份孢子在4—6月生成,7—8月为孢子释放高峰;南方地区2月下旬孢子即能产生。孢子借雨水冲溅传播,传播距离一般不超过10 m。远距离传播主要通过苗木调运。病菌经皮孔或伤口侵入。2～8年生枝条均可被害。花前仅侵染枝干,花后枝干、果实均可受害,谢花后直至采收,只要遇雨,皆可侵染果实,以幼果期、雨季侵染率最高。

轮纹病菌具有潜伏侵染特点,侵入后可长期潜伏在果实皮孔内的死细胞层中,待条件适宜时扩展致病。果实受侵染的时期为落花后7天至果实成熟期。但幼果受害后,需经较长时间(幼果期侵染的为80～150天,后期侵染的为18天左右)的潜育期后方能出现症状。

轮纹病发病期集中在果实接近成熟以后,采收期和贮藏期发病最多。一般早熟品种正常采收前30天左右、晚熟品种采收前50～60天开始发病;发病高峰在采收后10～20天。贮藏期是重要的发病时期,病果数量可占全年病果数量的2/3左右,但贮藏期不能发生侵染,发病果实均为田间侵染所致。

轮纹病的发生和流行,年度之间差异较大。受制因素主要是气候条件,尤以侵染期间的降雨为关键。果树生长前期,降雨提前、次数多、雨量大,侵染严重;若果实成熟期再遇上高温干旱,则受害更重。

果园管理水平也是影响发病程度的关键因素之一。轮纹病菌是一种弱寄生菌,易侵染衰弱植株、老弱枝干及老病园内补植的弱小幼树。所以果园管理粗放,大小年严重,肥水不足或偏施氮肥,修剪不当等使树体衰弱时,病害极易发生。

苹果和梨不同品种间抗性差异明显。苹果中富士、黄元帅、寒富、红星、印度和青香蕉等品种发病重;国光、祝光、新红星和红魁等发病轻;玫瑰红、金晕和黄魁等居中。梨树中日本系统如二十世纪、太白和江岛等,中国梨的秋白梨、鸭梨、雪花梨和早酥梨等品种发病重。研究发现,品种间的抗性差异与皮孔大小、多少以及组织结构有关,凡皮孔密度大、细胞结构疏松的品种感病重,反之较轻。

【控制措施】

应采取加强果园管理、培育壮树,清除病残枝、铲除越冬病菌,搞好喷药保护,加强贮运期间的管理等综合防治措施。

(1)培育无病壮苗,严禁栽植病苗　培育苹果、梨苗应选择无病区,采用的接穗、接芽必须从无病树上获得。新建果园或果园补栽幼树时,应严格检验,病苗一律不得定植。

(2)加强果园管理,壮树抗病　合理修剪,调节树体负载量,控制大小年现象;以有机肥、绿肥为主,辅以化学肥料,进行秋施肥。增强树势,提高树体抗病力。及时防治其他病害及蛀干害虫,减少各种伤口,防止枝、果受害。幼果期套袋,防止病害侵染。

(3)搞好果园卫生,减少菌源数量　及时剪除病枝,摘掉病果,修剪的病残枝干等集中烧毁。

(4)早春药剂保护　在果树萌芽前喷布较高浓度的杀菌剂,防效很好。可用戊唑·多菌灵或丙唑·多菌灵等药剂。

(5)生长季药剂保护及治疗　落花后开始进行。喷药次数视发病程度、降雨情况而定。每间隔15～20天喷洒1次,或每次雨后喷药,预防侵染的效果更好。每次施药都应该使药液遍布果实、叶和枝干。目前常用杀菌剂中对轮纹病有效的药剂包括:克菌丹、多菌灵、代森联、戊唑醇、己唑醇、醚菌酯、代森锰锌、甲基硫菌灵、苯醚甲环唑。以这些药剂为主的复配剂对苹果轮纹病也有较好的效果,而且可以兼治其他叶部和果实病害。如戊唑·多菌灵、丙唑·多菌灵、唑醚·代森联、克菌·戊唑醇和多·锰锌等。

（6）贮藏期防治　果实采收时，即应严格淘汰病果及受其他损伤的果实。运输、预贮及进入贮藏库（窖）前进行精选，及时处理病果。可以通过药剂浸洗或熏蒸对果实表面的病菌进行消毒，然后放置在0～5℃条件下贮存，对预防贮藏期发病，效果显著。

6.8.3.3　其他枝干病害

在果树生产上，除了上述2种发生严重、危害普遍的病害以外，还有一些枝干病害在一些地区发生，也可造成经济损失，见表6-11。

表6-11　果树枝干其他真菌病害

病害	症状	病原	发病规律	防治方法
苹果枝溃疡病	病斑梭形，红褐色，中心凹陷，边缘隆起。产生白色霉层。后期病皮脱落，木质部外露	鲜红新丛赤壳（*Neonectria ditissima*），异名：干癌丛赤壳（*Nectria gallingena*）	以菌丝体在病组织内越冬。分生孢子从伤口、芽痕处侵入。果园低洼积水发病重	加强栽培管理。注意减少伤口。修剪时去除病枝。结合腐烂病与轮纹病进行药剂防治
苹果泡性溃疡病	病斑红褐色，水浸状，长条形，呈泡状突起，溢出褐色液体。后期病皮破裂，枝干枯死	*Biscogniauxia marginata*，异名：陷光盘壳菌（*Nummularia discreta*）	以子囊孢子在病部越冬。从伤口侵入。老树受害重，树势衰弱、伤口及枯桩多病重	同苹果枝溃疡病
苹果赤衣病	主干受害多。病部覆盖粉红色霉层。后期病部皮层破裂，露出木质部	鲑色赤衣菌（*Erythricium salmonicolor*），异名：鲑色伏革菌（*Corticium salmonicolor*）	以菌丝在病部越冬，从伤口侵入。高温多雨的炎热地区发病重	注意果园排水。剪病枝、刮病皮，结合腐烂病与轮纹病进行药剂防治
苹果黑腐病	病斑暗褐色，不规则形。稍凹陷，周缘开裂，上生小黑点	*Peyronellaea obtusa* 异名：仁果囊孢壳（*Physalospora obtusa*）	以菌丝和分生孢子器在病部越冬。枝梢极度衰弱时易受害	清除病枝病果。培养壮树。搞好药剂防治
苹果干枯病	主干和枝丫处产生长椭圆形病斑，暗褐色，稍凹陷，周缘开裂，上生小黑点。可涌出孢子角	*Phomopsis prunorum*，异名：苹果拟茎点霉（*Phomopsis mali*）	以分生孢子器越冬。伤口侵入。树势衰弱，遭受冻害后病害严重	同苹果黑腐病
梨树腐烂病	似苹果树腐烂病，也表现溃疡型和枝枯型。产生红褐色不规则形腐烂斑。后期病部产生小黑点	壳囊孢菌（*Cytospora* spp.）	似苹果树腐烂病，菌丝体、分生孢子器、孢子角和子囊壳在病皮内越冬。主要由伤口侵入	参考苹果树腐烂病
梨干枯病	病斑褐色，不规则形，凹陷，四周开裂，密生小黑点。常造成枝干枯死	富士间座壳（*Diaporthe fukushii*），异名：福士拟茎点霉（*Phomopsis fukushii*）	以菌丝体及分生孢子器越冬。侵染衰弱处及伤口。树势衰弱、土质瘠薄、伤口过多病重	选栽无病苗木。注意增强树势。清除病残枯枝。及时刮治病部，搞好药剂消毒

病害	症状	病原	发病规律	控制措施
洋梨干枯病	病斑深褐色,不规则形,密生小黑点,四周开裂,病皮脱落。常造成枝干枯死	拟茎点霉(*Phomopsis velata*),异名:含糊间座壳(*Diaporthe ambigua*)	以菌丝体、分生孢子器及子囊壳越冬。从新芽和伤口侵入。树势弱、伤口多病重	参考梨干枯病
葡萄蔓枯病	枝蔓基部出现暗褐色病斑,上生黑色小粒点。后期病皮纵裂成丝状,内部腐朽。重时枯死	几种间座壳菌(*Diaporthe* spp.)和拟茎点霉(*Phomopsis* spp.)	以分生孢子器和菌丝在病蔓上越冬。通过伤口和气孔侵入。树势衰弱、伤口多则病重	加强管理,剪除病蔓。刮除病斑。喷药预防保护
桃树腐烂病	症状同苹果腐烂病。伤口易发生流胶	核果壳囊孢(*Cytospora leucostoma*),异名:核果黑腐皮壳(*Valsa leucostoma*)	似苹果腐烂病	参考苹果腐烂病
桃树干腐病	症状同苹果腐烂病。也可引起流胶	葡萄座腔菌(*Botryosphaeria dothidea*)	似苹果轮纹腐病	参考苹果轮纹病
山楂腐烂病	同苹果腐烂病	一种壳囊孢(*Cytospora* sp.)	似苹果腐烂病	同苹果腐烂病
山楂干枯病	多在主干基部发生。病斑深褐色,不规则形。病部干腐,生黑色小粒点。病部烂透皮层	小斑棒盘孢(*Coryneum microstictum*)	似苹果腐烂病	同苹果腐烂病
板栗干枯病(胴枯病)	枝干上出现红褐色病斑,内部腐烂,有酒糟味。病斑干缩,龟裂,可涌出黄褐色孢子角	寄生隐丛赤壳菌(*Cryphonectria parasitica*),异名:寄生内座壳(*Endothia parasitica*)	以菌丝及子囊壳在病部越冬。从剪锯口、嫁接口、伤口侵入。树势衰弱、管理不善发病重	同苹果腐烂病
柑橘树脂病	枝干表现两种症状。流胶:皮层松软,渗出褐色胶液;干枯:病皮干枯下陷,有裂缝	柑橘间座壳(*Diaporthe citri*)	以菌丝体和分生孢子器在病部越冬。经伤口侵染。树势衰弱、伤口过多、管理不善发病重	同苹果腐烂病

▶ **6.8.4　根部病害**

　　真菌引起的根部病害主要有枯萎病、黄萎病、白绢病和根朽病,各地多种植物均有不同程度的发生。病害危害维管束、根颈部和根部,导致植株萎蔫以至枯死,可造成严重损失。

6.8.4.1　瓜类枯萎病

瓜类枯萎病(fusarium wilt of cucurbits)又叫蔓割病、萎蔫病,是瓜类主要病害,分布广泛,主要危害黄瓜、西瓜、甜瓜、西葫芦、丝瓜、冬瓜等葫芦科作物,黄瓜常年发病率为10%～30%,严重时可达80%～90%,甚至绝收。

【症状】

该病的典型症状是萎蔫,幼苗发病,子叶萎蔫或全株枯萎,茎基部变褐缢缩,导致猝倒。大田发病一般在植株开花后开始出现病株,发病初期,病株表现为叶片由下向上逐渐萎蔫,似缺水状,数日后整株叶片枯萎下垂。茎蔓上出现纵裂,裂口处流出黄褐色胶状物,病株根部褐色腐烂,纵切病茎检查,可见维管束呈褐色,潮湿条件下病部常有白色或粉红色霉层。疫菌也能引起瓜类枯萎症状,但疫病病株不流胶,且疫病常自叶柄基部处始病,只有发病部位以上蔓叶枯死,病部明显缢缩。

【病原】

主要是镰刀菌属的尖孢镰刀菌(*Fusarium oxysporum* Schlecht),属子囊菌门。该菌有许多不同的专化型,可侵染多种瓜类。

尖孢镰刀菌气生菌丝白色棉絮状,小型分生孢子无色,长椭圆形,单胞或偶尔双胞,大小为(5.0～12.5)μm×(2.5～4.0)μm;大型分生孢子无色,纺锤形或镰刀形,1～5个分隔,多为3个分隔,顶端细胞较长,渐尖,大小为(15.0～47.5)μm×(3.5～4.0)μm;厚垣孢子顶生或间生,圆形、淡黄色,直径5～13μm。

尖孢镰刀菌除有专化型外,还有生理小种分化,西瓜专化型有4个生理小种,即0、1、2和3;甜瓜专化型有4个生理小种,即生理小种0号、1号、2号和1.2号;黄瓜专化型有1号、2号、3号和4号4个生理小种。

【发病规律】

(1)病害循环　尖孢镰刀菌为土壤习居菌,可以厚垣孢子和菌核在土中或病残体中存活5～6年,其菌丝和分生孢子也可在病株残体中越冬,并可营腐生生活,厚垣孢子和菌核通过牲畜消化道后仍能存活,越冬病菌为初侵染源。分生孢子在幼根表面萌发,产生菌丝,主要通过根部伤口和侧根枝处的裂缝和茎基部裂口处侵入,病菌侵入后先在薄壁细胞间或细胞内生长扩展,然后进入维管束,除菌丝生长扩展外,病菌还可随导管液流扩展至植株各部位。黄瓜枯萎病菌具有潜伏侵染现象,幼苗带菌通常不表现症状,多数到开花结果时才表现症状。

枯萎病菌致病机制有两个方面:①菌丝在导管起机械堵塞作用,并分泌果胶酶和纤维素酶,刺激临近细胞产生胶状物质堵塞导管,引起萎蔫;②病菌分泌毒素,破坏寄主细胞原生质体,干扰寄主代谢,使多酚氧化酶、过氧化物氧化酶活性异常活化,积累许多醌类物质,使细胞中毒而死,同时使寄主导管产生褐变。

病菌在田间主要靠农事操作、雨水、地下害虫和线虫等传播,该病是一种积年流行病害,其发生程度决定于当年初侵染菌量,一般当年不进行再侵染,即使有也不起主导作用。

(2)发病条件　连作发病重。连作土壤中枯萎病菌积累多,病害往往严重,并且连作作物生长不良,更易加重病害,据台湾研究,每克土壤中有110个孢子,即可引起苦瓜枯萎病。

地势低洼,排水不良,耕作粗放,土层瘦薄,不利作物根系生长发育,往往病重。地下害虫和线虫多,易造成伤口,有利于病菌侵入,线虫危害还可加重病害。有的土壤对枯萎病有抑制作用,在台湾发现西瓜、甜瓜和亚麻抑制土,在这类土壤中连作,发病率低,前两者为土壤拮抗微生物引起,后者是物理、化学因素。

瓜类品种间对枯萎病菌抗性有较大差异,抗病黄瓜受侵染后,若干个侵填体聚集,堵塞导管腔,阻止病菌进一步扩展,苯丙氨酸裂解酶、过氧化物酶等酶活性增加较快。

【控制措施】

瓜类枯萎病可采取以下综合防治措施。

(1)选育利用抗病品种　　在杂交育种上,一般经种间或属间杂交可获抗病材料。黄瓜早熟品种比晚熟品种抗性差,较抗病的黄瓜品种有长春密刺、山东密刺、中农 5 号。西瓜抗病品种有郑杂 5 号、郑杂 7 号、郑杂 9 号等。国内主栽的 18 个甜瓜品种中,高抗枯萎病的品种有"新金雪莲""长香玉""春辉""玉姑""蜜绿"5 个品种。冬瓜以广东黑皮冬瓜比较抗病。苦瓜抗病品种主要有丰绿苦瓜、巨宝二号、华研二号和油绿三号等。

(2)加强管理　　深耕、晒土、轮作、休闲、淹田,田园卫生可减少病害发生。但轮作至少要3 年以上,有条件的地方水旱轮作更好。

(3)嫁接防病　　即将感病接穗嫁接到抗病砧木上,如将西瓜接穗嫁接到葫芦瓜、野西瓜等砧木上,可大大减轻枯萎病,增产 70%,但果实的味道稍微变差,西瓜砧木可用瓠瓜、扁蒲、葫芦、印度南瓜,黄瓜砧木可用云南黑籽南瓜等,一般成活率都在 90% 以上。

(4)药剂防治　　种子处理可用枯草芽孢杆菌或咯菌腈进行种子包衣;土壤处理可用多·福配成药土穴施;发病初期可用敌磺钠、甲硫·噁霉灵、甲硫·福美双、嘧菌酯、络氨铜等药剂浇根,每隔 7 天 1 次,连续 3~4 次,药剂轮换效果更佳。

(5)生物防治　　可用生防制剂多黏类芽孢杆菌、解淀粉芽孢杆菌或地衣芽孢杆菌灌根。

(6)利用诱导抗性　　中国农业大学已研制出一种提高西瓜抗枯萎病的诱导剂,用镰刀腐生菌预先接种也有一定防效。

6.8.4.2　茄子黄萎病

茄子黄萎病(verticillium wilt of eggplant)俗称半边疯、黑心病,是茄子生产的主要病害之一,日本、美国都曾经暴发茄子黄萎病,对生产造成巨大损失,现我国大部分茄子生产区都有该病发生,一般发病后产量损失 20%~30%,严重时损失达 60% 以上,有的地块近于绝收。

【症状】

茄子各个生长期均可发生茄子黄萎病,一般 5~6 叶开始发病,门茄坐果后出现症状,进入盛果期病株急剧增加,发病初期,下部叶片叶脉间或叶缘产生淡黄色斑点,并逐渐发展到半边叶或整叶变黄。初期病叶在天气干旱或中午表现萎蔫,早晚恢复。后期病叶萎蔫不再恢复,颜色由黄变褐,叶缘向上卷曲,最后叶片枯死脱落,病害由下向上扩展,可发展至全株发病,有时只半边叶或半边植株发病。发病植株矮小,果小且少,质硬,味差。剖视病株根、茎、叶柄、果等部位,可见维管束变褐色至黑褐色,有时茎基部腐烂

二维码 6-35

（图 6-56，彩图又见二维码 6-35）。

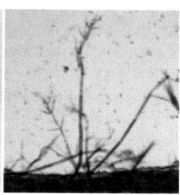

植株萎蔫　　　　　　　　　维管束变色　　　　　　　　寄主表面的轮枝菌

图 6-56　茄子黄萎病症状及病原

【病原】

大丽轮枝菌(*Verticillium dahliae* Kleb.)属子囊菌门。其所有菌株均可产生轮状分生孢子梗，孢子梗基部无色，常由 2～6 层轮状的枝梗及上部的顶枝构成，每轮梗数 1～6 根，通常 2～4 根，分生孢子枝梗长 13.5～33.3 μm，宽 2.16～3.36 μm，轮枝间距为 21.6～45.9 μm。分生孢子椭圆形，无色单胞，大小为(2.7～9.4) μm×(2.4～5.4) μm(图 6-56 及参见图 3-35)，该菌在 PDA 培养基上生长缓慢，菌落黑色，气生菌丝白色，微菌核球形或长条形，大小为(27～81) μm×(19～67) μm，厚垣孢子扁圆形，大小为(4～8) μm×(4～6.5) μm，菌丝生长最低温度为 5℃，最高生长温度为 33℃，最适生长温度为 22.5℃，孢子萌发适温为 25℃，菌丝在 pH 4～9 范围内均可生长，以 pH 6 生长最适。茄子黄萎病菌菌丝对紫外线有较强的忍受性。

该菌有明显的生理分化现象，Kuzier F. S. 根据不同的菌落形态及致病力将 *V. dahliae* 分为 3 个类群。国内许多研究者也进行了这方面研究，所获结果相似，该菌可按致病力强弱分为 3 个类型，即Ⅰ型致病力最强，产量损失最大；Ⅱ型致病力中等，产量损失居中；Ⅲ型致病力最弱，产量损失最小。

国内外研究表明茄子黄萎病菌的致萎机理与棉花黄萎病菌致病机理相似，即堵塞学说和毒素学说，堵塞学说认为病菌侵入，刺激临近薄壁细胞产生富含 β-1，3 葡聚糖的胶状物质进入并堵塞了导管。毒素学说认为病菌侵入后，可产生糖蛋白的毒素破坏寄主细胞原生质体，引起凋萎。

【发病规律】

病菌以微菌核、厚垣孢子和休眠菌丝体在土壤病残体中越冬，成为第二年主要初侵染来源，带菌的有机肥、田间操作、农具、灌水、气流、雨水均可传播病菌。对于种子带菌目前还有不同的看法，有人认为种子可以带菌，并且是主要初侵染来源；有人认为种子不是茄黄萎病的初侵染来源。病菌通过伤口、幼根表皮或根毛直接侵入，沿维管束扩展，并在维管束内生长繁殖，堵塞导管，分泌毒素，致使植株萎蔫。

温暖高湿有利于该病害的流行，发病适温为 20～25℃，气温在 28℃病害受到抑制。在茄子始花期至盛果期若雨水多,或地势低洼,容易渍水,漫灌,或灌水后遇暴晴天气,水分蒸发快,造成土壤干裂伤根,土质黏质,多茬连作,地温偏低或过高,施用未腐熟有机肥或缺肥生长不良,及土壤线虫和地下害虫危害均有利于病害的发生发展,另外,定植时或中耕除草时等农事操作伤根多,病害发生重。

【控制措施】

茄子黄萎病是一种维管束病害,应采取以农业防治为中心的综合防治措施。

(1)选用无病种苗　应选用无病种子和无病苗床育苗,并进行种子消毒处理,可用55℃温水浸种30 min,或用甲基硫菌灵浸种2 h,清水冲洗干净。土壤消毒用多·福,按使用说明施用。还可选用无病土营养钵育苗。

(2)大田防治　从定植到盛果期是防治关键时期。

①保护地实行轮作,可与十字花科、百合科等蔬菜轮作5年以上,水旱轮作效果最好,1年即可。不能轮作的保护地应进行土壤消毒,有高温消毒和药剂消毒方法。

②科学施肥,施未带病菌的有机肥,每667 m²施7 500 kg以上;增施磷、钾肥,每667 m²施30~40 kg;定植缓苗和门茄采收后各施1次肥,每次10~15 kg尿素/667 m²。

③适时定植,铺盖地膜,提高地温。

④合理灌水及中耕,茄子生长期间要小水勤浇,保持地面湿润,防止大水漫灌,避免冷井水直接浇灌,中耕在植株周围要浅些、细些,尽量少伤根。

⑤药剂防治,要带药移栽,定植沟和穴施多·福等药土,按药剂使用方法使用,定植后发现个别病株,可用多·福等杀菌剂配成药液灌根,10天后再浇1次。

⑥清洁田园,及时把病叶、病果、病株清出田外,深埋或烧毁。

(3)选用抗病品种　不同品种的抗病性有明显差异。一般早熟、耐低温的品种抗黄萎病能力较强。从外观上看,叶片呈长圆形或尖形、叶缘有缺刻、叶面茸毛多、叶色浓绿或紫色的品种较为抗病。采用田间病圃鉴定、蘸根接种鉴定、毒素鉴定、电解质渗漏等鉴定方法,进行抗性鉴定。但抗源材料很少,肖蕴华鉴定1 013份材料只发现4份中抗材料,在育成的品种中,苏长茄1号、龙杂茄1号,辽茄3号、济南早小长茄、湘茄4号等较抗病,另外日本的米特和VF品种较抗病、耐病。

(4)嫁接防治　日本采用毒茄、红茄作砧本与茄子进行嫁接,已大面积推广应用,我国北京等地采用野生茄作砧本,栽培丰产茄作接穗,在病田定植后,发病较轻,收到很好的效果,但该项技术在砧本的选择、嫁接成活率、嫁接对产量和质量的影响等方面有待更深入地研究。

6.8.4.3　香石竹枯萎病

香石竹镰刀菌枯萎病(fusarium wilt of carnation)是香石竹四大病害之一,世界主要香石竹生产国荷兰、哥伦比亚、英国、日本、美国、俄国、法国等国都已严重发生,我国上海、昆明、杭州、宁波等香石竹生产基地也有发生,并有逐渐加重的趋势,对香石竹生产造成严重威胁。

【症状】

整个生育期都可发病,发病初期地上部尖梢生长缓慢,病株一侧叶或枝叶先由下而上萎蔫,另一侧正常,当枯萎发展到后期,整株枯死。纵切病茎,可见维管束变褐的条纹,横切病茎,可见维管束中只显现几处淡褐色细斑点,而其他组织均正常,并且一侧叶片萎蔫的初期病株的茎横切面中,只在其相应的一侧的维管束中出现淡褐色细斑点。而由瓶霉菌引起的萎蔫病,其病株维管束具明显的深褐色细环。

【病原】

主要是尖孢镰刀菌石竹专化型[*Fusarium oxysporum* f. sp. *dianthi* (Prill. & Delacr.)Snyd. and Hans.],属子囊菌门,该专化型小型分生孢子卵形、椭圆形至圆柱形,多数直,少数略弯曲,大小为(5.3～10) μm×(2.5～3.5) μm。大型分生孢子镰刀形,2～5个分隔,多数3个分隔,大小为(25.0～41.7) μm×(3.5～5.0) μm。厚垣孢子球形,表面有饰纹,大小为(5.6～8.4) μm×(4.8～7.4) μm,多数单生,少数双链生,以内生为主。菌丝白色絮状,菌落中央淡红色,培养5～6天即可产生小型分生孢子(参见图3-41)。

该菌有明显的致病性分化,但都以2号生理小种为主,在2号生理小种内致病性和侵染力还存在差异,病菌除机械阻塞植物导管外,还能产生毒素,对细胞产生破坏作用,导致细胞失水而引起枯萎,毒素成分除10 ku的胞外多糖外还有糖蛋白,糖的组成成分是葡萄糖、半乳糖和甘露糖。

【发病规律】

香石竹镰刀菌枯萎病主要由繁殖材料和病残体传播。据介绍,没栽种过香石竹的土壤中不存在尖镰孢菌石竹专化型,但一旦传入即可在土壤中长期存活。保加利亚报道灌溉水也能传病,病菌可以在水中存活1年以上。病菌主要以菌丝、厚垣孢子在土壤及病株中越冬,为主要初侵染来源。

病菌主要从根部伤口和根毛间隙侵入,侵入后先在薄壁细胞内蔓延,其后扩展到导管,产生大量菌丝,堵塞导管,引起枯萎。

该病的发生与土壤带菌情况、品种抗性、气象条件等有很大的关系,一般是连年种植香石竹花圃土壤含菌量多,发病重。商品扦插苗在无病地种植发病率只有3.4%～8.0%,病田种植后发病率达70%。品种抗性有很大的差异,西班牙用2、4、5号生理小种接种36个品种,发现Tia,Maria,Scarlett,Blue,Ivoryand,Conftti 6个品种高抗,但以色列用2号生理小种接种200多个品种,只发现2个抗病品种Arbel和Scarlett,并且发现病菌在这2个品种茎基部也能定殖,只是不表现症状。

该病发病适温为21～28℃,浙江省病株枯死主要发生在5月底到8月中旬,并有2次发病高峰,一次在梅雨季节(5月底至6月上中旬),另一次在伏后(7月底至8月中旬)。高湿可以加重病害,但不影响发病率。土壤增施钙可以减轻病害,另外,管理粗放、线虫危害严重的花圃发病重。

【控制措施】

香石竹枯萎病的防治应采取土壤消毒,选用无病种苗为主的综合防治措施。

(1)选用无病种苗,清除病株,减少初侵染源 由于该病主要由种苗传播,因此选用无病种苗更显重要,特别是新种植区更应该注意。

(2)土壤消毒 用五氯·福美双或多·福处理土壤,然后再种植,以后每月浇灌一次甲硫·

噁霉灵或甲硫•福美双有很好的防效。增施石灰也有一定效果。

(3)生物防治 国外在生物防治香石竹镰刀菌枯萎病方面进行了大量研究,主要生防菌有腐生型镰刀菌。*Trichoderma viride*,*T. hamatum* 等拮抗菌有很好的防效。如在扦条生根时施用 *T. viride* 85/1,*T. harzianum* 658 菌株不仅能减少香石竹枯萎病,而且有利于枝条的成活。

(4)防治线虫 有人认为土壤线虫如 *Heterodera trifolii* 不仅能为镰刀菌提供入侵途径,而且还有协同致病作用。因此,防治该病必须防治线虫,除用杀线虫剂外,某些木霉菌对线虫也有防治作用。

6.8.4.4 白绢病

白绢病(white mold)是园艺作物上的一种普遍而重要的病害,能危害 62 科 200 多种草本与木本植物。重要的园艺作物如果树中的苹果、芒果;蔬菜中的辣椒、番茄、茄子、马铃薯、豆角、大豆、菜豆、花生、南瓜、西瓜、甜瓜、菊芋、魔芋、菱角等;以及花卉中的菊花、兰花、香石竹、茉莉花、凤仙花、君子兰、向日葵、白芍、玄参、薄荷、茉莉。受害最重的是苹果、辣椒、番茄、茄子、花生、大豆,损失可达 50% 以上。苹果白绢病在陕西、山东、江苏、安徽等省都有分布。蔬菜和花卉植物的白绢病主要分布在南方。

【症状】

白绢病在不同植物上的共同症状特征为:发病初期在苗木近地面的根茎部皮层呈暗褐色病斑,逐渐凹陷并向周围蔓延,上被白色绢丝状菌丝层。天气潮湿时菌丝层会扩展到病株周围的地表和土壤缝隙中。菌丝层渐变浅褐,最后褐色。以后在病部的菌丝层上形成茶褐色油菜籽状菌核。最终病株茎基部皮层完全腐烂,全株萎蔫枯死。在豆科植物上还可影响根瘤的形成。除皮层腐烂和白色菌丝层外,该病与枯萎病、黄萎病、青枯病明显不同的一个特征是病株维管束不变褐,据此可与这 3 种病区分。

【病原】

罗氏阿太菌[*Athelia rolfsii*(Curzi)Tu & Kimbr.],属担子菌门,异名:罗氏小核菌(*Sclerotium rolfsii* Sacc.)(参见图 3-49),菌核球形或椭圆形,直径 1～2.5 mm,平滑而有光泽,初为白色,后变为茶褐色。内部灰白色。不同地区病菌形态有一定差异但无致病性分化。菌核的萌发与菌丝生长温度范围为 10～42℃,最适温度分别为 25～35℃ 和 30～35℃。有性生殖不常发生,担子棍棒形,形成在分枝菌丝的尖端,大小为(9～20)μm×(5～9)μm,顶生小梗 2～4 个,长 3～7 μm,微弯,上生担孢子。担孢子无色,单胞,倒卵圆形,大小为 7.0 μm×4.6 μm。

该菌产生 α-淀粉酶、β-淀粉酶、β-半乳糖苷酶、β-(1,3)-葡聚糖苷酶、甘露糖苷酶、纤维素酶、木聚糖酶和果胶酶,还可产生草酸毒素,这些酶和毒素的存在与造成腐烂有密切关系。在 pH 4.0～7.2 时菌核萌发最多,菌丝生长最好。而以 pH 4.0～6.4 时菌核萌发最快。菌核萌发与菌丝生长的最适土壤含水量分别为 20%～40% 和 50%～60%,而土壤含水量 35% 时死苗率最高。在 C/N 比较高的黏壤土中,菌核萌发率与死苗率均高。尿素及其他氮化物如氰氨化钙、硝酸铵、氯化铵、硫铵等均能抑制菌核萌发。

病菌可在土壤表层营腐生生活,但空气中二氧化碳浓度达到 0.03% 以上时,菌核不能萌发。

【发病规律】

病菌主要以菌核在土壤中越冬,也可以菌丝体随病残体遗留在土中越冬,翌春在适宜温湿度下,菌核萌发产生的菌丝从寄主植物的根部或近地面茎基部直接侵入或从伤口侵入进行初侵染。再侵染频率不高,田间的近距离传播主要靠菌核通过雨水、昆虫和中耕灌溉等农事操作以及菌丝沿土表蔓延到邻近植株。一般认为担孢子传病作用不大,但有资料报道担孢子可随气流传播。远距离传播则靠带病苗木的调运。

山东地区苹果白绢病在4月上中旬至10月底都可发生,7—9月是发病高峰期。

长江流域蔬菜花卉的白绢病6月上旬开始发病,7—8月病害盛发,9月以后基本停止。

菌核抗逆性很强,在室内可存活10年,在田间干燥土壤中也能存活5～6年,但在灌水的情况下,经3～4个月即死亡,在未腐熟厩肥中也可存活。

发病最适温度为25～35℃,菌核萌发要求几乎100％空气湿度,因此,此病为高温高湿病害,一般高温多雨天发病重,气温降低后,发病减少。

迄今为止尚未发现理想的抗病品种,有些植物材料相对抗病,如花生品种"Toalson""Southern Runner""Cina"。土壤贫瘠、黏重、过酸、过湿,一般发病较重。

连作或与感病作物轮作或作物生长过于密植发病重。

免耕地比浅耕地病轻,因为免耕地菌核留在土表,由于日晒雨淋,干湿交替时菌核表层易遭破坏,有利于土壤微生物侵入和杀死菌核,而翻入浅土层的菌核保存较好,翌年再翻到土表,就可萌发引起发病。

【控制措施】

由于缺乏抗病品种,在防治策略上应以农业防治和生物防治为主,药剂防治为辅。

(1)轮作 发病重的作物,可与发病较轻的禾本科作物轮作,轮作年限应在4年以上。有条件的地区,可以把旱地改为水田,种植水稻1年,使土壤中菌核经长期浸水后逐渐腐烂。马来西亚的一项试验表明,淹水可降低菌核的活力,比药剂防治的效果还好,如辣椒地淹水后9天菌核活力降至原有的10％,在未淹水地、淹水地和施药地辣椒苗枯率分别为43.7％、10.2％和25.3％;在成株期,对照区、淹水区和药剂处理区的病株率分别为58.1％、25.3％和28.1％。

(2)深耕 将病菌菌核深翻至4.5寸(15 cm)以下,可以抑制其发芽,并促进其死亡。

(3)合理施肥 适当增施氮肥,还要注意增施钾肥。施用油粕肥不但可提高植物抗病力,还可增加土壤中撷抗微生物的数量。

(4)及时排水 地下水位高的果园、菜地和花圃,要做好开沟排水工作,雨后及时排除积水。在丘陵区要有导洪水渠。

(5)保护茎基部 在发病前可用薄膜包裹茎基部,以阻止病菌从茎基部侵入,苹果等木本植物的嫁接口要露出土面,最好也进行包扎。

(6)清除病株及残体 在发病初期,对于草本植物,可以拔除病株并挖除病株周围的土壤,同时用消石灰或硫黄粉消毒;对于苹果等木本植物,可用刀彻底刮除病组织,再用波尔多浆涂抹保护。在作物收获后或进入休眠期时,应清除田间病株残体,集中烧毁。

（7）生物防治　生物防治对于连作地或果园的白绢病防治是最有希望的。土壤中的微生物如哈兹木霉菌（*Trichoderma harzianum*）等可以穿透白绢病菌的菌核壁建立寄生关系，这可能与这些菌产生几丁质酶的特性有关。浙江农业大学曾用哈茨木霉防治茉莉花和辣椒上的白绢病，效果达80%以上。

（8）药剂防治　发病初期可用井冈霉素、噻呋酰胺、噻呋·戊唑醇或氟胺·嘧菌酯浇根。也可用化学药剂（如咯菌腈·精甲霜·噻呋）拌种。在苗圃用土壤熏蒸剂熏蒸消毒也不失为一种可供选择的手段。

6.8.4.5　根腐病

根腐病（root rot）是园艺植物上最重要的病害之一，病原主要是真菌，常见的有镰孢菌、疫霉菌、腐霉菌等，也可由非生物因素如水淹、干旱、冻伤、过热、肥料、盐碱、除草剂使用不当、工业废水等引起。本节主要介绍镰刀菌引起的根腐病。

镰刀菌根腐病可危害柑橘、猕猴桃等果树；大豆、菜豆、豌豆、蚕豆、番茄、辣椒、茄子、黄瓜、甜瓜、莴苣、冬寒菜、马铃薯等蔬菜；水仙、倒挂金钟、风信子、文竹等花卉。造成的产量损失一般为5%～30%，重病地块损失60%以上甚至失收。如甘肃省临夏地区1994年春蚕豆根腐病死株率为1%～90%，平均为15.33%；湖南邵阳地区柑橘病株率一般为3%～5%，重病园病株率为34%。

【症状】

镰刀菌根腐病的共同症状特点为根的皮层细胞机能失调或死亡，根的外表呈现褐色至黑色腐烂，一般不再发新根，地上部分矮化、变色、萎蔫甚至死亡。潮湿时在病部产生粉红色的霉状物。病部维管束变褐，但不向上扩展，以此可与枯萎病区别。

菜豆镰刀菌根腐病的早期症状不明显，到开花结荚后，症状才逐渐显现。病株下部叶片发黄，从叶片边缘开始枯萎，但不脱落，拔出病株，可见主根上部和茎的地下部分变黑褐色，病部稍下陷，有时开裂并深入到皮层内。剖视茎部，可发现维管束变褐，病株侧根很少，或侧根腐烂死亡。当主根全部腐烂时，病株即枯萎死亡。在潮湿的环境下，常在病部产生粉红色的霉状物。

黄瓜根腐病主要侵染根及茎部，初呈水渍状，后腐烂。病部腐烂处的维管束变褐。后期仅留下丝状维管束。病株地上部分初期症状不明显，后叶片中午萎蔫，早晚恢复。严重的则不能恢复而枯死。

【病原】

主要有腐皮新赤壳[*Neocosmospora solani*（Mart.）Lombard & Crous]，异名：腐皮镰孢菌（*Fusarium solani*）和藤仓镰孢菌（*Fusarium fujikuroi*），异名：串珠镰刀菌（*Fusarium moniliforme*），都属子囊菌门（参见图3-41）。

以腐皮镰孢菌为例，菌丝有隔膜，产生大小两型分生孢子和厚垣孢子。大型分生孢子镰刀形，无色，多数有3～4个分隔，大小为（22.4～46.4）μm×（3.2～4.8）μm。小型分生孢子椭圆形或圆柱形，无色，有1～2个分隔，大小为（5.76～13.4）μm×3.52 μm。厚垣孢子多在病根组织中产生，着生在菌丝顶端或中间的细胞内，单生或串生，一般直径为11 μm。生长后期可形成菌核。有性生殖不常见。

腐皮镰孢菌种内存在着致病性分化,有不同的专化型,如菜豆专化型($F.$ $solani$ f. sp. $phaseoli$),大豆专化型($F.$ $solani$ f. sp. $glycine$)、豌豆专化型($F.$ $solani$ f. sp. $pisi$)、蚕豆专化型($F.$ $solani$ f. sp. $fabae$)、瓜类专化型($F.$ $solani$ f. sp. $cucurbitas$)等。不同专化型的寄主范围明显不同,但不同专化型间并无形态上的差异。豌豆专化型可侵染大豆、菜豆、豌豆和蚕豆,菜豆专化型侵染大豆、菜豆、豌豆及豇豆,大豆专化型只侵染大豆和菜豆。腐皮镰孢大豆专化型内存在着致病型的分化。病原菌在腐生状态下可存活 10 年以上,厚垣孢子可在土中存活 5～6 年或长达 10 年,此菌生长发育温度范围为 13～35℃,适温为 29～32℃。

【发病规律】

根腐病菌以菌丝体、厚垣孢子或菌核在土壤、厩肥及病残体上以休眠或腐生的方式越冬,成为主要侵染源,病菌也可混在种子间。病菌从根部伤口侵入,后在病部产生分子孢子,借雨水、灌溉水、耕作和带菌肥料等传播蔓延,进行再侵染。

品种间抗病程度差异较大。抗病菜豆品种的多酚含量高,过氧化物酶活性高。高温、高湿有利发病,连作地、低洼地、黏土地发病重。新开垦地很少发病。种植方式也对发病有影响,豇豆双行种植发病较重,单行种植发病轻。

【控制措施】

此病为典型的土传病害,但不同作物都有理想的抗病品种,在防治策略上应以抗病品种为基础,以农业防治和生物防治为主导,药剂防治为辅助。

(1)选用抗病品种　甘肃的菜豆品种贡井选、麻豌豆、小豆 60 等较抗病。巴西的试验表明大豆品种 CAC-1 和 FT-104,菜豆品种和品系 A 55、Diamante Negro、IAC Carioca Piata 等抗病。美国 1996 年投放的大豆品种 LS-G96 既抗镰刀菌根腐病(抗性基因 Rfs1),也抗孢囊线虫(抗性基因 Rhg4 和 rhg1)。

(2)种子消毒　可用咯菌腈、萎锈·福美双或咯菌腈·精甲霜·噻呋种子处理悬浮剂拌种。

(3)与非寄主植物轮作　腐皮镰刀菌不同专化型的寄主范围较窄,可供轮换的作物种类较多,但病菌在土中存活时间较长,又要求有较长的轮作年限。一般菜豆产区可与白菜、葱蒜类等实行 3 年以上的轮作制。

(4)加强田间管理　采用高畦或深沟栽培,深翻平整土地,防止大水漫灌及雨后田间积水,苗期发病要及时松土,增强土壤透气性,中耕时要防止伤根。发现病株应即拔除,并在其病穴四周撒消石灰。施印楝籽油粕、棉籽油粕等植物副产品可显著减轻向日葵根腐病。

(5)物理防治　用紫外线以 3.6 kJ/m^2 的剂量处理甘薯储藏期块根可诱导抗病性,最大限度地抑制腐烂。田间盖膜晒土可降低发病率 65%,病菌存活率降低 41.6%,效果比土壤熏蒸消毒好。

(6)化学防治　发病初期喷洒或浇灌敌磺钠、福美双、丙环唑、多·福或井冈霉素 A 等杀菌剂在茎基部,隔 7～10 天施 1 次,连续 2～3 次。播前用琥珀酸处理黄瓜种子可诱导抗性,减少病苗率。

(7)生物防治　可用哈兹木霉菌、枯草芽孢杆菌等杀菌剂灌根或穴施。

6.8.4.6　其他园艺植物根部病害

其他园艺植物根部病害见表 6-12。

表 6-12　其他园艺植物根部病害

病害	症状	病原	发生规律	防治方法
果树根朽病	主要危害根颈部和主根，初期皮层腐烂，往往造成环割而使病树枯死腐朽。皮层内、皮层与木质部之间充满白色至淡黄色的扇状菌丝层，病组织在黑暗中可发蓝绿色荧光。湿度大时病根上可长出蜜黄色蘑菇状子实体	蜜环菌（*Armillariella* spp.）	以菌丝体在病根上或在土中越冬，翌春产生小分枝直接侵入。果园内扩展主要靠根间接触和病残体的转移。远距离传病靠苗木	参见白绢病另外可选用抗病砧木，如西班牙的酸橙 RL-O 可用作柑橘类的砧木
白纹羽病	危害多种果树。首先细根霉烂，后扩展至侧根和主根。病根表面绕有白色的丝网状物。后期病根的柔软组织全部消失。木质部上有时有黑色球形物。地表绒布状菌丝膜上可形成小黑点	褐座坚壳（*Rosellinia necatrix*）	以菌丝体、根状菌索或菌核在病根上及土中越冬，翌春萌发产生菌丝侵染新根。根间接触传染。苗木远距离传病	选用抗病砧木，余参见根腐病
紫纹羽病	危害多种果树及甘薯等。发病初期根表形成黄褐色斑块，皮层组织褐色。病根表面有紫色绒毛状菌丝膜、根状菌索，及半球状小菌核。后期皮层腐朽，木质部也腐烂。树势衰弱	紫卷担菌（*Helicobasidium purpureum*）	越冬同白纹羽病，翌春萌发的菌丝侵染细根。根间接触传染，担孢子传病作用不大。苗木远距离传病	选用抗病砧木，余参见白绢病
柑橘脚腐病	主要危害根颈部，病部树皮变褐腐烂，流胶，有臭气，病部扩展后可环绕根颈部，造成橘树死亡。叶小而黄，易脱落	疫霉（*Phytophthora* spp.）	以菌丝体在病组织中或以厚垣孢子和卵孢子在土中越冬	清沟排水，刮除病斑并涂波尔多浆或克菌丹等药剂保护。选用抗病砧木。施用哈兹木霉菌、绿木霉或枯草芽孢杆菌生防菌剂
杨梅根腐病	自细根开始变褐，渐向支根、侧根、根颈部和主干扩展，地上部抽梢少而迟，甚至全株坏死	葡萄座腔菌（*Botryosphaeria dothidea*）	在病组织上越冬，以分生孢子进行再侵染	参见苹果干腐病
十字花科植物根朽病（黑胫病）	茎上病斑向下蔓延到根部，长条形，紫黑色，上有小黑粒。重病株主、侧根腐朽，全株枯死	斑点小球腔菌（*Leptosphaeria maculans*），异名：黑胫茎点霉（*Phoma lingam*）	在种皮内、病组织中、土中、病残体上、堆肥中越冬	种子和苗床消毒、轮作，施药保护（药剂参见根腐病）

病害	症状	病原	发生规律	防治方法
十字花科植物根肿病	危害根部,病株矮小,基部叶常在中午萎蔫,晚上恢复。后期叶片发黄,枯萎,甚至整株死亡。根部肿瘤是此病特有的症状	芸薹根肿菌(*Plasmodiophora brassicae*)	休眠孢子囊随病残体在土中越冬越夏,萌发产生游动孢子,从根毛侵入	选用抗病品种(如大白菜品种青麻叶、绿宝);轮作、清除病残体、增施石灰、苗床消毒、选用无病苗、排水、施腐熟农家肥
胡萝卜黑腐病	肉质根上形成不规则形或圆形、稍凹陷的黑斑,上生黑色霉状物,严重时肉质根变黑腐烂。叶上有红褐色条斑	链格孢菌(*Alternaria* sp.)	以菌丝体和分生孢子在病残体上越冬。病部产生的分生孢子再侵染	清除病残体,防止肉质根受伤,从无病株采种,药剂防治(药剂参见根腐病)
豌豆苗根腐病	病株根腐、矮化,甚至死亡	腐霉菌(*Pythium* spp.)	参见苗期病害	参见苗期病害
郁金香腐朽菌核病	外部鳞片发软腐烂,病部及周围土表产生白色绢丝状菌丝,后形成菌核	郁金香丝核菌(*Rhizoctonia tuliparum*),异名:郁金香小菌核(*Sclerotium tuliparum*)	参见白绢病	参见白绢病

▶ 6.8.5 采后病害

6.8.5.1 柑橘采后病害

柑橘果实采后在贮藏、运输过程中可发生 20 多种采后病害(postharvest disease of citrus fruits),多数是侵染性病害,青霉病、绿霉病、黑腐病等,是柑橘采后主要病害,常引起果实腐烂,腐烂率可达 10%~20%,甚至更高。

【病害症状】

(1)青、绿霉病 两病症状相似,受害果实水渍状软腐,手指按病部果皮易破裂。病部先长出白色霉状物(菌丝体),随后在白色霉状物中部长出青色或绿色的霉层(分生孢子、分生孢子梗)。在适宜条件下病部扩展迅速,可导致全果腐烂,腐烂部分可深入到果心。

(2)黑腐病 此病有两种症状。一种称黑腐症:病菌从伤口处侵入,初呈水渍状淡褐色病斑,扩大后病部略下陷,长出墨绿色的霉层,病部腐烂,果肉味苦,不能食用。另一种称黑心症:果实外表无明显症状,而内部已发生腐烂。病菌在幼果期侵入,潜伏在果心,以后进一步扩展,引起果心、果肉腐烂,并长出大量墨绿色的霉。这种病果对果汁加工影响很大,个别病果可污染整桶果汁引起变质。

【病原】

(1)青、绿霉病 前者为意大利青霉(*Penicillium italicum* Wehmer),后者为指状青霉(*P. digitatum* Sacc.),均属子囊菌门。两病病原形态相似,分生孢子梗无色,顶端具一至多次分枝,呈扫帚状。青霉病菌具 2～5 个分枝,小梗顶端渐尖细,呈瓶状,分生孢子念珠状串生,分生孢子单胞,无色,近球形、卵形或椭圆形,大小为 (3.1～6.2) μm×(2.9～6.0) μm,绿霉病菌分生孢子梗具 1～2 个分枝,小梗中部稍宽,上下端稍细,呈细长纺锤形,其上串生分生孢子,分生孢子单胞,无色,卵圆形或圆柱形,较大,大小为 (4.6～10.6) μm×(2.8～6.5) μm(参见图 3-36)。

(2)黑腐病　病原为柑橘链格孢[*Alternaria alternata*(Fr.)Keissl.],属子囊菌门。病部长出的墨绿色绒毛状的霉是分生孢子梗和分生孢子。分生孢子梗暗褐色,通常不分枝,弯曲,具 5～7 个分隔,大小为 (25.2～84.0) μm×(3.5～4.9) μm。分生孢子 2～4 个相连,卵形、纺锤形、长椭圆形或倒棍棒形,暗橄榄色,表面光滑或具小瘤,有 1～6 个横分隔和 0～5 个纵分隔,分隔处稍有缢缩(参见图 3-40)。

【发病规律】

青、绿霉病分布很广,常腐生在各种有机物上,产生大量分生孢子,扩散在空气中,通过气流传播落在果实上,萌发后从伤口侵入,引起果实腐烂,以后在病部产生大量的分生孢子进行重复侵染。在贮运过程中,青霉病菌能分泌一种挥发性物质,将接触到的健果果皮损伤,引起接触传播,而绿霉病菌则不能。

黑腐病以分生孢子附着在病果上越冬,也可以菌丝体潜伏在枝、果、叶上越冬,当温、湿度条件适合时产生分生孢子,通过气流传播,从伤口侵入,侵入后以菌丝体潜伏在组织内,到果实生长后期或贮藏期进一步扩展,引起果实腐烂,后在腐烂的果实上产生分生孢子,进行重复侵染,引起柑橘采后病害的病原都是寄生性较弱的真菌,这些真菌都必须通过各种伤口侵入果实,因此在果实采收、装运及贮藏过程中,造成果实受伤,容易发病。在雨后、重雾或露水未干时采果,果皮含水量高,容易擦伤致病。

贮藏期的温、湿度条件与病害的发生关系密切,青霉病发病的温度范围为 3～32℃,最适温度为 18～27℃,绿霉病发病温度比青霉病略高,最适温度为 25～27℃,所以贮藏前期多发青霉病,贮藏后期以绿霉病发生较多。相对湿度在 95%～98% 时,有利于病害发生。

【控制措施】

(1)防止果实受伤　避免在下雨时、雨后、重雾或露水未干时采果。采果时剪留的果柄应与果面平。采收、分级、装运过程中尽量防止机械损伤,如剪刀伤、擦伤、碰伤及压伤等。

(2)发汗处理　果实进库前要堆放在阴凉、通风处吹风发汗处理 3～6 天,预贮 3～4 天,适当失水、愈伤,使果皮软化,但仍有弹性,可减少贮藏期腐烂。

(3)贮藏库及用具消毒　果实进库前,将用具放入库内,按每立方米库房用硫黄 5～10 g,用 1∶40 倍福尔马林液每立方米喷洒 30～50 mL 熏蒸。用药时密闭 3～4 天,然后打开门窗及通气孔 2～3 天,待药气挥发完后方可入库贮藏。

(4)药剂浸果处理　采后 24 h 内使用咪鲜胺锰盐或双胍•咪鲜胺可湿性粉剂浸果,沥干后贮藏。

(5)塑料薄膜包装　用塑料薄膜单果摺包、袋装或 1 kg 袋装,可减少果间传播的机会,降低腐烂率,又可明显减少失重率。

(6)控制库房温、湿度及气体成分　甜橙要求 1～3℃,蕉柑 7～9℃,温州蜜柑、椪柑 7～

11℃,柠檬 14℃。相对湿度控制在 85%~90%。贮藏库要注意通风换气,防止有害气体的伤害。

(7)生物防治 当前,研制和开发安全有效的微生物农药是国际上研究的热点,利用柑橘表面有益生物和人工引入拮抗微生物,筛选出多种酵母菌、芽孢杆菌(*Bacillus* spp.)和假单胞杆菌(*Pseudomonas* spp.)防治柑橘采后病害,取得较好的效果。已在国内登记的有枯草芽孢杆菌。

6.8.5.2　甜瓜采后病害

甜瓜采后病害(postharvest disease of melon)重要的有软腐病、白斑病、黑斑病等,在常温或低温贮藏中常引起甜瓜腐烂,损失率可达 30%~50%。这些病原大都在田间生长期已侵染,引起采后果实腐烂。

【症状】

软腐:以伤口为中心形成暗绿色、水渍状的圆斑,后病斑逐渐扩大,果肉软腐,病斑表面开裂,不久裂口处密生白色菌丝体,上面长出许多黑色小点,即病菌的孢子囊。

白斑病:多发生在果实两端或靠近地面处侧方,尤以果柄处多。初为淡褐色凹陷的圆斑,直径 2~3 mm,病部果皮开裂,后病斑扩大,边缘水渍状;病斑裂缝处长出白色霉丛,霉层绒垫状,较紧密,病部组织呈海绵状软木质团块,病部果肉与邻近果肉分离,果肉味淡,并伴有霉味。

黑斑病:发病初期果面上产生褐色、稍凹陷的圆斑,直径 2~6 mm,病斑外围有淡褐色晕圈,有时可见轮纹,以后病斑逐渐扩大,变为黑色,长满黑色霉状物;病部下面的果肉变黑,呈海绵状,病部与健部果肉分离,严重的可引起整瓜腐烂。

青霉病:发病初期呈水渍状浅色的斑点,很快向深处发展,引起果肉腐烂,病部长出白霉,很快变为蓝色霉层,外面有一圈白色菌丝环,边缘水渍状。

【病原】

软腐病:病原为匍枝根霉[*Rhizopus stolonifer*(Ehrenb. ex Fr)Vaill],属接合菌门真菌。菌丝分化为气生菌丝和固着于寄主接触点的假根,假根有分枝,褐色;其上长出直立而不分枝的孢囊梗,一般 3~10 根丛生;顶生球形或椭圆形、褐色的孢子囊,内生近球形、单胞、褐色的孢囊孢子。有性生殖产生接合孢子,参见图 3-16。

白斑病:病原为半裸镰孢菌(*Fusarium semitectum* Berk. & Rav.),属子囊菌门。不形成分生孢子堆和分生孢子团,小型分生孢子不常产生。大型分生孢子分散,梭形,矛形,凿形;基部无足细胞;有 4~5 个隔膜,多为 3 个,大小为 26 μm×4.2 μm,5 个隔膜的为 34 μm×4.5 μm。厚垣孢子间生。

黑斑病:病原为格孢菌[*Alternaria alternata*(Fr.)Keissl],属子囊菌门。分生孢子常聚生为长而分枝的链,单个孢子呈倒棍棒状、倒梨形、卵形或椭圆形;淡褐或黄褐色,光滑或具瘤,大小为(9.5~40)μm×(5~11.2)μm。有纵隔 1~6 个,横隔 1~5 个;具短喙,其长度不超过孢子长度的 1/3,参见图 3-40。

青霉病:病原为鲜绿青霉菌(*Penicillium viridicatum* Westling),属子囊菌门。菌落初为鲜黄色,后变淡褐色,极厚;分生孢子梗直径 3.5~4.5 μm;扫帚枝含间枝 3 层;小梗(7~

10) $\mu m \times (2.5 \sim 3.0)$ μm；分生孢子初椭圆形，4.5 $\mu m \times 3.3$ μm，后变为亚球形，直径 3.3 μm，参见图 3-36。

【发病规律】

病原菌以菌丝体或分生孢子在土壤中、病残体上越冬。贮运场所空气中的病菌也是侵染源。病菌主要通过气流传播，也可通过昆虫和病瓜与健瓜接触传播，从机械伤口、自然裂口、冷害损伤及衰老组织侵入。病原菌大都在田间生长期就已侵染果实，潜伏在果皮组织中，果实成熟或组织衰老时发病。据报道，哈密瓜花期、幼果期、成熟期均可被黑腐病菌、白斑病菌潜伏侵染，尤其在网纹期易通过网纹裂口侵入。黑斑病菌还可通过日灼斑侵入。

采收贮运过程中机械损伤严重，易造成伤口；病菌一般只危害有伤口、过熟的果实。厚皮甜瓜如哈密瓜、白兰瓜果皮愈伤能力弱往往发病重。贮运期温度过高，湿度大，通风不良有利于发病。甜瓜遭受低温冷害损伤则黑腐病重。

【控制措施】

（1）田间防治　加强田间栽培管理，增强寄主抗性；施用杀菌剂抑制病菌的侵染，以减少采后发病率。

（2）适时采瓜，防止瓜受伤　贮藏甜瓜以 8～9 成成熟采收较好。采收前 7～10 天禁止灌水。采收时用剪刀剪断瓜柄，轻拿轻放，防止瓜受伤。要用筐或纸箱包装，防止大堆散装或袋装，尽量避免震、压、碰，以减少受伤机会。

（3）库房消毒　甜瓜入库前对库房进行熏蒸消毒，每立方米用硫黄 5～10 g，或 1:40 的福尔马林 30～50 mL 熏蒸，消毒时密闭库房门窗 3～4 天，然后敞开门窗通气 2～3 天。

（4）果实防腐处理　甜瓜可用咪鲜胺锰盐、抑霉唑、噻菌灵，或 55℃ 热水浸果 0.5～1 min，捞出晾干后再贮运。为了减少采后腐烂，采前 7 天左右可喷甲基硫菌灵或多抗霉素。

控制温、湿度：贮藏库或冷藏车贮运时，西瓜保持在 10～14℃，白兰瓜为 5～8℃，哈密瓜 3～9℃，相对湿度大多在 80%～85% 之间，并做好通风换气。

6.8.5.3　其他园艺植物采后病害

其他园艺植物采后病害见表 6-13。

表 6-13　其他园艺植物采后病害

病害	症状	病原	发生规律	防治方法
柑橘焦腐病（又名黑色蒂腐病）	病菌从蒂部伤口侵入，病果皮呈紫褐色，极软，轻压病果皮易破裂，病菌很快从果蒂向果心蔓延直达脐部，造成"穿心烂"的症状，病果肉黑色、味苦	可可球二孢（Botryo-diplodia theobromae）	病菌在枯死的枝梢上越冬，通过雨水传播。经伤口侵入，特别是从果蒂剪口侵入，在贮藏期间引起果实腐烂	结合冬季修剪，剪除枯枝、病虫枝，携出果园进行无害化处理；果园防治结合黑点病等病害进行；贮藏期防治同柑橘采后病害

病害	症状	病原	发生规律	防治方法
柑橘褐色蒂腐病	环绕蒂部出现水渍状深褐色病斑,病部逐渐向脐部扩展,边缘呈波纹状,最后引起全果腐烂,由于病果内部腐烂较果皮快,故有"穿心烂"之称。病果内部白色部分变色腐烂,有时在病果外部可长出白色丝状物或小黑点	柑橘间座壳(*Diapothe citri*)	病菌在病枯枝及病树干的组织内越冬,经风雨、昆虫传播,在果实形成离层时,从果蒂与果实之间的伤口,或从果蒂剪口侵入。在贮藏期间引起腐烂	结合冬季修剪,剪除枯枝、病虫枝,携出果园进行无害化处理;果园防治结合黑点病进行;贮藏期防治同柑橘采后病害
柑橘褐腐病	初果皮上出现淡褐色的斑,单个病斑在几天之内可引起全果腐烂。在高湿条件下,病部长出白色菌丝体,并散发出一种刺鼻的芳香气味	柑橘褐腐疫霉(*Phytophthora citrophthora*)	病原来自土壤,靠雨水溅散到下部的果实上,引起下部的果实发病,再通过雨水、昆虫或气流传播到树冠中、上部的果实上。带有病菌的果实在贮藏期引起腐烂	搞好果园排水工作,用撑杆撑起近地面的结果枝,防止土壤中的病菌向上传播。果实近黄熟期,喷洒三乙磷酸铝、代森锰锌或精甲霜·锰锌。贮藏期防治同柑橘采后病害
柑橘黑斑病	果实受害有两种症状:①黑心型:病斑圆形,直径 1～6 mm,病斑边缘稍隆起,呈红褐色至黑色,中部凹陷,灰褐色至灰色,长出许多黑色小点。②黑斑型:初病斑暗褐色,稍凹陷,后扩展成圆形或不规则形的黑色大斑,直径 1～3 cm,中部散生许多黑色小点。发病严重时可扩展至整个果面。在贮藏期间,病果常全部腐烂,瓤瓣变黑色,僵缩如炭状	柑橘叶点霉菌(*Phyllosticta citricarpa*)	病菌主要在落叶上越冬,也可在病果、病枝、病叶上越冬,通过风、雨传播,侵染幼果,菌丝块潜伏在角质层中,直到果实近成熟期及贮藏期才表现症状。不同品种感病程度有差异	做好田间栽培防病工作,增强树势。幼果期可喷代森锰锌或氟菌·戊唑醇等保护果实;对柚等大果型果实,在第二次生理落果后进行套袋,套袋前喷药一次;选择无病果实贮藏,有条件的采用低温贮藏

病害	症状	病原	发生规律	防治方法
柑橘酸腐病	病部变软腐烂,易压破,有浓厚的酸臭气味,条件适合时,迅速蔓延至全果,表面长出白色、致密、纤薄、略带皱褶的霉层。最后病果呈一堆不成形的胶黏物	酸橙白地霉(*Geotrichum citri-aurantii*)	参考柑橘采后病害	参考柑橘采后病害,药剂选择咪鲜·抑霉唑或双胍·咪鲜胺浸果
苹果霉心病(又名心腐病)	受害果外部症状一般不明显,剖果观察,果实心室受害,逐渐向外扩展,果心霉烂,变褐,长满灰绿色的霉状物。发病严重时,有些果实胴部可见水渍状、褐色、形状不规则的湿腐斑块,斑块相连引至全果腐烂,果肉味苦	常见有链格孢(*Alternater* spp.),粉红单端孢(*Trichothecium roseum*),镰孢菌(*Fusarium* spp.)	病菌潜伏在树体各部分以及残留在树上或土壤中的僵果内外。可能从花期果实萼筒侵入。病菌侵入后潜伏在果心。至贮藏期发病,使果实腐烂	加强田间病害防治工作,入库前剔除色泽及果形不整的果实,贮藏期的温度保持在1～2℃
苹果(梨)褐腐病	初期病果表面出现浅褐色小斑,软腐状,病斑迅速扩大,8～10天可引起整果腐烂,果肉松软呈海绵状,略具韧性,后期病斑上出现呈同心轮纹状排列、灰白色、绒球状霉丛。病果大都早期脱落,少数残留在树上形成僵果。在贮藏期呈现特异的蓝黑色斑块	链核盘菌引起,包括:多子座链核盘菌(*Monilinia polystroma*),果生链核盘菌(*Monilinia fructigena*),云南链核盘菌(*Monilinia yunnanensis*)	病菌在病果(僵果)上越冬,翌年春天通过风雨传播,主要从伤口侵入果实,也可从皮孔侵入。在贮藏、运输过程中主要通过病果与健果接触传病。湿度是病害流行的重要因素。不同品种对褐腐病的抗性有差异	贮藏前剔除病果、伤果及虫果,尽量减少碰伤、压伤。贮藏期温度控制在1～2℃,相对湿度保持在90%
苹果(梨)青霉病	主要危害采后及贮藏期的果实。病斑近圆形、黄褐色,果肉呈漏斗状湿腐,条件适合时,10余天就可全果腐烂,病部先长出白色的菌丝,以后变为青绿色的霉状物。病果肉有很强的霉味	扩展青霉(*Penicillium expensum*)	孢子分布很广,靠气流传播,也可通过接触传播,从伤口侵入	防止果实受伤。及时剔除病果。贮藏库消毒。用甲基硫菌灵浸果或1-甲基环丙烯(1-MCP)密闭熏蒸

病害	症状	病原	发生规律	防治方法
桃软腐病	初期形成 2～3 mm 褐色轮纹状病斑,逐渐整个果实变为淡褐色软腐状,果面生一层浓密的白色菌丝,其中有许多黑色小点,即孢子囊	匐枝根霉(*Rhizopus stolonifer*)	病菌为弱寄生菌,从伤口侵入,通过气流传播,病、健果接触也可传病	参照桃褐腐病
葡萄灰霉病	从伤口处开始发病,初产生黄色、凹陷的病斑,逐渐扩大至全果及果穗,导致果粒软腐,病部长出灰色的霉层,散出霉臭味	灰葡萄孢(*Botrytis cinerea*)	病菌在各种有机物上腐生,借风雨和昆虫传播。可在花期和幼果期侵入,潜伏至成熟期发病。成熟期、贮运期通过各种伤口侵入,病、健果接触也可侵染。在高湿条件下发病重	采收、贮运中减少损伤。用 1-甲基环丙烯(1-MCP)密闭熏蒸,在±0.5℃下贮藏
栗实霉烂病	果实受害初期,表面产生绿色、黑色或粉红色霉状物,由表面向内扩展,子叶部分霉层明显,种仁变为褐色,腐烂或僵化,有苦味或霉酸味	多种真菌,常见的有:①刺盘孢 ②青霉(*Penicillium* spp.) ③曲霉(*Aspergillus niger*) ④粉红单端孢 (*Trichothecium roseum*) ⑤链格孢 (*Alternaria* spp.)	病菌均为弱寄生菌,广泛分布在空气、土壤及种实表面。通过虫伤口或各种机械伤口侵入。贮藏的栗实含水量高、贮藏温度过高等易引起霉烂病的发生	适时采收,尽量避免栗实损伤。生长期注意防治炭疽病。入库前剔出虫蛀、损伤的栗实。用甲基硫菌灵浸果后晾干,装入塑料袋,贮藏温度为1～3℃
香蕉炭疽病	病斑初期产生圆形、黑色或黑褐色的小斑,以后病斑凹陷并迅速扩展成不规则形大斑,2～3 天内全果变黑,湿度大时病斑上产生橙红色的黏质团	香蕉炭疽菌(*Colletotrichum musae*)	病菌在感病的蕉叶上越冬,翌年通过风雨或昆虫传播,病菌附着在果皮内,果实采后随着成熟逐渐表现症状,并产生分生孢子再侵染。在贮运期间可通过病、健果接触传播	适时采收,尽量减少损伤。采后可用噻菌灵、异菌脲或吡唑醚菌酯浸果

第 6 章 园艺植物菌物病害

病害	症状	病原	发生规律	防治方法
香蕉镰刀菌冠腐病	蕉梳切口或伤口处长出白色棉絮状物，病斑深褐色，前缘水渍状，造成轴腐，并向果柄扩展，蕉果散落。青果发病，果皮爆裂，覆盖许多白色丝状物，蕉肉僵死，不易催熟	镰孢菌（*Fusarium* spp.），属子囊菌门	病菌只能从伤口侵入。运输、贮藏环境高温、高湿易诱发病害	尽量减少损伤。采后药剂防治参照香蕉炭疽病
芒果炭疽病	果皮外部出现暗褐色或黑色小斑点，以后逐渐扩大并愈合成黑色或黑褐色、凹陷的大斑块，潮湿条件下，病斑上产生黑色小点和粉红色黏质物，有时成同心轮纹状排列，严重时果皮皱缩，全果软化腐烂	胶孢炭疽菌（*Colletotrichum gloeosporioides*）和尖孢炭疽菌（*Colletotrichum acutatum*）	病菌在田间从气孔或伤口侵入，潜伏在果皮内，直至采收后才发病。贮运期间可通过病、健果接触传播	加强田间栽培、药剂防病。采后用咪鲜胺或咪鲜胺锰盐浸果
菠萝黑腐病	发病初期果面出现水渍状、褐色软腐斑，病、健交界明显，病部逐渐变褐色至黑色，并发出特有的香味	奇异长喙壳（*Ceratocystis paradoxa*）	病菌在田间只能从伤口侵入。成熟以后发病。贮运期可通过接触传播	适时摘除冠芽。采收、贮藏中避免损伤。参考香蕉炭疽病防治
荔枝霜疫病	果实症状参见荔枝霜疫病	荔枝霜疫霉（*Peronophythora litchii*）	参见荔枝霜疫病	贮藏期可用杀菌剂浸果后，放在 1～2℃ 贮藏
番茄酸腐病	绿熟果实常以伤口或果蒂为中心发病，病斑褐色油渍状，软腐，表皮破裂长出白色厚粉状物。红熟果上产生褐色斑点，迅速扩大成轮纹状大斑，皮开裂，长满白色厚粉状物，软腐，有酸臭味，长伴有细菌感染	柑橘白地霉（*Geotrichum candidum*）	不详	用 1-甲基环丙烯（1-MCP）密闭熏蒸

病害	症状	病原	发生规律	防治方法
辣椒（甜椒）炭疽病	病果上产生褐色水渍状,长圆形或不规则形、凹陷,有稍隆起的同心轮纹状环纹,长出许多黑色小点,干燥时病斑干缩呈羊皮状,易破裂	平头刺盘孢（Colletotrichum truncatum）	参见辣椒炭疽病	采后用杀菌剂浸果,晾干贮藏或用 1-甲基环丙烯（1-MCP）密闭熏蒸
马铃薯干腐病	病斑初期褐色,稍凹陷,呈环状皱缩,上面长出灰白色绒状颗粒,病薯空心,空腔内长满菌丝体,薯内侧变成深褐色或灰褐色,最后块茎僵缩、干腐	镰孢菌（Fusarium spp.）	病菌在土壤中越冬,从伤口和芽眼侵入	收获时避免损伤,贮藏时清除病、伤薯块。用杀菌剂浸果,晾干贮藏
大蒜黑曲霉病	蒜瓣外观正常,剥开蒜皮,内长满黑粉,最后失水干腐	黑曲霉（Aspergillius niger）	不详	采后用杀菌剂浸果,晾干贮藏,库温控制在 ±0.5℃ 之间
唐菖蒲青霉病	球茎染病,病斑褐色,稍凹陷,周围黑色,界限明显,在潮湿条件下病部长出青色的霉。病斑的内部组织暗灰色,球茎萎缩干硬	青霉（Penicillium sp.）	病菌分布在空气和土壤中,从伤口侵入。贮藏场所潮湿、通风不良易发病	挖掘、运送过程中,尽量减少伤口。球茎采收后放在 25～30℃ 下处理 10～15 天,促进伤口愈合。贮藏温度为 0～5℃,及时清除霉烂球茎

▶ 思 考 题 ◀

1.园艺植物苗期猝倒病、立枯病、根腐病有何症状特点？各由哪种病原引起？

2.园艺植物苗期病害的发生有何特点？如何防治？

3.月季黑斑病与梨黑星病的叶部症状有何特点？如何区分它们？

4.苹果斑点落叶病、苹果褐斑病的病原有哪些形态特征的不同,它们引起的症状类型有哪些不同？

5.桃褐腐病、葡萄白腐病、葡萄黑痘病都是以危害果实为主的病害,它们的发生规律有何异同？防治措施有何差异？

6.列表比较番茄早疫病、番茄叶霉病、豇豆煤霉病、百合灰霉病这 4 个主要危害叶片的病害的症状识别特点、病原形态特征、发生规律及其防治措施的异同。

7.果树枝干病害主要有哪几种？列表比较它们的症状特点、病原种类和发生特点。

第 6 章　园艺植物菌物病害

8.影响苹果树腐烂病发生的因素主要有哪些？如何依据这些因素进行防治？

9.园艺植物根部病害主要有哪些？各有何症状特点、病原特性？

10.如何区分园艺植物枯萎病和黄萎病？

11.防治园艺植物根部病害的措施与叶部病害有何不同？为什么？

12.瓜果采后病害主要有哪几种？如何预防采后病害的发生？

参考文献

[1] 冯天哲.家庭养花病虫害防治.北京:中国林业出版社,1989

[2] 龚浩.观赏植物病虫害及其防治.南京:南京农业大学自编教材,1986

[3] 冷怀琼,曹若彬,刘秀绢,等.果品贮藏的病害防治及保鲜技术.成都:四川科学技术出版社,1991

[4] 李宝栋,冯东昕.黄瓜病虫害防治新技术.北京:金盾出版社,1993

[5] 李宏喜,陈丽.实用果蔬保鲜技术.北京:科学技术文献出版社,2000

[6] 林焕章,张能唐.花卉病虫害防治手册.北京:中国农业出版社,1999

[7] 吕佩珂,李明远,吴矩文,等.中国蔬菜病虫原色图谱.北京:农业出版社,1992

[8] 戚佩坤.果蔬贮运病害.北京:中国农业出版社,1994

[9] 苏星,岑炳沾,陈庆雄,等.花木病虫害防治.广州:广东科技出版社,1985

[10] 孙象钧.观赏植物病虫害及其防治.北京:农业出版社,1991

[11] 王金友,王焕玉,冯明祥,等.苹果 梨 桃 葡萄病虫害防治手册.北京:金盾出版社,1990

[12] 徐明慧,苏星,张九能,等.园林植物病虫害防治.北京:中国林业出版社,1996

[13] 张中义.观赏植物真菌病害.成都:四川科学技术出版社,1992

[14] 中国农业科学院果树研究所,中国农业科学院柑橘所.中国果树病虫志.北京:中国农业出版社,1994

[15] 中国农业科学院植物保护研究所,中国植物保护学会.中国农作物病虫害(中册).3版.北京:中国农业出版社,2014

[16] 王磊,邰佐鹏,黄丽丽,等.防治苹果树腐烂病杀菌剂的室内筛选.植物病理学报,2009,39(5):549-554

[17] 张久慧,杨胜清,马贵龙.杀菌剂对葡萄白腐病、黑痘病病原菌的室内毒力测定.中外葡萄与葡萄酒,2014(2):18-22

[18] 姜山,朴杓允,石井英夫.亚洲梨黑星病菌致病性及其寄主抗病机制的研究进展.植物病理学报,2012,42(4):337-344.

[19] 徐玉芳,王晶,刘存宏,等.葡萄黑痘病、霜霉病药剂防治试验简报.植物保护,2006,32(2):100-101

[20] Tang W,Ding Z,Zhou Z Q,et al. Phylogenetic and Pathogenic Analyses show that the Causal Agent of apple ring rot in China is *Botryosphaeria dothidea*. Plant Disease, 2011,96:486-496

[21] Tsuge T,Harimoto Y,Akimitsu K,et al. Host-selective toxins produced by the plant

pathogenic fungus Alternaria alternate. FEMS Microbiol Rev,2013,37:44-66

[22] Wang X,Wei J,Huang L,et al. Re-evaluation of pathogens causing Valsa canker on apple in China. Mycologia,2011,103(2):317-24

[23] Zhu X Q,Niu C W,Chen X Y,et al. *Monilinia* Species Associated with Brown Rot of Cultivated Apple and Pear Fruit in China. Plant Disease,2016,100(11):2240-2250

[24] Zhu X Q,Chen X Y,Guo L Y. Population structure of brown rot fungi on stone fruits in China. Plant Disease,2011,95(10):1284-1291

第7章

园艺植物原核
生物病害

➤➤ **本章重点与学习目标**

1. 学习果树根癌病、柑橘溃疡病，重点掌握果树细菌病害的症状特点、病原特性、发生规律和控制措施。

2. 学习十字花科植物软腐病、茄科植物细菌性青枯病、黄瓜细菌性角斑病、十字花科蔬菜黑腐病，掌握蔬菜细菌病害的发生规律和防治措施。

3. 学习柑橘黄龙病、枣疯病，掌握软壁菌门原核生物的特点及其所致病害的特殊性。

根癌病(crown gall)又名冠瘿病,是多种果树、林木、花卉和瓜类上一类重要根部病害。该病是由土壤杆菌属(*Agrobacterium*)引起的一类世界性顽固病害。该属细菌寄主范围广,可侵染 93 科 331 属 800 多种植物,在生产上造成严重损失。

该病在欧洲、北美、非洲和亚洲的一些国家与地区发生普遍而严重。在我国辽宁、吉林、河北、北京、内蒙古、山西、河南、山东、湖北、重庆、云南、陕西、甘肃、安徽、江苏、上海、浙江等省(自治区、直辖市)都有分布。目前生产上危害显著的树种有樱桃、桃树、李子、杏树、葡萄、苹果、梨树、海棠、山楂、核桃、毛白杨、啤酒花、樱花、月季和玫瑰等。受害较重的树种有桃树、樱桃、葡萄、梨树、苹果,其中,北方以樱桃、桃树和葡萄发病较严重;南方以桃树发病较普遍。病树树势弱、生长迟缓、产量减少、寿命缩短,甚至引起死亡,影响苗木的质量以及果品的产量和品质。重茬苗圃、果园发病率在 20%～100%,发病重的果园甚至造成毁园。

【症状】

根癌病主要发生在根颈部,也发生于侧根和支根上,嫁接处较为常见;有时病害发生在茎部,所以也称冠瘿病。我国北方地区在葡萄蔓上常有发生。主要症状是在危害部位形成大小不一的癌瘤,初期幼嫩,后期木质化,严重时整个主根变成一个大癌瘤。受害部位的癌瘤形状、大小、质地因寄主不同而有差异。一般木本寄主的癌瘤大而硬,木质化;草本寄主的癌瘤小而软,肉质。癌瘤的形状通常为球形或扁球形,也可互相愈合成不规则形。癌瘤的数目少的为 1～2 个,多的超过 10 个。癌瘤的大小差异很大,小如豆粒,大如胡桃或拳头,最大的直径可达数十厘米。苗木上的癌瘤一般只有核桃大,绝大多数发生在接穗与砧木的愈合部分。初生癌瘤乳白色或略带红色,光滑,柔软,后逐渐变褐色乃至深褐色,木质化而坚硬,表面粗糙或凹凸不平。

【病原】

病原菌为土壤杆菌属(*Agrobacterium*)细菌。几十年来,土壤杆菌属先根据致病性分,其中引起根癌病的是根癌土壤杆菌[*A. tumefaciens*(E. F. Smith&Townsond)Conn.],引起发根的是发根土壤杆菌(*A. rhizogenes*),无致病性的是放射土壤杆菌(*A. radiobacter*)。种内再根据生理生化性状分为 3 个不同的生物型(biotype),即Ⅰ、Ⅱ和Ⅲ生物型。不同种内的同一生物型的生理生化性状是相同的。由于土壤杆菌属的致病性是由质粒控制的,是不稳定性状,不能作为鉴定性状;而生理生化性状是由染色体控制的,是稳定的遗传性状。因此,1990 年 Ophel 和 Keer 把生物型Ⅲ的根癌土壤杆菌定名为葡萄土壤杆菌(*A. vitis*);1993 年 Sawada 等(后经 Bouzar 修订)把生物型Ⅰ的根癌土壤杆菌称为根癌土壤杆菌(*A. tumefaciens*),生物型Ⅱ根癌土壤杆菌称为发根土壤杆菌(*A. rhizogenes*),改变了原来种的分类方法,把生物型上升为种。目前广为接受的与植物病害有关的土壤杆菌有 4 个种,即最普遍、引起众多植物冠瘿病的根癌土壤杆菌、引起毛根病的发根土壤杆菌、引起茎瘤病的悬钩子土壤杆菌(*A. rubi*)和引起葡萄冠瘿的葡萄土壤杆菌。土壤杆菌的致病性由其所带的质粒来决定,如果带 Ti 质粒就会导致根癌,带 Ri 质粒就会引起发根,不带致病质粒就没有致病性。

根癌土壤杆菌（A. tumefaciens）为短杆状细菌，单生或链生，大小为（1～3）μm×（0.4～0.8）μm，具1～6根周生鞭毛，有荚膜，无芽孢。革兰染色反应为阴性；在营养琼脂（NA）培养基上菌落白色、圆形、光亮、透明，在液体培养基上微呈云状浑浊，表面有一层薄膜。不能使明胶液化，不能分解淀粉。生长最适温度为25～28℃，最高37℃，最低0℃，致死温度为51℃（10 min）；最适酸碱度为pH 7.3，耐酸碱范围为pH 5.7～9.2。

【发病规律】

根癌病菌在癌瘤组织的皮层内越冬，或在癌瘤破裂脱皮时进入土壤中越冬。在土壤中能存活1年以上。雨水和灌溉水是病害传播的主要媒介。此外，地下害虫如蛴螬、蝼蛄、线虫等在病害传播上也起一定的作用。嫁接或人为因素造成的伤口，是病菌侵入植物的唯一通道。苗木带菌是远距离传播的重要途径。

根癌病菌的致病机制是病菌通过伤口侵入寄主后，将其诱癌质粒（Ti-plasmid/Tumor induced plasmid，该质粒上携带诱癌基因）上的一段能够促使植物生长素和细胞分裂素产生的T-DNA整合到植物的染色体DNA上。随着植物本身的生长代谢，T-DNA刺激植物细胞异常分裂和增生，形成癌瘤，而病原细菌的菌体并不进入植物的细胞。这一特点说明根癌病菌具有非常特殊的致病机制，一旦有根癌症状出现，就证明其T-DNA已经整合到植物细胞的染色体上，再用杀细菌剂杀细菌已无法抑制植物细胞的增生，也无法使癌瘤症状消失，同样也不能阻止癌瘤的发展和增大。从病菌侵入到显现癌瘤所需的时间，一般要经几周至1年以上。

影响发病的主要条件包括：

（1）温、湿度　土壤湿度的增高有利于病菌侵染及病害的发生。癌瘤形成与温度关系密切。根据番茄上的接种试验，癌瘤的形成以22℃时为最适合，18℃或26℃时形成的癌瘤细小，在28～30℃时癌瘤不易形成，30℃以上则几乎不能形成。

（2）土壤理化性质　土壤为碱性时有利于发病。在pH 6.2～8.0范围内均能保持病菌的致病力。当pH达到5或更低时，带菌土壤即不能引起植物发病。土壤黏重、排水不良的果园发病多；土质疏松、排水良好的沙质壤土发病少。

（3）嫁接方式　嫁接口的部位、接口大小及愈合的快慢均能影响发病。在苗圃中，切接苗木伤口大，愈合较慢，加之嫁接后要培土，伤口与土壤接触时间长，染病机会多，因此发病率较高；而芽接苗木接口在地表以上，伤口小，愈合较快，嫁接口很少染病。

此外，耕作不慎或地下害虫、线虫危害等使根部受伤，有利于病菌侵入，增加发病机会。

【控制措施】

鉴于根癌病菌主要存在于土壤中，所以防治时间以在种子或苗木接触未消毒的土壤之前为好，这样才能从根本上阻止根癌病菌的侵入。

核果类果树根癌病（生物型Ⅰ、Ⅱ癌瘤病菌为主）属于局部侵染，而葡萄的根癌病（生物型Ⅲ根癌病菌）属于系统侵染。由于所有的根癌病菌均是以伤口作为唯一的侵入途径，而且是以同样的致病机制使植物发病，因此，避免产生伤口、保护伤口、促进伤口愈合是最好的预防措施。

目前杀细菌剂种类还不多，效果和成本难以被生产上广泛接受，且持效期较短。因此利用抗根癌生物制剂保护伤口是切实可行的途径。对于系统侵染的根癌病，要以生物防治结合抗病品种进行防治，抗病品种不仅要抗根癌病菌的侵染，同时要具有抗寒的特性，减少冻害以降低根癌病菌侵染的机会;栽培上也要尽量避免产生伤口。

对于已经出现症状的植株可以用先刮除癌瘤后保护伤口的方法来减轻危害。由于根癌病具有特殊的致病机制,该病的防治必须要以预防为主,用刮除癌瘤的方法治疗是被动的措施,费工费时,而且效果取决于对癌瘤的刮除程度,尤其对于大的癌瘤很难操作。预防要从侵染特点入手,切断其"土壤—伤口—苗木"的侵染和传播的途径,结合园艺措施进行综合治理。

(1)加强苗木检疫 要加强对调运苗木的检疫,禁止携带癌瘤苗木的调运。

(2)加强栽培管理,解决土壤带菌问题 主要通过土壤处理和轮作,但是土壤处理费工费时,成本高,适用于面积较小的苗圃,对规模较大的定植园可操作性差;轮作措施也因为根癌病菌的寄主范围太广而难以有效实施,小规模的育苗地可以与禾本科作物轮作。生产上应该选择无病土壤作苗圃,已发生过根癌病的土壤或果园不能作为育苗基地。碱性土壤的果园,应适当施用酸性肥料或增施有机肥料,以改变土壤环境,不利于病菌存活。

(3)抗病品种的应用及改进嫁接方法 抗病砧木的应用应该是效果较好、使用方便的措施,燕山葡萄(V. yeshanesis)、北京对樱等是近年发现抗性较好的砧木。嫁接苗木宜采用芽接法,避免伤口接触土壤,减少染病机会。嫁接工具在使用前须用75%酒精消毒,防止人为传播。

(4)生物防治 自1972年以来,澳大利亚、美国等广泛应用放射土壤杆菌 K84(A. Radiobacter K84)防治桃树根癌病,获得良好的防治效果,从此为根癌病的生物防治提供了一条有效的途径。

放射土壤杆菌 K84 是一种根际细菌,它能在根部生长繁殖,并产生特殊的选择性细菌素——土壤杆菌素 K84(Agrocin-84)。经试验测定,不同根癌病菌对土壤杆菌素 K84 的反应不一样。例如核果类果树根癌病的菌株对它是敏感的,所以用 K84 防治桃根癌病有效,而用 K84 防治葡萄根癌病则是无效的,因为两者属于不同的生物型。K84 是一种保护剂,只有在病菌侵入前使用才能获得良好的防治效果。中国农业大学王慧敏等(2000)研究成功的抗根癌菌剂($2×10^6$ CFU/g 土壤杆菌湿粉)已经获准农药登记和工业化生产,对多种果树根癌病防治效果显著。

(5)保护伤口 根癌病菌唯一的侵入途径就是植物的伤口,包括大的伤口和冻伤等微伤,因此避免产生伤口、保护伤口或促进伤口愈合,阻止病菌的侵入,是直接有效的防病措施。在伤口保护剂方面,傅建敏等(2010)报道定量药物溶液(壳寡糖柠檬酸盐愈伤剂、福美双)与黏土混合搅拌获得含药物的黏土泥浆(1 000 g 黏土加 450 mL 配好的药液),使药物泥浆充分包裹苗木根系,构成伤口保护层,较好地预防苗木感染根癌病。利用播种、移栽和定植等机会对种子和苗木使用抗根癌菌剂进行拌种和蘸根,在种子和苗木接触土壤之前使菌剂附着在种子和苗木的表面,可以有效地保护伤口。

(6)手术治疗 在果树上发现癌瘤时,先用刀彻底切除癌瘤,然后用福美双涂刷切口,再在切口处蘸浸抗根癌菌剂产品。切下的癌瘤应随即烧毁。

此外,由于地下害虫和线虫危害会造成果树根部受伤,增加根癌病发病概率。因此,及时防治地下害虫和线虫,可以减轻发病。

总之,根癌病是个顽症,发生情况复杂,但是只要抓住其主要特点和薄弱之处,采取一种或两种方法为主,配合其他方法进行综合治理,完全可以控制根癌病的危害。

7.2　十字花科植物软腐病

细菌性软腐病（bacterial soft rot）是园艺植物上一种重要的细菌病害,尤其在十字花科蔬菜上危害最重。十字花科蔬菜软腐病,也称"烂葫芦""烂疙瘩"或"水烂"等,我国种植大白菜的地区都有发生。在田间,可以造成白菜成片无收,病害流行年份,造成大白菜减产50%以上。在窖内,可以引起全窖腐烂。该病除危害白菜、甘蓝、萝卜、花椰菜等十字花科蔬菜外,还危害马铃薯、番茄、辣椒、大葱、洋葱、胡萝卜、芹菜、莴苣等茄科和豆科、伞形科、葫芦科的多种蔬菜以及鸢尾、唐菖蒲、仙客来、百日草、羽衣甘蓝、马蹄莲、风信子等观赏植物。

【症状】

软腐病的症状因病组织和环境条件不同而略有差异。一般柔嫩多汁的组织被侵染初期,呈浸润半透明状,后变褐色,组织崩解成黏滑软腐状。而角质化少汁的组织受侵染后,先呈水浸状,逐渐腐烂,但最后患部水分蒸发,组织干缩。在高温、高湿季节,田间易发病。白菜、甘蓝被侵染,起初植株外围叶片出现黄化,在烈日下表现萎垂,但早晚仍能恢复。随着病情的发展,这些外叶不再恢复,露出叶球。发病严重的植株结球小,叶柄基部和根茎处心髓组织完全腐烂,充满灰黄色黏稠物,臭气四溢,易用脚踢落。采种株腐烂有从根髓或叶柄基部向上发展蔓延,引起全株腐烂的;也有从外叶边缘或心叶顶端开始向上发展,或从叶片虫伤处向四周蔓延,最后造成整个菜头腐烂的。腐烂的病叶,在晴暖、干燥的环境下,可失水干枯变成薄纸状。

萝卜、芜菁被害初期,根冠污白色,呈水浸状,叶柄则如热水烫过般软化。发病严重时,萝卜髓部腐败软化、消失变空,并发生恶臭味,叶也软化腐败。但该病与黑腐病的区别在于根不变黑色。有时发病较轻时,可从根冠发出新叶并呈畸形。侵害番茄茎及果实,茎部被害时,髓部腐败、消失变空,并发出恶臭味,局部纵裂并于该处倒伏而枯死,易与青枯病混淆,但该病被害茎横断面可见髓部腐败现象,而青枯病则仅维管束被害,横断面呈暗褐色。如在果实上发病则呈日烧状,外皮成半透明的薄层,继而外观呈火烧状,果肉腐败软化发出恶臭味,变色,幼果较易被侵害。马铃薯发生于叶、茎及块茎。由近地面处的叶片开始感染而渐次向下方蔓延。在叶片及叶柄上生出暗绿色或暗褐色不规则病斑,逐渐扩大而后引起腐败。茎上产生暗褐色条斑,髓部软腐、消失变空,茎倒伏。块茎则由茎或伤口开始发病,表面淡褐色,多处流出汁液,内部崩坏而解离,发出特殊恶臭味。青椒以发生于未熟果为主,产生黄褐色或黄白色不规则状病斑,周围呈水渍状。发病严重时,果实内容物腐败消解,只剩纤维及外皮。果实被侵害后,通常自果梗附近处脱落,但偶尔也呈白色干枯状留于枝上。病原菌往往由害虫造成的伤口侵入,在病斑中央常可见小孔。叶片上产生淡褐色、近圆形的小斑点,中心半透明变薄,周围变褐色稍隆起。茎上则生出纺锤形斑点,中央灰白色,周缘呈紫褐色。

葱类则主要发生在幼苗的茎基部,呈水浸状软腐并发出恶臭味,茎叶凋萎倒伏;病情发展后,则容易自鳞茎脱离。洋葱鳞茎则由表层开始腐败,在贮运过程中病害发展迅速。雨天收获的洋葱被害较多,病菌以伤口侵入为主。

胡萝卜则以根部发病为主,被害株地上部分表现为初期叶变黄凋萎,发病严重时成青枯状。地下根部为水浸状软化,若拔起观察时,表皮呈灰色或褐色,内部腐败软化发出特有的恶臭味,严重时,内容物消失变空。被害部分与健康部分界明显,存在渐变区域。

芋头以地上部发病为主,叶片变黄且稍有卷缩,叶柄水浸状,变暗绿色。发病严重时,叶及叶柄腐败软化而倒伏,并逐渐消失。芋头偶尔也发病,切断后观察时中心部呈暗红色,呈放射状,之后变黑腐败。

芹菜发病,在叶柄上出现纺锤形或不规则形的病斑,呈水浸状软化而腐败,发出恶臭味。湿度过大时病害发生严重,植株仅存维管束而全株腐败。罹病株叶片下垂,叶色黄化易于分辨。气候干燥时病害发展缓慢,患病部位变黑褐色。

【病原】

病原菌为胡萝卜果胶杆菌胡萝卜亚种(*Pectobacterium carotovorum* subsp. *carotovorum*,原名为 *Erwinia carotovora* subsp. *carotovora*)。菌体短杆状,周生鞭毛 2~8 根,大小为(0.5~1.0)μm×(2.2~3.0)μm,无荚膜,不产生芽孢,革兰染色阴性反应。在琼脂培养基上菌落为灰白色,圆形至变形虫形,稍带荧光,边缘明晰。

病原细菌生长温度为 4~36℃,最适为 25~30℃。对氧气的要求不严格,在缺氧条件下也能生长。在 pH 5.3~9.3 范围都能生长,但以 pH 7~7.2 为最好。致死温度为 50℃,不耐干燥和日光。病菌脱离寄主单独存于土壤中,只能存活 15 天左右。病菌通过猪的消化道以后全部死亡。

软腐果胶杆菌的致病机制主要是通过向胞外分泌植物细胞壁降解酶,包括果胶酶、蛋白酶和纤维素酶,导致植物细胞壁降解、组织消融。在腐烂过程中还可遭受其他腐败细菌的介入,分解细胞蛋白质,产生吲哚,因而病部发出臭味。

【发病规律】

软腐病菌主要在病株和病残体组织中越冬。我国南方终年种植十字花科蔬菜的地区,不存在越冬问题。田间发病的植株、土壤中、堆肥里、春天带病的采种株以及菜窖附近的病残体上都有大量病菌,是重要的初侵染来源。病菌主要通过昆虫、雨水和灌溉水传播,从伤口(包括自然裂口、虫伤口、病痕和机械伤口)侵入寄主。由于病菌的寄主范围十分广泛,所以能从春到秋,在田间各种蔬菜上传播繁殖,不断危害,最后传到白菜、甘蓝、萝卜等秋菜上。影响发病的因素以十字花科白菜的发病因素研究较多,现叙述如下。

(1)白菜不同生育期的愈伤能力与发病的关系　软腐病多发生在白菜包心期以后,其重要原因之一,是白菜不同生育期的愈伤能力不同。试验证明,白菜幼苗期受伤,伤口 3 h 即开始木栓化,经 24 h 木栓化即可达到病菌不易侵入的程度。而莲坐期以后,受伤 12 h 才开始木栓化,经 72 h 木栓化才能达到不能侵染的程度。白菜不同生育阶段的愈伤能力对环境的反应也不同。幼苗期对温度不敏感,在 15℃和 32℃,伤口细胞木栓化的速度差异不大,而成株期的愈伤能力却对温度很敏感,26~32℃需经 6 h 伤口开始木栓化,15~20℃时,则需12 h;7℃时更需 24~48 h,才能达到同等程度。由于软腐病菌从伤口侵入,所以寄主愈伤组织形成的快慢直接影响到病害发生的轻重。

(2)白菜的伤口种类与发病的关系　根据黑龙江省的调查,该地区白菜生育后期植株上的伤口有自然裂口、虫伤、病伤和机械伤四种,引起软腐病发病率最高的是叶柄上的自然裂口,其次为虫伤。这些自然裂口又以纵裂为主,多发生在久旱降雨以后,病菌从这种裂口侵入后,发展迅速,造成的损失最大。其他多数地区则以虫伤侵入为主。

（3）昆虫与发病的关系　昆虫与软腐病发生的关系十分密切。一方面由于昆虫在白菜上造成的伤口,有利于软腐病菌侵入;另一方面,有的昆虫体内外携带病菌,直接起了传染和接种的作用。据报道,黄条跳甲、花菜椿象的成虫,菜粉蝶与大猿叶虫的幼虫的口腔、肠管内都有软腐病菌。蜜蜂、麻蝇、芫菁叶蜂和小菜蛾等昆虫的体内外也带菌（体表带菌较多）,其中麻蝇、花蝇传带能力最强,可作长距离传播。东北地区的白菜和甘蓝软腐病的发生,与地蛆（萝卜蝇幼虫）和甘蓝夜盗虫、甘蓝夜蛾幼虫的危害有关,凡是虫口率高的地块,发病就重。金针虫、蝼蛄和蛴螬等造成的伤口也能导致发病。由此可见,防治害虫对防治软腐病有极为重要的意义。

（4）气候与发病的关系　气候条件中以雨水与发病的关系最大。白菜包心以后,如遇多雨,往往发病严重。原因是多雨易使气温偏低,不利于白菜伤口愈合,同时促使害虫向菜内钻藏,软腐病菌随害虫进入而致病。此外,研究表明在风雨交加天气条件下,植物病原细菌还可以通过菌体与空气中水分形成气溶胶,借助大气流动实现远距离扩散传播。

（5）栽培措施与发病的关系

①高畦与平畦。高畦土壤中氧气充足,不易积水,有利于寄主的伤愈组织形成,减少病菌侵入的机会,故发病轻;平畦地面易积水,土壤中缺乏氧气,不利于寄主根系或叶柄基部伤愈组织的形成,而发病重。

②间作与轮作。白菜与大麦、小麦、豆类等作物轮作发病轻,与茄科和瓜类等蔬菜轮作发病重。其原因可能是各种作物的根际微生物类群不同,软腐病菌受某些作物根际微生物的拮抗作用而迅速消亡。茄科、瓜类蔬菜本身感病,因此其残体上保存有大量菌源,容易传染。有的前作害虫多,容易使白菜遭受虫害,造成更多的传染机会。

③播种期。播种期早,白菜包心早,感病期也提早,发病一般都较重。但与当年雨水有关,在雨水多、雨水早的年份,这种影响更为明显。

④施肥。氮肥过多,使白菜含水量较大而发病较重。

（6）品种与发病的关系　白菜品种间存在抗病性的差异。疏心直筒的品种,由于外叶直立,垄间不荫蔽,通风良好,在田间发病比外叶近地的球形、牛心形的品种发病轻。多数柔嫩多汁的白帮品种,抗病性都不如青帮品种。抗病毒病和霜霉病的品种,也抗软腐病。

【控制措施】

防治软腐病应以加强栽培管理,防治虫害,利用抗病品种为主。再结合药剂防治,才能收到较好的效果。

（1）加强栽培管理

①避免将白菜、甘蓝、萝卜等秋菜种在低洼、黏重的地块上。发病重的地块应实行三年以上的轮作,宜与禾本科、豆类和葱蒜等作物轮作。

②提早耕翻整地,可以改进土壤性状,提高肥力、地温,促进病残体腐解,减少病菌来源和减少害虫。

园艺植物病理学（第3版）

③采用垄作或高畦栽培,有利于排水防涝,减轻病害的发生。

④增施底肥,及时追肥。白菜幼苗缺水、缺肥、长势不良,后期多雨,叶柄上容易产生自然裂口。底肥足,早追肥,使苗期生长旺盛,后期植株耐水、耐肥,自然裂口少,病害发生轻。

⑤适期播种。早播易使包心期的感病阶段与雨季相遇,发病重。迟播包心期后延,有利于防病。但过迟又影响产量。应根据品种特性、气候条件和灌溉条件等掌握适期晚播。

⑥及时清除病株。田间发现重病株,应及时收获或拔除,以减少菌源,防止蔓延。特别是大雨前和灌水前应先检查处理。拔除后,穴内可填以消石灰进行灭菌。

(2)防治害虫　早期应注意防治地下害虫。从幼苗期起就应防治黄条跳甲、菜青虫、小菜蛾、猿叶虫、地蛆和甘蓝夜盗虫等,对防治白菜、萝卜的软腐病效果十分显著。

(3)选用抗病品种　选育和应用抗病品种,是防治十字花科蔬菜软腐病的重要途径。同样,抗十字花科蔬菜软腐病的品种也抗病毒病和霜霉病。较抗病的大白菜品种有:北京大青口、包头青、塘沽青麻叶、山东城阳青、河北育青、东北的开源白菜、跃进一号、牡丹江一号等。但是,目前有的地区存在品种抗病性与品质和早熟性的矛盾,还有待于进一步研究解决。利用抗病品种应注意提纯复壮,以保持品种的抗病性。此外,利用杂交一代优势,也是提高品种抗病性的一种方法。

(4)药剂防治　在发病前或发病初期可以采用化学防治方法,防止病害蔓延。施药应以轻病株及其周围的植株为重点,以在接近地表的叶柄及茎基部为喷雾靶标。常用药剂有:氯溴异氰尿酸、噻菌铜、噻森铜或枯草芽孢杆菌。

7.3　茄科植物细菌性青枯病

茄科植物细菌性青枯病(bacterial wilt of nightshade family)是一种广泛分布于热带、亚热带和某些温带地区的世界性病害,是多种农作物减产的主要原因。该病可危害以茄科为主的44个科的300多种植物。我国福建、广东、广西、四川、云南、湖南、江西、浙江、上海、江苏、安徽等省(自治区、直辖市)都有分布。一般以番茄、马铃薯、茄子、芝麻、花生、大豆、萝卜、辣椒等茄科蔬菜以及烟草、桑、香蕉等经济作物受害较重。

【症状】

(1)番茄　番茄苗期不表现症状,植株长到30 cm高以后才开始发病。首先是顶部叶片萎垂,以后下部叶片凋萎,而中部叶片凋萎最迟。病株最初白天萎蔫,傍晚以后恢复正常,如果土壤干燥、气温高,两三天后病株即不再恢复而死亡,叶片色泽稍淡,但仍保持绿色,故称青枯病。在土壤含水较多或连日下雨的条件下,病株可持续1周左右才死去。病茎下端往往表皮粗糙不平,常发生大而且长短不一的不定根。天气潮湿时病茎上可出现1~2 cm大小、初呈水渍状后变为褐色的斑块。病茎木质部褐色,用手挤压有乳白色的黏液渗出,这是该病的重要特征。

(2)马铃薯　马铃薯被害后,叶片自下向上逐渐萎垂,4~5天后全株茎叶萎蔫死亡,但茎叶色泽仍为青绿色。切开病株上的薯块和近地面茎部,可见维管束变褐色,受挤压后也有乳白色的黏液渗出,其症状与番茄病株上的相似。

(3)茄子　茄子被害,初期个别枝条的叶片或一张叶片的局部呈现萎垂,后逐渐扩展到整株枝条上。病株茎面没有明显的症状,但将茎部皮层剥开,可见木质部呈褐色。这种变色从根颈部起可以一直延伸到上面枝条的木质部。枝条里面的髓部大多腐烂空心。挤压病茎的横切面,也有乳白色的黏液渗出。

【病原】

病原菌为青枯劳尔氏菌(*Ralstonia solanacearum*)。菌体短杆状,两端圆,大小为 $(0.9\sim2)\,\mu m \times (0.5\sim0.8)\,\mu m$,一般为 $1.1\times0.6\,\mu m$,极生鞭毛 $1\sim3$ 根。在琼脂培养基上形成污白色、暗褐色乃至黑褐色的圆形或不整圆形菌落,菌落平滑,有光泽。革兰染色阴性反应。生长最适温度为 $30\sim37℃$,最高 $41℃$,最低 $10℃$,致死温度为 $52℃$ $10\ min$。对酸碱性的适应范围为 pH $6.0\sim8.0$,以 pH 6.6 为最适。此菌经长期人工培养后易失去致病力。

病菌的不同菌株在寄主范围、地理分布、致病性、流行病学关系以及生理特征等方面有许多不同。建立一个合理的菌株分类关系对于青枯病的流行学和防治是十分重要的。在过去的 30 多年中,一直使用着双重分类系统:一是为强调寄主亲和性而建立的生理小种,另一个是利用选择的生化特征作为划分生物型的基础。小种和生物型是亚种下的一个非正式分类单元,并未得到《细菌命名法规》的承认。目前青枯劳尔氏菌有 5 个小种,也有 5 个生物型。基于 DNA 探针和 RFLP 分析的结果表明,生物型 1 和 2 与生物型 3、4、5 有所不同。各生物型的地理分布有明显的区别,这意味着其进化起源的不同。一般说来,生物型 1 在美国占优势,生物型 3 则在亚洲占优势,生物型 1 在亚洲大部分地区没有发现。生物型 2、3 和 4 在澳大利亚、中国(还有生物型 5)、印度、印度尼西亚和斯里兰卡均发现过。只有在菲律宾生物型 1~4 均有。在亚洲的低海拔地区,是以生物型 3 占优势的。生物型 2 的广泛分布可能反映了种薯中有潜伏的病原物。

寄主专化性和表型特征之间的关系在生理小种 3(马铃薯小种)和生物型 2 之间最为清晰。

【发病规律】

病原细菌主要以病残体遗留在土中越冬。它在病残体上能营腐生生活,即使没有适当的寄主,也能在土壤中存活 14 个月乃至更长的时间。病菌从寄主的根部或茎基部的伤口侵入,在维管束的螺纹导管内繁殖,并沿导管向上蔓延,以致将导管阻塞或穿过导管侵入邻近的薄壁细胞组织,使之变褐腐烂。整个输导组织被破坏后,茎、叶因得不到水分的供应而萎蔫。

田间病菌除了可通过农具、家畜等传播之外,主要有以下几种传播途径。

(1)种植材料的转移 细菌性青枯病可以在多种植物材料之间转移。马铃薯细菌性青枯病经由带病种薯在国家和地区间进行传播。

(2)附生存活 有些证据表明病菌也可以以附生状态生存和传播。尽管青枯劳尔氏菌很少被报道有叶部侵染,但也发现了在高湿条件下,一个菌株可以从受侵染的辣椒种子和番茄种子上传播到子叶上。

(3)杂草寄主和保护性生存场所 这些庇护场所包括植株残片、潜伏侵染的马铃薯薯块、深层土壤和杂草根围等。

影响发病的因素如下:

①温、湿度与发病的关系。高温和高湿的环境适于青枯病的发生,故在我国南方发病重,而在北方则很少发病。温度中尤以土壤温度与发病的关系更为密切。一般在土温 20℃左右时病菌开始活动,田间出现少量病株,土温达到 25℃左右时病菌活动最盛,田间出现发

病高峰。例如,四川重庆市郊 1965 年 5 月上旬气温为 21.2℃、地温(10 cm)为 21.9℃ 时开始发病;5 月中旬气温为 23.1℃,地温为 23.5℃,特别是 5 月 20 日气温升高到 27.2℃,地温升高到 26.9℃,5 月 17～23 日进入发病高峰期;至 6 月 4 日检查,植株全部死亡。

雨水多、湿度大也是发病的重要条件。雨水的流动不但可以传播病菌,而且下雨后土壤湿度加大,特别是土壤含水量达 25% 以上时根部容易腐烂和产生伤口,有利于病菌侵入。故在久雨后转晴,气温急剧上升会造成病害的严重发生。在我国南方,气温一般容易满足病菌的要求,因此降雨的早晚和多少往往是发病轻重的决定性因素。

②栽培技术与发病的关系。一般高畦发病轻,低畦发病重。这是由于高畦排水良好,而低畦不利于排水的缘故。番茄定植时,穴开得不好,容易积水,如穴中间土松四周土紧,雨后造成局部积水,也易引起病害发生。

土壤连作发病重,合理轮作可以减轻发病。微酸性土壤青枯病发生较重,而微碱性土壤发病较轻。若将土壤酸度从 pH 5.2 调到 pH 7.2 或 pH 7.6,可以减少病害发生。施用氮肥时,施硝酸钙的比施硝酸铵的发病轻,多施钾肥可以减轻病害发生。

番茄生长后期中耕过深,损伤根系会加重发病。幼苗健壮,抗病力强;幼苗瘦小,抗病力弱。

【控制措施】

(1)轮作　一般发病地实行 3 年的轮作,重病地实行 4～5 年的轮作。有条件的地区,与禾本科作物特别是水稻轮作效果最好。茄科植物可以与瓜类作物进行轮作,应避免与其他茄科作物轮作。

(2)调节土壤酸度　青枯病菌适宜在微酸性土壤中生长,可结合整地撒施适量的石灰,使土壤呈微碱性,以抑制病菌生长,减少发病。至于每亩(667 米^2)石灰用量多少,则要根据土壤的酸度而定,一般每亩(667 米^2)施 50～100 kg。

(3)改进栽培技术　选择通透性好的无病菌地块作为苗床。适期播种,培育壮苗。番茄幼苗要求节间短而粗,这样的幼苗抗病力强。徒长或纤细的幼苗抗病力弱,应予以淘汰。幼苗在移栽时宜多带土,少伤根。地势低洼或地下水位高的地方需作高畦深沟,以利于排水。

注意中耕技术。番茄生长早期中耕可以深些,以后宜浅,到番茄生长旺盛后要停止中耕,同时避免践踏畦面,以防伤害根系。在施肥技术上,注意氮、磷、钾肥的合理配合,适当增施氮肥与钾肥。喷洒 1:100 000 硼酸液作根外追肥,能促进寄主维管束的生长,提高抗病力。

番茄提倡早育苗、早移栽,避开夏季高温,在发病盛期前番茄已进入结果中后期,可避免发病损失。也可选栽早熟品种,如选栽早熟品种"北京早红",要比其他中晚熟品种提早一个月成熟,避开了青枯病的严重危害期。

(4)选用无病种薯和种薯药剂处理　马铃薯青枯病主要由种薯传病,所以应严格挑选种薯。在剖切块茎时,发现有维管束变黑褐色或溢出乳白色脓状黏液的块茎,必须剔除。剖切过病薯的刀,也要用 20% 的福尔马林稀释液消毒或沸水煮过后再用。

(5)化学防治　田间发现病株应立即拔除销毁。病穴可灌注 20% 石灰水消毒,也可于病穴撒施石灰粉。在发病初期喷噻菌铜悬乳剂和氢氧化铜水分散粒剂均能显著降低马铃薯青枯病发病病级和提高马铃薯产量。

(6)生物防治　植物青枯病和其他的土传病害一样,难以用化学方法防治同时控制农药残毒。生物防治可利用的有益微生物,主要包括芽孢杆菌属(*Bacillus*)、假单胞菌属和链霉菌属(*Streptomyces*)等三属细菌和菌根真菌。

7.4 黄瓜细菌性角斑病

黄瓜细菌性角斑病(bacterial angular leaf spot of cucumber)在华东、华北及东北等地发生较多,危害叶片、果实,严重时叶片干枯,果实腐烂,造成严重减产。该病只在黄瓜上发生。

【症状】

该病主要危害叶片,也危害果实和茎蔓。叶片受害,叶正面病斑呈淡褐色,背面受叶脉限制呈多角形,初期呈水渍状,后期病斑中央组织干枯而脱落。果实及茎上病斑初期呈水渍状,表面可见乳白色细菌菌脓。果实上病斑可向内扩展,沿维管束的果肉逐渐变色,并可蔓延到种子。幼苗也可被害,子叶上初生水渍状圆斑,稍凹陷,后变褐色干枯,如果病部向幼茎蔓延,可引起幼苗软化死亡。

【病原】

病原菌为丁香假单胞菌黄瓜致病变种(*Pseudomonas syringae* pv. *lachrynams*)。菌体短杆状,大小为 0.8 μm×(1.0~1.2) μm,具 1~5 根单极生鞭毛,革兰染色阴性,不抗酸性,好气性。发育适温为 25~28℃,最高 35℃;致死温度为 49~50℃ 10 min;酸碱度范围 pH 5.9~8.8,以 pH 6.8 为最适。

【发病规律】

病菌在种子内或随病残体遗留在土壤中越冬,通过雨水、昆虫和农事操作等多种途径传播,主要从气孔、水孔及皮孔等自然孔口侵入。如播种带菌种子,种子萌发时即侵染子叶,在子叶背面病斑上产生乳白色菌脓,通过风、雨及昆虫等传播进行再侵染。

【控制措施】

(1)选无病瓜留种　种子如有带菌嫌疑,用 40%福尔马林 150 倍液浸种 1.5 h 后,充分洗净晾干,或在 50℃温水中浸种 20 min。

(2)用无病土育苗　与非瓜类作物实行 2 年以上的轮作。

(3)加强田间管理　生长期及收获后清除病叶、蔓,并进行深翻。

(4)药剂防治　发病初期用噻菌铜悬浮剂和氢氧化铜水分散粒剂喷雾防治。

7.5 柑橘溃疡病

柑橘溃疡病(citrus canker)是一种世界性重要病害,为国内外植物检疫对象。我国广东、广西、福建、台湾、江西、浙江、江苏、湖南、湖北、贵州、四川等地均有分布。溃疡病危害柑橘叶片、枝梢与果实,以苗木、幼树受害最重,造成落叶、枯梢,削弱树势和降低产量;果实受害,重的引起落果,轻的带有病疤,影响品质。这不仅降低经济价值,并且严重影响外销。

【症状】

主要侵害柑橘新梢枝叶和未成熟的果实。叶片受害,开始于叶背出现黄色或暗黄绿色针头大小的油渍状斑点,逐渐扩大;同时叶片正、背两面均逐渐隆起,成为近圆形、米黄色的病斑。不久,病部表皮破裂,呈海绵状,隆起更显著,木栓化,表面粗糙,灰白色或灰褐色,后病部中心凹陷,并现微细轮纹,周围有黄色或黄绿色的晕环,在紧靠晕环处常有褐色的釉光边缘。病斑大小依品种而异,一般直径在 3~5 mm。有时几个病斑互相愈合,形成不规则形的大病斑。后期病斑中央凹陷成火山口状开裂。

枝梢受害以夏梢为严重。病斑特征基本与叶片上相似,开始出现油渍状小圆点,暗绿色或蜡黄色,扩大后成为灰褐色,木栓化,比叶片上的病斑更为隆起,病斑中心如火山口状开裂,但无黄色晕环,严重时引起叶片脱落,枝梢枯死。

果实上病斑也与叶片上相似,但病斑较大,一般直径为 4~5 mm,最大的可达 12 mm,木栓化程度比叶部更强。病斑中央火山口状的开裂也更为显著。有些品种在病健交界处有深褐色釉光边缘。由于品种的不同,釉光边缘的宽狭及隐显有差异,如釉光边缘在巨橘上宽而显著;在朱红和甜橙上较狭小,不显著;乳橘、本地早和早橘则无明显的釉光边缘。病斑限于果皮上,发生严重时引起早期落果。

溃疡病危害果实的症状,在发展过程中的某一时期,与疮痂病很相像,常易混淆。其区别在于:溃疡病初期,病斑油胞状突起半透明,稍带浓黄色,顶端略皱缩;如用切片检查,可见中果皮细胞膨大,外果皮破裂,病部与健全组织间一般无离层,病组织内可发现细菌。疮痂病初期,病斑油胞状突起半透明,清晰,顶端无皱纹,切片检查可见中果皮细胞增生,外果皮不破裂,病部与健全组织间有明显离层,病组织中可发现菌丝体,有时能检查到分生孢子梗和分生孢子。溃疡病病斑与健部分界处一般有深褐色狭细的釉光边缘,而疮痂病则无。

这两种病害在叶片上的症状,区别较为容易。溃疡病病斑表里突破,呈现于叶的两面,病斑较圆,中央稍凹陷,边缘显著,外围有黄色晕环;疮痂病病斑仅呈现于叶的一面,表里不突破,一面凹陷,另一面凸起,病斑较不规则,外围无黄色晕环。溃疡病病叶外形一般正常,而疮痂病病叶常畸形。

【病原】

病原菌为柑橘黄单胞菌柑橘致病亚种(*Xanthomonas citri* subsp. *citri*)。菌体短杆状,两端圆,大小为(1.5~2.0) μm×(0.5~0.7) μm,极生单鞭毛,能运动,有荚膜,无芽孢。革兰染色阴性反应,好气性。在马铃薯琼脂培养基上,菌落圆形,蜡黄色,有光泽,全缘,微隆起,黏稠。

病菌生长适温为 20~30℃,最低 5~10℃,最高 35~38℃,致死温度 55~60℃ 10 min。故此病在亚热带地区发生较重。病菌耐干燥,在一般实验室条件下能存活 120~130 天,但在日光下暴晒 2 h 即死亡;耐低温,冰冻 24 h,生活力不受影响。适于病菌发育的酸碱度范围为 pH 6.1~8.8,最适为 pH 6.6。根据国外报道,由于柑橘溃疡病对许多柑橘属的植物有不同的致病性,至少可以分为 3 个菌系(strain),菌系 A 对葡萄柚、墨西哥莱檬和甜橙的致病性最严重,菌系 B 对柠檬的致病性较严重,而菌系 C 仅侵害墨西哥莱檬,故后者亦称为墨西哥莱檬专化型。3 个菌系对几种柑橘属植物的相对致病性见表 7-1。

表 7-1　柑橘溃疡病菌 3 个菌系对 5 种柑橘属植物的相对致病性

学名	普通名称	菌系 A	菌系 B	菌系 C
Citrus sinensis	甜橙	+++	+	—
C. paradisi	葡萄柚	++++	+	—
C. limon	柠檬	+++	+++	—
C. reticulata	柑橘	+	+	—
C. aurantifolia	墨西哥莱檬	++++	++++	++++

病菌主要侵染芸香科的柑橘属和枳壳属,金橘属亦可侵染。此外,根据巴西报道,酸草 [*Trichachne insularis*（L.）Nee.]也是此菌的寄主。

【发病规律】

病菌潜伏在病组织(病叶、病梢、病果)内越冬,尤其是秋梢上的病斑为其主要越冬场所。翌年春季在适宜的条件下,病部溢出菌脓,借风雨、昆虫和枝叶接触传播至嫩梢、嫩叶和幼果上,幼嫩组织上须保持 20 min 的水膜层,细菌才能从气孔、皮孔或伤口侵入。病菌侵入后,于温度较高时,在寄主体内迅速繁殖并充满细胞间隙,刺激细胞增生,使组织肿胀。潜育期的长短取决于柑橘品种、组织老熟度和温度,一般为 3～10 天。溃疡病菌还有潜伏侵染现象,从外观健康的温州蜜柑枝条上可分离到病菌;有的秋梢受侵染,冬季不显现症状,而至翌年春季才显现症状。这在植物检疫上和采取接穗育苗时需要注意。病害远距离传播主要通过带菌苗木、接穗和果实等繁殖材料。

日本后藤正夫等报道,在春季人工接菌的情况下,柑橘溃疡病菌在杂草和稻草上能存活 40～90 天,在土壤中能存活约 60 天。在秋季人工接菌时,病菌在结缕草(*Zoysia japonica*)、香根草(*Vetiveria zizanioides*)及稻草上能存活 200～300 天,在土壤中存活约 150 天,在夏橙根部存活约 300 天。根据试验结果认为柑橘溃疡病菌可区分为两个生态型,即寄生生态型和腐生生态型。

影响发病的因素有:

(1)气候因素　在气温 25～30℃下,雨量与病害的发生呈正相关。高温多雨季节有利于病菌的繁殖和传播,发病常严重。感病的幼嫩组织,只有在高温多雨的气候条件下易受侵染,雨水是病菌传播的主要媒介。病菌侵入需要组织表面有 20 min 以上的水膜,故雨量多的年份或季节,病害发生亦重。雨量的多少还与病斑的大小有关,春梢期气温低,雨量少,病斑较小;夏秋梢期高温多雨,则病斑较大。干旱季节,柑橘虽处于抽梢期,温度亦适宜,若无雨水,则病害不发生或很少发生。据广州、福州等地观察,3月下旬至 12 月病害均可发生,春梢发病高峰期在 5 月上中旬,夏梢发病高峰在 6 月下旬,秋梢发病高峰在 9 月下旬。总之,每次新梢都有一个发病高峰,尤以夏梢最为严重。秋雨多的年份,秋梢发病也重。

沿海地区在台风和暴雨后,常有一个发病高峰期,大风暴雨不仅造成寄主较多的伤口,而且有利于病菌侵入,同时又有利于病菌的传播。

(2)栽培管理

①施肥。柑橘的营养生长状况是体内的营养状况的外部表现,不合理的施肥,扰乱了其营养生长,在柑橘上表现抽梢时期、次数、数量及老熟速度等的不一致,这与病菌的侵染、病

害的发生有直接关系。一般在增施氮肥的情况下会促进病害的发生,如在夏至前后施用大量速效性氮肥容易促进夏梢抽生,发病就加重。而增施钾肥,可以减轻发病。

②控制夏梢。根据广东等地经验,凡摘除夏梢,控制秋梢生长的果园,溃疡病显著减少。留夏梢的果园,因在夏梢抽出期间,正值高温多雨,加以潜叶蛾危害严重,所以溃疡病发生常严重。

③防治虫害。凡潜叶蛾、恶性叶虫、凤蝶等幼虫危害严重的果园,不仅增加传病媒介,且造成大量伤口,利于病菌侵染,发病常严重。如潜叶蛾幼虫的隧道常伴随着溃疡病的发生。及时防治害虫,可较好地压低病情。

④避免品种混栽。品种混种的果园,由于不同品种抽梢期不一致,有利于病菌的传染,往往降低防治效果。并且原来抗病的品种也由于果园中菌源多,抗病性会逐渐减弱,而成为感病的品种。

(3)寄主生育期 溃疡病菌一般只侵染一定发育阶段的幼嫩组织,而对刚抽出来的嫩梢、嫩叶、刚谢花后的幼果,以及老熟了的组织都不侵染或很少侵染。因为很幼嫩的组织或器官各种自然孔口尚未形成,病菌无法侵入。据在甜橙上观察,当新梢的幼叶达 2/3 长时(萌芽后 30～45 天)开始发病,后随新梢增长,发病率逐渐增高,至新梢停止伸长,而叶片尚嫩绿时(萌芽后 50～60 天)气孔形成最多,呈开放型,中隙大染病率最高。其后发病率逐渐下降。当梢已老熟、叶片已革质化时(萌芽后 90～120 天)气孔不再形成,原有气孔多数处于老熟型,中隙极小或闭合,病菌侵入困难,则发病基本停止。幼果在横径 9～58 mm 时(落花后 35～210 天),均可发病,而以幼果横径 8～32 mm 时(落花后 60～80 天)发病率高。果实着色后,即不发病,其原因也与气孔发育过程有关。

(4)寄主抗病性 柑橘溃疡病主要危害芸香科的柑橘属与枳壳属,金橘属也略能受害。柑橘不同种类和品种对溃疡病感性的差异很大,一般是甜橙类最感病,柑类次之,橘类较抗病,金柑最抗病。我国最感病的品种有脐橙、柳橙、雪柑、香水橙、印子柑、刘勤光、沙田柚、文旦、葡萄柑、柠檬、枳壳和枳橙等;蕉柑、瓯柑、温州蜜柑、茶枝柑、福橘、年橘、早橘、乳橘、本地早、朱红、江西九月黄、四会十月橘和香橼等,感病较轻;金柑、漳州红橘、南丰蜜橘、川橘等抗病性很强。

柑橘不同品种对溃疡病感病性的差异,与表皮组织结构有关。在自然情况下,气孔是病菌侵入的门户,不同品种气孔分布的密度,及其中隙的幅度,与感病性呈正相关。甜橙叶片气孔最多,中隙最大,最为感病;橘和温州蜜柑气孔少而小,比较抗病;柚的气孔数量,大小介于两者之间,为中度感病;而金柑的气孔分布最稀,中隙最小,抗病性最强。此外,柑橘器官上油胞多的品种,气孔数量相应较少,从而减少了病菌侵入的机会。如橘类和温州蜜柑单位面积上的油胞数比甜橙及柠檬多 1 倍以上,故前者抗病性比后者强。金柑、川橘等抗病性极强,与其表面角质层丰富的特性有关。枳壳的叶片及枝梢发病严重,但果实则发病较轻,主要由于果皮表面密布短小茸毛,它起了保护作用。上述形态学上的性状,是寄主抗病性的基础。此外,寄主的抗病性还与其生理与生物化学的特性有关,故在抗病育种时应注意加以应用。

【控制措施】

(1)加强检疫 原来无病的地区,应该对外来的苗木和接穗等繁殖材料,严格执行检疫制度。凡带有溃疡病斑的苗木和接穗,应一律烧毁。如苗木来自病区,外表检查不出病斑,应先隔离试种。经过一二年试种,证实无病后方可定植;如发现病株,应就地销毁。国内检疫主要是保护无病区及新区,严禁从病区调入繁殖材料。对外来有感病性芸香科植物,都要经过检疫、消毒和试种。

消毒方法:种子消毒先将种子装入纱布袋或铁丝笼内,放在 50～52℃ 热水中预热 5 min,后转入 55～56℃ 恒温热水中浸 50 min,或在 5% 高锰酸钾液内浸 15 min。药液浸后的种子均需用清水洗净,晾干后播种。未抽梢的苗木或接穗可用 49℃ 湿热空气处理接穗 50 min,苗木 60 min。热处理到达规定时间后立即用冷水降温。

(2)建立无病苗圃、培育无病苗木　苗圃应设在无病区或远离柑橘园 2～3 km 及以上。砧木的种子应采自无病果实,接穗采自无病区或无病果园。种子、接穗要按以上的方法消毒。育苗期间发现有病株应及时烧毁,并喷药保护附近的健苗。出圃的苗木要经全面检查,确证无病后,才允许出圃。

(3)加强培育管理　冬季做好清园工作,收集落叶、落果和枯枝,加以烧毁。早春结合修剪,剪除病虫枝、徒长枝和弱枝等,以减少侵染来源。根据溃疡病病菌在温度高、湿度大时有利病菌繁殖和夏梢易感病的特点,对夏梢发生多的柑橘树,适当进行摘梢或疏梢。对壮年树要设法培育春梢及秋梢,防止夏梢抽生过多。增施肥料能加强树势,提高柑橘树的抗病力。但是,施肥不当,使新梢抽发不整齐或枝条徒长,可延长感病时期。因此,要以柑橘各品种的生物学特性为基础,通过合理施肥,控制新梢的抽生,这是防病的有效措施之一。

此外,在每次抽梢期应及时做好潜夜蛾、恶性叶虫的防治工作;夏季有台风的地区,在橘园周围应设置防风林带,新果园要注意品种的区域化。

(4)喷药保护　药物保护应按苗木、幼树和成年树等不同特性区别对待。苗木及幼树以保梢为主,各次新梢萌芽后 20～30 天(梢长 1.5～3 cm,叶片刚转绿期)各喷药一次。成年树以保果为主,保梢为辅。保果在谢花后 10 天、30 天和 50 天各喷药一次。台风过境后还应及时喷药保护幼果及嫩梢。

防治溃疡病可喷洒 1:1:(200～300)波尔多液、噻唑锌或代森铵。

7.6　十字花科蔬菜黑腐病

十字花科蔬菜黑腐病(crucifers black rot)各地都有发生,危害多种十字花科的蔬菜,如白菜、甘蓝、花椰菜、萝卜、荠菜和芜菁等,以及十字花科观赏植物和杂草。以甘蓝、花椰菜和萝卜被害较为普遍,分布很广,有的地区或个别地块也能造成较大的损失。例如,陕西武功一带,萝卜的病株率可高达 30%。经贮藏后块根腐烂率一般为 5%～10%。花椰菜的枯死率在流行年份可达 30% 以上。

【症状】

黑腐病是一种细菌引起的维管束病害,它的症状特征是引起维管束坏死变黑。幼苗被害,子叶呈现水浸状,逐渐枯死或蔓延至真叶,使真叶的叶脉上出现小黑斑或细黑条。成株

272

发病多从叶缘和虫伤处开始,出现"V"形的黄褐斑,病菌能沿叶脉、叶柄发展,蔓延到茎部和根部,致使茎部、根部的维管束变黑,叶脉坏死变黑,植株叶片枯死。萝卜肉根被害,外部症状常不明显,但切开后可见维管束环变黑,严重的,内部组织干腐,变为空心。

甘蓝、花椰菜的幼苗上自叶缘顶部凹陷处开始变黑,以叶脉为中心扩大,继而子叶枯萎垂下。叶片发病时,新叶变黑而苗枯死。如未枯死时,仅未受害处生长,呈畸形。老熟的叶子,以下叶较易发病,叶缘呈"V"形或不正圆形黄变,之后,变暗褐色,局部的叶脉变褐色或紫黑色,呈明显的脉络状。被害部渐干燥变薄皮状后坏死。结球后的甘蓝发病时,球颈上生出淡黑色病斑,局部的叶脉变紫黑色而渐扩大,但不会软化腐败。根茎部被侵害时,导管部变黑而渐腐败,根茎内生出空洞,但不至于软化崩坏或发出恶臭味,而偶尔软化腐败乃由于二次寄生菌所引起。

萝卜、芜菁叶上初期叶缘变黄色,接着叶脉变黑,之后,叶全部变黑,但不形成特定的病斑。发病初期根部外观没什么异常,如把健病两种根透视比较时,健者白色且有生气勃勃之感,而病者则稍呈饴色。被害根切断观察,导管部黑变,病势渐形严重时,由导管部渐腐烂,中心消失变空状。偶尔,病势进行停止,自根冠再簇生叶子。与软腐病不同的是,此病不软化,无恶臭味。

【病原】

病原菌为野油菜黄单胞菌(*Xanthomonas campestris* pv. *campestris*)。菌体短杆状,大小为(0.4~0.5) μm×(0.7~3.0) μm,一端生单鞭毛。无芽孢,有荚膜,可链生。革兰染色阴性反应。好气性。在牛肉琼脂培养基上,菌落灰黄色,圆形或稍不规则形,表面湿润有光泽,但不黏滑,在马铃薯培养基上,菌落呈浓厚的黄色黏稠状。病菌生长发育的适温为25~30℃,最低5℃。最高38~39℃,致死温度51℃。弱碱性(pH 7.4)繁殖最好,对干燥的抵抗力很强,干燥状态可存活12个月。

【发病规律】

病菌在种子内和病残体上越冬。播种带病的种子,病菌能从幼苗子叶叶缘的水孔侵入,引起发病。病菌随病残体遗留田间,也是重要的初侵染源,一般情况病菌只能在土壤中存活一年。病残体完全腐解后,病菌亦随之消亡。成株叶片受侵染后,病菌多从叶缘水孔或害虫咬伤的伤口侵入,侵入以后病菌先危害少数的薄壁组织,然后进入维管束组织,并随之上下扩展,可以造成系统性侵染。在染病的留种株上,病菌可从果柄维管束进入种荚而使种子表面带菌,并可从种脐入侵而使种皮带菌。带菌的种子是该病远距离传播的主要途径。在田间,病菌主要借助雨水、昆虫、肥料等传播。高湿多雨有利于发病。连作地往往发病重。

【控制措施】

(1)无病区留种或无病株上采种。

(2)种子消毒可在50℃温水中浸种20 min,或1‰的石灰水中浸种10~15 min,或用50%代森铵200倍液浸种15 min,然后洗净晾干播种。

(3)与非十字花科蔬菜进行2年以上的轮作和及时防治害虫,早期和收获后及时清除病株并深埋土中。且防止病原菌的扩散。

(4)发病初期,可在叶面喷洒杀菌药剂,重点喷施在发病部位,可选择氢氧化铜、噻菌铜或春雷霉素·王铜。萝卜、芜菁尤其注意浇灌根冠部。

7.7 柑橘黄龙病

柑橘黄龙病(citrus huanglongbing)又称黄梢病(yellow shoot)、青果病(greening),我国台湾地区称为立枯病。主要分布在广东、福建、广西和台湾等地,四川、江西、云南、贵州、浙江和湖南等省局部地区也有发生。该病对柑橘生产的危害极大,被列为国内植物检疫性有害生物。柑橘感染黄龙病后,产量逐年下降,病树在3～5年内即可成片死亡。

【症状】

柑橘黄龙病(图7-1)全年均可发病,以夏、秋梢受害普遍,春梢次之。病树初期典型症状是在浓绿的树冠中发生1～2条或多条黄梢。由于病梢叶片黄化程度不同,可分为均匀黄化型和斑驳黄化型两类。由于发病时期不同,感病叶片的症状也有差异。

(1)春梢 春梢症状的特点是:①叶片在转绿后褪绿变黄;②叶片黄化程度较轻且不均匀,形成斑驳;③发病的新梢较多,病树顶部、中部、下部均有出现,黄梢往往是一大片;④春梢病状发展较快,4～5年生树,在春梢症状出现后,一般到冬季便全株发病。

1.病枝梢;2.黄梢早期病叶;3.黄梢后期病叶

图7-1 柑橘黄龙病

(2)夏梢和秋梢 两梢表现的症状基本相同。

树冠上出现的病梢,多数是1～2梢或少数几个梢的叶片未完全转绿时,即停止转绿。叶脉往往先变黄,随之叶肉由淡黄绿色变成黄色,即称为均匀黄化。有时,病梢顶部叶片黄化,而中、下部叶片已经转绿,也会出现黄绿相间的斑驳。

当年发病的黄梢,一般到秋末叶片陆续脱落。翌春,这些病梢萌芽多而早,长出的新梢短而纤细,叶片小而窄,新梢叶片老熟时,叶肉停止转绿而变黄,但叶脉及其周围组织仍呈绿色,与缺锌的症状相似,称为花叶。病叶较健叶厚,摸之有革质感,在枝上着生较直立,有些黄叶的叶脉木栓化肿大,开裂,叶端稍向叶背弯曲。

病树开花早,花多,花瓣较短小,肥厚,淡黄色,无光泽,有的柱头常弯曲外露,小枝上花朵往往多个聚集成团。这些花最后几乎全部脱落。病果小、畸形,果脐常偏歪在一边,着色较淡或不均匀。有些品种的果蒂附近变橙红色,而其余部分仍为青绿色,这样的病果在福建俗称"红鼻子果"。

在枝条发黄的初期,根系多数不腐烂,到黄梢上的叶片严重脱落后,须根、细根开始腐烂,皮部容易与下层组织分离;后期大根发生腐烂,皮部开裂,木质部变黑。

【病原】

病原菌为韧皮部杆菌属(*Liberibacter*)细菌。由于亚洲、非洲和美洲的黄龙病在发病条件、症状和传播介体等方面均有不同,故鉴定为3个种,亚洲韧皮部杆菌(*L. asiaticum*)、非洲韧皮部杆菌（*L. africanum*）和美洲韧皮部杆菌（*L. americanum*）。对其 rRNA 序列分析后认为，该属细菌属于变形菌纲的一个新的 rRNA 分支，16S/23S rRNA 基因间隔区序列存在的差异，可用于区分不同的种（Jagoueix 等 1997）。

柑橘黄龙病菌菌体多数呈圆形、椭圆形或线形，少数呈不规则形，大小为（50～600）nm ×（170～1 600）nm。菌体的外部界限是膜质结构，厚 17～33 nm，平均 25 nm，由 3 层膜组成。其外层与细胞壁构造相似，电子密度较浓，膜厚薄不均匀，有时呈波浪状外形；内层与细胞膜结构相似，电子密度亦较浓；中间层是电子密度透明层，它将内外两层隔开。菌体内部具有颗粒状核糖体，纤丝状的脱氧核糖核酸结构。应用木瓜蛋白酶和溶菌酶处理菌体，在菌体外层壁与内层膜之间（即透明中间层）找到肽聚糖层（R-层），其电子密度较浓。这表明黄龙病病原体的壁膜结构与革兰阴性细菌的细胞壁膜构造相似。这种菌体构造与螺原体（*Spiroplasma*）和植原体（*Phytoplasma*）不同，因为后者单位膜较薄，厚度仅 7～10 nm，而且对青霉素不敏感。黄龙病病原体对四环素族抗生素十分敏感，同时对青霉素也很敏感。

黄龙病病原除能侵害柑橘属（*Citrus*）、金柑属（*Fortunella*）和枳属（*Poncirus*）植物外，在实验室条件下尚能通过菟丝子（*Cuscuta campestris*）侵染草本植物长春花（*Catharanthus roseus*）。其潜育期为 3～6 个月。

【发病规律】

初次侵染来源主要是田间病株、带病苗木和带菌柑橘木虱。远距离传播主要通过带病的接穗和苗木，而果园近距离传病则是带菌的柑橘木虱。木虱的成虫和高龄若虫（4～5 龄）都可传病，病原体在木虱成虫体内的循回期长短不一，短的为 3 天或少于 3 天，长的为 26～27 天。高龄若虫或成虫一旦获得病原体后，能终生传病。此病除由木虱传播外，也可通过嫁接传病，但是不能由汁液摩擦和土壤传病。影响病害发生的因素有以下几个方面。

（1）品种抗病性　柑橘不同品种都不同程度感染黄龙病，其中最感病的品种为柑、蕉柑、茶枝柑、大红橘等，其成年树发病后一两年就会严重黄化，基本丧失结果能力；比较抗病或耐病的品种为温州蜜柑、甜橙、柠檬和柚等，其成年树发病后在较好肥水管理条件下，可在较长的年限保持一定的产量。砧木对接穗抗病性的影响一般不明显。

（2）树龄　老龄树较抗病，幼龄树抗病性较弱。因为幼龄树吐梢比老龄树多，有利于木虱的自下而上繁殖和传播；其次是幼龄树的树冠比老龄树小，病原在树体内运转也较快。所以，在病园中补种幼龄树或在老病园附近新辟果园，新种的幼龄树往往比老龄树会更快发病而死亡。

（3）田间病株和媒介昆虫的数量　在柑橘木虱普遍发生的地区，田间病株率及苗木带病率是黄龙病发生流行的重要因素。一般苗木发病率在 10% 以上的新果园或田间病株率在 20% 以上的果园，如木虱发生数量较大，病害将在短时间内严重发生，2～3 年内即可蔓延至整个果园。

（4）栽培管理　大丰收后的果园，若栽培管理跟不上，次年很易发生黄龙病，并使果树迅速衰退死亡。因为这导致柑橘树生活力大大减弱、抗病力下降，容易感病。栽培管理好的果园，柑橘树生长健壮，抗病力也强。

（5）生态条件　在华南地区，高海拔山地和山谷的柑橘园，黄龙病比平原地区发生少、蔓延慢，主要是由于山区气温低，湿度大，从而影响木虱的繁殖与活动。

【控制措施】

(1)实行检疫　严格执行植物检疫制度,禁止病区的接穗和苗木进入新区和无病区。

(2)建立无病苗圃,培育无病苗木　培育和栽培无病苗木是病区防治黄龙病的关键。

①无病苗圃应选择在无柑橘木虱发生的无病区,至少离病柑橘园2 km以上,最好有高山大海等自然屏障。

②砧木种子用50～52℃热水预浸5 min,再用55～56℃温汤处理50 min,然后播种育苗。

③使用无病接穗:从优良品质健康老树上采集接穗。也可通过茎尖微芽嫁接获得无病母树。

(3)挖除病株及防治媒介昆虫　发病较重的柑橘园内重病树应全面铲除,而轻病树应锯除病枝集中烧毁,以消除传染源,并要适时喷药防治传病的柑橘木虱。消灭传染中心和虫媒是防治黄龙病发生流行的关键措施之一。应抓紧在冬季和春芽期或各次抽梢期及时喷药杀虫,治虫防病的重点应放在治理若虫上。

(4)加强栽培管理　通过柑橘园内管理,创造园中小气候,不利于柑橘木虱的发生、繁殖和传播,而有利于柑橘树的健壮生长,可以减轻黄龙病的发生和危害。有条件的果园,四周可以栽植防护林,以减少日照和保持果园有较高的湿度,这对媒介昆虫的迁飞有阻碍作用。

7.8　枣疯病

枣疯病(jujube witches broom)是枣树上的一种很严重的病害,一旦发病,翌年就很少结果。果农称其为"疯枣树"或"公枣树"。我国山西、陕西、河南、河北、山东、四川、广西、湖南、安徽、江苏、浙江等省(自治区)均有分布,其中以河北、河南、山东等省发病最重。枣疯病蔓延很快,病树经三四年后即死亡。病情严重的果园,常造成全园绝产。

【症状】

枣疯病一般于开花后出现明显症状。主要表现为侧芽大量萌发而枝叶丛生,花梗延长,花变叶;叶片变小,叶色变淡;病部枝叶丛生形似鸟巢,经冬不落。一旦发病,翌年很少结果。

病部的花器变成营养器官,一朵花变为一个小枝条。花梗延长4～5倍,萼片、花瓣、雄蕊均变为小叶。雌蕊全部转化为小枝。

病株一年生发育枝的正芽和多年生发育枝的隐芽,大都萌发生成发育枝,新生发育枝的芽又大都萌生小枝,如此逐级生枝而形成丛枝。病枝纤细,节间缩短,叶小而黄。

叶片病状,先是叶肉变黄,叶脉仍绿,逐渐整叶黄化,继而叶缘上卷,暗淡无光泽,硬而脆。有的叶尖边缘焦枯,似缺钾状。严重时病叶脱落。花后所长的叶片狭小,明脉,翠绿色,易焦枯。有时在叶背中脉上,长一片鼠耳状的明脉小叶。

病株上的健枝虽可结果,但糖分少,有的呈花脸状,果面凹凸不平,凸处为红色,凹处为绿色,果实大小不一,果肉松散,不堪食用。

疯树主根不定芽往往大量萌发长出一丛丛的短疯枝,同一条侧根上可出现多丛,出土后枝叶细小,黄绿色,强日光照射后全部焦枯呈刷状。后期病根皮层腐烂。病株果实无收,直至全株死亡。

病叶的代谢受到严重干扰,叶绿素大量减少;而病叶内多种游离氨基酸的浓度,在生长期内则大量持续增高,其总量高出健叶 10～15 倍,谷酰胺和天门冬酰胺高出健叶 4～5 倍。病叶内精氨酸的积累也异常。

【病原】

病原为植原体($Phytoplasma$),之前称为 Mycoplasma-like Organisms(MLO)。

枣疯病植原体为不规则球状,直径 90～260 nm,外膜厚度 8.2～9.2 nm,堆积成团或联结成串。对四环素敏感。

【发病规律】

病树是枣疯病主要的侵染来源,病原体在病株内存活。汁液摩擦接种和病株的花粉、种子、土壤,以及病健株根系间的自然接触,都不能传病。嫁接能够传病。但是枣树很少通过嫁接繁殖,因此嫁接一般不能成为自然传病的主要途径。最近研究证明,北方枣产区自然传病媒介主要是 3 种叶蝉,即凹缘菱纹叶蝉($Hishimonus\ sellatus$ Uhler)、橙带拟菱纹叶蝉($H.\ aurifaciales$ Kuoh)和红闪小叶蝉($Typhlocyba$ sp.)。一旦叶蝉摄入枣疯病植原体,则终身带菌,可以持续传染许多枣树。

病原体被传播到枣树上先运行到根部,并经过增殖后,才能向上运行,引起树冠发病。因此适时环剥有防病作用。嫁接发病,潜育期最短 25 天,即在新发出的芽上表现病状。潜育期最长可达 1 年以上。如果在 6 月底前接种,接种点离根部近且接种量大的,潜育期短;反之,则延长。6 月底以前接种的,当年即可发病;此后接种的,翌年花后才发病。接种根部,当年很早即可发病;接种枝干,当年很晚甚至翌年才发病。下述因素影响发病。

(1)品种抗病性　人工接种试验证明,金丝小枣易感病,发病株率为 60.5%;滕县红枣较抗病,发病株率只有 3.4%;而有些酸枣则是免疫的。此外,陕北的马牙枣、和铃枣、酸铃枣都较抗病。

(2)土壤　土壤干旱瘠薄、管理粗放、树势衰弱的枣园发病较重,反之则较轻。山东省在黄河以北的盐碱地枣区,较少发病或不发病;感病的金丝小枣,在有盐碱的山东乐陵县很少发现病株,但在北京市密云区则严重发病。其原因是盐碱地上的植被种类不适于介体叶蝉的生长和繁殖,而不是盐碱直接抑制了病害的发生。3 种介体叶蝉在太行山、燕山一带及山东各产区广泛分布,食性杂,大量滋生于杂草丛中,故杂草丛生的山坡枣园发病重,而平原枣园和田园清洁的果园发病较轻。

【控制措施】

(1)清除病株,防治传病叶蝉　在较大范围内将病树连根清除,可在原地补栽健苗,并要适时喷药防治传病的叶蝉。对个别枝条呈现疯枝症状时,尽早将疯枝所在大枝基部砍断或环剥,以阻止病原体向根部运行,可延缓发病。连续 2～3 年,则可明显降低发病率。

(2)培育无病苗木　在无病枣园中采取接穗、接芽或分根进行繁殖。在苗圃中一旦发现病苗,就立即拔除。

(3)选用抗病砧木和加强枣园管理　可选用抗病酸枣品种和具有枣仁的抗病大枣品种作为砧木,以培育抗病枣树。注意加强枣园肥水管理,对土质条件差的,要进行深翻扩穴,增施有机肥料,改良土壤理化性质,促使枣树生长健壮,提高抗病力。

除上述在园艺生产上重要的细菌类病害外,园艺植物上还有其他一些较重要的细菌类病害,列表如下(表7-2)。

表7-2 其他园艺植物原核生物病害

病害	主要为害	病原物	发病规律	防治方法
菜豆细菌性疫病	菜豆的地上部分均可发病。在叶片上初生暗绿色油渍状小斑点,后逐渐扩大呈不规则形,被害组织逐渐变褐干枯,干后在病斑表面形成白色或黄色的薄膜状物	地毯草黄单胞菌菜豆致病变种(Xanthomonas axonopodis pv. phaseoli)	病菌在种子内或随病残体越冬。高温多雨,特别是暴风雨有利于发病。栽培粗放、缺肥及杂草丛生地块,搭架和打叶不及时,豆田湿度大,以及虫害多的地块发病重	选用无病种子和种子处理。轮作。加强田间管理,及时中耕除草,合理施肥,防治虫害。喷施波尔多液(1:1:200)防治
辣椒疮痂病(细菌性斑点病)	植株地上部均可受害,但以叶片为主。病叶初显水渍状褪绿小斑,后呈圆形或不规则形,边缘略突出,深褐色,中部色淡,略凹陷,数斑汇合成片。严重感染则早期落叶	茄科黄单胞菌(Xanthomonas vesicatoria)	病菌主要在种子表面越冬,也可随病残体在田间越冬。高温多雨,管理不善发病严重	采用无病种子。实行2~3年的轮作。发病初期及时喷洒波尔多液或春雷霉素防治
桃(李、梅、杏、油桃及樱花)细菌性穿孔病	主要危害叶片,也能侵害果实和枝梢。叶片发病,初为水渍状小点,扩大后呈圆形或不规则形病斑,紫褐色至黑褐色,大小为2~5 mm。病斑周围呈水渍状并有黄绿色晕环,以后病斑干枯,病健界处发生一圈裂纹,脱落后形成穿孔,或一部分与叶片相连	树生黄单胞菌李致病变种(Xanthomonas arboricola pv. pruni)	病原细菌主要在枝条的春季溃疡斑内越冬。翌春随气温上升,潜伏在病组织内的细菌开始活动,桃树开花前后,病菌从病组织中溢出,借风雨或昆虫传播,经叶片的气孔、枝条及果实的皮孔侵入	加强果园管理,合理施肥,提高植株的抗病力。避免与核果类果树混栽。喷药保护,在果树发芽前,喷洒4~5波美度石硫合剂或1:1:200倍波尔多液,在五六月间喷洒50%灭菌丹或65%代森锌或春雷霉素
核桃黑斑病	幼果、叶片、嫩枝及雄花均可受害。叶片受侵染后在叶脉旁出现近圆形或多角形病斑,褐色至黑褐色,病斑可相互汇合,引起病叶枯萎早落。嫩梢受侵染后形成黑色病斑,嫩梢枯死。果实在幼果期受侵染后出现暗褐色小点,后扩展成片,整个果实连同核仁均变黑色腐烂而脱落,果实生长中期受侵染只在外表发病而核仁不受害	树生黄单胞菌胡桃致病变种(Xanthomonas arboricola pv. juglandis)	病菌在枝梢的病斑里或芽里越冬,次春分泌出细菌,借风雨传播到叶、果实及嫩梢上危害。春季多雨年份发病重,此外,核桃举枝蛾害虫发生多时幼果发病亦重	清除菌源,结合修剪,剪除病枝梢,并收拾地面落果,集中烧毁。药剂防治,及时防治核桃举枝蛾等害虫。在花期前后各喷1次1:1:200波尔多液

病害	主要为害	病原物	发病规律	防治方法
百日草细菌性叶斑病	叶上病斑呈多角形至不规则形,直径 1～4 mm,浅紫红褐色,周围有明显黄绿色晕圈	野油菜黄单胞菌百日菊致病变种（*Xanthomonas campestris* pv. *zinnia*）	夏季温暖潮湿适于发病	拔除发病的种株。种子应进行消毒处理,可用 0.5% 次氯酸钠溶液浸泡 2 min 后播种。必要时可喷洒春雷霉素
虞美人细菌性斑点病（细菌性枯萎病）	叶、茎、花和蒴果等部位均受害。叶上呈现圆形暗褐色斑,常有轮纹,周围有晕圈,老病斑则晕圈不明显。叶斑通常小而多,可汇合形成黑色大斑,上有菌脓溢出。茎上病斑长条形,有时扩大环绕茎部。花萼受害后,部分或全部变黑,穿过萼片,导致下部花瓣感染。蒴果上生有明显水渍状黑色斑,菌脓更为明显	野油菜黄单胞菌罂粟致病变种（*Xanthomonas campestris* pv. *papavericola*）	种子、土壤和病残组织带菌。植株整个生育期都能发生,尤其在多雨露潮湿条件下发病最多	摘除病叶和拔除病株烧毁。病圃不连茬。从无病株采种。种子播前应温汤浸种消毒。注意圃地通风,施肥不可过多
紫罗兰细菌性枯萎病	植株整个生育期均可受害。幼苗感染后,主茎上产生水渍状暗绿色至浅黄色条斑,有时可达顶端生长点,病苗很快萎蔫溃腐。老株一般发病缓慢,主要发生在靠近地面的叶痕有时老叶叶缘也有水渍状变色斑	野油菜黄单胞菌紫罗兰致病变种（*Xanthomonas campestris* pv. *incanae*）	种子和病残体带菌。高温高湿和苗挤苗的情况下有利于发病	种子装在稀疏棉布口袋里,在 53℃ 水中浸 10 min,快速冷却晾干。实行 2～3 年的轮作
鸢尾细菌性叶斑病	主要危害叶片。叶斑圆形、长条形或不规则形,水渍状,暗绿色,潮湿时有菌脓分泌;严重发生时,病斑可连接成片	野油菜黄单胞菌缓草致病变种（*Xanthomonas campestris* pv. *tardicrescens*）	气温高,多雨露,尤其是在暴风雨的环境下发病重	清洁栽培,土壤暴露于阳光下,晚秋或冬季清除病叶及其他病组织。生长季节早期摘除病叶,喷洒春雷霉素等抗生素防治
唐菖蒲细菌性叶斑病（角斑病）	叶上初生水渍状暗绿色斑,后呈长方形、矩形、半透明黄褐色至褐色病斑,严重发生时,病斑布满全叶,并相互汇合,致使叶片变褐枯死。在潮湿条件下,病部产生黏性菌膜,因黏附尘埃而变色	野油菜黄单胞菌流胶致病变种（*Xanthomonas campestris* pv. *gummisudans*）	病菌生长最适温度为 30℃（2～36℃ 均可生长）,在潮湿季节病害发生严重	潮湿季节可多次施用春雷霉素防治

病害	主要为害	病原物	发病规律	防治方法
美人蕉芽腐病	主要危害幼叶和花芽。当叶片展开时可见无数浅黄色小斑点，沿叶脉扩展和汇合，使叶片部分或全部变黑色。病斑沿叶柄向下扩展，导致幼茎死亡。老叶上呈现褐色条斑，扩展慢，并呈扭曲畸形。花芽受到侵染发生坏死	野油菜黄单胞菌美人蕉致病变种（*Xanthomonas campestris* pv. *cannae*）	用病株的根茎繁殖，在潮湿时幼株最先发病	选用无病的根茎进行繁殖，仔细清除残留茎叶。发病初期可用春雷霉素喷洒芽和叶片。浇水注意避免水滴飞溅。湿度大时要保持通风良好
风信子黄腐病	叶片被害，开始在叶尖处产生水渍状淡黄色斑，向下扩展成褐色坏死条斑。花梗受害，呈现水渍状褐色斑并皱缩枯萎。鳞茎中心部也变黄色软腐。横切叶片、花梗和鳞茎病部，可见维管束有大量浅黄色菌脓，病鳞茎上的叶、花梗极易拉离，颇似细菌性软腐病的症状	风信子黄单胞菌（*Xanthomonas hyacinthi*）	高温多湿发病重。荷兰发生非常严重，国内尚未发现	用无病的鳞茎繁殖。及时拔除病株
常春藤细菌性叶斑病和溃疡病	叶上初生浅绿色、水渍状圆形斑，当病斑扩大，中央呈褐色至浅褐色，最后干枯开裂。小枝顶端受害后，从顶端向下到木质化的茎变黑色。在茎部则可以形成明显的溃疡斑，致使植株上部不能正常生长，出现矮缩和黄化瘦弱的叶片	野油菜黄单胞菌常春藤致病变种（*Xanthomonas campestris* pv. *hederae*）	主要发生在温室	浇水时避免水滴沾湿叶片。避免不需要的淋浇和高湿。一旦发现及时拔除病叶并烧毁
秋海棠细菌性叶斑病	危害叶片。初生无数暗绿色小斑，有淡黄色透明晕圈，病斑逐渐扩大和相互汇合形成黑褐色枯斑，上有白色黏液状菌脓，干燥后呈淡灰色菌膜，病斑后期破裂穿孔。严重发生时，茎部也受害，病组织逐渐软腐。有时也侵染花和幼嫩插条	地毯草黄单胞菌秋海棠致病变种（*Xanthomonas axonopodis* pv. *begoniae*）	高温（细菌生长适温为27℃左右）、多湿有利于病害的发生	早期摘除病叶。用无病株的枝、叶繁殖。浇水时避免水滴飞溅和叶面积水。必要时施用春雷霉素防治

病害	主要为害	病原物	发病规律	防治方法
天竺葵细菌性叶斑病（细菌性枯萎病）	叶、茎和插枝均受害。叶斑水渍状，圆形或不规则形，呈稍凹陷，暗褐色至黑色斑，直径 1～3 mm，叶片上常有多个病斑，但一般很少汇合，后期萎蔫卷缩仍悬垂于茎上；另一种症状是病斑发生于叶缘，受叶脉限制呈大的坏死角斑，与缺钾症相同。茎和分枝受害后，维管束变黑褐色，随后茎皮产生黑色斑块。髓部也变黑腐烂，导致植株萎蔫黑腐。插枝受害，从基部向上逐渐变黑腐烂，症状易同茎基腐病相混淆，但发展较慢，干腐	花园黄单胞菌天竺葵致病变种（Xanthomonas hortorum pv. pelargonii）	细菌生存在维管束中，从病株和无症状带菌植株上切取插条或使用新近受到侵染的土壤是引起发病的原因。温暖潮湿、植株生长过密易发病。温室苗床比露地栽培的发病重	采用无病种苗。剪除病组织并销毁。避免对植株直接喷浇，以免细菌随水滴飞溅传播。植株间要有足够距离，以利于通风透光，降低湿度。必要时可施用春雷霉素防治。治虫有利于防病
桑疫病	其症状有黑枯型和缩叶型两类。①黑枯型。病菌从气孔侵入叶片时，引起点发性多角形病斑，通过叶脉、叶柄的维管束，蔓延到枝条，枝条上形成粗细不等的棕褐色点线状病斑。有的外表无明显病斑，但皮层或木质部有黄褐色条状病斑。在多湿条件下，病部可溢出黄色菌脓，干燥时菌脓凝结成小珠或薄膜状。②缩叶型。病叶上为点发性圆形病斑，常裂开呈穿孔状，叶柄、叶脉变褐甚至黑腐，致使叶片向背面皱缩卷曲，严重时病叶变黄，易脱落；病枝病斑呈黑色梭形	丁香假单胞菌桑致病变种（Pseudomonas syringae pv. mori）	病菌主要在土壤或未腐烂的残枝落叶中过冬。带菌的接穗和苗木是远距离传播菌源。患病部位产生的菌脓，经风、雨和昆虫进行传播，病菌从伤口或自然孔口侵入桑树幼嫩组织，经 4～5 天的潜育期出现病斑，不断引起再次侵染，病害扩大蔓延。该病与气候、菌源数量、桑品种等有密切关系。高温、多雨、大风易引起病害流行，偏施氮肥，桑树组织嫩弱，是诱发病害的原因	加强苗木和接穗的检疫；培育和推广抗病品种；避免造成伤口。增施有机肥料及王铜或春雷霉素防治病害
烟草野火病	主要危害叶片，也能危害花、蒴果和种子。病叶初期呈水渍状圆形褪绿小斑点，后病斑逐渐扩大，中心变褐，四周有宽的黄晕，以苗期或气候潮湿时最明显。病斑合成不规则的大斑，上有轮纹。天气潮湿时病斑表面有薄层菌脓，干燥后枯焦破碎，穿孔脱落。多雨潮湿及幼苗密集时，病害迅速蔓延，引起幼苗成片腐烂，倒伏死亡，似火烧状	丁香假单胞菌烟草致病变种（Pseudomonas syringae pv. tabaci）	病菌借风、雨或昆虫传播，从自然孔口或微伤口侵入，或由叶片气孔侵入。叶片湿润、气孔充水时病菌容易侵入内部。病菌主要在土壤中病株残体上越冬，可存活 9～10 个月。生存于许多作物、牧草和杂草根上的野火病菌也能成为侵染来源。健苗移栽到上年病烟地上，或移栽病苗，均可引起大田发病。天气潮湿时病部产生菌脓，主要靠雨水反溅引起再浸染	种植抗病品种；栽培防治：轮作，及时清除病植株，适当增施磷、钾肥，适时适度打顶等；药剂防治

病害	主要为害	病原物	发病规律	防治方尖
马铃薯黑胫病	地上部黄化萎缩，茎基部连同以下一段变黑腐烂，严重病株的须根和块茎也腐烂。轻病薯只是脐部黑褐色	胡萝卜果胶杆菌胡萝卜亚种（*Pectobacterium carotovorum subsp. carotovorum*）	播种的病薯可引起烂芽而至缺株。黏重而潮湿的土壤、通风不良、高温高湿都有利于发病	选无病株留种。种薯切面干后播种，可减少侵染
瓜类细菌性枯萎病（青枯病）	茎蔓受害，病部变细，两端呈水渍状，病部上端蔓先表现萎蔫，随后全株凋萎死亡。剖视茎蔓并挤压有乳白色黏液（即菌脓）自维管束断面溢出。导管一般不变色，根部也很少腐烂	瓜萎蔫欧文氏菌（*Erwinia tracheiphila*）	病菌在介体甲虫体内越冬，适合于甲虫繁衍的条件有利于病害的传播蔓延	及时拔除病株。彻底防治食瓜甲虫。发病前或初发病时喷代森铵或代森锌，2～3 次
梨、苹果、火棘、山楂、枸子火疫病	花器被害呈萎蔫状，深褐色，并可向下蔓延至花柄，使花柄呈水渍状。叶片发病，先从叶缘开始变黑色，后沿叶脉发展，终至全叶变黑萎凋。病果初生水渍状斑，后变暗褐色，并有黄色黏液溢出，最后病果变黑而干缩。枝干被害，初呈水渍状，有明显的边缘，后病部凹陷呈溃疡状，色泽褐色至黑色	解淀粉欧文氏菌（*Erwinia amylovora*）	病原细菌在枝干病部越冬，通过昆虫和雨水传播	冬季剪除病梢及刮除枝干上的病疤，加以烧毁或深埋。花期发现病花，立即剪除。在发病前喷施春雷霉素防治
菠萝心腐病	病菌主要侵染幼苗，亦可危害成株。病株叶片青绿色，无光泽，心叶黄白色，容易拔出。后期病株的叶片逐渐褪绿变黄色或红黄色，叶尖变褐色干枯，叶基部呈水渍状腐烂，病株枯死	胡萝卜果胶杆菌胡萝卜亚种（*Pectobacterium carotovorum subsp. carotovorum*）	土质黏重、排水不良的园地发病重，高温多雨，特别是秋季定植后遇暴风雨，往往加重发病	选用健壮苗。及时清除病株。发病初期可施用春雷霉素
菊花细菌性萎蔫病	在茎上部出现长 1～2 cm、水渍状浅灰色斑，不久变浅黑色，病部软化腐烂，顶端枯萎和折断。有时病茎开裂，分泌有浅红褐色的菌脓，皮层下维管束局部或全部变红褐色，可直达根部。茎上部枯萎腐烂后，植株下部萌发的蘖枝仍能正常开花。有的仅局部分枝受害	达旦提迪克氏菌（*Dickeya dadantii*）	重施氮肥、高温和长期多湿发病重	控制有病地区插枝的调运。病菌可以在土壤中生存，因此种植菊花前土壤应热力灭菌。植株生长期保持适宜的温湿度
君子兰细菌性软腐病	危害叶、茎。从叶茎部开始，沿叶脉发展，呈现暗绿色水渍状斑，后整个叶片软腐脱帮	胡萝卜果胶杆菌胡萝卜亚种（*Pectobacterium carotovorum subsp. carotovorum*）	夏季高温湿度大时容易发病	从盆沿浇水，勿使水滴飞溅。盆栽土需经高温消毒

病害	主要为害	病原物	发病规律	防治
马铃薯环腐病	维管束萎蔫,植株叶片变淡黄,叶缘向上卷,沿维管束部分薯块横切面可见一圈乳酪黄色,最后薯块腐烂,随着病害发展和髓部间的病组织开裂,薯块切面的维管束挤出的菌脓似乳酪	密执安棒形杆菌环腐亚种(*Clavibacter michiganense* subsp. *sepedonicum*)	带病种薯是主要的侵染源。病菌沿维管束进入植株茎部,引起地上部发病,后期病菌入侵新生的块茎,成为下一季或翌年的传染源。环腐菌在土壤中残留的病薯或病残体内可存活很长时间。收获期是此病的重要传染期,块茎可接触传染,在分级、运输和入窖过程中都可造成传染机会,如种薯切块播种,切刀带菌等也可传染	应采取检疫、杜绝菌源、选用抗病品种和应用无病种薯为中心的综合防治措施
蚕豆束茎病	蚕豆受害后茎部短而粗,叶片畸形,分枝自茎的第一、二节间抽出,病株矮小呈扇状,产量降低	带化红球菌(*Rhodococcus fasciens*)	病菌存在于土壤中,从种子萌芽时的胚叶芽和茎基部侵入,也可从地上部的侧生芽侵入。土壤中的线虫活动,能增加病菌的侵入机会	同蚕豆茎疫病
葡萄皮尔氏病	维管束受害的全株性症状。主要是叶片边缘枯焦坏死、叶片脱落、枝条枯死、生长缓慢、生活力衰退、结果少而小、植株矮缩或萎蔫,最后可导致植株的死亡	木质部难养菌(*Xylella fastidiesa*)	主要由叶蝉亚科昆虫传病	消灭传病介体等
柑橘僵化病	病树枝条直立,节间缩短,常常长出过多的芽和枝条。部分小枝枯死,树皮增厚。病树从较微到严重矮化,树冠常表现平顶,叶片变小或变形,并常出现斑驳或失绿。病树在冬季普遍地过度落叶,病树在所有季节都能开花,特别在冬季。但结果小而少,或一端变小呈畸形。这种果易脱落,果皮果色不正常,果肉发育不良,种子大多不孕	柑橘螺原体(*Spiroplasma citri*)	病原菌只局限于寄主植物的韧皮部	培育无病苗木

> ▶ **思 考 题** ◀

1. 果树为什么会生癌肿病？根癌农杆菌与 Ti 质粒各起什么作用？
2. 防治果树癌肿病有哪些主要措施？各依据什么原理？

3. 十字花科蔬菜软腐病主要危害哪些园艺植物？在不同寄主上的症状有哪些异同？

4. 影响十字花科蔬菜软腐病发生的有哪些原因？与病害防治各有何关系？

5. 茄科植物细菌性青枯病主要有哪几种传播途径？它们与病害的发生与防治有何关系？

6. 影响柑橘溃疡病发生的因素有哪些？如何根据这些因素制定防治措施？

7. 对比果树根癌病、柑橘溃疡病、黄瓜细菌性角斑病、柑橘黄龙病病原的形态特征，侵入、传播特性。

8. 枣疯病有哪些特征性的症状？如何区分植原体病害与细菌病害的症状？

9. 植原体病害的防治措施有哪些？与细菌病害相比，有何异同？

10. 对比原核生物所致病害与菌物病害在传播特点、发生规律、防治要点方面的异同。

参考文献

[1] Hayward A C. Boilogy and epidemiology of bacterial wilt caused by *Pseudomonas solanacearum*. Annu. Rev. Phytopathology，1991，29：65-87

[2] Jagoueix S，Bove J M，Garnier M. Comparison of the 16S/23S ribosomal intergenic regions of "Candidatus *Liberobacter asiaticum*" and "Candidatus *Liberobacter africanum*"，the two species associated with citrus huanglongbing（greening）disease. Int J Syst Bacteriol，1997，47：224-227

[3] Nabhan S，De Boer S H，Maiss E，et al. Taxonomic relatedness between *Pectobacterium carotovorum* subsp. *carotovorum*，*Pectobacterium carotovorum* subsp. *odoriferum* and *Pectobacterium carotovorum* subsp. *brasiliense* subsp. nov. J Appl Microbiol，2012，113（4）：904-913

[4] Zreic L，Carle P，Bove J M，et al. Characterization of the mycoplasmalike organism associated with witches'-broom disease of lime and proposition of a Candidatus taxon for the organism，"Candidatus *Phytoplasma aurantifolia*". Int J Syst Bacteriol，1995，45：449-453

[5] 中国农业科学院植物保护研究所，中国植物保护学会. 中国农作物病虫害（中册）. 3 版. 北京：中国农业出版社，2014

[6] 杨瑞馥，陶天申，方呈祥，等. 细菌名称及分类词典. 北京：化学工业出版社，2011

[7] 程春振，曾继吾，钟云，等. 柑橘黄龙病研究进展. 园艺学报，2013，40（9）：1656-1668

[8] 朱江，牛力立，樊祖立，等. 四种杀菌剂防治马铃薯青枯病和疮痂病药效试验初报. 南方农业，2019.13（28）：47-51

柑橘病害综合防治
——绿色防控，人与自然和谐共生
（病害综合防治案例）

第8章

园艺植物病毒病害

➤ 本章重点与学习目标

主要介绍由植物病毒、类病毒引起的蔬菜(十字花科、葫芦科、茄科)、果树(苹果、柑橘、香蕉)、花卉(兰花、百合、香石竹)等重要园艺植物常见病毒病害的症状、病原特征、发病规律和控制措施。

　　病毒病在全国各地栽种的十字花科作物上普遍发生,危害较重,是生产上的主要问题之一。20世纪60年代,华北和东北地区大白菜受害严重,统称为"孤丁病"或"抽风"。华南地区芜菁、芥菜、小白菜、菜心、萝卜和大白菜等普遍发生,称为花叶病,发病率一般为3%～30%,重病地可达80%以上。华东、华中及西南地区除危害十字花科蔬菜外,还严重危害油菜。1962年新疆地区病毒病大流行,几乎使北疆地区大白菜全部失收。近年来,随着抗病毒品种的广泛应用和对传毒介体(蚜虫等)的控制,十字花科作物上的病毒病得到较为有效的控制,但在一些地区还是较重发生,如北方大白菜和南方的一些十字花科蔬菜。

　　【症状】

　　由于病原病毒的种群或株系不同,被害蔬菜的种或品种以及环境条件的不同,症状的表现也有差异。现将常见的几种蔬菜病毒病主要症状分述如下。

　　(1)大白菜　田间幼苗受害,首先心叶出现明脉及沿脉失绿,继呈花叶及皱缩。成株被害,轻重不同。重病株叶片皱缩成团,变硬脆,上有许多褐色斑点,叶背面的叶脉上亦有褐色坏死条斑,并出现裂痕,植株畸形、矮化严重、不结球。受害较轻的,病株畸形、矮化较轻,有时只呈现半边皱缩,能部分结球。受害最轻的病株不表现畸形和矮化,只有轻微花叶和皱缩,能正常结球。但结球内部的叶片上常有许多灰色的斑点,品质与耐贮性都较差。重

裴维蕃先生研究白菜孤
丁病和番茄病毒病侧记
(思政教育)

病株的根一般不发达,须根很少,病根切面显黄褐色。带病的留种株次年种植后,严重者花梗未抽出即死亡,较轻者花梗扭曲、畸形,高度不及正常的一半。抽出的新叶显现明脉和花叶。老叶上有坏死斑。花梗上有纵横裂口。花早枯,很少结实;即使结实,果荚也瘦小,籽粒不饱满,发芽率低。

　　东北地区大白菜还有一种僵叶病(病毒病),与上述"孤丁病"症状不同,叶片细长增厚,不皱缩,外叶向外直伸、僵硬,叶缘呈波浪状,植株亦较矮,不结球。

　　萝卜、小白菜、芜菁、油菜和榨菜等植物的症状与大白菜上的基本相同。心叶初现明脉,继呈花叶、皱缩。重病株矮化、畸形,轻病株一般正常,矮化不明显,但抽薹后结实不良。

　　(2)甘蓝　受病幼苗叶片上生褪绿圆斑,直径2～3 mm,迎光检视非常明显。后期叶片呈淡绿与黄绿色的斑驳或明显的花叶症状。老叶背面有黑色的坏死斑。病株较健株发育迟缓,结球迟且疏松。开花期间,叶片上表现更明显的斑驳。

　　【病原】

　　我国十字花科蔬菜病毒病主要由下列3种病毒单独或复合侵染所致。

　　(1)芜菁花叶病毒(turnip mosaic virus,TuMV,其学名为 *Turnip mosaic potyvirus*)

　　该病毒分布普遍,危害性大,是我国各地十字花科蔬菜病毒病的主要病原物,除危害大白菜、小白菜、菜心、油菜、芥菜、芜菁、甘蓝、花椰菜及萝卜外,还能侵染菠菜、茼蒿以及荠菜、蒲菜、车前草等杂草。该病毒粒体为线条状,致死温度为55～66℃,稀释终点为 2×10^{-3}～$5 \times$

10^{-3},体外保毒期为 24～96 h。病毒侵染幼苗,潜育期 9～14 天。潜育期长短视气温和光照而定。一般在 25℃ 左右,光照时间长,潜育期短;气温低于 15℃ 以下,潜育期延长,有时甚至呈隐症现象。病毒由蚜虫和汁液接触传染。

（2）黄瓜花叶病毒（cucumber mosaic virus,CMV,其学名为 *Cucumber mosaic cucumovirus*）　据 1983 年以来全国各地对白菜和甘蓝病毒毒源普查结果,发现此病毒单独侵染和与 TuMV 复合侵染的比例较 20 世纪 60 年代有所上升。该病毒除危害十字花科蔬菜外,葫芦科、藜科等多种蔬菜和杂草亦能侵染。病毒粒体球状,致死温度为 55～70℃,稀释终点为 10^{-4},体外保毒期 3～6 天（20℃）,由蚜虫和汁液接触传染。

（3）烟草花叶病毒（tobacco mosaic virus,TMV,其学名为 *Tobacco mosaic tobamovirus*）　该病毒寄主范围广、抗性强,侵染十字花科、茄科、菊科、藜科及苋科等多种植物。十字花科蔬菜病毒病中只有一小部分由这一病毒侵染引起。致死温度为 90～93℃,稀释终点为 10^{-4}～10^{-6}。不同株系的体外保毒期长短有差异,有的株系为 10 天左右,有的可长达 30 天以上。只能以汁液接触传染。

此外,西安地区发现有白菜沿脉坏死病毒,东北地区有萝卜花叶病毒,新疆甘蓝上有花椰菜花叶病毒（cauliflower mosaic virus，CaMV）等。

【发病规律】

在华北和东北地区,病毒在窖内贮藏的白菜、甘蓝、萝卜等采种株上越冬,也可以在宿根作物如菠菜及田边杂草上越冬。春季传到十字花科蔬菜上,再经夏季的甘蓝、白菜等传到秋白菜和秋萝卜上。长江流域及华东地区,病毒可以在田间生长的十字花科蔬菜、菠菜及杂草上越冬,引起次年十字花科蔬菜发病。田间终年生长的蔊菜发病普遍,是华东地区秋菜病毒病的重要毒源。广州地区周年种植小白菜、菜心和西洋菜,是病毒的主要越夏寄主。河南省田间的蔊菜和车前草等杂草是当地白菜病毒的重要越夏寄主。

芜菁花叶病毒和黄瓜花叶病毒可以由蚜虫和汁液摩擦传染,但田间病毒传播主要是蚜虫。菜缢管蚜（萝卜蚜）、桃蚜、甘蓝蚜及棉蚜等都可传毒。多数地区以桃蚜和菜缢管蚜传毒为主,新疆则以甘蓝蚜为主。蚜虫在病株上短时间（数秒至数分）吸食后即具有传毒能力。带毒蚜虫在健株上短时间吸食,即可将病毒传入,导致健株发病。蚜虫在经过数次刺吸植物后即丧失传毒能力,说明这些病毒与蚜虫的关系是非持久性的。有翅蚜比无翅蚜活动能力强、范围广,传毒作用也较大。实践证明,有翅蚜发生和迁飞的时间与病毒病的发生有密切的关系。病株种子不传毒。

影响发病的主要因素包括:

（1）不同生育期　病害的发生及危害程度与白菜受侵的生育期关系很大。幼苗 7 叶期以前最感病,受侵染以后多不能结球,危害重;后期受侵染发病轻。侵染愈早,发病愈重,危害也愈大。

（2）气候条件　苗期气温高、干旱,病毒病发生常较严重。因为高温干旱对蚜虫繁殖和活动有利,并且不利于白菜生长,植株抗病性弱。如果苗期气温偏低且多雨,则有利于白菜生长而不利于蚜虫繁殖和活动,特别是大雨能冲掉叶上蚜虫,不利于传毒。

除气温外,土壤的温度和湿度与病毒病的发生也有关系。在同样受侵染的情况下,土温高、土壤湿度低时,病毒病发生较重。

（3）邻作　十字花科蔬菜互为邻作,病毒病能相互传染,发病重;秋白菜种在夏甘蓝附近发病重。种在非十字花科蔬菜附近发病轻。

（4）播种期　一般而言,秋播的十字花科蔬菜播种期早的,发病重;播种晚的,发病轻。这是由于播种早遇高温干旱和蚜虫传毒等影响所致。

（5）品种　不同的白菜品种对病毒病的抗病性有显著的差异。青帮品种比白帮品种抗病。

【控制措施】

控制十字花科蔬菜病毒病,应采用选育和应用抗病品种、消灭蚜虫、加强栽培管理的综合措施。

（1）选育和应用抗病品种　选育和应用抗病品种是防治十字花科病毒病的主要途径。较抗病的大白菜品种有北京大青口、包头青等。目前有些地区存在着品种抗病性与品质和早熟性的矛盾,尚有待于研究解决。利用抗病品种应注意提纯复壮,以保持品种的抗病性。此外,利用杂交一代的优势,也是提高品种抗病性的一种方法。

（2）提高栽培技术,增强植株抗病能力　秋白菜适期播种,使幼苗期避开高温、干旱,减少蚜虫传毒机会;但播种不能太晚,否则影响产量。种植地应尽量与前作或邻作十字花科蔬菜地错开,以便减少毒源。加强苗期管理,早间苗、早定苗并拔除病株。加强肥水管理,降低土温,培育壮苗以增强抗病力。

（3）防治蚜虫　播种前应消灭毒源植物(如秋白菜附近的夏甘蓝、黄瓜等)上的蚜虫,以减少其密度和传毒的机会。在大白菜出苗后至7叶期前,每周喷药一次,可及时消灭幼苗上的蚜虫。此外,用银灰色或乳白色反光塑料薄膜或铝光纸保护白菜幼苗,也能起到拒蚜传毒的作用。将矿物油喷于植株上也有阻止蚜虫非持久性传毒的作用。

（4）选留无病种株　秋季严格挑选,春天在采种田剔除病株,减少毒源。

8.2　瓜类病毒病

瓜类病毒病以花叶病为主,在我国各地分布普遍,凡是栽植瓜类的地区几乎都有发生,其中以西葫芦发病最严重,甜瓜、南瓜、丝瓜、黄瓜次之。近年来,由烟粉虱传播的瓜类褪绿黄化病在我国多地普遍发生,给我国瓜类生产特别是甜瓜、黄瓜、西葫芦造成严重为害。

【症状】

各种瓜类花叶病的症状大同小异,瓜类褪绿黄化病症状特殊。

（1）南瓜病毒病　叶片呈花叶状,并出现深绿色疣状隆起斑,叶脉皱缩、变小、畸形,尤以嫩叶病状表现明显。瓜果也表现畸形,果面凹凸不平,有深浅绿色斑驳。植株明显矮化。

（2）丝瓜病毒病　幼嫩叶片呈深绿与浅绿相间的斑驳或褪绿小环斑,老叶上为黄绿相间的花叶或黄色环斑;叶脉抽缩而使叶片畸形,叶裂加深,后期老叶上产生枯死斑,果实细小呈螺旋状扭曲畸形,上有褪绿斑。

（3）黄瓜病毒病　幼苗期黄瓜感病,子叶变黄枯萎,幼叶呈浓淡绿色不匀的斑驳,进一步发展为深浅绿色相间的花叶。病叶小而皱缩并有下卷趋向,叶片变硬发脆,植株矮小。果实受害后往往停止生长,果面呈深浅绿色相嵌的花斑。发病后期下部叶片逐渐变黄枯死。轻病株一般结瓜正常,但果面多产生褪绿斑驳,重病株不结瓜或瓜呈畸形。温室栽培的黄瓜,病株老叶上常出现角形坏死斑。

（4）西葫芦病毒病　由于毒原种类不同，症状表现不一样，主要有黄化皱缩型、花叶型和两者的混合型。黄化皱缩型自幼苗至成株均可发病，植株上部叶片先表现沿脉失绿，并出现黄绿斑点，继而整株黄化，皱缩下卷，病株节间缩短，矮化。未枯死株后期4～5片真叶开始发病，新叶出现明脉及褪绿斑点，后表现为花叶，有深绿色疱斑，严重者顶叶畸形成鸡爪状，色变深，病株矮化，不结瓜或果实畸形。

（5）甜瓜病毒病（哈密瓜花叶病和白兰瓜花叶病相同）　植株上部叶片先显症状，呈深浅绿色相间的花叶斑驳，叶片变小卷缩，茎扭曲萎缩，植株矮化。瓜果变小，上有深浅绿色斑驳。

（6）瓜类褪绿黄化病　在植株中下部叶片引起典型的褪绿黄化症状，发病初期叶片出现脉间褪绿，逐渐呈现黄化，仍能看见保持绿色的组织，发展到全叶黄化，但叶脉仍为绿色。通常，中下部叶片先发病，向上发展，新叶常无症状。自然感染西瓜、甜瓜、黄瓜等，以甜瓜大面积发病最为常见。发病季节通常在秋季，症状表现甜瓜明显，西瓜和黄瓜略轻，但发病重时西瓜和黄化也极为明显。

【病原】

瓜类病毒病是由多种病毒侵染引起的，主要有黄瓜花叶病毒（CMV）、西瓜花叶病毒（WMV）、小西葫芦黄花叶病毒（ZYMV）、瓜类褪绿黄化病毒（CCYV）等。

（1）黄瓜花叶病毒（cucumber mosaic virus，CMV，其学名为 *Cucumber mosaic cucumovirus*）　寄主范围很广，不仅危害多种瓜类，而且还可侵染其他科的植物，如十字花科、豆科等，但病毒株系间有差别。在葫芦、笋瓜、黄瓜上引起黄化皱缩；甜瓜上引起黄化；黄瓜则为系统花叶；不侵染西瓜。病毒特性见上述十字花科病毒病中介绍的。黄瓜种子不带毒，而甜瓜种子带毒率高达16%～18%。

（2）西瓜花叶病毒（watermelon mosaic virus，WMV，其学名为 *Watermelon mosaic potyvirus*）　曾称为西瓜花叶病毒2号，只侵染葫芦科植物，在甜瓜（包括哈密瓜、白兰瓜）上呈现系统花叶；在西葫芦上叶片斑驳、畸形（鸡爪形），果实上有绿色条纹或黄色云斑，显著鼓起；在西瓜表现为花叶和叶畸形（小叶或皱叶）。病毒的致死温度为60～70℃，稀释限点为 2.5×10^{-3}，体外保毒期为74～250 h，可由汁液接触和棉蚜传染。早期受侵染的甜瓜种子带毒率可高达36%～70%，一般为20%以下；结瓜后受侵染的种子带毒率极低。黄瓜种子不带毒。

（3）小西葫芦黄花叶病毒（zucchini yellow mosaic virus，ZYMV，其学名为 *Zucchini yellow mosaic potyvirus*）　病毒粒体为线状，长约750 nm，它是热带及温带葫芦科植物上危害最严重的病毒之一。田间主要通过多种蚜虫和农事管理传播，温室中发展迅速，危害严重。

（4）番木瓜环斑病毒西瓜株系（papaya ringspot virus type W，PRSV-W，其学名为 *Papaya ringspot potyvirus*）　曾称为西瓜花叶病毒1号，属于马铃薯Y病毒属。病毒粒体为线状，长约750 nm。自然寄主范围限于葫芦科植物，人工接种可局部侵染藜属（*Chenopodium* spp.）植物。该病毒主要发生于热带，危害非常严重；有时也发生在温带。受侵染植物的叶片呈现花叶、扭曲及蕨叶形。果实畸形，并有碎色和突起症状。该株系不侵染番木瓜。

（5）南瓜花叶病毒（squash mosaic virus，SqMV，其学名为 *Squash mosaic comovirus*）

属于豇豆花叶病毒属(*Comovirus*)。病毒粒体为球形,直径约 30 nm,二分体正单链 RNA 基因组。主要通过种子传播,一些叶甲科昆虫也可有效地传播。在自然界,其寄主范围限于葫芦科;受 SqMV 侵染的植物可表现出各种症状,如花叶、环斑、绿色镶脉、边缘叶脉突出等。虽然它可以侵染黄瓜,但症状较轻,不会导致果实的畸形;该病毒也可侵染甜瓜和西瓜。南瓜和西葫芦受侵染后导致鸡爪叶、畸形,有深绿疱斑等。

(6)瓜类褪绿黄化病毒(cucurbit chlorotic yellows virus,CCYV,其学名为 *Cucurbit chlorotic yellows crinivirus*) 属于长线形病毒科(*Closteroviridae*)毛形病毒属(*Crinivirus*),是 2010 年报道的一种新病毒,病毒粒体为长线状,二分体正单链 RNA 基因组,通过烟粉虱半持久性传播,侵染黄瓜、甜瓜、西瓜、丝瓜、南瓜等许多重要瓜类作物,以及甜菜、昆诺藜、曼陀罗、本生烟等非瓜类植物。

除上述 6 种病毒外,烟草环斑病毒(tobacco ring spot virus,TRSV,其学名为 *Tobacco ring spot nepovirus*,)也可侵染黄瓜、丝瓜、甜瓜、南瓜、西葫芦等瓜类作物,发生系统性黄色枯斑。此外,还有侵染黄瓜及西瓜的黄瓜绿斑驳花叶病毒(cucumber green mottle mosaic virus,CGMMV,其学名为 *Cucumber green mottle mosaic tobamovirus*)(我国葫芦科作物上的重要检疫对象),近些年在我国一些地区发生,并造成严重危害,应引起我国有关部门的重视,采取措施减轻扩散风险和降低危害。

【发病规律】

黄瓜花叶病毒因其寄主范围广,可以在一些宿根性的杂草根上越冬。在北京市郊田垄间的反枝苋、荠菜、刺儿菜、苣荬菜等杂草都是黄瓜花叶病毒的寄主,有的又是蚜虫越冬的场所。另外一些蔬菜作物如菠菜、芹菜等也带有黄瓜花叶病毒,亦可作为初次侵染的毒源。

瓜类作物生长期间除蚜虫、粉虱传毒外,田间农事操作和汁液接触也可以使病情扩大蔓延。

甜瓜花叶病传播方式基本上与黄瓜花叶病相同,但甜瓜种子可以带毒,由带毒种子培育的幼苗是田间初次侵染的病毒的来源。

上述两种病毒病在不同温度下潜育期不同,日平均温度为 22.5℃时潜育期短,黄瓜花叶病为 7 天,甜瓜花叶病为 7～9 天;日平均温度在 18℃以下,两种病毒病的潜育期均延长为 11 天。瓜类褪绿黄化病随烟粉虱种群的为害而发生,烟粉虱从越冬寄主或发病植株上获取病毒后,经过短暂的潜育期,将病毒传播到其他植株。通常在秋季发病严重,在甜瓜上为害明显,西瓜和黄瓜较轻,西瓜发病重时黄化症状也非常典型。

影响发病的因素有:

(1)气候条件与发病的关系 温度高、日照强、干旱等发病重,故瓜类花叶病往往于夏季盛发,因为在这种环境条件下不仅有利于蚜虫的繁殖和迁飞,而且对病毒的增殖、潜育期的缩短、田间再侵染数量的增加等都有影响;干旱降低了植株的抗病性,因而发病严重。瓜类褪绿黄化病常常随着烟粉虱种群的大发生而发生,烟粉虱喜欢高温,常在 7—9 月份暴发,随后造成瓜类褪绿黄化病的发生。

(2)栽培管理与发病的关系 缺水、缺肥、管理粗放的田块发病均较重。西葫芦花叶病的发生与播种期有密切关系;适期早播、早定植的发病轻,迟播、晚定植的发病重;瓜田杂草丛生,以及附近有番茄、辣椒等茄科作物和甘蓝、芥菜、萝卜、菠菜、芹菜等作物,由于毒源多,发病也重。此外,邻近路边的瓜架、瓜架两端往往发病亦重,因为路边杂草多;许多杂草是

CMV 和瓜类褪绿黄化病毒的寄主,容易通过蚜虫或烟粉虱把病毒传到瓜类作物上。

【控制措施】

选育和利用抗病品种、采用无病毒瓜种、铲除田边杂草,及时消灭带毒蚜虫和烟粉虱并加强栽培管理措施,是控制瓜类病毒病的主要途径。

(1)选育和利用抗病品种 近三四十年来,国际上防治黄瓜花叶病基本上是采用抗病品种。黄瓜中的原始型品种及亚洲长型黄瓜都具有不同程度的耐病性,例如山东宁阳刺瓜和北京大刺瓜均较耐病。瓜形长而细,刺多而皮硬,色泽青黑的品种较耐病。这种耐病性在杂交一代中能突出表现出来,但不稳定,必须通过多代系统选育才能稳定。目前尚未发现抗瓜类褪绿黄化病的瓜类品种。

(2)建立无病留种地,采用无病种子及种子消毒 留种地应远离蔬菜地,并且进行一系列综合防治措施,保证获得无病毒种子,供生产用。甜瓜种子如有带毒嫌疑,播种前应进行种子处理。方法是用 60～65℃温水浸种 40 min,移入冷水中冷却,晾干后播种。

(3)加强栽培管理,铲除田边杂草 注意培育壮苗,合理施肥和用水,使瓜秧健壮,增强抗病能力。具有汁液接触传毒能力的,在打顶、打杈、摘心等农事操作中应将病株与健株分开进行,以免人为传毒,或在病株上操作后用肥皂水洗手,再在健株上操作。田间及地边杂草应彻底铲除干净,防止传毒。

(4)及时防治蚜虫和烟粉虱 蚜虫防治方法参考十字花科病毒病防治措施。烟粉虱的防治较为困难,遇虫口快速上升时,可选用溴氰虫酰胺、氟啶虫胺腈、螺虫·噻虫啉喷雾。喷药时务必均匀喷到叶片正面和背面,特别着重对叶片背面喷药。因烟粉虱繁殖力强,极易产生抗药性,需要几种药剂交替混配使用。棚室内也可于傍晚密闭棚室,用异丙威烟剂熏棚控制烟粉虱。气温较高或保护地内温度较高时,烟粉虱活动活跃,一般 5～7 天喷药 1 次,温度较低时可 10～15 天防治 1 次。应避开在烟粉虱高发期,如每年的 7—9 月份育苗,避免苗期感染,否则极易导致绝收。

8.3 茄科作物病毒病

▶ 8.3.1 番茄病毒病

番茄病毒病全国各地都有发生,常见的有花叶病、蕨叶病、黄化曲叶病、褪绿病,以花叶病和黄化曲叶病发生最为普遍。近几年来,由烟粉虱传播的番茄黄化曲叶病和番茄褪绿病在我国大部分番茄产区严重发生,对番茄生产影响极大。另外,由蓟马传播的番茄斑萎病毒病已在我国云南等地发生,该病造成番茄植株萎蔫和果实坏死,为害大,传播迅速,应密切关注其传播和扩散。

【症状】

(1)花叶病 田间常见的症状有两种:一种是在番茄叶片上引起轻微花叶或微显斑驳,植株不矮化,叶片不变小、不变形,对产量影响不大;另一种是番茄叶片有明显花叶,随后新叶变小,叶脉变紫,叶细长狭窄,扭曲畸形,茎顶叶片生长停滞,植株矮小,下部多卷叶,病株花芽分化能力减退,并大量落花、落蕾,基部果小质劣,多呈花脸状,对产量影响较大。

(2)蕨叶病　初期症状,顶芽幼叶细长,展开比健叶慢或螺旋形下卷,叶片十分狭小,叶肉组织退化,甚至不长叶肉,仅存中肋。病株一般明显矮缩,下部叶片边缘向上卷起,严重的卷成管状,中部叶片微卷,主脉微现扭曲,上部叶片细小形成蕨叶。叶背叶脉呈淡紫色,叶肉薄而色淡,微现花斑。全株腋芽所发出的侧枝都生蕨叶状小叶,上部复叶节间短缩,呈现丛枝状。

(3)黄化曲叶病　叶片变小黄化,上卷或下卷,边缘亮黄色,节间缩短,植株矮化,花朵减少,开花延迟,坐果少而小,成熟期果实转色不正常,且成熟不均匀。该病在番茄生长各阶段均可发生。苗期发病,植株严重矮缩,不能开花结果,造成绝收;植株生长后期发病,上部叶片和新芽表现典型黄化卷曲症状,坐果急剧减少,果小且畸形,严重影响产量和品质。

(4)褪绿病　番茄叶片脉间黄化,有些区域变红,发育受阻,轻微卷曲,通常在老叶上表现明显,新生枝条和叶片表现正常,随着病害发展,发生脉间坏死,叶片变得易碎、发脆、变厚。症状极易与物理损伤、营养失调或农药药害混淆,但典型的症状特点是植株中下部叶片发病,而新生部分正常。

【病原】

(1)花叶病　该病主要由烟草花叶病毒(TMV)、番茄花叶病毒(tomato mosaic virus,ToMV,其学名为 *Tomato mosaic tobamovirus*)侵染引起。寄主范围很广,有 36 科 200 多种植物。烟草花叶病毒的钝化温度为 $90\sim93$ ℃,稀释限点 10^{-6},体外保毒期很长,在无菌汁液中维持致病力达数年,在干燥的病组织内存活力达 30 年以上。在指示植物上的反应:普通烟上为系统花叶,心叶烟、曼陀罗为局部枯斑,不危害黄瓜。在电子显微镜下观察,烟草花叶病毒的颗粒呈杆状,大小为 300 nm × 18 nm。在寄主细胞内能形成不定形的内含体(X-体)。

(2)条纹病　该病主要由番茄花叶病毒侵染引起。其物理性状与烟草花叶病毒相似,主要特点为在番茄、辣椒上表现系统条纹症状。

(3)蕨叶病　该病主要由黄瓜花叶病毒(cucumber mosaic virus,CMV)侵染引起。这种病毒病寄主范围也很广,有 39 科 117 种植物。除番茄外,辣椒、黄瓜、甜瓜、番瓜、莴苣、萝卜、白菜、胡萝卜、芹菜等蔬菜都被害,还能危害多种花卉、杂草及一些树木。在指示植物上的反应:普通烟、心叶烟、曼陀罗等均表现系统花叶,黄瓜呈现花叶;苋色藜、豇豆(黑籽品种)、蚕豆呈现局部枯斑。在电子显微镜下观察,黄瓜花叶病毒的颗粒呈球状,直径 $28\sim 30$ nm。

(4)黄化曲叶病　由双生病毒科(*Geminiviridae*)菜豆金色花叶病毒属(*Begomovirus*)的一些成员,如番茄黄化曲叶病毒(tomato yellow leaf curl virus,TYLCV,其学名为 *Tomato yellow leaf curl begomovirus*)、番茄黄化曲叶中国病毒(tomato yellow leaf curl China virus,TYLCCnV)侵染引起。TYLCV 的寄主有番茄、曼陀罗、辣椒、菜豆、烟草等。传毒介体为烟粉虱,同时可经嫁接传播,不能经机械摩擦传播。有报道称,TYLCV 可以通过种子传播。烟粉虱在作物和蔬菜以及杂草上发生十分普遍,为害茄科、葫芦科、豆科等多种植物。烟粉虱获毒后终生带毒,但不经卵传给下一代。在保护地栽培条件下,烟粉虱在北方能够安全越冬并成周年发生,成为导致番茄黄化曲叶病快速扩散和大流行的重要原因。

(5)褪绿病　在我国由番茄褪绿病毒(tomato chlorosis virus,ToCV,其学名为 *Tomato chlorosis crinivirus*)侵染引起。ToCV 属于长线形病毒科(*Closteroviridae*)毛形病毒属(*Crinivirus*)。病毒粒子弯曲长线形,长 $800\sim850$ nm,直径约为 12 nm,呈螺旋对称结构,

螺距 3.4～3.8 nm。ToCV 的基因组为二分体正义单链 RNA（＋ssRNA），RNA1 和 RNA2 分别包装在两种不同的病毒粒子中，二者对成功侵染寄主都是必需的。

（6）其他　烟草花叶病毒和马铃薯轻型花叶病毒混合侵染番茄时，也可造成条纹症状，称为双毒条纹病（亦称复合条斑病），其主要特点为病果斑块较小，不凹陷。

烟草花叶病毒和黄瓜花叶病毒各有若干不同的株系，并且都能在番茄上混合侵染造成复合性病毒病。由于这些不同株系的不同配合，病状有差异，造成鉴别上的困难。此外，马铃薯 Y 病毒（PVY）、烟草蚀纹病毒（TEV）以及一种卷叶病毒有时也会侵染番茄。

【发病规律】

烟草花叶病毒具有高度的传染性和稳定性，极易由接触传染，但蚜虫不传毒。番茄花叶病主要通过田间各项农事操作（如分苗、定植、绑蔓、整枝、打杈、2,4-D 蘸花等）传播。番茄种子附着的果肉残屑也带毒；种子催芽时胚根伸长接触种皮，可能是病毒侵染幼苗的一种途径。由于这种病毒的寄主范围很广，因此可以在许多多年生野生寄主和一些栽培作物内过冬。此外，烟草花叶病毒还可在干燥的烟叶和卷烟中，以及寄主的病残体、土壤和流水中存活相当长的时期。所以，带毒的卷烟和寄主的病残体也可成为病害的初次侵染来源。

烟草花叶病毒的土壤传播是以土中残存的病毒通过植物茎、叶的伤口直接侵入的接触传播为特点。栽培番茄的温室土下 120 cm 处仍可分离出烟草花叶病毒。把根和植物遗体筛除后，污染土的致病能力大大降低，但是土壤粒子亦可把病毒吸附于其上，土壤积水条件下烟草花叶病毒残存期特长，在番茄根、茎上 3 年以后仍保持侵染力。

黄瓜花叶病毒由蚜虫传播，如桃蚜、棉蚜等多种蚜虫都可传染，但以桃蚜为主。种子和土壤都未发现有传病的现象。黄瓜花叶病毒主要在多年生宿根植物或杂草上越冬，如鸭跖草、紫罗兰、马利筋、反枝苋、刺儿菜、苣荬菜、酸浆等。这些植物在春季发芽后蚜虫亦随之发生，通过蚜虫吸毒与迁移，将病毒传带到附近的番茄地里，引起番茄发病。

番茄黄化曲叶病毒和番茄褪绿病毒均由烟粉虱传播，均以 Q 型烟粉虱为主。烟粉虱在作物和蔬菜以及杂草上发生十分普遍，为害茄科、葫芦科、豆科等多种植物。烟粉虱获毒后终生带毒，但不经卵传给下一代。在保护地栽培条件下，烟粉虱在北方能够安全越冬并成周年发生，成为导致番茄黄化曲叶病快速扩展和流行的重要原因。有报道称 TYLCV 通过种子传播，带毒种子萌发的病苗是初侵染源。ToCV 可以侵染茄科、菊科、藜科、苋科、杏科、夹竹桃科及蓝雪科等 7 科 25 种植物。其中，茄科寄主数目最多，如：番茄、辣椒、普通烟、本生烟等多种烟草。一些常见杂草和观赏植物也是 ToCV 的寄主，如苦苣菜、百日菊、矮牵牛等。ToCV 不能通过汁液摩擦传播，由 4 种粉虱传播，但传毒效率差异较大。纹翅粉虱（*Trialeurodes abutilonea*）和 B 型烟粉虱（*Bemisia tabaci* B-biotype）的传毒效率较高，A 型烟粉虱（*B. tabaci* A-biotype）和温室白粉虱（*T. vaporariorum*）的传毒效率则较低，纹翅粉虱带毒长达 5 天，B 型烟粉虱带毒为 2 天，而 A 型烟粉虱和温室白粉虱只能带毒 1 天，虽然传毒效率有差异，但都可以进行有效的传毒。

影响发病的因素有：

（1）气象因素与发病的关系　病害的发生、发展与气温关系密切。据调查，杭州市郊区番茄花叶病适宜发生的温度为 20℃，温度增高趋向隐症；一般在 5 月中旬大量发生，6 月上中旬（旬平均气温 25℃左右）病害流行。病区大都局限于城市近郊，重病田块多邻近建筑物或低洼地，这形成了自然屏障，辐射热不易散发，造成适于发病的高温小气候。同时，番茄条纹病又与降雨量有关,番茄定植后即遇连续阴雨直至 5 月初,这段时间的降雨量只要达到 50 mm,这一年就有可能是个重病年。如五六月份有较大的降雨量,并且雨后连续晴天,会促进病害的流行。这是由于阴雨造成土壤湿度大,地面板结,土温降低,影响番茄根系的生长发育。在发根不好、长势弱的条件下,遇到雨后高温,番茄植株生理机能失调,抗病力降低,就会导致病害的流行。

蕨叶病在高温干旱的气候条件下,有利于蚜虫的大量繁殖和有翅蚜的迁飞传毒,病害发生严重。同样,高温干旱的气候有利于烟粉虱的大量发生,也有利于病毒在寄主体内迅速增殖,因此每年的 7—8 月份播种的夏秋茬番茄发病最为严重;随着天气转凉、气温降低,病毒传播没有之前那样迅速,并且部分烟粉虱无法越冬,虫量降低。每年 9—10 月份气温降低,烟粉虱大量迁移到温室危害,同时将病毒传播到温室栽植的番茄上,造成病毒病发生的一个高潮。

(2)栽培管理与发病的关系　番茄花叶病主要是由汁液传染,故一切能导致病健株相互摩擦的栽培措施都能增加病株汁液传染机会。蕨叶病由蚜虫传播,尤其是桃蚜。番茄与黄瓜地邻近时,蕨叶病的发生常较重。田间不注意监测和防治烟粉虱,番茄黄化曲叶病毒病和番茄褪绿病毒病发生严重。

番茄定植期的迟早与发病也有关系。春番茄定植早的发病轻,定植晚的发病重。番茄定植时苗龄过小,幼苗徒长,或栽后接连灌水,或果实膨大期缺水受旱,发病也较严重。

(3)土壤与发病的关系　土壤中缺少钙、钾等元素,能助长花叶病的发生。条纹病在黏重而含腐殖质多的土壤中能较长期的保存毒力。在自然情况下,幼嫩植株发病常由带毒土壤接触摩擦引起,特别当移栽后不久幼苗的嫩叶与带毒土壤接触时更易引起传染。

土壤排水不良、土层瘠薄、追肥不及时,番茄花叶病的发生常较重。反之,发病就轻。用硝酸钾作根外追肥,有减轻花叶病发生的现象。这可能由于钾素被植株吸收后,提高了抗病力的缘故。

(4)品种与发病的关系　番茄品种多且更新快,目前商业化的品种比较抗花叶病和蕨叶病;近年来由于番茄黄化曲叶病毒病的严重危害,一些育种单位和公司纷纷推出了抗病毒品种,如浙粉 702、名智 4201、卡菲妮等品种对番茄黄化曲叶病具有良好的抗性。目前尚未有对番茄褪绿病毒病的抗性育种材料和品种。

【控制措施】

控制番茄病毒病的发生和流行,应采用以选用抗病品种和农业防治为主的综合防病措施,同时以控制蚜虫和烟粉虱为重要途径。

(1)选用抗病品种　台湾红、保加利亚、满丝、保四、日本金红、小鸡心等品种,既能丰产又较耐病,可以因地制宜推广种植。浙粉 702、名智 4201、卡菲妮等品种对番茄黄化曲叶病毒病具有良好的抗性。

(2)种子处理　种子在播种前先用清水浸泡 3～4 h,再在 10% 磷酸三钠(Na_3PO_4)溶液中浸种 20～30 min,捞出后用清水冲洗干净,催芽播种。这样,可以去除黏附在种子表面的病毒。

(3)狠抓定植前后的栽培防病措施

①适时播种,培育壮苗:黄河中下游地区,春番茄可在小寒至大寒之间播种。在育苗阶段要加强苗期管理,培育壮苗。定植时酌情蹲苗 5～6 天,可促使番茄根系发育旺盛,提高抗

病力。避开在7—9月份烟粉虱高发季节培育幼苗和定植。如果当年烟粉虱种群数量大，育苗应推迟到10—11月份。

②严格挑选健壮无病苗移植：移苗时要用肥皂或10％磷酸三钠溶液洗手消毒。先移栽健苗，然后处理病苗。在以后绑蔓、整枝、点花和摘果等农事操作时，都应先处理健株后处理病株。接触过病株的手，应用肥皂水或磷酸三钠溶液充分洗擦。在病株上使用过的刀、剪等工具，也应放入磷酸三钠溶液中消毒后再用，以防田间农事操作时接触传染。

③晚打杈、早采收：番茄前期适当晚打杈，可相应地促进根系发育、幼苗早发，同时也减少和推迟了人为的接触传染。果实挂红时应提早采收，这样可以调节体内营养的分配，以减缓生殖生长和营养生长的矛盾，增强植株耐病性。

④加强肥水管理：底肥增施磷、钾肥，栽苗时根围施用"5406"菌肥，定植缓苗喷洒0.01％增产灵，促使植株健壮生长提高抗病力，尤以对花叶病效果更为明显。花叶病在发病初期用1％过磷酸钙或1％硝酸钾作根外追肥，都有一定程度减轻发病的效果。在番茄坐果期间，也应注意肥水管理，避免缺水、缺肥。

（4）早期防治蚜虫和烟粉虱　防治蕨叶病、黄化曲叶病毒病及褪绿病毒病，应抓紧番茄自苗床子叶期至大田定植后、第一层果实膨大期的灭蚜、灭粉虱工作。

①培育无虫无病幼苗。由于苗期感病后，不仅造成发病植株绝收，且成为植株间快速传播的毒源，所以务必培育无粉虱无病毒病的番茄幼苗。育苗床应与生产大田分开，苗床尽量选用近年来未种过茄科和葫芦科作物的土壤，对育苗基质及苗床土壤进行消毒处理，以减少虫源；采用40～60目防虫网隔离育苗以避免苗期感染病毒；苗床内在植株顶端高度下5 cm悬挂黄色粘虫胶板，诱杀烟粉虱以减少传毒媒介。苗移栽前7天棚室杀虫处理。

对外地调运的幼苗，特别是从发病区调运的幼苗，务必在调运前委托具有病毒检测能力的研究机构进行抽样快速检测，若幼苗中检测到该病毒，建议不要调运。

②强化田间防控措施。幼苗移栽前全棚内杀虫处理，棚室所有通风处均使用40～60目防虫网覆盖，门口设置缓冲门道，内外门错开并且避免同时开启，以防带毒的烟粉虱进入棚室内。

发现病株或疑似病株，务必及时拔除深埋（＞40 cm）。及时清除田间杂草和残枝落叶减少虫源和毒源。发病初期，症状可能与缺素症、普通花叶病毒病相混淆而引起更严重的损失，请务必及时与当地植保部门联系。

由于烟粉虱繁殖能力强，扩散迅速，具有突发性、暴发性和毁灭性的为害等特点，建议植保部门在集中连片种植番茄和相关茄科、葫芦科和豆科作物的地区进行统防统治，达到减少发病和未发病田块之间的烟粉虱近距率传播从而提高防治效果的目的。冬季或春季种植番茄，气温较低，烟粉虱发生少，活动性不强，是控制该病传播和彻底防治烟粉虱的最佳季节。

生产中如遇虫口上升迅速需及时采用药剂应急防治，可选用溴氰虫酰胺、氟啶虫胺腈、螺虫·噻虫啉喷雾。喷药时务必均匀喷到叶片正面和背面，特别着重对叶片背面喷药。因烟粉虱繁殖力强，极易产生抗药性，需要几种药剂交替混配使用。气温较高或保护地内温度较高时，烟粉虱活动活跃，一般5～7天喷药1次，温度较低时可10～15天防治1次。

番茄褪绿病毒病的防控措施基本同番茄黄化曲叶病，要注意的是，番茄褪绿病毒寄主范围广，病害潜伏期长达3～4周，病害最先在下部老叶上出现，所以隐蔽性强，容易被忽视。

（5）深耕及轮作　在栽培过番茄的菜地上，感染烟草花叶病毒的病株残体是土壤感染的主要来源,所以必须尽量清除病株的残根落叶,并通过土壤耕翻促其腐烂,使烟草花叶病毒钝化。土壤中加施石灰有助于残根的腐烂。

番茄与不感病的作物轮作,也是防止土壤受侵的有效途径。烟草花叶病毒在土壤中的病体上可以存活 2 年以上,所以轮作要采用 3 年轮作制。

(6)钝化剂及诱导剂的施用　一些钝化剂对烟草花叶病毒有较强的抑制作用,如 1:(10~20) 的黄豆粉或皂角粉水溶液,在番茄分苗、定植、绑蔓、整枝、打杈时喷洒,对防止操作时的接触传染有效。日本曾研制了一种抑制烟草花叶病毒感染的藻酸制剂(商品名称 MOSANON),是以食品添加剂——海藻中的多糖为主要成分,在烟草上主要施在移植前的幼苗上,以防止种植时来自带毒土壤的感染;为防止操作时的接触传染,也有在移植后 1 个月内培土期施用的。中国农业大学植物病理学系研制的 NS-83 增抗剂可诱导植株的抗病性,在苗期使用,可以起到防病增产的综合效果。

(7)弱毒疫苗以及病毒卫星的利用　1979 年中国科学院微生物研究所经化学诱变获得了番茄花叶病毒的弱毒疫苗 N_{14},先后在全国 20 多个省区的番茄地进行保护接种试验,处理田块的番茄条斑病比对照降低病情指数 50%,增产 5%~68%(全国平均数)。N_{14} 弱毒疫苗在烟草及番茄上均不表现可见症状,还有刺激生长、促进早熟的作用。该研究所还通过分离 CMV 的卫星 RNA,研制了 CMV 生防制剂卫星病毒 S_{52},可以单独使用也可与 N_{14} 混合使用。在番茄与青椒上混合接种后 10 天左右表现极为轻微的花叶,随后逐渐恢复正常。田间实验表明 S_{52} 或 $S_{52}+N_{14}$ 混合疫苗有良好的防病增产效果。

8.3.2　马铃薯病毒病

虽然马铃薯已归为粮食作物,但由于其在我国居民饮食中的特殊性,仍作为园艺作物进行介绍。马铃薯病毒病在我国分布较广,危害也较严重,主要是皱缩花叶病、卷叶病、纺锤块茎病。植株受侵后发育畸形、矮小,产量降低。同时,由于病毒病的影响,使马铃薯种薯退化。特别是在我国中部和南部地区,不能自行留种,每年从东北、西北、内蒙古等地马铃薯退化轻微的地区大量调种,给生产造成很大的困难。近年来,脱毒种薯由于产量高、效益明显而得到大面积推广,减轻了病毒病在马铃薯生产上造成的危害。

【症状】

马铃薯皱缩花叶病在叶片上出现深浅不均匀的病斑,叶片缩小,叶尖向下弯曲、皱缩,全株矮化,叶片、叶脉、叶柄有黑褐色坏死斑,并使叶、叶柄及茎变脆;严重时全株发生坏死性叶斑,叶片严重皱缩,自下而上枯死呈垂叶坏死症状,顶部叶片严重皱缩斑驳。

卷叶病典型的症状是叶缘向上卷曲,病重时呈圆筒状。病叶较健叶稍小,色泽较淡,有时叶背呈红色或紫红色。叶片厚而脆,叶脉硬,叶柄竖起;如遇天气干燥,病叶也不萎蔫下垂。病株表现不同程度的矮化,且有时早死。由于韧皮部被破坏,茎的横切面常见黑点,在茎基部及节部更为明显,病叶往往有大量淀粉积累。病株所结的块茎瘦小,薯块簇生于母薯附近,块茎剖面韧皮部腐坏而呈黑色网状;但品种间差别很大,有的块茎并不产生明显的枯黑部分。

纺锤块茎病的典型症状是植株矮化,叶片皱缩,块茎畸形,明显变小,一些品种发病后块茎呈纺锤形或中间细两端粗的哑铃形。造成产量下降 20% 以上。

【病原】

马铃薯皱缩花叶病是由马铃薯 X 病毒(potato virus X,PVX)和马铃薯 Y 病毒(potato virus Y,PVY)两种病毒复合侵染所致。马铃薯 X 病毒的粒体呈线条状,大小为 520 nm×(10～12) nm,致死温度 60℃,稀释终点为 10^{-4},体外保毒期 2～3 个月。传染方式为汁液摩擦传染,昆虫不传染。除马铃薯被害外,还可侵染番茄、醋栗、茄子、烟草、曼陀罗、龙葵、酸浆、假酸浆、千日红等植物。病毒在鉴别寄主千日红叶片上呈现红褐色局部坏死斑。

马铃薯 Y 病毒的颗粒呈弯曲短线状,大小为 730 nm×10.5 nm,致死温度 52℃,稀释终点为 10^{-3},体外保毒期 24～36 h。传染方式有汁液传染与蚜虫传染。除马铃薯外,该病毒还可侵染番茄、茄子、烟草、龙葵、酸浆、矮牵牛、大丽花、天仙子等,又能以隐蔽状态潜伏在芜菁、甘蓝、红苣葹和酸豆上。病毒在鉴别寄主枸杞、野生马铃薯和洋酸浆上产生局部枯斑或环斑,千日红、曼陀罗对该病毒是免疫的。单纯 PVX 在一般马铃薯品种上发生轻微花叶,叶片大小与健株无差异或稍有缩小(普通花叶病);单纯 PVY 在马铃薯植株上也表现花叶,以后再形成黑色坏死或条斑(条斑花叶病)。而两者复合侵染时,即发生皱缩花叶病。

马铃薯卷叶病毒(potato leaf roll virus,PLRV,其学名为 *Potato leaf roll polerovirus*)的寄主范围很广,除马铃薯外还可侵害番茄、曼陀罗、灯笼草、苋菜、鸡冠花、千日红等。在鉴别寄主洋酸浆上,产生严重矮化、褪绿及韧皮部坏死。该病毒的颗粒为二十面体,大小为 24～25 nm。卷叶病毒主要是在寄主韧皮部增殖,由蚜虫传染,汁液接触不能传染。传毒介体有桃蚜、棉蚜、马铃薯蚜,但后两者传毒效率不高。蚜虫在病株上吸食后必须经过一个潜育期,这段时间一般需要 24～48 h 才能传毒,此后带毒的蚜虫维持传毒时间很久,甚至可以终身传毒,但不能传给下一代。无翅蚜虫传毒的范围不远,一般是在病株附近 3～4 行内的马铃薯最易感染。

纺锤块茎病的病原是马铃薯纺锤块茎类病毒(potato spindle tube viroid,PSTVd,其学名为 *Potato spindle tube pospiviroid*),是一种裸露的单链环状 RNA 分子,无蛋白外壳。PSTVd 基因组由 359 nt 组成,碱基高度配对,性质稳定,耐受 90℃高温。除马铃薯外还可侵染番茄等重要作物。不同株系致病性差异大。

【发病规律】

皱缩花叶病主要是由带毒种薯传染,用病株生产的薯块也带有病毒。马铃薯病毒可以通过接触传染,该病毒在块茎里是普遍存在的,所在大多数植株都已感染。因此决定皱缩花叶病发生不发生、严重或轻微,关键在于薯块中的病毒所起的作用。马铃薯 Y 病毒汁液接触传染,而且蚜虫也能传染。蚜虫以桃蚜和棉蚜为主,因此,皱缩花叶病的发生与蚜虫发生有着密切的关系。当年播种带有皱缩花叶病毒的种薯,幼苗长大后就是病株,然后在田间通过蚜虫进一步扩大蔓延和进行再次侵染。生长后期,病毒主要是在薯块里越冬。

带病毒的种薯也是卷叶病当年田间发病的初侵染源。由于植株生长期间被病毒侵染的早晚不同,病株上所产生的块茎病毒含量不同,甚至在一个块茎上的芽也未必全部都受到侵染。如果选用带毒块茎栽种,长大后的苗就会出现症状,在生长期间通过蚜虫传播扩大蔓延。有的在田间由蚜虫传毒受侵染的植株,当年不表现症状,或只在中后期从上部叶片开始表现症状。

纺锤块茎病也主要通过带毒种薯造成田间发病形成初侵染源。田间主要通过接触传播,如病健株接触、农具、切刀等进行汁液传播,有报道一些昆虫,如桃蚜、马铃薯甲虫、叶蝉等可以传播。感染初期不表现症状,经过几个月的潜伏期后发病,随着发病代数增加,症状逐年加重。

影响发病的因素有:

马铃薯生长期间如蚜虫发生多,皱缩花叶病和卷叶病发生也重。此外,在土温高(特别是结薯期)和营养条件不良的情况下,由于马铃薯植株的抵抗力弱,块茎内的病毒浓度增高,病情也显著加重。这种块茎作为第二代的种薯就必然表现退化(皱缩花叶病重)。在气温低、湿度高而多风雨的地区,对于蚜虫的繁殖不利,发病就轻;在海拔较高的山区,由于夜间温度低湿度高,不利于蚜虫生长繁殖,发病也轻;天气干旱、高温有利于蚜虫生长繁殖,发病则重。

【控制措施】

使用脱毒种薯是最重要的控制马铃薯病毒病的措施。农业防控措施在马铃薯病毒病控制中也非常重要。

(1)种薯脱毒 使用生长点组织培养或热处理结合茎尖培养的方法获得脱毒种薯。

生长点组织培养:鉴于马铃薯生长点尖端 1 mm 以内没有或只有微量的病毒,可利用此生长点进行组织培养,以清除薯块内的病毒,培养出无病毒植株,结出的无病毒薯块专门选择一块远离生产田的留种田栽植,用于繁殖无病毒种薯供田间生产使用。

热处理结合茎尖培养:薯苗经 36~38℃ 处理 36~40 天,剥取 1~2 mm 茎尖进行组织培养,获得更多比率的无病毒苗。

(2)建立无病种薯繁殖田 繁殖田应远离马铃薯生产田并选用无病毒的种薯。种薯是否带毒可采用下列 3 种方法检查:

①染色检查法:取茎基与块茎相连处作切片,在 1:20 000 的品红溶液(缓冲 pH 4.5)染色 1~2 min,再在磷酸缓冲液 pH 4.5 中冲洗 5~6 min,如坏死的筛管组织染成红色即说明薯块带毒。

②紫外线检查法:把薯块切开,将剖面在紫外光下照射,如病薯内含有莨菪素则发生荧光,说明含有病毒。

③血清学检查法:可用 ELISA(酶联免疫吸附测定)法。

(3)选用抗病品种 目前没有免疫品种,但各地都有一些较抗病的品种,如白头翁、北京黄、阿果、和平、渭会 2 号、克新 1 号、克新 2 号等较抗皱缩花叶病;马尔卓、燕子、阿奎拉、渭会 4 号、抗疫 1 号等较抗卷叶病。

(4)夏播留种和二季作留种 将马铃薯的播期延到夏季,可以使结薯期避开高温,所结块茎内病毒含量低,这种块茎作为种用,第二年发病轻。有的地区选用早熟品种,春播马铃薯稍提前收获,然后在同一地块继续播种一次马铃薯,收获的块茎作为第二年的种薯,发病也较轻。

(5)高垄深耕,加强肥水管理 有的地区采用加大行距,缩小株距,高畦,深沟灌水,可以减轻危害。就地留种,加强管理,水肥充足,也可减轻危害。

(6)实生苗块茎留种 因为马铃薯种子不带病毒,近年来利用抗病的杂交组合种子播种的实生苗所结的块茎作为第二年的种薯,也有良好的防病效果。但田间应注意防蚜,避免植株当年感染病毒。

(7)防治蚜虫 在留种地及时防蚜对减轻退化有显著效果,特别是对卷叶病毒病的效果更明显。如在防治蚜虫的同时拔除病株,对卷叶病毒和 PVY 都有较好的效果。

8.4 苹果病毒病

我国是世界苹果第一大生产国,产量约占世界总产量的一半,但我国苹果病毒病发生最为普遍,据调查发生率在 40%～100%,造成我国苹果单位产量和品质较低。苹果病毒病是系统性侵染病害,病毒侵入后扩展到树体各个部位,整个植株将终生带毒,导致苹果树盛果期缩短,产量和品质降低。常见的苹果病毒病分 3 个类型:一是在叶片上有花叶症状的苹果花叶病;二是不引起明显症状但造成苹果减产和品质下降的苹果潜隐病毒病;三是在果实上引起果实锈果、花脸、凹陷等症状的苹果类病毒病。其中在果实上为害的苹果类病毒病危害最大。防控苹果病毒病传播的措施是避免使用带毒繁殖材料,选择脱除了病毒的无毒苗建园和繁育苗木。

【症状】

苹果花叶病主要为害叶片,在叶片上形成各种类型的鲜黄色病斑,可分为 5 种类型:①斑驳型;②环斑型;③花叶型;④条斑型;⑤镶边型。各种类型症状多在同一病树,甚至同一病枝、病叶上混合发生。我国发生的苹果花叶病多数在病斑处还有坏死区域。每年的6—7 月份是苹果花叶病症状明显的时期,被苹果花叶病毒侵染的苹果树表现花叶症状,而到了 8 月份由于高温,有些树上的症状会减轻甚至消退。

苹果潜隐病毒病在叶片、果实及枝干上不表现明显可见的症状,但造成慢性危害,长期侵染后,病树树势衰弱,一般叶小且硬,生长不齐,果实成熟晚,个头小,品质劣,产量降低。

苹果类病毒病为害苹果果实,在叶片和枝干上没有明显的症状,幼树不表现症状。常见的苹果类病毒病有苹果锈果病(花脸病)和凹果病,造成果实表面形成锈果、花脸、斑痕、凹陷等畸形症状,果实硬度增加,风味变劣,不耐储藏,致使果实经济价值极低或完全失去经济价值。苹果果实在最初膨大期即在果实表面表现小块水浸状,随着果实膨大,病斑面积扩大,病斑处生出果锈或不着色。套袋苹果,在摘袋后症状明显,果实着色不均匀,有的表面凹凸不平。

【病原】

(1)苹果花叶病　　该病主要由苹果花叶病毒(apple mosaic virus,ApMV,其学名为 *Apple mosaic ilarvirus*)和苹果坏死花叶病毒(apple necrotic mosaic virus,ApNMV,其学名为 *Apple necrotic mosaic ilarvirus*)引起,目前我国发生的苹果花叶病,主要由苹果坏死花叶病毒引起。

二者均为等轴不稳环斑病毒属(*Ilarvirus*)的成员,病毒粒体球形,直径约 25 nm 和29 nm。基因组为三分体正单链线性 RNA,即 RNA1、RNA2 和 RNA3。

(2)苹果潜隐病毒病　　该病由 3 种潜隐病毒单独或复合侵染引起:苹果褪绿叶斑病毒(apple chlorotic leaf spot virus,ACLSV,其学名为 *Apple chlorotic leaf spot trichovirus*)、苹果茎沟病毒(apple stem grooving virus,ASGV,其学名为 *Apple stem grooving capillovirus*)和苹果茎痘病毒(apple stem pitting virus,ASPV,其学名为 *Apple stem pitting foveavirus*)。

苹果褪绿叶斑病毒是纤毛病毒属(*Trichovirus*)的代表病毒。粒体呈非常弯曲的线状,长 640～760 nm，直径 12 nm。致死温度为 55～60℃，稀释限点为 10^{-4}，体外存活期 20℃ 以下 1 天，4℃ 以下 10 天，具中等抗原性。在世界苹果产区均有发生，我国苹果主产区发生率在 60% 以上。自然寄主除苹果外，还有梨、李、桃、樱桃、杏等果树。此外，该病毒还能侵染昆诺藜、苋色藜、四方烟等草本植物。

苹果茎沟病毒为发型病毒属（*Capillovirus*）的代表种。其粒体呈弯曲的线状，长 600～700 nm，宽 12 nm。在接种昆诺藜叶片研磨液中，20℃ 下 ASGV 体外存活期为 2 天以上，4℃ 下则为 27 天以上，热钝化温度 60～63℃，稀释限点 10^{-4}。在世界苹果产区均有发生，我国苹果主产区发生率在 70% 以上。该病毒可以侵染多种果树，苹果、柑橘、西洋梨、日本杏、猕猴桃、百合、南天竹等均是其自然寄主。

苹果茎痘病毒为凹陷病毒属（*Foveavirus*）的代表种，正单链线性 RNA，基因组全长约9 306 nt。病毒粒体呈弯曲的线状，长 800 nm，宽 12～15 nm，无鞘膜。在研磨汁液中，25℃下体外存活期为 0.3～1.0 天，热钝化温度为 55～62℃，稀释限点为 10^{-3}～10^{-2}。在世界苹果产区均有发生，我国苹果主产区发生率在 30% 以上。该病毒可以侵染苹果、梨、樱桃、白普贤和海棠等植物。

上述 3 种病毒主要通过嫁接和机械摩擦进行传播，生产中主要通过接穗、砧木和苗木的调运和嫁接传播。目前未发现 3 种病毒的昆虫传播介体，尚未证实是否通过种子传播。

（3）苹果锈果病（花脸病）　该病由苹果锈果类病毒（apple scar skin viroid，ASSVd，其学名为 *Apple scar skin apscarviroid*）侵染引起。

苹果锈果类病毒为马铃薯纺锤块茎类病毒科（*Pospiviroidae*）苹果锈果类病毒属（*Apscarviroid*）的成员。基因组长约 330 nt，形成稳定的杆状和拟杆状的二级结构。该病毒可以侵染苹果、梨、桃、杏和野樱桃等植物。在世界苹果产区均有分布，如中国、希腊、印度、日本等。目前还没有发现传播介体，主要通过嫁接与自然根接传播。

【发病规律】

苹果病毒病主要通过嫁接和被病毒污染的工具传播。苹果花叶病在 2 年生幼苗即表现明显的花叶病，嫁接后有的当年即表现花叶病。苹果花叶病在春季萌芽后即表现症状，显症高峰一般在每年的 6—7 月份，到了 8 月份由于高温，有些植株上症状会减轻甚至消失。苹果潜隐病毒的潜伏期较长，一般 2～3 年内果树生长不受影响，到第 4 年开始影响树体生长，逐渐造成树势衰弱，盛果期缩短。苹果锈果病（花脸病）仅在果树结果后在果实上表现症状，幼树期没有明显变化，套袋的果实在摘袋后的着色过程中表现明显的症状。随意嫁接是造成苹果病毒病快速传播、扩散流行的主要因素。

【控制措施】

目前没有有效的药剂能够防治病毒病，发现病树、病果后不要盲目用药。苹果树的生长期长，如果苗木带毒，果树将终生带毒，给果品生产带来长期且持续的危害。因此，针对苹果病毒病，目前主要采用的防控措施是利用脱毒苗木和实行无毒化栽培管理措施。另外，苹果锈果病（花脸病）等具有为害大、传播快的特点，生产中应重视，发现后应立即刨除，降低病害传播风险。

世界上的果树生产先进国家和地区，如美国、加拿大、英国、瑞士、日本、澳大利亚等，经过对果树病毒病的长期系统研究，建立了完善的病毒病研究和防控体系，确立了利用无毒苗木和无毒化栽培管理的防控措施，确保了苹果高产和优质，获得了巨大的经济和社会效益。

苹果无病毒栽培已经成为现代苹果生产中一项重要的先进技术。

我国近10多年来,果树病毒病没有受到重视,苗木管理混乱,苗圃病毒病发病率高,虽然新建果园发展迅速,但对病毒病的防范意识不够,致使目前病毒病成为制约我国苹果产业健康高效发展的重要因素。

针对苹果病毒病通用的防控措施有:

(1)栽植无毒健康苗木　由于苹果病毒病主要通过嫁接传播,采用无毒苗木是防控的关键。在苗木繁育基地建立一套严格的采穗树检测、无毒化育苗程序,控制苹果病毒病的扩散。果农应从无毒化苗木生产基地购买无病毒苗木。定植后,若发现有花叶症状和叶片畸形,应及时挖除病树,补栽新树。

(2)果园管理中严防交叉感染　在新建果园中,如发现树势衰弱和表现锈果病的病树,应及时刨除,更换新树。

在老果园,发现带有病毒的植株后应做上标记,修剪、疏花疏果时应尽量使用专门的工具,避免和健康植株共用修剪工具,或者对修剪工具进行肥皂水消毒处理。因目前多数苹果树均被病毒侵染,在修剪时可准备两套工具,将修剪完一棵树后的工具浸在肥皂水中,再使用第二套工具修剪另外一株树。

在做嫁接和高接换头时,要从健康树上取枝条或购买有质量保证的枝条。不要在带毒树上高接无病毒接穗或在感病砧木上嫁接带毒接穗。

(3)追施有机肥,增强树势　对处于结果盛期的带毒病株追施有机肥,增强树势,尽量延迟病毒病导致的树势衰弱。针对潜隐病毒普遍发生,不易识别,且对树势为害大的特点,在果园管理中应加大有机肥的施用量,尽量不单独施用化肥,同时控制好大、小年,延长植株的盛果期。建议在每年采收后立即补施有机肥,每棵树施用30～50 kg,能有效延缓树势衰弱。

8.5　柑橘裂皮类病毒病

柑橘裂皮病(citrus exocortis)又称剥皮病,在世界柑橘种植区分布很广。国内凡从国外引进脐橙、夏橙、柳叶橙、花叶橙、柠檬及葡萄柚等品种的柑橘园中,绝大多数带有裂皮病。目前,我国四川、广西、浙江、湖南、湖北、福建、广东和台湾等地均有发生。此病主要在以枳、枳橙和木黎檬作砧木的柑橘、甜橙树上发病严重,造成落花、落果,产量降低。此病除侵害柑橘、甜橙、枳、莱檬、柠檬、枸橼、葡萄柚等外,还可侵染番茄、葡萄、蚕豆、茄子、萝卜及胡萝卜。

【症状】

以枳作砧木的甜橙,在定植后2～8年开始发病,病树砧木部分外皮纵向开裂和翘起,后呈鳞状剥落;同时树冠矮化,新梢少而弱,叶片比正常的小。有的叶片叶脉附近的叶肉变黄,类似缺锌的病状。病树开花较多,但落花、落果严重,产量降低。有些病树只表现裂果病状而树冠并不显著矮化,或只表现树冠矮化而没有明显的裂皮病状。

裂皮病在许多柑橘品种上不产生可见的病状,要证实裂皮病病原的存在,只有把可疑寄主的组织或提取物接种到指示植物上来检测。常用的指示植物如香橼(Etrog品种)等。裂皮病在香橼上潜育期较短,感染3～6个月即表现症状:叶脉向后弯曲,叶片背面叶脉木栓化开裂。此外,一些草本植物,如茄科的矮牵牛(*Petunia hybrida*)、菊科的爪哇三七(*G.*

aurantica)和土三七(*G. segetum*)等,也可作为鉴定该病的指示植物。裂皮病在矮牵牛上的潜育期仅 6～8 周,表现的病状为中脉坏死和开裂,叶片直立并卷起,同时生长受抑制。爪哇三七表现的病状与矮牵牛相似。在感病指示植物如枳壳、兰普莱檬和甜莱檬上,嫁接后抽发的新梢叶片出现黄色斑驳,叶片向后卷曲,叶脉上出现黑褐色斑纹。

【病原】

病原为柑橘裂皮类病毒(citrus exocortis viroid,CEVd,其学名为 *Citrus exocortis pospiviroid*),属于马铃薯纺锤块茎类病毒科(*Tospiviroidae*)马铃薯纺锤块茎类病毒属(*Pospiviroid*)。病原物无蛋白质外壳,仅有侵染性的环状单链 RNA,基因组全长 370～375 nt;分子内部碱基互补配对,大部分形成双链的棒状结构。因此,对化学和物理因素的干扰具高度稳定性,其钝化温度高达 140℃ 左右。类病毒主要通过嫁接及修剪工具传播,此外,菟丝子亦可传毒。沾在嫁接刀及整枝剪上的病汁液也能保持几个月的侵染性。

【发病规律】

病株和隐症带毒的植株是病害的主要初侵染源。该病远距离传播除通过苗木和接穗外,柑橘种子也能传病。此外,也可以通过受病原污染的工具(如嫁接刀及整枝剪)和人的手与健株韧皮部接触而传播。菟丝子也能传病,但昆虫不能传病。

该病原对以枳、枳橙及莱檬作砧木的柑橘树危害严重。此外,经常需进行修剪的品种发病亦重。而用酸橙和红橘作砧木的柑橘树,在侵染后不表现症状,成为隐症寄主。隐症寄主的鉴别,可以从无症状的植株上剪取接穗,嫁接在指示植物上,如香橼(Etrog 品种)、矮牵牛、爪哇三七和土三七,诱发症状的快速呈现,以确定植株是否带毒。

【控制措施】

(1)培育无病苗木 通过指示植物的鉴定,选择无毒母株,剪取接穗培育无病苗木。也可利用茎尖嫁接脱毒培养无病苗。

(2)工具消毒 由于柑橘裂皮类病毒可以通过嫁接刀及整枝剪传播,所以在病树上使用过的刀、剪等器具,要用 10%～20% 漂白粉液或 5.25% 的次氯酸钠进行消毒。也可用 20% 氢氧化钠与 2% 甲醛的混合液消毒。

(3)加强检疫 此病在国内分布还不广,应严格执行植物检疫制度,防止病苗与病接穗从病区传到无病区。对症状明显、生长衰弱、已无经济价值的病树,应及时砍除。新的果园应与已知有病的老柑橘园远隔,严防病害扩大传播。

8.6 香蕉束顶病

香蕉束顶病(banana bunchy top)又称蕉公病,台湾地区称为萎缩病,是香蕉重要病害之一。广泛分布于亚太和非洲的香蕉种植区。我国福建、云南、广东、广西、台湾和海南等地都有发生。1989 年福建莆田市有许多蕉园发病率达 20%～30%,严重的高达 80%～90%,甚至毁园。感病植株矮缩,不能开花结蕾,在现蕾期才感病的植株,果小而少,没有商品价值。

【症状】

该病典型症状为新长出的叶片一片比一片小,致使病株矮缩,叶片硬直并成束长出,故名束顶病。病株老叶颜色比健株的黄,但新叶则比健株的浓绿。叶质变硬且脆,很易折断。在新感病植株新叶的许多叶脉上,呈现断断续续、长短不一的浓绿色条纹;有些叶脉初为褪绿透明,后变为黑色的条纹,条纹长 1～10 mm,宽 0.75 mm。叶柄和假茎上的条纹浓绿色,农民称之为"青筋"。这些浓绿色条纹是诊断早期病株最可靠的依据。病株分蘖较多,根头变紫红色,无光泽,大部分的根腐烂或变紫色,不发新根。病株一般不能开花结蕾,如果在将现蕾时发病,则花蕾直生而不结实。此时叶片都已出齐,所以不表现束顶症状,叶色也不变黄,但最幼嫩叶片的叶脉仍出现浓绿色的条纹。生长后期感病的病株虽可结实,但果柄细长而弯曲,果实少而小,果肉脆而无香味。

【病原】

香蕉束顶病毒(banana bunchy top virus,BBTV,其学名为 *Banana bunchy top nanovirus*)。病毒粒体为等轴球形,直径为 18～20 nm,沉降系数为 46S;基因组为多分体,由至少 6 个大小为 1.1～1.3 kb 的单链环状 DNA 分子组成;外壳蛋白由一种分子质量为 19～20 ku 的亚基组成。BBTV 侵染香蕉韧皮部,通过带病蘖芽和香蕉脉蚜(*Pentalonia nigronervosa*)以持久性方式传毒,不能由机械摩擦及土壤传染。

香蕉交脉蚜(若虫)的饲毒时间要 17 h 以上,病毒在虫体内的循回期为数小时至 48 h;在健株上传毒时间 1.5～2 h 以上。获毒蚜虫可保持传毒能力长达 13 天。若虫传毒效率高于成虫,若虫脱皮后仍能保持传毒能力。但是,带毒蚜虫不能通过子代传毒。该病毒的寄主限于甘蔗类植物及蕉麻。

【发病规律】

香蕉是宿根性植物,主要借蘖芽繁殖。植株得病后,不单是母株发病,其蘖芽也带病。但在极少的情况下,极个别蘖芽可以避过病毒的感染而不带病。此病的初侵染源,在病区主要是病株及其蘖芽,而在新区和原无病区则是带病蘖芽。一个果园或地区有了初侵染源后,病害就可以通过香蕉交脉蚜传播。蕉苗染病后经 1～3 个月就可发病。以后再通过交脉蚜不断地辗转传染,病害就会很快蔓延。交脉蚜在 1 年内有 2 次发生高峰期,即 4 月份和 10—11 月份。蚜虫 4 月份的发生高峰期与果园病害 5—6 月份间的发病高峰期有着密切的相关性。

影响发病的因素有:

(1)蕉蚜发生的数量 由于此病主要借蕉蚜传播,有翅蚜发生数量多,病株发生亦较多。而蚜虫发生的数量及其活动力受温度及雨量的影响,冬季气温较低,蕉蚜活动力降低,传病能力也降低。每年 3 月份以后气温逐渐升高,4 月份蚜虫大量发生,故 5—6 月份间病害发生最多。在夏季雨后又逢干旱的气候条件,蚜虫常猖獗发生,也会造成病害的迅速蔓延。

(2)生育期及品种抗病性 幼嫩吸芽和补植的幼苗易感病,同时潜育期亦较短,因此比成株发病重。不同类型的香蕉品种抗病性有明显的差异,以香蕉最感,龙芽蕉、沙蕉、糯米蕉次之,粉蕉和大蕉抗病。如福建省栽培的台湾蕉、天宝矮蕉、天宝度蕉、墨西哥 3 号和 4 号、龙溪 8 号等品质较好的品种,发病均较重;而粉蕉、柴蕉和美蕉等品质较差的品种发病较轻。总之,芭蕉型品种比较抗病,而品质较好的一些香蕉型品种比较感病。

【控制措施】

(1)严格选种无病蕉苗(蘖芽) 无病区或病区里的新辟蕉园,应严格选种无病蕉苗,这是防止束顶病蔓延的重要措施。由于该病的潜育期较长(1～3个月),故挖苗前要仔细地对母株进行检查。国外报道利用一种化学试剂三苯基四唑氯化物(triphenyl tetrazolium chloride)对吸芽切片进行处理,可以根据颜色反应诊断带毒的吸芽。带束顶病毒的吸芽切片呈砖红色,而健康的吸芽切片则无色。采用这种检验技术,有助于选取无病的蕉苗。

(2)挖除病株　在病区每年于病害发生季节进行全面检查,发现病株,立即喷施杀蚜药剂,然后把病株连根茎部分彻底挖除,集中烧毁。过一段时间再进行补植。台湾地区报道(1982),将除草剂毒莠定(Picloram)用针筒灌入离地面30～70 cm的假茎内,可杀死假茎并使病根茎的组织腐败,达到铲除病株的效果。

(3)适时防治蚜虫　交脉蚜在3—7月份生活在香蕉茎基部叶鞘内,可使用吡虫啉拌土灭蚜。至8月份当蚜虫种群开始迁移到香蕉心叶上时,可用啶虫脒、吡虫啉、吡蚜酮、苦参楝喷雾于地上部叶片;以后在10月份和翌年2月份再各喷1次。交脉蚜在8月份至翌年2月份都在香蕉心叶上生活。

(4)建立香蕉无病毒种苗离体培养的快速繁殖技术　近年云南省农科院进行香蕉茎尖、花序轴的离体组织培养技术研究,应用酶联免疫吸附技术(ELISA)检测BBTV,并制备出抗BBTV的单克隆抗体(McAb)。通过血清学检测获得无BBTV的茎尖,并用无毒茎尖进行组织培养,建立香蕉无病毒种苗离体快速繁殖的生产程序。通过上述无性繁殖途径提供的无毒种苗,在生产上推广应用,可以有效地防治香蕉束顶病。

(5)区域防治　可将病区划分为3种类型,实行不同的防治措施。

①保护区,病株率在0～10%。该区首先严禁外地种苗引入,以控制远距离的侵染源进入本区内。蕉园每月检查病株,一旦发现立即清除。

②控制区,病株率在30%左右。该区内初次和再次的侵染源较多,重点防治措施是清除病株和防治蚜虫。蕉园每月调查2次,发现病株及时清除。该区种苗不能外调,调入种苗须经严格检查,防止病苗再次引进。

③重病区,病株率在50%以上。植株基本上都已感病,经济效益很低。应在全部清除香蕉植株后,重新种植无病种苗并建立保护区。应种植抗病品种或换种,如改种较抗病的大蕉,或轮作几年后再种植香蕉。

8.7　香石竹病毒病

香石竹(*Dianthus caryophyllus* L.),又名康乃馨、荷兰石竹,因其气味清香、色泽鲜艳而深受人们喜爱。我国引种栽培香石竹已有近百年历史,近20年来我国香石竹的栽培面积急剧扩大,已成为花卉产业的主导产品。然而,由于香石竹是主要依赖扦插方式无性繁殖的多年生植物,病毒病的发生与危害十分严重,已成为香石竹优质、高产的主要限制因素。云南、上海、北京等地栽培的香石竹都有多种病毒病发生。以前向海外出口时,因带有病毒病曾多次被烧毁,造成了严重经济损失。

【症状】

受病毒侵染后,香石竹的叶、茎、花均可表现不同程度的异常。病株主要表现为生长衰弱、植株矮化、畸形，株型较披散；叶色偏淡或有花叶、斑驳症状；花朵变小、花苞开裂（俗称苞裂）、花色暗淡并常有杂色斑（碎色）等症状，使其观赏价值和经济价值大为降低。

【病原】

世界各地已报道的侵染香石竹的病毒共有 20 余种，其中以香石竹冠名的病毒就有 11 种。常见的有香石竹斑驳病毒（CarMV）、香石竹脉斑驳病毒（CVMV）、香石竹蚀环病毒（CERV）、香石竹隐潜病毒（CLV）、香石竹坏死斑点病毒（CNFV）和香石竹环斑病毒（CRSV）等，分布于世界主要香石竹种植区。我国已发现前 5 种病毒，而香石竹环斑病毒（CRSV）是重要植物检疫对象。

（1）香石竹斑驳病毒（carnation mottle virus，CarMV，其学名为 *Carnation mottle carmovirus*）　病毒粒体为球状，直径 28～30 nm，沉降系数 122 S；病毒衣壳由 180 个同种蛋白亚基组成，分子质量约 38 ku，由 348 个氨基酸残基组成。基因组为单组分正单链 RNA，长度为 4 003 nt。病毒粒体的等电点为 pI 5.2，钝化温度 95℃，稀释限点约 10^{-6}，体外存活期为 70 天。该病毒是世界上发生最普遍、危害最严重的一种。

新生叶片出现褪绿斑驳，生长变弱，成熟期下部叶片无症状。自然发生仅限于石竹科植物上，但人工接种可侵染 15 个科的 30 多种双子叶植物。香石竹斑驳病毒上海分离物（CarMV-sh）与北京分离物（CarMV-bs）与国外分离物在鉴别寄主反应上有一定差异：在苋色藜和昆诺藜上，CarMV-sh 与国外分离物均表现为局部褪绿、坏死与系统褪绿，而 CarMV-bs 却为局部坏死；在千日红上，国内两个分离物均产生局部坏死与系统花叶，而国外分离物却导致局部坏死；在番杏上，国内两个分离物均仅产生局部坏死，而国外分离物产生局部以及系统坏死。因此，在致病性方面不仅国内分离物与国外分离物有差异，国内两个分离物之间也有一定差异。

（2）香石竹脉斑驳病毒（carnation vein mottle virus，CVMV，其学名为 *Carnation vein mottle potyvirus*）　钝化温度 50～55℃，稀释限点 10^{-2}～10^{-5}，体外存活期为 2～6 天（18℃），22～28 天（2℃）。病毒粒体为线状，大小为（700～800）nm×12 nm。汁液及桃蚜以非持久性方式传播。病叶超薄切片中可见到风轮状内含体。病毒衣壳由一种蛋白亚基组成，分子质量为 32～34.8 ku，基因组为单组分正单链 RNA。

病叶上出现不规则褪绿斑或深绿斑，幼叶叶脉上有深浅不均匀的斑驳或坏死斑，老叶往往不显症状。花的产量可能降低，有时出现碎色和畸形。植株同时感染 CVMV 和 CarMV 时，症状就更加明显。甜石竹（*Dianthus barbatus*）上，CVMV 导致叶片斑驳，支脉上出现环斑和斑点，植株矮缩。

该病毒的诊断方法有：在电镜下观察叶片汁液，可发现聚集在一起的病毒粒体与植物细胞膜相连；将 CVMV 与香石竹隐潜病毒区分开的方法有：①用免疫电镜修饰法（二者没有血清学反应）；②鉴别寄主：香石竹隐潜病毒可系统性侵染苋色藜，CVMV 却不能。

（3）香石竹隐潜病毒（carnation latent virus，CLV，其学名为 *Carnation latent carlavirus*）　病毒粒体为直到微曲的线状，大小为 650 nm × 12 nm；钝化温度 60～65℃，稀释限点 10^{-3}～10^{-4}，体外存活期为 2～3 天（20℃）；病毒粒体沉降系数 167S；病毒衣壳由一种蛋白亚基组成，分子质量约 32 ku；基因组为单组分正单链 RNA，全长 8.5 kb。

该病毒主要由汁液及桃蚜以非持久性方式传播。除石竹科植物外,还可侵染其他多种植物,如克利夫兰烟,病毒能在其中增殖,但不产生症状。接种苋色藜叶片上出现微小的褪绿局斑及系统斑驳;接种的昆诺藜叶片上出现小淡黄斑点,系统的脉间斑驳,叶片短小。该病毒与马铃薯 S 和 M 病毒有较远的血清关系。

(4)香石竹坏死斑点病毒(carnation necrotic fleck virus,CNFV,其学名为 *Carnation necrotic fleck closterovirus*) 病毒粒体为线状,大小为(1 400～1 500) nm × 12 nm;钝化温度 40～45℃,稀释限点 10^{-4},体外存活期为 2～4 天(20℃);病毒衣壳由一种蛋白亚基组成,分子质量约 23.5 ku,基因组为单组分正单链 RNA,全长 12.8 kb。

病株叶片呈灰白色至淡黄色坏死斑驳或不规则条斑、条点;下部叶片常为紫红色,随植株生长病症逐渐向上蔓延。由汁液及桃蚜以半持久性方式传播。

(5)香石竹蚀环病毒(carnation etched ring virus,CERV,其学名为 *Carnation etched ring caulimovirus*) 病毒粒体为等径球形,直径 45 nm,沉降系数 206 S;基因组为双链环状 DNA,全长约 7.9 kb;致死温度 80～85℃,稀释限点 10^{-3}～10^{-4};叶部产生轮纹状、环状或宽条状坏死斑,严重时很多白色轮纹斑愈合成大型病斑,叶子卷曲、畸形,但在高温季节一般不出现症状。汁液摩擦及嫁接易于传播,桃蚜以半持久性方式传播。该病毒目前在我国很少检测到。

在一般情况下,上述 5 种病毒病容易从症状上加以区别。但是,我国的香石竹产区,在露地栽培条件下极易发生复合感染,所产生的症状变异较大。如在大花型植株上,香石竹脉斑驳病毒和香石竹隐潜病毒的复合侵染较为常见,产生严重花叶。因此单凭症状有时难以确定病原。

(6)香石竹环斑病毒(carnation ringspot virus,CRSV,其学名为 *Carnation ringspot dianthovirus*) 病毒粒体为球状,直径 32～35 nm;钝化温度 80℃,稀释限点 10^{-5},体外存活期为 50～60 天。病毒衣壳由 180 个同种蛋白亚基组成,分子质量约 37 ku,由 339 个氨基酸残基组成。基因组由两个正单链 RNA 组成,大小分别为 3.89 kb(RNA-1)和 1.45 kb(RNA-2)。我国曾从进口香石竹中检出该病毒。香石竹受 CRSV 侵染后,叶片呈斑驳、环斑、矮化和畸形。叶尖常坏死,花变形。CRSV 可通过嫁接、汁液摩擦或植株接触传播;以前曾有报道认为可由线虫传播,但现在证明,CRSV 很容易通过土壤传播,不需要生物介体。

【发病规律】

(1)带毒种苗是田间最重要的初侵染和再侵染源;

(2)田间操作是病毒传播的重要途径;

(3)蚜虫是一些香石竹病毒的主要传播介体;

(4)无性繁殖方式使得病毒持续积累,导致病害逐年加重;

(5)缺乏对病毒免疫或高抗的香石竹品种,是病毒病严重发生与流行的重要原因之一。

【控制措施】

(1)减少病毒的初侵染源 带毒的接穗、幼苗和切花是香石竹病毒的重要侵染源。进口或运到其他地区时,应加强检疫。对一时不能定论的繁殖材料,要在检疫苗圃中隔离试种。证明确实不带毒后,才能用作快繁的母本扩大定植。在生产过程中,一旦发现病株应及时拔除,包括其他罹病花卉及杂草。

（2）防治传毒介体　蚜虫是多种香石竹病毒的重要传毒介体,因此及时防治蚜虫对减轻病毒病的发生具有一定意义。由于银白色对蚜虫具有驱避作用,在上方设置银白色塑料薄膜可以减少蚜虫飞落量。另外,利用蚜虫对黄色的趋性,可在香石竹种植地四周设置黄色的塑料盆、板等诱杀蚜虫。

（3）培育无毒苗　通过茎尖培养和热处理脱掉病株中的病毒,培育无毒苗。脱毒所取材料必须来自品质优良、生长健壮的香石竹母株。采用茎尖培养法所获得的幼苗并非全都去除了病毒。品种不同,所取茎尖的大小不等都会影响脱毒效果。茎尖越大,越易成苗,但脱毒率越低;茎尖越小,脱毒率越高,但不易成苗。一般认为,茎尖大小以 0.2～0.7 mm 为宜。这一长度范围的茎尖带有 2～4 个叶原基,既易成苗,又有较高的脱毒率。如果香石竹母株在 38℃ 条件下处理 1～2 个月,再进行茎尖培养,可显著提高脱毒率。

（4）建立香石竹无病毒母本园　茎尖组培苗并非都是无毒苗。经过检测,选择不带毒的优良植株作为母本建立无病毒母本园,以获得大量种苗。培养母株的温室要定期喷药,及时防治传毒昆虫介体。母本园内所用的器材、人工介质、工具以及操作者的手指均需反复消毒。试验表明,2% 的磷酸钠和 50% 的酒精均有较好的消毒效果。无病毒母株每 2 年应更换一次。

（5）选育抗病毒香石竹品种　我国本地香石竹品种中不少具有较强的抗病性和抗虫性,种质资源丰富。从国外引进的许多品种中,也应有一些抗病的材料,有可能通过杂交、诱变等方法培育出品质优良的抗病品种。目前,国内外通过基因工程已培育出了许多植物的抗病品系。

如果综合采取以上措施,将可有效地控制香石竹病毒病的发生与危害。

8.8　其他病毒病害

园艺作物的病毒病害有数百种,因限于篇幅,前面只介绍了在我国发生普遍或危害非常严重的一些病毒病害。还有一些病毒病也较常见,现列于表 8-1。

表 8-1　常见园艺作物病毒病害

病害	症状	病原	发病规律	防治方法
菜豆花叶病	菜豆嫩叶初呈明脉、褪绿或皱硬,随后长出的嫩叶呈现花叶,花叶的绿色部分突起或凹陷成袋形,叶片通常向下弯曲或畸形	菜豆普通花叶病毒（BCMV）;菜豆黄色花叶病毒（BYMV）;黄瓜花叶病毒（CMV）菜豆株系	初侵染源主要是越冬的寄主植物和带毒的种子;在田间主要由蚜虫传播,所以发生流行决定于蚜虫发生数量和迁飞情况	选用抗病品种,一般蔓生种感病,非蔓生种抗病;选留无病种子,建立无病毒留种田;加强肥水管理;注意防治蚜虫

病害	症状	病原	发病规律	防治方法
辣椒花叶病	在叶上产生明脉、花叶或大型黄褐色环斑,以后幼叶变窄;节间缩短、植株矮化呈丛枝状	黄瓜花叶病毒(CMV);烟草花叶病毒(TMV);CMV与TMV复合侵染	参考番茄病毒病	选用抗病品种,一般锥形椒比灯笼椒抗病;其他措施参考番茄病毒病防治
葱类萎缩病	病株新叶呈现淡黄条纹、叶扭曲下垂、叶面不平、根系发育不良,植株萎缩	洋葱黄矮病毒(onion yellow dwarf virus,OYDV,其学名为 *Onion yellow dwarf potyvirus*),病毒粒体线状,长 772 ~ 823 nm	汁液传播,可由桃蚜等以非持久性方式传播;病毒在鳞茎或寄主体内越冬	选用抗病品种;早期拔除病株深埋或烧掉;加强肥水管理
莴笋花叶病	病株新叶呈现明脉、斑驳、花叶、皱缩,整株发黄、矮化,肉茎细长;若苗期发病,莴笋鲜重减产70%以上	莴苣花叶病毒(lettuce mosaic virus,LMV,其学名为 *Lettuce mosaic potyvirus*),汁液、种子及蚜虫传播,也可侵染豌豆	秋苗出土后1~2片真叶即可显症;12月后症状隐退,春季气温回升至8℃时重新显症;以种传病苗为中心,逐渐向四周扩展	采用无毒种子,及时剔除病弱苗;选用抗(耐)病品种;加强栽培管理,及时治蚜
茄子病毒病	小苗发病,植株萎缩不长,严重时枯死;成株发病呈现花叶、皱缩,新叶细小,变形;病株结果很少,甚至不结果	主要由CMV侵染引起,也可由TMV侵染所致	病毒在多年生宿根杂草的根部越冬	选择远离黄瓜、番茄、辣椒的地块种植;播前铲除附近杂草,适时灌水,设法降低地温;消灭病株,防治蚜虫
葡萄扇叶病	叶片症状有扇叶、黄花叶和叶脉变色3种类型;节间短、变细,植株明显矮化;病株结果少、果穗松散、分枝少、果粒大小不一、落果严重	葡萄扇叶病毒(grapevine fanleaf virus,GFLV,其学名为 *Grapevine fanleaf nepovirus*),病毒粒体球形,直径 30 nm,双分体正链 RNA 基因组:RNA-1 长 7 342 nt;RNA-2 长 3 774 nt	病毒经汁液摩擦、嫁接和线虫传播;带毒苗木是远距离传播的主要途径;病害在田间扩大蔓延靠土壤内传毒线虫及嫁接;传毒线虫在病树根部刺吸几分钟即可获毒,并保持数月的传毒能力	防治传毒线虫:新葡萄园应选址于无传毒线虫的地块;亦可用杀线虫剂处理土壤;培育、选用无病苗木;避免从外地引入可能带毒的苗木;用热处理结合茎尖培养脱毒;加强果园管理,拔除病株

病害	症状	病原	发病规律	防治方法
香蕉花叶病	又称香蕉花叶心腐病，叶片呈现褪绿、黄色条纹或梭形圈斑；幼株嫩叶上黄色条纹短小，最后可变为深色甚至坏死；病株衰弱矮小，心叶及假茎内局部组织水渍状最后变黑腐烂	黄瓜花叶病毒（CMV）的一个株系。病毒粒体球形，直径约 26 nm，致死温度为 65～70℃，稀释限点为 $10^{-3}～10^{-4}$	病毒可由棉蚜等从香蕉传到瓜类或由瓜类到香蕉，还可以侵染大蕉及粉蕉；初侵染源主要是病株及其吸芽。幼苗感染，潜育期只有 7～10 天，成株感染，潜育期长达几个月	严禁从病区调运种苗；引进种苗时，应隔离种植 2～3 年后再扩种；种植试管苗或无病吸芽。在蕉苗有 6～8 片叶时定植，抗病力较强；消灭病株，防治蚜虫
柑橘衰退病	世界性广泛分布，有缓慢性衰退和速衰两种症状。缓慢性衰退病树不抽或新梢少，叶片无光泽，叶片黄化，病枝从顶部向下枯死，2～3 年后，枯枝增多，结果减少。速衰症叶片黄化，突然萎蔫，变干挂在树上	柑橘衰退病毒（citrus tristeza virus，CTV，其学名为 *Citrus tristeza closterovirus*），株系分化多，不同的株系或分离物在症状严重程度和蚜传特性上差异较大，常见的株系有衰退株系（decline inducing，DI）、茎陷点株系（stem pitting，SP）、苗黄株系（seedling yellow，YW）	通过嫁接、蚜虫传播。橘蚜、棉蚜传播效率高，以非循环半持久方式传播	选用和培育健康无病毒苗木；铲除病株，严禁外来强毒株传入；防治传毒介体-蚜虫；筛选和使用弱毒株系，利用交叉保护作用降低强毒株系的危害
百合病毒病	单种病毒侵染一般无症状。2 种及多种病毒复合侵染，病株表现花叶、斑驳、坏死条斑、畸形、黄化等症状，种球质量下降，开花少，花小甚至不开花，严重降低商品性和观赏性	主要有 3 种，分别是：百合无症病毒（lily symptomless virus，LSV，其学名为 *Lily symptomless carlavirus*）；百合斑驳病毒（lily mottle virus，LMoV，其学名为 *Lily mottle potyvirus*）；黄瓜花叶病毒（cucumber mosaic virus，CMV，其学名为 *Cucumber mosaic cucumovirus*）	通过鳞茎、汁液接触和蚜虫传播。桃蚜（*Myzus paersicae*）、豆蚜（*Aphis craccivora*）、马铃薯长管蚜（*Macrosiphum euphorbiae*）以非持久方式传毒	使用健康无病毒鳞茎作为繁殖材料，建立无病毒百合良种繁育基地；定期喷洒药剂防治蚜虫；及时清除病株，清除传染源

病害	症状	病原	发病规律	防治方法
玫瑰/月季病毒病	病株叶片表现褪绿、环斑、皱缩、扭曲、脉斑驳、橡叶纹(黄色波纹带)	李属坏死环斑病毒(prunus necrotic ring-spot virus, PNRSV, 其学名为 *Prunus necrotic ringspot ila-virus*)	通过插条、接穗、汁液接触传播。PNRSV 还可通过长针线虫、螨、花粉、种子传播	使用健康无病毒种苗,或通过组培脱毒获得无病毒繁殖材料;栽培中杜绝接触传播和介体传播
菊花病毒病	病株先产生轻花叶和明脉,以后形成大小不等的环斑或条斑。高温季节症状不明显。一般不产生畸形,对开花影响不大	菊花 B 病毒(chrys-anthemum virus B, CVB, 其学名为 *Chrysanthemum B carlavirus*)病毒粒体线状,长约 685 nm,与香石竹隐潜病毒、马铃薯 M 和 S 病毒有血清关系	病毒可由桃蚜等以非持久性方式传播,汁液摩擦、嫁接也可传播;人工接种还可侵染番茄及心叶烟,形成局部褪绿斑	应用茎尖培养脱毒,培育试管苗,结合免疫电镜早期检测,可获得无毒苗;消灭病株,防治蚜虫
兰花病毒病	兰花叶病:病株表现系统性斑驳和黑褐色小斑;兰环斑病:病株表现系统性黑褐色斑、坏死纹和环斑	兰(兰属)花叶病毒(cymbidium mosaic virus, CymMV, 其学名为 *Cymbidium mosaic potexvirus*);齿瓣兰环斑病毒(odontoglossum ring spot virus, ORSV, 其学名为 *Odonto-glossum ring spot tobamovirus*)	两种病毒均以汁液摩擦方式传播;CymMV 接种苋色藜叶呈局部褪绿或局部褪绿环斑;ORSV 接种千日红形成局部红色坏死斑,接种珊西烟产生局部坏死斑和坏死环斑	严格选用、种植无毒兰株;及时消灭病株;田间操作时注意手和工具的消毒

思考题

1. 比较园艺植物病毒病中草本植物和木本植物各有哪些常见的症状表现。

2. 园艺植物病毒病易与非侵染性病害,如缺素、药害等混淆,如何从诊断的角度区分园艺植物病毒病和非侵染性病害?

3. 园艺植物病毒病主要病毒的传播方式有哪些?如何从防止传播的角度做好园艺植物病毒病的防控?

4. 园艺植物病毒有哪些检测方法?各有哪些优缺点?

5. 园艺植物进出口贸易频繁,试述植物检疫在控制园艺植物病毒病中的作用。

6. 举例说明属于危险性有害生物的园艺植物病毒的例子,并说明其传播方式、危害和防治措施。

7.试分析园艺植物病毒病的发生特点和防治策略。

参考文献

[1] King A M Q,Adams M J,Carstens E B,et al. Virus taxonomy:Classification and no-menclature of viruses:Ninth Report of the International Committee on Taxonomy of Viruses. San Diego:Elsevier,2012

[2] Noda H,Yamagishi N,Yaegashi H,et al. Apple necrotic mosaic virus,a novel ilarvirus from mosaic-diseased apple trees in Japan and China. Journal of General Plant Pathology,2017,83:83-90

[3] 古勤生,彭斌,刘珊珊,等. 瓜类新病毒病害(一):瓜类褪绿黄化病. 中国瓜菜,2011,24(3):32-33

[4] 黄朝豪. 热带作物病理学. 北京:中国农业出版社,1997

[5] 王国平. 苹果病毒病防治. 北京:金盾出版社,1995

[6] 谢联辉,林奇英,吴祖建. 植物病毒名称及其归属. 北京:中国农业出版社,1999

[7] 张健如,赵忠,张爱平. 香石竹病毒病及综合治理. 植物病理学报,1987,17(4):219-222

[8] 周涛. 苹果病毒病发生情况和防控技术. 中国果业信息,2013,30(10):72-74

[9] 周涛,师迎春,陈笑瑜,等. 北京地区番茄黄化曲叶病毒病的鉴定及防治对策讨论. 植物保护,2010,36(2):116-118

[10] 周涛,杨普云,赵汝娜,等. 警惕番茄褪绿病毒在我国的传播和为害. 植物保护,2014,40(5):196-200

[11] https://talk.ictvonline.org/

[12] 刘勇,等. 侵染我国主要蔬菜作物的病毒种类、分布与发生趋势. 中国农业科学,2019,52(2):239-261

[13] 刘斐,张晓妮,周婷,等. 十字花科蔬菜病毒病发生与科学防控. 西北园艺:综合,2018,4:51-52

[14] 郝璐,叶婷,陈善义,等. 我国北方部分苹果主产区病毒病的发生与检测. 植物保护,2015,41(2):158-161

[15] 周涛,雷喜红,李云龙,等. 果菜工厂化生产中病毒病发生和绿色防控技术. 农业工程技术,2020,40(1):16-19

第9章

园艺植物线虫病害

▶▶ 本章重点与学习目标

1. 学习松树线虫萎蔫病，了解林木线虫病害的发生与防治特点。

2. 学习根结线虫病，掌握该类线虫病害的病原种类、形态特征、所致病害的症状特点，熟悉病害发生规律与防治措施。

3. 学习菊花叶线虫病，了解花卉线虫病害的发生与防治要点。

松材线虫萎蔫病又名松材线虫病(pine wood nematode disease)、松树萎蔫病、松树枯萎病,是针叶树木最重要的线虫病害。松材线虫早在20世纪初就由Steiner和Buhrer在美国松树上发现并以新种报道,广泛分布于北美的针叶林,在其原产地一般不造成危害。直到20世纪60年代末才在日本被确定为松树大量枯死原因。我国于1982年在南京中山陵的墨松上首次发现松材线虫,现已在苏、浙、皖、鲁、粤、鄂6省以及台湾和香港地区分布危害,对我国的森林资源、自然景观和生态环境造成了严重破坏。

【症状】

松材线虫通过天牛补充营养的伤口侵入木质部,寄生于松脂道中。线虫在树体内迅速繁殖,扩散全树,破坏树脂道造成植株失水,蒸腾作用降低,树脂分泌急剧减少和停止;病树针叶褪绿变黄褐色,随即很快枯死,呈红褐色,不脱落。被侵染树从线虫侵入到枯死只需要3个月左右。病死树的木质部往往有蓝变菌的存在而呈现蓝灰色(图9-1,彩图又见二维码9-1)。

二维码 9-1

图 9-1　松树线虫萎蔫病病树症状及病木剖面蓝变组织

【病原】

嗜木伞滑刃线虫,或称松材线虫,*Bursaphelenchus xylophilus* (Steiner & Buhrer, 1934) Nickle,1970,属于线虫门伞滑刃线虫属。

两性成虫虫体细长;唇部高、缢缩明显;口针细长、基部球小。中食道球卵圆形,占体宽约2/3;食道腺长叶状,覆盖于肠的背面。排泄孔位于食道与肠的交界水平处,半月体在排泄孔后2/3体宽处。雌虫阴门位于虫体后部,前阴唇延伸物形成阴门盖。单卵巢,向前伸展;后阴子宫囊发达,长度约为阴肛距的3/4。尾呈近圆锥形、端部宽圆,通常无尾尖突(mucron),也有少数群体具一短小的尾尖突(长度为1~2 μm)。雄虫交合刺大,远端呈盘状膨大。尾部呈弓形,尾端尖细,侧面观呈爪状;尾末端有一小的交合伞;尾部有7个尾乳突，其中为 1 对肛乳突、1 个肛前腹乳突、2 对肛后乳突。肛后乳突位于近尾端和交合伞起始处下前方（图 9-2）。

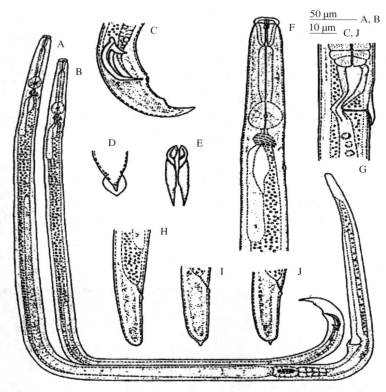

A. 雌虫整体观；B. 雄虫整体面；C. 雄虫尾部；D. 尾尖交合伞；E. 雄虫交合刺；F. 雌虫头部及食道；
G. 雌虫阴门及阴门盖；H～J. 雌虫尾部，I，J 示有小尾尖突类型

图 9-2　松材线虫形态特征

鉴定松材线虫时，最重要的是将它同近缘种拟松材线虫（*B. mucronatus*）区分开。拟松材线虫雌虫尾端呈指状，有尾尖突，长度在 3～5 μm 以上，雄虫交合伞腹面呈铲状。

松材线虫的寄主为针叶植物，主要为松属（*Pinus*）树种，少数为非松属树种。在自然条件下感病的松属树种有 36 种，非松属树种为 8 种。松属树种中，对松材线虫抗性有显著差异，日本黑松、日本赤松、琉球松为极易感树种，我国的马尾松、欧洲赤松、欧洲黑松为感病树种。北美的针叶树种普遍抗性较强。

【发病规律】

（1）介体种类　松材线虫的媒介昆虫为墨天牛属（*Monochamus* spp.）。墨天牛的幼虫是木材重要害虫，以危害针叶树为主。最重要的媒介昆虫为松墨天牛（*M. alternatus*）和卡罗来纳墨天牛（*M. carolinensis*）。松墨天牛主要分布于日本、韩国、老挝、越南以及我国大部分省份。卡罗来纳墨天牛分布于美国和加拿大。

（2）侵染循环　松材线虫具有两个明显的生活史阶段，即繁殖型阶段和扩散型阶段。在每年 5—6 月，在病树上越冬后，蛹室中羽化的天牛成虫携带大量线虫飞到幼嫩的松树上，进行补充营养取食，此时，在天牛气管中的线虫从气门逸出，通过天牛取食的伤口进入寄主植

物体内。线虫侵染部位在松脂道内,取食上皮细胞和薄壁细胞,或取食木材内的真菌菌丝。线虫在寄主体内蜕皮变成成虫、交配、交卵并迅速繁殖。在快速种群繁殖的繁殖型阶段,线虫群体中包括雄成虫、雌成虫和各龄期幼虫,世代重叠。感病的寄主植物受侵染后30天,表现蒸腾作用减弱和树脂分泌减少,树木开始出现褪绿,在3个月内,树木开始死亡。秋末冬初,当树木死亡或干枯时,线虫受到环境胁迫,由繁殖型阶段转变为扩散型(dispersal)阶段,线虫群体停止增长,数量开始减少,出现了大量扩散型第3龄幼虫,这种幼虫含有高的类脂化合物,可以不取食并能抵抗不良环境而长期存活,并聚集至天牛蛹室周围的木质部中。扩散型第3龄幼虫期历期很长,直至第二个春末,当天牛蛹羽化为成虫时,蜕皮变成扩散型的第4龄幼虫。这个时期的幼虫特别抗干旱,适合于昆虫传播,也被称为持久型幼虫(dauer larvae)。第4龄幼虫通过胸气门进入刚羽化的天牛小成虫体内,并以休眠状态保持在成虫气管中。据日本报道,松墨天牛平均携带松材线虫18 000条,有的可多达100 000条扩散型幼虫。当天牛成虫寻找适合的新寄主进行补充营养取食时,第4龄扩散型幼虫即从天牛的气门逸出,通过伤口进入植株体内,新的生活史循环开始。

病害发生与气候关系密切,较长时期的炎热和干旱有利于病害的发生和传播。在高温干旱时从开始表现症状至死亡一般为30～45天,所以松林出现松材线虫病的症状一般在7—9月份。但对于温度较低的地区,部分松树感病后当年不枯死,至次年才枯死。

天牛喜在死亡的或垂死的病树上产卵,病树是松材线虫病最重要的越冬部位。松材线虫也可在木材内取食真菌菌丝,包括长喙壳属(*Ceratocystis*)、链格孢属(*Alternaria*)、镰刀菌属(*Fusarium*)、粘帚霉属(*Gliocladium*)、粘束孢属(*Graphium*)的某些种。长喙壳菌的一些种俗称为"兰染真菌"(blue-stain fungi),因此从松木蓝变部位易检获松材线虫。

(3)培养与繁殖　松材线虫为两性生殖。雌雄虫交配后,产卵雌虫可以保持30天左右的产卵期,1条雌虫一生产卵约100粒。线虫发育的临界温度为9.5℃,高于33℃则不能繁殖。在25℃时完成生活史为4～5天。松材线虫很容易在真菌上、特别是长喙壳真菌、灰葡萄孢菌(*Botrytis cinerea*)的菌丝上进行离体培养。在灰葡萄孢菌-PDA培养基上,在25℃温度下,世代历期只需4～5天。幼期为4龄,第1次蜕皮在卵内进行,孵化出来后即为第2龄幼虫,经过2～3天,就发育成虫,并开始产卵。

【控制措施】

(1)检疫措施　由于松材线虫可以通过松树及其板材以及木板制品的异地调运而远距离传播,我国和世界上许多国家都把松材线虫列入检疫性有害生物名单中,其检验和检疫方法如下:

①林间症状诊断法。主要依据松树感染松材线虫后表现出典型症状:针叶失绿、变黄、最后变为红褐色,倒挂枝上不脱落;病树干通常可观察到天牛产卵刻槽、蛀屑;嫩枝上有松墨天牛补充营养的取食痕迹;树体流胶减少或停止。该方法适用于林间普查,仅作为松材线虫病的初步判断,应与病原鉴定法结合使用。

②流胶法。松树树脂分泌减少至停止是感染松材线虫病的早期症状之一,可作为早期诊断的依据。方法是使用锤子和打孔器在松树主干上打直径10～15 mm的圆孔,打下树皮见木质部即可。由于影响松树流脂的其他因素很多,影响该方法诊断结果的准确性,流胶法仅作为一种辅助诊断方法。

③林地取样。检查病树中有无松材线虫,通过对可疑病树或枯死树用直径3 cm的麻花钻取深度为10～15 mm的树材碎片,每个样本5～10 g,用漏斗法或浅盘法分离线虫后鉴定。

④松褐天牛引诱诊断法。采用林间挂设诱捕器引诱松褐天牛,尤其在松褐天牛羽化的高峰期。将诱捕来的天牛通过剪碎,分离其体内线虫镜检。

⑤进出境木材检查。对应施检疫物先观察是否存在木质干枯、木质部蓝变和媒介昆虫及栖息痕迹等情况;对有以上变化的部分松木样本进行抽样或钻取少量木屑(不少于 20 g),用漏斗法或浅盘法分离线虫,线虫在葡萄孢菌上培养后,再镜检鉴定。

⑥木材及木质包装板材的预处理。木材及木质包装板材及其产品在使用前或出境、进境前用热处理或用溴甲烷等熏蒸剂处理。处理方法要严格按国际植物保护公约认可标准进行。

(2)清理病死树及病木除害处理　每年春季病害感染发生前,要及时全面清理病死树,伐桩高度应低于 5 cm。砍伐后病死树应集中于指定地点采用药物熏蒸、加热处理、变性处理或切片处理等,处理方法应达到有效消灭松墨天牛和(或)松材线虫,达到除害要求。病死树的伐根应套上塑料薄膜覆土,或用杀线虫剂熏蒸或喷淋处理。

(3)化学防治　包括防治松材线虫和介体昆虫。松墨天牛的防治,主要是在松墨天牛羽化初期、盛期,采用地面树干、冠部喷洒化学杀虫剂。成虫补充营养期,进行林间喷施化学防治。松墨天牛的诱杀方法,主要根据松墨天牛产卵特性,设置诱木产卵后,再将诱木伐除并进行除害处理;或采用诱引剂捕杀成虫。近年来,福建农林大学研发的"APF-Ⅰ型松墨天牛化学诱剂及诱捕器"诱杀松墨天牛效果明显,在多个省份得到了技术示范推广。对需要保护的名松古树或需保护的松树,于松墨天牛羽化初期,在树干基部打孔注入杀线虫剂或根施内吸性杀线虫剂。

(4)抗病品种　抗病松树品种包括火炬松、刚松、黄山松、油松、华山松等。

9.2　根结线虫病

根结线虫病(root-knot nematode)是由根结线虫(*Meloidogyne*)引起的一类世界性的重要植物线虫病害。由于其全球性的分布、广泛的寄主范围以及与其他病原物在病害发生过程中的交互影响,使此病成了经济植物上危害最为严重的病害之一。根结线虫在世界各地分布普遍,寄主范围广,它不仅直接影响寄主的生长发育,还可加剧枯萎病等其他病害的发生,是园艺植物上一种十分重要的线虫病害。根结线虫种类繁多,全世界已报道的种类有98 种,我国报道的有 23 种,其余非中国种被列为我国对外检疫对象。

【症状】

根结线虫仅为害根部,以侧根及支根最易受害。受害根部最普遍和最明显的症状是根部明显肿大,形成根结或根瘤,内具虫瘿。其根结大小因不同寄主种类和不同根结线虫种类而异,如豆科和瓜类蔬菜被害则在主、侧根上形成较大串珠状的根瘤,使整个根肿大、粗糙,呈不规则状;而茄科或十字花科蔬菜受害,则在新生根的根尖产生较小的根瘤,常在肿大根的外部可见透明胶质状卵囊。严重感病的根系一般比健株的要短,侧根和根毛都要少,有的还形成丛生或锉短根。受害植株一般地上部症状表现不明显,严重感病的表现生长衰弱,田间生长参差不齐,夏季中午炎热干旱时,植株如同缺水呈萎蔫状。

【病原】

病原为线虫门垫刃目异皮科根结属(*Meloidogyne*)线虫。该属不同种的线虫为害不同种类的蔬菜、果树和花卉。

（1）形态学特征　该属线虫成虫为雌雄异型。雌虫固定寄生在根内，膨大呈梨形，前端尖，乳白色，解剖根结或根瘤则肉眼可见，这是诊断根结线虫病的标志之一。唇区略呈帽状，有 6 个唇瓣。口针发达，一般长为 $12\sim15\ \mu m$，基部球明显，背食道腺开口于基部球稍后处。食道圆筒形，中食道球形，瓣膜清楚，食道腺覆盖于肠的腹及侧面。排泄孔位于中食道球前面。阴门成裂缝状，位于虫体的末端。卵巢 2 个，几乎充满虫体，有受精囊。每个雌虫可产卵 $500\sim1\,000$ 粒，常产在体外的胶质卵囊中。尾部退化。肛门和阴门位于虫体的末端。角质膜薄，有环纹。肛阴周围的角质膜形成特殊的会阴花纹，雌虫的会阴花纹是该属分种的重要依据之一（图 9-3）。雄虫呈线状，圆筒形，无色透明，体长为 $1\,000\sim2\,000\ \mu m$。唇区稍突起，无缢缩。口针 $18\sim26\ \mu m$，基部球明显。食道体部圆筒形，中食道球纺锤形。峡部较短。

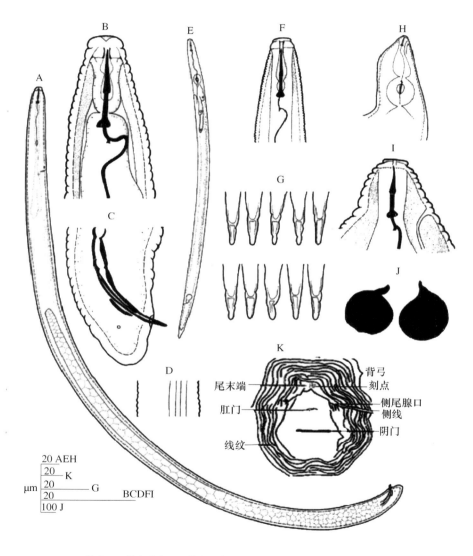

A. 雄虫；B. 雄虫前部；C. 雄虫尾部；D. 雄虫侧区；E. 2 龄幼虫；F. J2 头部；

G. J2 尾部；H. I. 雌虫头部；J. 雌虫；K. 会阴花纹

图 9-3　根结线虫属形态特征图（仿 Jepson，1985）

食道腺成长叶状覆盖于肠的腹面。排泄孔位于神经环稍后处。体表环纹清楚,侧线多为4条。精巢1～2个,尾部短而钝圆,呈指状。交合刺细长,一般为25～33 μm。2龄幼虫呈线状,无色,透明。其唇区具1～4个粗环纹。具一明显唇盘,唇骨架较发达,侧唇比亚中唇宽。口针纤细,小于20 μm,一般为12～15 μm,排泄孔位于半月体之后。中食道球卵圆形,内有瓣膜(图9-3)。尾部有明显的透明区(称透明尾),尖端狭窄,外观呈不规则状。2龄幼虫的体前部及尾尖的形态是该属分种的又一重要依据之一(图9-3)。3龄和4龄幼虫为膨大成囊状,并有尾突。卵长椭圆形、肾脏形,大小为(12～86)μm×(34～44)μm。

(2)生物学特性 卵产于雌虫末端的胶质卵囊中。雌虫产卵几小时后卵就开始胚胎发育,逐渐分裂,依次通过囊胚期、原肠期、中胚层形成期,直至形成一个具明显口针卷曲在卵壳中的1龄幼虫。经一次蜕皮,变成2龄幼虫,呈蠕虫状,是根结线虫唯一可侵染植物的龄期。2龄幼虫用口针不断穿刺卵壳并破卵而出,进入土中,不断移动,伺机侵染寄主。一旦进入根部后,就固定不动,并不断取食,逐渐膨大成为豆荚状。随着幼虫第二、三次蜕皮,形成3龄和4龄幼虫,到4龄幼虫时就可辨出雌雄。这两个时期,虫体上常带有蜕下的表皮,口针和中食道球消失。经第四次蜕皮后,口针和中食道球又明显可见,生殖腺趋于成熟,子宫和阴道形成,可见明显的会阴花纹。此时雄虫从根部钻出,在土中行自由生活,且虫体变化不大,均为线形;而4龄雌虫在第四次蜕皮后就变成一个具明显颈部,呈洋梨形的成熟雌虫。雌虫继续膨大,经与雄虫交配或未经交配后开始产卵。卵可能立即孵化,也可以越冬后在春天孵化(图9-4)。根结线虫从单细胞卵发育至雌虫成熟产卵所经历的时间因不同种类而有所差异,一般为25～30天(27℃下)。该属的线虫营两性和孤雌生殖。寄主植物多达2 500余种。种内存在着明显的生理分化现象,有不同"生理型"或"生理小种"。不同种的线虫对温湿度要求也不一样,一般在土壤温度25～30℃、土壤持水量在40%左右时发育最适宜。幼虫一般在10℃以下即停止活动。致死温度为55℃ 10 min。

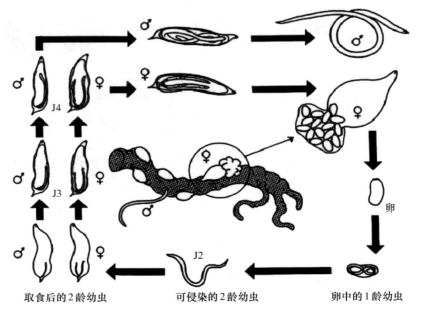

取食后的2龄幼虫 可侵染的2龄幼虫 卵中的1龄幼虫

图9-4 根结线虫的生活史(仿 Karssen & Moens,2006)

园艺植物病理学(第3版)

（3）重要病原线虫种　根结线虫种类多，分布广。其中危害最为普遍和重要的种类是南方根结线虫、爪哇根结线虫、花生根结线虫和北方根结线虫4种。这4种在我国都有发生，造成的损失占整个根结线虫属危害损失的90%以上，其中华北以花生根结线虫和北方根结线虫为主，东北温室中以北方根结线虫为主，南方地区4种根结线虫均有。

①南方根结线虫［*M. incognita*（Kofold & White，1919）Chitwood，1949］：会阴花纹背弓高，似方形，会阴花纹侧线清楚，光滑至波状，或缺或由于线纹断裂且分叉形成刻痕。会阴花纹线纹细到粗，清楚，有时呈Z形，端部有纹涡（图9-5）。2龄幼虫体长346～463 μm。该种有4个小种。主要分布在热带和温带，位于北纬40°到南纬33°，年平均18～30℃的地区。最适温度为27℃。其寄主超过1 300多种植物。

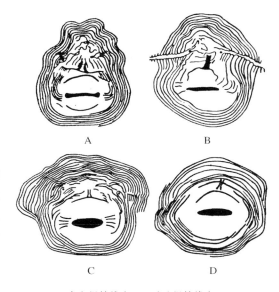

A. 南方根结线虫；B. 爪哇根结线虫；

C. 花生根结线虫；D. 北方根结线虫

图9-5　4种常见根结线虫会阴花纹主要特征

（仿 Chitwood，1949）

②爪哇根结线虫［*M. javanica*（Treub，1885）Chitwood，1949］：会阴花纹背弓圆而扁平。侧区具明显的侧线。线纹粗，光滑至波浪状，端部有明显的纹涡（图9-5）。2龄幼虫体长402～560 μm。未发现有寄主分化现象。它的分布范围比南方根结线虫窄，包括温带和热带地区，位于北纬33°至南纬33°范围。在月降雨量少于5 mm的时间达3个月以上的干旱地区，该种可能是优势种。寄主范围广。

③花生根结线虫［*M. arenaria*（Neal，1889）Chitwood，1949］：会阴花纹圆形至卵圆形。背弓扁平至圆形。侧线缺，由短、不规则形分叉的线纹形成刻痕。线纹平滑到波浪状，端部无明显的线涡（图9-5）。2龄幼虫体长398～605 μm。该种有2个小种。寄主范围广。

④北方根结线虫（*M. hapla* Chitwood，1949）：会阴花纹为近圆形的六边形至稍扁平的卵圆形。背弓常扁平。侧线不明显，线纹平滑至波浪状，端部无纹涡，角质层下有刻点（图9-5）。2龄幼虫体长357～517 μm。该种有2个小种。寄主专化性强，主要分布在较寒冷和热带或亚热带的高海拔地区（1 000 m以上）。

【发病规律】

根结线虫以卵随同病株残根在土壤中越冬或以2龄幼虫在土壤中越冬。翌年，在环境适宜时越冬卵孵化为幼虫，而2龄幼虫继续发育。在田间主要依靠带虫土及病残体传入、农具携带传播，也可通过流水传播。幼虫一般从嫩根部位侵入。侵入前，能做短距离移动，速度很慢，故此病不会在短期内大面积发生和流行。侵入后，能刺激根部细胞增生，形成根肿瘤。幼虫在肿瘤内发育至3龄，开始分化，4龄时性成熟，雌、雄虫体各异，雌、雄虫交尾产卵。雄虫交尾后进入土中死亡；卵在瘤内孵化，2龄幼虫破壳而出，离开植物体到土中，进行再次侵染。

（1）土质和地势　根结线虫是好气性的，凡地势高而干燥、结构疏松、含盐量低而呈中性反应的沙质土壤发病重。土壤潮湿、黏质土壤、结构板结时发病轻。

（2）耕作制度　连作地发病重，连作期限愈长危害愈严重。发病地如长期浸水 4 个月，可使土中线虫全部死亡。

（3）土壤耕翻　根结线虫的虫瘿多分布在表层下 20 cm 的土中，特别是在 3～9 cm 内最多。因为病原线虫的活动性不强，而且土层越深透气性能差，不适宜于病原线虫生活。如将表层土壤深翻后，大量虫瘿从上层翻到底层，不仅可以消灭一部分越冬的虫源，同时耕翻后表层土壤疏松，日晒后易干燥，不利于线虫活动，虫源亦相对减少。

【控制措施】

（1）选用抗病品种　根据不同寄主类型，选用抗、耐病品种。

（2）农业措施　无病土育苗，移栽时剔除带虫苗或将"根瘤"去掉；清除带虫残体，压低虫口密度，带虫根晒干后应烧毁；深翻土壤，将表土翻至 25 cm 以下，可减轻虫害发生；高（低）温抑虫，利用夏季高温休闲季节，起垄灌水覆地膜，密闭棚室 2 周。利用冬季低温冻垡等可抑制线虫发生。线虫发生多的田块，改种抗（耐）虫作物如禾本科、葱、蒜、韭菜、辣椒、甘蓝、菜花等或种植水生蔬菜，可减轻线虫的发生。

（3）石灰氮消毒　定植前每亩（667 米²）耕层土壤中施入石灰氮 75～100 kg，麦草 1 000～2 000 kg 或鸡粪 3 000～4 000 kg，做畦后灌水，灌水量要达到饱和程度，覆盖透明塑料薄膜，四周要盖紧、盖严，让薄膜与土壤之间保持一定的空间，以利于提高地温，增强杀菌灭虫效果。密闭温室或大棚，闷棚 20～30 天。闷棚结束后，可根据土壤湿度情况开棚通风，调节土壤湿度，然后疏松土壤即可栽培蔬菜。应用此法的最佳时间要选择夏季气温高、雨水少、温室大棚闲置时期，一般是 5 月下旬至 8 月下旬。

（4）化学防治　定植前用棉隆微颗粒剂处理土壤。发生轻的地块用 45 kg/hm² 左右，重者用 75～120 kg/hm²，匀施于地面，深翻 30 cm，浇水后盖膜，地温在 6～25℃ 左右，熏蒸 15 天左右后去膜通气、松土，7～10 天后，确保土壤中没有残存气体后定植。定植后用阿维菌素灌根或噻唑磷水乳剂；坐果初期再灌 1 次，可基本控制危害。如果能混合甲壳素灌根，可确保生育期不受线虫危害。

（5）生物防治　利用生防制剂防治线虫，如用紫色拟青霉菌（*Paecilomyces lilacinum*）、芽孢杆菌（*Bacillus penetrans*）等可有效控制根结线虫。

9.3　菊花叶线虫病

菊花叶线虫病(chrysanthemum leaf nematode)又称菊花叶枯线虫病或菊花芽叶线虫病。此病广泛分布于全世界，主要为害菊花叶片，是菊花的严重病害之一。另外，此病害还为害长春花、草莓、蔬菜、杂草等 40 属 200 多种植物。在美国和欧洲广泛分布，造成相当严重的损失。在我国的南京、上海、合肥、广州、长沙、昆明、浙江等地区均有发生。该线虫被列入 2007 年公布的《中华人民共和国进境植物检疫性有害生物名录》中。

【症状】

主要为害叶片，也能侵染花芽、花和茎，线虫侵入点很快变褐。叶片受侵染后，叶色变淡，初为淡黄至黄褐色斑点，以后逐渐加深几乎成黑色。随着病斑扩大，呈现特有的三角形褐色斑块,或受叶脉所阻形成各种形状的坏死斑。通常病斑由基部叶片向上扩展,直到整株受害。最后,叶片卷缩、凋萎下垂,造成大量落叶。大部分线虫在轻微变色区,已变成深褐色或黑色的叶片上只有少量线虫。顶芽受侵染后,围绕受感染的芽生出的叶片则小而扭曲,常畸形,较厚,往往呈带状,叶面出现褐色疤痕,有不规则隆起的脊,重者病芽死亡。随后侧梢上的芽也可能被侵害。从受害的芽或茎生长点上长出来的植株,节间很短、矮小而丛生状,生长点受害严重以至嫩茎、嫩枝就不再生长而变为褐色。花芽受侵染后,花蕾不能形成或花畸形,受害严重时,花芽、花蕾干枯或退化,有的花芽膨大而不能成蕾;有的即使开花,也长得细小畸形,花形不正常。茎受害后,呈褐色斑,最后枯死。

【病原】

病原为菊叶线虫[*Aphelenchoides ritzemabosi* (Schwartz, 1911) Steiner & Bührer, 1932]隶属于线虫门滑刃目滑刃科滑刃线虫属。此属线虫通称芽叶线虫。

(1)形态学特征　雌虫虫体细长,体长 0.8～1.3 mm,唇区稍扩张,呈半球形,缢缩明显;口针长 12 μm,具小而清晰的口针基部球;虫体细长,唇区圆,缢缩;侧区占体宽的 1/6～1/5,侧线 4 条;排泄孔位于神经环后 0.5～2 倍体宽处;阴门横裂,阴门唇稍突起;后阴子宫囊长度超过肛阴距的 1/2,内有精子;单卵巢前伸,卵母细胞多行排列;尾圆锥形,末端有 1 个钉状突起,上有 2～4 个向后的小尖突,形成 1 个排刷状的附属物。雄虫经热杀死后虫体后部向腹面弯成近 180°;交合刺呈玫瑰刺状,长 20～22 μm;尾末端为钉状突起,上有 2～4 个小尖突,形状可变(图 9-6)。

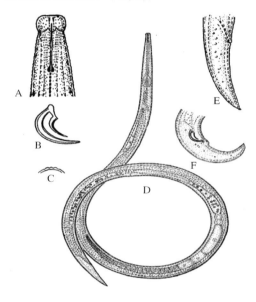

A. 雌虫前体部;B. 交合刺;C. 侧区;

D. 雌虫整体;E. 雄虫尾部;F. 雄虫尾部

图 9-6　菊花滑刃线虫(Allen, 1952)

(2)生物学特性　菊叶线虫的整个生活史均在叶片内或植物其他器官的表面度过。雌虫将卵产在叶片的细胞间隙,卵孵化并经过 4 个幼虫期直到成虫,全部在叶片内。其生活史可在大约 2 周内完成。此线虫的一生的任何阶段均不需要在土壤中度过,但是常在感染的土壤中被发现,可能是从受感染的枯死落叶中爬出来的,或者碰巧是在植物组织表面时被雨水或灌溉水冲洗至土壤中,在土壤中可存活数月。幼龄幼虫和雄成虫抵抗力较弱。雌成虫和老熟幼虫对不良的环境有较强的抵抗力,在干叶片中能存活 20～25 个月,但在土壤中仅能存活 1～2 个月。

菊叶线虫在具有足够的湿度和 22～25℃生长发育的最适温度时,从卵发育到雌成虫产卵仅 14 天。整个发育周期在被害组织内完成。只要温湿度适宜,全年都可繁殖。在温湿度适宜的条件下,从卵到雌成虫产卵需 10～13 天,其中幼虫发育成雌成虫需 7～10 天,雌成虫取食 2 天后即开始产卵,每天产卵 2 块,每块卵有 25～30 粒。

菊花叶枯线虫具有寄生多种野生植物的能力,能长期生活在菊花残留病株的地上部分,甚至在极小的残叶上,还可在土壤中存活 6～7 个月。

【发病规律】

菊花叶枯线虫以成虫在被害植株芽的鳞片间、根部及周围土壤、病株残体和野生寄主上越冬。一般通过雨水、灌溉水和病健叶接触传染,远距离靠人为传带病叶、花、茎、扦插条以及土壤等。从叶上气孔侵入,全部发育过程在受侵组织内完成。在基部芽鳞或枝条上的生长点外层越冬的成虫,到翌年春天将口针刺入其附近寄主器官的表皮细胞内,以外寄生的方式取食。因此在靠近被害芽的茎部以及从这种芽长出的叶柄和叶片上出现褐色的疤痕,同时线虫的分泌物还可引起节间的缩短,从而使植株表现为丛生状;枝梢变褐和不能生长,在低位处过早地抽出侧枝和长出扭曲的叶片。在降雨或天气潮湿时,茎叶的表面有一层水膜时,被害组织内的外出的线虫在潮湿的叶片上蠕行,就可以顺着茎向上爬而侵染新的茎叶,或随雨水而传到其他植株或叶片上,也可被雨水冲至地面,再通过蠕行传播,线虫到达叶片后从气孔侵入。存于叶片细胞间的线虫引起细胞褐变,在叶肉细胞被破坏后产生很大的空腔。在侵染早期,线虫不能穿过主脉脉鞘的细胞(厚壁)间隙,因而限制了叶片坏死部分不能越过叶脉而扩展到整个叶片。在感染很重的叶片上,已解体的细胞的细胞壁上有一厚层褐色物,许多地方的表皮被破坏,叶片皱缩,不久即从茎秆上脱落,进入土壤;也可侵染菊花外许多其他寄主,成为次年的初侵染来源。通过引种运输远距离传播。

【控制措施】

(1)加强检疫　加强地区间的检疫,防止病苗及其繁殖材料传入无病区。

(2)栽培措施　建立无病苗圃,选用健康无病的插条作为繁殖材料。繁殖菊花应选用无病健康的插条,对与病苗、病土接触过的园艺工具要及时消毒。改进浇水方法,最好不要淋浇,露地栽培时防止喷水飞溅,减少传播机会,并尽可能保持叶面干燥。盆花安放要有适当空隙,不使叶子相互接触。摘除病叶、病芽、病花和花蕾集中烧毁,以清除病原。早春时菊花上部叶片应加覆盖物盖住老病叶以防止在其中越冬的线虫传到植株下部的叶片上。种过有病植株的土壤和花盆可用福尔马林熏蒸,或用加热处理法消毒;病土不可随处抛弃;已消毒过的盆、土,最好不要栽培易感染此病的花卉。由于叶枯线虫不侵害茎部顶芽的特性,可利用顶芽作繁殖材料,不要从接近植株基部的枝条上采取。病区的菊苗达10～15 cm高时,可试用凡士林等药剂在茎上套环,2～3天取下,以防止线虫从土壤爬上叶片和生长点为害。

(3)物理防治　对根株进行热处理,将可疑的处于休眠状态的插条或母株浸在46℃热水中5 min或44℃热水中20～30 min后,立即投入冷水中。对带虫枝条,用温水处理,在扦插前将插条浸入50℃温水10 min,或用55℃温水浸5 min,即可杀死线虫。

9.4　其他园艺植物线虫病害

园艺植物除了上述危害严重的线虫病害外,还有许多线虫除了可以直接侵染危害多种园艺植物外,还可和其他病原物发生复合侵染,对蔬菜、果树和花卉生产造成巨大损失。现将其他线虫类群及其危害列表如下(表9-1)。

表 9-1　园艺植物上的其他线虫类群及其危害

线虫类群	症状	病原	发生规律	防治方法
根腐线虫	地上部矮化,叶片褪绿甚至萎蔫,根部受侵部位常有凹陷病斑,易诱发其他病原生物感染造成腐烂	*Pratylenchus* spp.	两性生殖类群,因不同的种30～90天完成一代,线虫主要以成虫或4龄幼虫在土壤中越冬	含二氯丙烯的杀线虫剂处理;轮作;与万寿菊间作种植
茎线虫	主要侵染一些球茎类的花卉和蔬菜,受侵嫩茎变粗、肿大、歪扭,叶片变形。横切球茎可见内有褐色鳞片状坏死斑,有的呈海绵状、糠心	*Ditylenchus dipsaci* 和 *D. destructor*	温带地区一类重要线虫。自然孔口或直接侵入。一般在15℃条件下,在球茎内3周可完成一代。通过病残体、灌水、雨水等传播	加强检疫;淘汰病株及寄主植物;轮作;热水处理;药剂消毒
螺旋线虫	植株地上部褪绿,生长矮化,根部有病痕,有的根畸形。因其在根部的直接侵染并常与其他病原物共同作用造成根部的腐烂	*Helicotylenchus* spp.	外寄生类线虫,常以其头部侵入寄主的外皮层细胞中取食(生活史不详)	进行轮作;种前采用土壤熏蒸;改善贮藏条件
矮化线虫	地上植株长势弱,矮化等。根部短矬。田间在其根围常可发现较高的矮化线虫群体密度	*Tylenchorhynchus* spp.	迁移性根的外或内寄生线虫	种前杀线虫剂处理;与非寄主作物轮作
肾形盘旋线虫	常寄生于许多双子叶植物蔬菜上,受害植株长势弱。根部生长阻滞、变色和上皮层细胞坏死	*Rotylenchus reniformis*	热带和亚热带地区发生。半寄生线虫,一旦侵入寄主体内,其头部即定居在皮层组织取食,虫体后部膨大,在取食过程中,雌虫不再运动	轮作;杀线虫剂处理
环线虫	常寄生于许多果树根围,造成根部形成一些凹陷的病斑,并伴生与其他病原物的侵染使整个植株根系长势弱	*Criconemella* spp.	外寄生类线虫,线虫在土壤中越冬,主要侵染寄主皮层细胞较外层的细胞,一年多代	进行轮作;种前采用土壤熏蒸
剑线虫	常在果树、花卉等多年生的寄主根围发现,在新生根的根尖寄生,造成根系生长弱,地上部叶片黄化,田间植株成片矮化。根尖有虫瘿	*Xiphinema* spp.	外寄生类线虫,因不同的种,几个月甚至几年完成一代	种前杀线虫剂防治

线虫类群	症状	病原	发生规律	防治方法
毛刺线虫和拟毛刺线虫	常见于一些果树、蔬菜的根围，根尖寄生，抑制根尖的生长，造成许多短粗根，根系长势弱。田间植株成片矮化、褪绿，炎热时植株萎蔫	Trichodorus spp. Paratrichodorus spp.	外寄生类线虫，在适宜条件下，20～50 天完成一代	实行轮作；土壤熏蒸
孢囊线虫	受害植株叶片褪绿、黄化，植株矮化，干旱时发生严重萎蔫。根部可见白色珍珠状的孢囊	Heterodera spp.	幼虫从根冠附近侵入，内寄生，一年可完成多代。通过病土、灌水、种植材料及农事操作传播	轮作；土壤消毒；种植抗性品种
长针线虫	病株严重矮化，叶片失色。根部矬短。幼苗主根肿大，受害部次生根多或有坏死斑	Longidorus spp.	温带和热带地区重要线虫。外寄生线虫	施用杀线虫剂
穿孔线虫	受害部位出现红褐色的坏死斑点和皮层病痕，有的叶片发黄脱落，顶端枯萎。根系萎缩，根量减少，形成矬短根。可引起流行性衰退病	Rodopholus similis	热带和亚热带地区重要线虫。具迁移性和半内生习性，雌雄异型。根部伤口侵入，流水、土壤等传播。病部或土中越冬，完成一代需20～25 天	主要用杀线虫剂种前处理；根部热水处理；种植抗、耐品种
假根结线虫	受害根部形成大量的有虫瘿的次生根，呈纺锤形。地上部表现生长不良	Nacobbus spp.	与根结线虫相似。不同之处是成熟的雄虫和 3 龄幼虫要迁移到较大的根里，然后又刺激形成新的虫瘿完成其生活史	轮作；杀线虫剂处理；利用其他杂草寄主诱杀
刺线虫	病株地上部一般表现褪绿、矮化，出苗率下降。根部矬短。可见有坏死根和粗劣根	Belonolaimus spp.	外寄生线虫	轮作；药剂处理
锥线虫	受害植株生长阻滞，出苗率降低。根部有坏死病痕，形成矬短根	Dolichodorus spp.	外寄生线虫	轮作；施用杀线虫剂
鞘线虫	生长势衰弱，根部矬短，根毛消失或停止生长	Hemicycliophora spp.	外寄生线虫，取食根毛	施用杀线虫剂

续表 9-1

线虫类群	症状	病原	发生规律	防治方法
半穿刺线虫	主要为害果树等。症状与果树受干旱和营养不良相似,树势衰弱,叶片褪绿、凋落,小枝枯萎,产量持续减少,引起慢性衰退病,柑橘受害最明显	*Tylenchulus semi-penetrans*	从卵到卵,在 24～25℃条件下需 6～8 周。孤雌生殖。2 龄幼虫从根部侵入寄主,如不取食,此阶段可达几年之久而不发育。通过种植材料和土壤等传播	检疫;热水处理;种前和种后熏蒸处理;合理施肥;种植抗性品种
针线虫	地上部最主要的症状是褪绿和生长量减少。根系不发达。次生根很少	*Paratylenchus* spp.	外寄生线虫	卤代烃类杀线虫剂处理;轮作

注:表中所列的线虫类群及其所引起的病害,并非在我国都有发生。而且有的线虫并不一定能单独引起病害,而是和其他病原物或其他因素交互影响的结果。

思考题

1. 嗜木伞滑刃线虫与天牛、真菌有怎样的相互关系?它是如何完成生命循环的?

2. 如何利用植物检疫措施控制松树线虫萎蔫病的发生?

3. 根结线虫主要有哪几种?如何区分它们?

4. 影响根结线虫病发生的因素有哪些?如何针对这些因素进行防治设计?

5. 从形态特征、生物学特性和生活史方面对比嗜木伞滑刃线虫、南方根结线虫与菊叶线虫的异同。

6. 对比松树线虫萎蔫病、根结线虫病与菊花叶线虫病在发生规律和防治措施方面的异同,说明为什么。

参考文献

[1] Agrios G N. Plant pathology. 5th ed. Amsterdam:Elsevier Academic Press,2005

[2] Hunt D J. Aphelenchida,Longidoridae and Trichodoridae:Their Systematics and Bionomics. CAB International,1993

[3] Karssen G,Moens M. Root-knot nematodes. In:Perry,R. N. and Moens,M. (eds) Plant Nematology. Wallingford,UK:CAB International,2006,pp. 59-90

[4] Maggenti A. General Nematology,New York:Springer-Verlag,Inc,1981

[5] Perry R N,Moens M and Starr J L. Root-knot nematodes. Wallingford,UK:CAB International,2009

［6］Sasser J N, Carter C C. An advanced treatise on *Meloidogyne*, Vol. I Biology and Control. North Carolina State University Graphics, 1985

［7］William R N. Plant and Insect nematodes, New York: Marcel Dekker, 1984

［8］迟杰, 邓志刚. 菊花叶枯线虫的生活习性及其防治. 国地绿化, 2014, 3:40

［9］徐玉梅, 赵增旗, 王建明, 等. 中国检疫性植物线虫签定手册. 北京: 中国农业出版社, 2014

［10］崔鑫, 岳向国, 李斌, 等. 蔬菜作物根结线虫病害防治研究进展. 中国蔬菜, 2017, 10: 31-38

病害名称索引

病害名称索引

园艺植物病理学（第3版）

病害名称索引